华章程序员书库

THE SECRET LIFE OF PROGRAMS

UNDERSTAND COMPUTERS — CRAFT BETTER CODE

计算机系统解密

从理解计算机到编写高效代码

[美] 乔纳森 · E. 斯坦哈特（Jonathan E. Steinhart）著
张开元 张淼 译

图书在版编目（CIP）数据

计算机系统解密：从理解计算机到编写高效代码 /（美）乔纳森 · E. 斯坦哈特（Jonathan E. Steinhart）著；张开元，张淼译 . -- 北京：机械工业出版社，2021.8（2023.1 重印）
（华章程序员书库）
书名原文：The Secret Life of Programs: Understand Computers--Craft Better Code
ISBN 978-7-111-68987-4

I. ①计… II. ①乔… ②张… ③张… III. ①计算机系统 IV. ① TP303

中国版本图书馆 CIP 数据核字（2021）第 166751 号

北京市版权局著作权合同登记 图字：01-2020-5644 号。

计算机系统解密：从理解计算机到编写高效代码

出版发行：机械工业出版社（北京市西城区百万庄大街 22 号 邮政编码：100037）

责任编辑：王春华 李忠明　　责任校对：马荣敏

印　刷：固安县铭成印刷有限公司　　版　次：2023 年 1 月第 1 版第 2 次印刷

开　本：186mm×240mm 1/16　　印　张：25.5

书　号：ISBN 978-7-111-68987-4　　定　价：129.00 元

客服电话：（010）88361066 68326294

The Translator's Words 译者序

我有幸翻译了本书，在翻译中数次被作者幽默风趣的语言打动。本书比较全面地讨论了计算机科学的有关知识，涉及的知识面非常广。作者在计算机组成原理、程序设计语言等方面颇有建树，同时还是《星际大战》游戏爱好者。本书既讨论了许多实际技术问题，以帮助人们认识计算机科学的方方面面，也适当地介绍了一些理论基础。本书的内容组织比较合理，适合作为计算机相关专业本科低年级的教材或教学参考资料，也适合其他热爱计算机科学技术，希望提升自己的计算机基础和能力的人阅读。本书并不需要太多的计算机基础知识。

本书以计算机技术的发展为重点，讨论了计算机科学各方面的基本问题，包括门电路结构、数据类型、组合逻辑、时序逻辑电路以及它们的实现机理，冯·诺依曼架构抽象及其实现，数据结构的抽象和面向对象的相关特征及其实现，并行机制的各种问题以及网络安全。本书还用相当的篇幅介绍了程序设计的思路，例如逻辑程序设计中的条件判断和循环语句，以及如何使用不同的编程语言来展示这样的设计。学习和理解这些知识及思路，对于计算机及其相关专业学生的知识完整性是非常重要的。从这些基础的计算机知识中可以看到许多很有价值的思想。实际上，无论是过去、现在还是将来，计算机基础的许多有价值的思想都以各种形式被新一代的工程实践所接纳和使用。无论是从事实践性工作还是研究性工作，在更大范围内了解工程实践情况，对于计算机领域的创新思维也是极其重要的。

本书的翻译工作主要由我和我的学生张淼完成，其中前言和第1、2、3、4、6、8、10、11、14、15章由我翻译，第5、7、9、12、13章由张淼翻译，最后由我统一修改定稿。本书译稿的每章都经过至少两个人多遍阅读和修订，但由于时间仓促，难免有所不足，希望读者朋友能够多多批评指正。

张开元

2021年3月17日

前　言 *Preface*

我天生就是爱钻研的人。我父亲说，在荡秋千之前，我总会想象有一个开关打开秋千，荡完秋千之后又会关上它。机器仿佛跟我说了它的内部原理。我像 C-3PO 一样懂得“水分蒸发器的二进制语言”。我很幸运能成长在那个没有显微镜就能审视大多数事物的工作原理的年代。

现在回想起来，我在美国新泽西州的童年非常离奇而有趣。小时候，我对每个东西都要修一修补一补，这事让妈妈很头痛。爸爸妈妈给了我很多工具包，但是当我把它们合在一起做一些书上没有的项目时，他们就会感到不安。枕头防盗报警器的出现使这事达到了高潮，它抓住了“牙仙子”的行动——没有经济条件下的一种选择，但这个选择还是挺令人满足的。我收集坏了的电视机和一些被丢掉的家电，把这些东西拆了，了解它们是怎么运行的，再用那些零件做出些别的东西。我最喜欢的玩具之一是我爸爸 1929 年的建造模型。那个年代的太空计划让我对科技产生了浓厚的兴趣。我至今还记得有一天晚上和爸爸站在我们家的前院里，看着 Echo 1 飞过头顶的场景。

大多数孩子都有一个送报纸的兼职，而我是做修电视机和收音机的兼职。我的父亲在 IBM 公司工作，有时我也会和他一起去上班，他单位里的大型计算机让年幼的我非常震撼。八岁那年，他带我去大西洋城的电子展，我记得当时我玩的是一台 IBM 1620。我还记得我对泰克（Tektronix）展台上的设备很着迷。可能是受此影响，我后来选择进入该公司工作。一年后，我去了纽约的世界博览会，被贝尔系统的展品所震惊。后来一个偶然的机会，我得以与其中一位设计师一起工作。

我接受了很令人惊奇的公立学校教育，当然这样的教育在美国已经不存在了。我和同学在五年级的时候可以随意传看装水银的壶。上六年级时我炸毁了化学实验室，但并没有受到关禁闭的处罚，反而从这些经历中学到了很多知识。(现在我还记得制作三碘化氮的配方。) 我记得我八年级的科学老师带着我们离开学校，去纽约市看电影《2001：太空漫游》，因为他认为这很重要。他做这件事的时候并没有征求学生父母的允许，如今这么做很有可能丢掉工作，或者受到更严重的处罚。我们在高中化学课上做火药，在物理课上到足球场互相射火箭玩，在生物课上划破自己的手指做血型测试。这与如今的情况很不一样，如今一点点危险都会让老师们焦虑不安。实验室里湿漉漉的地板都能让他们担心，觉得有点儿水就要发出警告。美国政府官员对科学不屑一顾，区分不出科学行为和恐怖主义行为。

学习以外，父母给我报名参加了我喜欢的童子军，以及我讨厌的少年棒球联合会。童子军教会了我很多关于物质世界的知识，从骑马到安全地玩火到户外生存。而少年棒球联合会只会让我觉得我不喜欢团体运动。

在那个年代，业余无线电是很重要的，因无线电设备经常需要修理。我自告奋勇加入当地民防应急广播通信集团，只是为了能捣鼓捣鼓设备。该集团有一个原始的无线电电传打字系统，我重新设计了这个系统，最后将其用于其他市政设施。电传打字机是我很喜欢的三维立体装置。

上高中的时候，一个朋友给我介绍了一个探索者童子军的岗位，需要每周一晚上在默里山附近的贝尔实验室值班。我加入了，然后就开始接触计算机，当时的计算机有房子那么大。我被迷住了。没过多久，我就早早地离开了学校，搭车去实验室，说服别人让我进去工作。我参与了一连串令人惊叹的暑期工作，与不可思议的人一起工作，这改变了我的生活。我把头伸到别人的实验室里东张西望，好奇实验室里的仪器设备，顺便询问他们在做什么，就这样我学到了不少知识。虽然我打算学习电气工程，但是硬件项目是不可能在一个夏天完成的，最后我给他们写了软件。

我觉得对我的童子军指导者们最好的纪念方式是，一旦我有能力做到，就跟随他们的脚步，努力帮助新一代年轻技术员走上他们的道路。事实证明这很困难，因为美国研究的鼎盛时期已经过去，而是更加注重增加股东价值；产品本身的价值不及产品带来的利润重要，这使得很难证明研究的价值。公司出于责任的考虑，很少再让孩子们在场地上乱跑了。我原本以为自己会作为童子军一直工作，但因为童子军采用了一系列我不支持的政策而作罢。相反，我是志愿在当地的学校工作。

我开始写这本书是为了补充我志愿教的一门课。当时互联网还没有像今天这样发达。我住在一个相当贫穷的农业社区，考虑到学生们无法负担补充材料的开销，这本书的初稿试图包含所有的内容。但事实证明这是一个不可能完成的任务。

现在从网上可以找到很多不同的编程语言和概念的资料，而且大多数人在家里、学校或图书馆就可以上网。我重写了这些材料，希望读者可以更容易地在网上找到更多的信息。所以，如果有什么不清楚的地方，或者你想知道更多的信息，就去查一下。

最近我认识的一些学生说，他们对编程教育的方式感到失望。虽然他们可以在网上找到信息，但也一直在问可以在哪里找到他们需要的一切。这本书就是为了提供那些资源而写的。

我很幸运，能与计算机一起成长。很难想象如果我在没有背景知识的情况下，跳到今天这个成熟的计算领域会是什么样子。写这本书时，最具挑战性的部分是考虑要从多大程度上追溯过去的例子，以及多大程度上选择现代技术的元素来讨论。我最终选择了一种复古的方式，这样人们可以从更古老、更简单、更容易理解的技术中学习到大部分必要的东西。较新、较复杂的技术是用与旧技术相同的构件构造成的，了解这些构件可以使人们更容易理解新技术。

如今，时代不同了。小工具更难拆开、维修和更改。公司正在滥用法律，如数字千年版权法（DMCA)，阻止人们修复自己的装备。幸运的是，这在一些地方促进了“修理权”法律的诞生。作为美国人，我们从政府那里得到形形色色的信息：一方面，我们被鼓励从事 STEM 职业；另一方面，我们看到科学被诋毁，STEM 工作被外包。如果这种环境在半个世纪前就存在的话，不知道美国是否还会成为科技强国。

不过，也有亮点。创客空间如雨后春笋般涌现。孩子们可以建造东西，并且乐在其中。电子零件从来没有这么便宜过，只要你不想要带线的。将我小时候的所有计算机组合在一起也没有现在的智能手机处理功能强大。计算机的价格比人们想象的要便宜，像 Raspberry Pi 和 Arduino 这样的小型计算机，价格比一个比萨还便宜。

计算机的功能如此强大，我们很容易只热衷于高级功能。就像玩乐高一样，我最早的乐高套装中几乎只有长方形的积木，但我的想象力很丰富，可以搭建出任何我想要的东西。如今，你可以买到《星球大战》乐高套装，搭建预制的尤达，但是要发明新的角色就难多了。花哨的部件阻碍了想象力的发挥。

1939 年的经典电影《绿野仙踪》里有一个很好的场景，在那一幕里，魔法师暴露了，发出了“别注意幕后的那个人”的呐喊。本书就是写给那些不想听这些，只想知道幕后的东西的人的。我希望这本书可以让那些实现高级功能的基本构件清晰明了。这本书是为那些想象力并不止步于高级功能的人准备的，也是为那些希望创建新的高级功能的人准备的。如果你有兴趣成为魔法师，而不仅仅是一个魔法物品的持有者，那么这本书就是为你准备的。

Acknowledgments 致　谢

这本书得以成书有很多影响因素。首先是我的父母罗伯特·斯坦哈特和罗莎琳·斯坦哈特，他们让我成为现在的自己，激发我对科学的兴趣（至少在让他们担心之前）。我从很多很棒的老师那里学习到了很多，包括比阿特丽斯·西格尔、威廉·穆尔瓦希尔和米勒·布利亚里。非常感谢保罗·鲁本菲尔德告诉我关于民防和贝尔实验室探索者童子军的事。

我的探索者童子军指导者卡尔·克里斯蒂安森和海因茨·莱克拉玛太值得赞扬了，他们改变了我的生活。通过他们，我在贝尔实验室遇到了许多了不起的人，包括乔·康登、桑迪·弗雷泽、戴夫·哈格巴格、迪克·豪斯、吉姆·凯泽、汉克·麦克唐纳、马克斯·马修斯、丹尼斯·里奇、肯·汤普森和戴夫·韦勒。我从他们每个人身上都学到了很多。

感谢奥布里·安德森、克莱姆·科尔、李·贾洛维奇、A. C. 门迪奥尼斯、埃德·波斯特和贝特西·泽勒。他们对本书至少进行了一遍完整的阅读。尤其感谢奥布里的技术审校。

还要感谢马特·布雷泽、亚当·切凯蒂、桑迪·克拉克、汤姆·达夫、娜塔莉·弗里德、弗兰克·海德、DV 汉克尔 – 华莱士（又名甘比）、卢·卡茨、萨拉 – 杰耶·特普、塔林和保罗·维克西为特定章节提供反馈。

感谢所有接电话回答我问题的人，包括沃德·坎宁安、约翰·吉尔摩、伊芙琳·马斯特、迈克·佩里、亚历克斯·波尔维、艾伦·维尔夫斯 – 布洛克和迈克·祖尔。当然，还有滑雪缆车上的女孩拉克尔·赫尔伯格，感谢她为我完成这个项目提供了动力。

如果没有各种极客社区（包括 AMW 和 TUHS 等）的支持和鼓励，本书不可能完成。

感谢哈纳莱·斯坦哈特对图 6-36 的构图，感谢朱莉·唐纳利提供的图 11-41 中的围巾。

感谢猫咪“托尼”允许我使用它的图像，并让我的键盘充满了它的毛发和皮屑。

作者简介 *About the Author*

乔纳森 · E. 斯坦哈特（Jonathan E. Steinhart）自 20 世纪 60 年代以来一直从事工程设计工作。他在中学时就开始设计硬件，在高中时开始设计软件，后来在贝尔实验室做过暑期工。1977 年，他在克拉克森大学获得电气工程和计算机科学学士学位，毕业后他曾在美国泰克（Tektronix）公司工作，之后在初创公司尝试创业。1987 年，他成为一名顾问，专注于安全关键系统工程。

About the Reviewer 审校者简介

奥布里·安德森（Aubrey Anderson）拥有塔夫茨大学电气工程和计算机科学学士学位，曾在塔夫茨大学担任助教，帮助改进计算机科学入门课程。他从 14 岁开始编程，此后参与过各种机器人技术、系统设计和网络编程项目。奥布里目前在谷歌担任软件工程师。

目　录 *Contents*

foreword

引言

几年前，我跟一个瑞士来的交换生一起坐滑雪缆车。我问她有没有想过高中毕业后打算做什么。她说她打算做工程，并且已经在前一年修了编程课程。我问她你们学了些什么，她回答：“Java。”我下意识地脱口而出：“那太糟糕了。”

我为什么会这样说呢？我花了一些时间才想明白这个问题。我那么说并不是因为Java这个编程语言不好，它其实挺好的。之所以那么说，是因为现在教授Java（以及其他编程语言）的方法很糟糕，学不到任何关于计算机本身的知识。如果你也觉得这种情况有点奇怪，那这本书就是你应该看的。

Java编程语言是20世纪90年代在一个美国计算机公司Sun Microsystems由James Gosling、Mike Sheridan和Patrick Naughton发明的。它在某种程度上模仿了那时流行的C语言。C语言没有对内存的自动管理功能，而且在那时内存管理错误是一个普遍存在的问题，让人头疼。Java从设计上消除了这类程序错误。它对程序员隐藏了底层内存管理。这就是Java对初学者友好的部分原因。但是要编写优秀程序，培养优秀程序员，需要的不仅仅是一种好的编程语言。事实证明，Java引入了一类新的很难调试的编程问题，包括隐藏内存管理系统导致的性能低下问题。

就像你在书里看到的，理解内存是程序员的一个重要技能。学习编程时养成的习惯很难改掉。研究表明，在所谓的“安全”操场玩耍长大的孩子更容易受伤，大概是因为他们不知道摔倒的伤害。在编程领域也存在类似的情况。舒适的编程环境使入门不那么恐怖，但你还是需要做好准备，以面对复杂的外部环境。本书可以帮你实现这种转变。

为什么好的程序很重要

想理解为什么不包括计算机教学的编程教育存在问题，首先需要考虑到计算机已经变得多么普遍。计算机降价如此显著，很多东西用计算机建造才最便宜。举个例子，用计算机在汽车仪表盘上显示一个老式的模拟时钟比使用真的机械钟花费得少得多。计算机芯片现在很便宜，用脚踩坏一个包含数十亿元件的芯片不再是什么大不了的事。注意，我是在说计算机本身的价格，不是那些包含了计算机的东西的价格。通常，计算机芯片的成本比它们的包装运输成本更少。未来很有可能很难找到什么东西不含计算机。

让很多计算机去处理大量事情意味着需要大量的计算机程序。计算机使用如此广泛，因而编程的应用领域广泛而多样。就像在医疗领域，许多程序员成了这方面的专家。你可以在视觉处理、卡通动画、网页、手机应用、工业控制、医疗设备等更多方面成为专家。

奇怪的是，计算机编程不同于医学，在编程领域，你不用全面了解就可以成为一个专家。你可能不想让一个没学过解剖学的医生给你做心脏外科手术，但是对如今的许多程序员来说，类似的问题已经成为常态。这真的是个问题吗？事实上，大量证据表明部分程序的运行效果并不是很好，每天都有关于安全漏洞和产品召回的报告。在一些法庭案件中，被判酒驾的人赢得了对酒精测试代码进行审查的权利。事实证明代码中充满了漏洞，这导致已定罪名被推翻。近日，发生了正在进行心脏外科手术的医疗器械因杀毒软件而崩溃的事故。还有因波音 737 MAX 飞机设计问题致使许多人丧生的事故。许多像这样的事故让人们对程序丧失了信任。

学习编程只是一个开始

出现这种情况的部分原因是，编写看起来可以工作的计算机程序，或者大部分时间都可以工作的计算机程序并没有那么困难。我们用 20 世纪 80 年代的音乐（非 disco）变化来做个类比。以前人们必须打好基础才能创作音乐，这包括学习乐理、作曲，练习演奏乐器，听音练耳，以及其他很多练习。后来，乐器数字接口（MIDI）标准出现了，任何人都可以在没有多年勤学苦练基础的情况下通过计算机创作“音乐”。我觉得，只有很小比例的计算机生成音乐称得上音乐，其余大部分只是噪音而已。音乐是被真正的音乐家创作出来的，他们可能用 MIDI，但无一不拥有深厚的音乐基础。如今，编程变得非常像使用 MIDI 创作“音乐”。写程序不再需要付出很多汗水，不再需要花费几年的时间去练习，甚至不再需要学习理论。但是这不代表这些程序优秀或者性能可靠。

这种情况越来越严重了，起码在美国是这样。拥有既得利益的富人们，比如那些拥有软件公司的人，一直在游说立法，要求每个人都要在学校里学习编程。理论上听着不错，但在实践中并不是个好主意，因为不是每个人都有成为好程序员的天赋。我们没有要求每个人都去学足球，因为我们清楚不是每个人都适合踢足球。这一倡议的目的可能不是培养出优秀的程序员，而是通过向市场大量输入不怎么样的程序员，压低工资水平，以增加软件公司的利润。幕后推手们不关心代码质量，甚至还推动立法以减轻他们对缺陷产品所负的责任。当然，就像可以踢球踢着玩一样，你也可以编程编着玩，就是别期待会被超级碗挑中了。

2014 年，美国前总统奥巴马表示，他已经学会了编程。他确实在优秀的可视化编程工具 Blockly 中拖动了一些东西，甚至在 JavaScript（一种与 Java 无关的编程语言，由维护了包括火狐浏览器在内的许多软件包的 Mozilla Foundation 的前身 Netscape 公司发明）中输入了一行代码。你觉得他真的学会了编程吗？给个提示：如果你认为他学会了，那么你应该在读本书的同时努力锻炼你的批判思维能力。当然，他是学了那么一点点有关程序的知识，但是，他没有学习编程。如果能在一小时之内学会编程，那就是说编程太小菜一碟了，根本不需要在校园里开课。

底层知识的重要性

Mathematica 和 Wolfram 语言的创造者 Stephen Wolfram 在一篇题为“How to Teach Computational Thinking”的博客帖子中表达了一个有趣且有些相悖的观点：他把计算思维定义为“把事件标准化得足够清晰，人可以通过一个足够系统化的方法告诉计算机怎么运行”。我完全认同这个定义。事实上，很大程度上这也是我写这本书的动力。

但我非常不认同 Wolfram 的一个观点，即那些学习编程的人应该使用强大的高级工具（比如他开发的那些工具）来培养计算思维能力，而不是学习底层基础技术。例如，从人们对统计学的兴趣日益超过对微积分的兴趣这一趋势中，我们可以清楚地看到，“数据整理”是一个正在发展的领域。但是，如果人们只是将大量的数据输入这些并不熟悉的程序中，又会发生什么呢？

一种可能是，它们产生的结果看起来很有趣，但没有意义或者不正确。例如，最近的一项研究（Mark Ziemann、Yotam Eren 和 Assam El-Osta 的“Gene Name Errors Are Widespread in the Scientific Literature”）显示，五分之一已发表的遗传学论文由于电子表格使用不当而出现错误。试想一下，如果有更多人使用更强大的工具，可能会产生怎样的错误和后果！当人们的生活受到影响时，正确处理好它才是至关重要的。

理解底层技术可以帮助你了解可能出现的问题。只知道高级工具很容易提出错误的问题。在学习钉枪之前，先学会使用锤子是值得的。学习底层系统和工具的另一个原因是，它能赋予你构建新工具的能力，这一点很重要，因为永远需要工具构建者，尽管工具用户更常见。学习有关计算机的知识使你能够编写更好的代码，程序的性能状态也就不再神秘了。

目标读者

本书是为想成为优秀程序员的人准备的。是什么成就了一个优秀的程序员？首先，一个优秀的程序员应该具备良好的批判性思维和分析能力。为了解决复杂的问题，程序员需要有能力评估程序是否能正确地解决恰当的问题。这比听起来要难得多。经常会见到有经验的程序员对别人写的程序冷嘲热讽：“将简单事情复杂化了，制造了不是问题的问题。”

你可能很熟悉一个经典的魔幻故事比喻：魔法师通过了解事物的真名来获得力量，如果忘了某个细节，魔法师就会遭殃。优秀的程序员就是那种能够牢牢把握住事物的本质，不放过任何一个细节的魔法师。

优秀的程序员也应该有一定的艺术修养，就像熟练的工匠一样。遇到让人完全无法理解的代码的情形并不少见，就像许多说英语的人对詹姆斯·乔伊斯（James Joyce）的小说《芬尼根的守灵夜》很困惑一样。优秀的程序员写出的代码不仅要能正常工作，而且要很容易让别人理解和维护。

最后，优秀的程序员需要对计算机的工作原理有深刻的理解。仅凭浅薄的知识基础无法很好地解决复杂问题。本书适合那些正在学习编程，但又对现有知识深度不满意的人。本书也适合已经在学习编程，但还想要学习更多的人。

计算机是什么

一个普遍的答案是，计算机是人们用来做诸如检查电子邮件、网上购物、写论文、整理照片以及玩游戏等任务的工具。消费类产品开始和计算机结合，是这个草率定义普遍存在的部分原因。另一个常见的答案是，计算机是能使高科技玩具（比如手机和音乐播放器）运作的大脑。这种说法更接近正确答案。

发送电子邮件和玩游戏都是通过计算机上运行的程序来实现的。计算机本身就像一个新生婴儿，它并不懂很多事情的做法。我们几乎不会去考虑人类的基础运转系统，因为我们主要与运行在这个基础系统上的人格进行互动，就像计算机上运行的程序一样。例如，当你浏览网页时，你不是只用这个计算机本身去阅读，而是通过在你的计算机上运行的别人编写的程序、承载网页的计算机、构成网络的所有计算机去阅读。

什么是计算机编程

教师是训练人的基础运转系统来完成某些任务的人。同理，编程就是让程序员成为计算机的老师，教计算机做程序员要它做的事情。

知道如何去教计算机是很有用的，特别是当你想让计算机做一些它不知道该怎么做的事情，而又买不到相关程序的时候。例如，你可能认为万维网的存在是理所当然的，但它不久前才被发明，当时 Tim Berners-Lee 爵士需要一个更好的方法让欧洲核子研究组织（Conseil Européen pour la Recherche Nucléaire，CERN）的科学家们分享信息。而他因此被封为了爵士。

教计算机学东西很复杂，但比教人学东西容易多了，毕竟我们对计算机的工作原理了解得更多。而且计算机不大可能学到吐，它没那么容易对学习厌烦。

计算机编程是一个两步骤的过程：

1. 理解宇宙。

2. 向三岁的孩子解释宇宙。

这是什么意思呢？你无法编写计算机程序去做一些你自己都不理解的事。比如，如果你不懂拼写规则，你就无法写出拼写检查程序；如果你不懂物理学，你就无法写出好的动作电子游戏。所以，要成为一名优秀的程序员，第一步就是要尽可能多地学习其他知识。解决问题的办法往往来自意想不到的地方，不要因为某件事看起来似乎没有直接的关系就忽略了它。

这个过程的第二步需要向计算机解释你所知道的东西。计算机对世界的看法非常僵化，就像小孩子一样，在三岁左右的时候，孩子的这种僵化看法真的很明显。比如，你们想出门，你问你的孩子："你的鞋子在哪里？"孩子说："这里。"她确实回答了你的问题。问题是，她不明白你是在要求她穿上鞋子，这样你俩就可以出门了。灵活性和推理能力是孩子们在成长过程中才会学习到的技能。但计算机就像小飞侠彼得·潘：它们永远不会长大。

计算机也像年幼的孩子，因为它们不知道如何归纳总结。但它们还是很有用处的，因为一旦你想好了怎么向它们解释一些东西，它们就会不厌其烦、快速地去做，尽管它们没有任何常识。计算机会不知疲倦地做你要求的事情，而不去评估那是否是错误的任务，这很像 1940 年的电影《幻想曲》中"魔法师的学徒"片段中的魔法扫帚。要求计算机做事，就像向魔法灯笼里的精灵（不是 FBI 版）许愿一样，你必须非常小心你的措辞！

你可能会怀疑我所说的，因为计算机似乎比它们本身更有能力。比如，当你使用计算机时，它知道如何画图、纠正你的拼写、理解你说的话、播放音乐等。但请记住，实现这些任务的不是计算机，而是人为编写的一套复杂的旨在让计算机完成这些任务的计算机程序。计算机与运行在计算机上的程序是分开的。

就像在路上看到的汽车一样，它似乎很擅长在适当的时候停车和启动，避开障碍物，到达目的地，没油了就加油，等等。但是，这不仅仅是汽车完成的，而是汽车和驾驶员结合在一起完成的。计算机就像汽车，程序就像驾驶员。如果没有知识，你就不能分辨出什么是汽车做的以及什么是驾驶员做的。（参见 May Swenson 的"Southbound on the Freeway"。在不同的人生阶段，你对诗末提出的问题的答案可能会不同。）

总而言之，为了解决问题，计算机编程涉及学习你需要知道的东西，然后再把它解释给小孩子。因为解决问题的方法有很多，所以编程既是一门艺术，也是一门科学。它涉及寻找优雅的解决方案，而不是使用蛮力解决。在墙上打一个洞的确能让你走出家门，但要想走出家门可能还有更容易的方法。很多人可以用几百万行代码写出像 HealthCare.gov 这样的东西，但要用几千行代码来完成，那是需要技巧的。

不过在指导三岁的孩子之前，你需要先了解三岁的孩子，了解他们的理解能力。而且计算机不是真的普通三岁小孩，而是一种“外星生命体”。计算机的游戏规则和我们不一样。你可能听说过人工智能（AI），它试图让计算机表现得更像人。该领域的进展比原先预计的要缓慢得多。这主要是因为我们并不是很清楚地了解这个问题，我们对人类的思维也不够了解。你可以想象，当我们自己都不知道到底该怎么做的时候，要教会外星人像我们一样去思考这件事有多难。

人的大脑在不自主的思维情况下，就能做一些事情。你的大脑一开始只是一块硬件，然后就好像被编程了。例如，你学会了移动手指，然后就学会了抓东西。经过练习，你就可以不经思索地抓住东西，而不需要思考其中的步骤。对于这个学习过程是如何运作的，哲学家让·皮亚杰（Jean Piaget，法国心理学家）和诺姆·乔姆斯基（Noam Chomsky，1928 年出生的美国语言学家）等人提出了不同的理论。大脑是一个一般的设备，还是它有特殊的硬件来实现语言等功能？这个问题还在研究中。

我们不可思议的无意识执行任务的能力使学习编程变得困难，因为编程需要将任务分解成计算机能够遵循的更小步骤。比如，你可能知道如何玩井字棋游戏。找一群人一起玩，让每名玩家各自列出应该采取的步骤。在大家都列好之后，举行一场比赛。看看谁的规则好！你的规则有多好？你错过了什么？在玩游戏时，你真的知道你在做什么吗？很有可能有很多因素你都没想出来，因为你是在凭直觉理解它们。

你可能觉得第一步比第二步更重要，即了解宇宙比向三岁孩子解释宇宙更重要。想想看：如果你不知道说什么，那知道怎么说又有什么用呢？尽管如此，目前的教育还是把重点放在了第二步。这是因为与创造性内容相比，机械原理方面的教学和打分要容易得多。而且一般情况下，教师在这方面的训练很少，都是按照别处开发的课程来进行教学。而本书则侧重第一步。虽然它不能涵盖整个宇宙，但它检查了计算机领域的问题和解决方法，而不是纠缠于实现这些解决方法需要的具体编程语法。

编码、编程、工程和计算机科学

有许多描述软件工作的术语，虽然这些术语有一些粗略的定义，但并没有确切的定义。

*编码*是最近相当流行的一个术语，作为“学习编码”的一部分，可以看作有点机械的翻译工作。我们把它代入医疗编码的工作中。当你去看医生时，很容易得到诊断。难的是将诊断翻译成 ICD 标准（在编写本书时为 ICD-10）中的 10 万多个编码之一。学过这些编码的注册专业编码员知道，当医生提出“被牛撞了”的诊断时，应该将其分配为 W55.2XA 编码。这其实比编程领域中的很多编码工作都要难，因为编码的绝对数量非常

大。但是，这个过程类似于指示编码员在网页上“加粗文字”，编码员知道用什么编码来完成这件事。

ICD-10 标准非常复杂，以至于很少有编码员知道它的全部内容。因此，医疗编码员均在某个专业领域，如“神经系统疾病”或“精神和行为障碍”获得认证。这类似于程序员精通一门语言，比如 HTML 或 JavaScript。

编程，也就是做一名程序员，意味着要了解的不仅仅是一两个专业领域。在这种情况下，医生就类似于程序员。医生通过对病人进行评估来诊断。这可能会相当复杂。比如，如果病人烧伤，而且浑身湿透，是“怪异的个人外观”（R46.1）还是“滑水板着火所致的烧伤，首例”（V91.07XA）？医生有了诊断，就可以制定出治疗方案。治疗方案必须是有效的：医生大概不希望看到同样的病人因为“父母的过度保护”（Z62.1）而痛苦不堪。

就像医生一样，程序员也会对问题进行评估并确定一个解决方案。例如，也许有必要建立一个网站，允许人们把 ICD-10 代码按质量高低进行排序。构建网站时，程序员会确定存储和处理数据的最佳算法，网络客户端和服务器之间的通信结构，用户界面，等等。这不是一个简单的“插上代码”之类的东西。

工程的复杂度进一步提升。总的来说，工程是一门利用知识完成某些事情的艺术。你可以把 ICD 标准的创建视为工程，它把庞大的医学诊断领域缩减为一组比医生笔记更容易跟踪和分析的编码。这样一个复杂的系统是否代表着好的工程，这是个见仁见智的问题。举个计算机工程的例子，很多年前，我参与过一个项目，建造一个低成本的医疗监护仪，比如你们在医院里看到的那些仪器。我的任务是制作一个系统，让医生或护士可以在 5 分钟内知道如何使用，而不需要任何文件说明。正如你可能想象的那样，这不仅仅需要编程知识。我的目标实现了，解决方案最终只需大约 30 秒就能学会使用。

编程常常与计算机科学混为一谈。虽然很多计算机科学家都会编程，但大多数程序员并不是计算机科学家。计算机科学是研究计算的学科。计算机科学的研究成果被工程师和程序员所使用。

编码、编程、工程和计算机科学是相互独立但又相互关联的学科，它们所需的知识类型和数量不同。做一名计算机科学家、工程师或编码员并不会自动成为一名优秀的程序员。虽然这本书能让你了解到工程师和计算机科学家的思维方式，但它并不能让你跻身其中，跻身其中通常还需要获得大学教育和一些通过勤奋得来的相关经验。工程和编程类似于音乐或绘画，它们既是技能，也是艺术。本书里这两方面的论述应该能帮助你提高程序员的技能。

计算机全景图

计算机设计和编程是一个巨大的学术领域，这里就不再赘述了。你可以像图 1 展示的那样分层想象计算机的结构。

请记住，图 1 是简化后的结果，在实际中，各层之间界限并没有这么清晰明显。

大多数人都是计算机系统的用户。你现在可能就属于这个阵营。有一类专门的特殊用户叫作系统管理员，他们的工作是保持计算机系统正常工作。他们需要安装软件，管理用户账户，做备份等。他们通常拥有普通用户没有的特殊权力。

编写网页、手机应用程序、音乐播放器等程序的人被称为应用程序程序员。他们使用其他人创建的块来编写软件，让用户通过这些软件与计算机交互。在大多数的“学习编程”课程中，应用程序设计中被认为需要程序员掌握的就是如何导入这些块并将其黏合在一起。虽然很多时候你都可以这样做，但能真正理解这些块和“胶水”会更好。

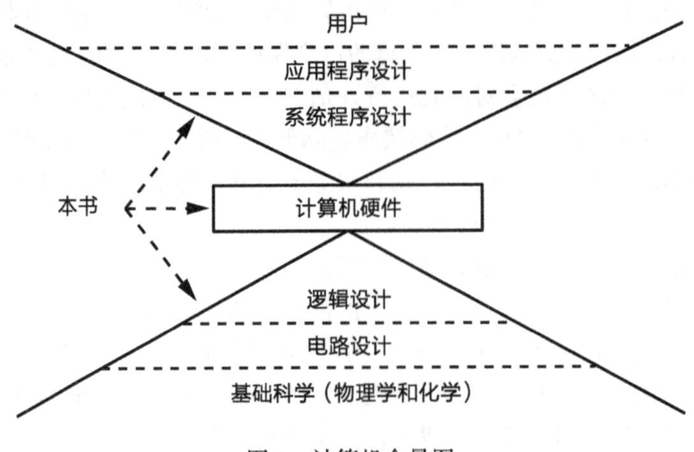

图 1　计算机全景图

应用程序不会直接与计算机硬件交流，这就需要系统程序设计来处理。系统程序员做的是构建应用程序程序员要使用的块。系统程序员需要了解硬件，因为他们的代码需要与硬件进行交互。本书的目标之一就是教你成为优秀的系统程序员需要知道的东西。

计算机硬件不仅包括进行实际计算的部分，还包括该计算部分与外部的连接方式。计算机硬件是用逻辑表示的，该逻辑和编写计算机程序的逻辑是一样的，也是理解计算机工作原理的关键。逻辑在物质上的实现是各种电子电路。电路设计不在本书讨论的范围内，你可以通过学习电气工程专业来了解更多的电路设计知识。如果你想征服世界，可以考虑修电气工程和计算机科学的双学位！

当然，支撑着这一切的是基础科学，它们提供从我们对电学的理解到创造芯片所需的化学知识等各种知识。

如图 1 所示，每一层都是在其下面一层上建立起来的。这意味着下层的不佳设计选择或错误会影响到上面的所有层。例如，大约在 1994 年，Intel Pentium 处理器中的一个设计错误导致一些除法运算产生了不正确的结果，影响了所有在这些处理器中使用浮点除法的软件。

正如你所看到的，系统程序设计处于软件结构层的底层。它类似于基础设施，如公路、电力和水。能不能成为一个优秀的程序员总是很重要，但如果你是系统程序员，那就更重要了，因为其他人都依赖你的基础设施。你也可以看到，系统程序设计夹在应用程序设计和计算机硬件之间，这意味着你需要学习这两方面的知识。梵语 yoga 的意思是“联合”，就像瑜伽修行者追求身心合一一样，系统程序员也是技术型的瑜伽师，他们需要将硬件和软件结合统一起来。

你不一定要学会系统程序设计，才能从事其他层上的工作。如果你不懂，你可以找别人帮你处理超出你擅长的领域的问题，不要自己想办法。当然对核心技术的理解会让你在更高的层上给出更好的解决方案。这不只是我的观点，2014 年 Ville-Matias Heikkilä 的博客文章“The Resource Leak Bug of Our Civilization”中也有类似的观点。

本书的目的是涵盖大量的历史知识。因为有太多内容要学习，所以大多数程序员并没有时间或精力去学习关于技术的发展史。结果就是很多人还在犯别人曾经犯过的错误。知道一些历史，至少可以让你只犯些新的有意义的错误，而不是重复过去的错误。牢记，你今天使用的热门新技术很快就会变成明天的历史。

说到历史，本书不仅给出了很多有趣的技术，还介绍了其发明者。建议大家花点时间去了解一下这些技术和人物。本书中提到的大多数人都至少解决了一个有趣的问题，他们如何看待自己的世界，以及他们对待问题和解决问题的方式，都是值得学习的。Neal Stephenson 2008 年出版的小说 *Anathem* 中有一段很精彩的对话：

“我们的对手是一艘装满原子弹的外星飞船。我们有一个量角器。”

“好吧，我回家看看能不能找一把尺子和一根绳子。”

要注意对基本面的依赖。这不是“让我们在维基百科上查一下该怎么做”，也不是“我在 Stack Overflow 上发个问题”或者“我在 GitHub 上找一些项目包”。学会解决别人没有解决过的问题是一个重要的技能。

本书中的许多例子都是基于旧技术的，比如 16 位计算机。这是因为你可以从它们身上学到几乎所有你需要知道的东西，而且它们更容易在纸上表达。

本书涵盖内容

本书在概念上分为三个部分。第一部分探讨计算机硬件，包括它是什么以及它是如何构建的。第二部分研究在硬件上运行的软件的行为和表现。最后一部分介绍编程的艺术——与他人合作写出好的程序。

第 1 章：计算机的内部语言

本章将开始探索计算机这个三岁小孩的心态。计算机是比特大玩家，它们靠“放牧”比特为生。本章将具体介绍它们是什么，可以用它们做什么，用像“过家家”一样的假想游戏来赋予比特和比特集合意义。

第 2 章：组合逻辑

本章将研究使用比特而不是数字的原理，并探讨数字计算机的合理性，还将讨论一些为我们现在的数字计算机出现铺平道路的旧技术。本章涵盖组合逻辑的基础知识，并介绍如何从位和逻辑实现更复杂的功能。

第 3 章：时序逻辑

本章将介绍如何使用逻辑构建内存，包括如何生成时间，因为内存只不过是一种随时间而存在的状态。本章涵盖时序逻辑的基础知识，并讨论各种存储器技术。

第 4 章：计算机剖析

本章将介绍计算机如何由前面几章讨论的逻辑和内存元素构造出来，并介绍一些不同的实现方法。

第 5 章：计算机架构

本章将探讨我们在第 4 章中看到的计算机的基础附加组件，介绍它们如何提供基本功能并提高效率。

第 6 章：通信故障

计算机需要与外部世界进行交互。本章将介绍输入和输出，回顾数字量和模拟量的区别，以及如何让数字计算机在模拟世界中工作。

第 7 章：组织数据

了解了计算机的工作原理后，我们来看看如何高效地使用它们。计算机程序对内存中的数据进行操作，重要的是将内存的使用方式映射到需要解决的问题上。

第 8 章：语言处理

编程语言的发明是为了让人们更容易地在计算机上写出程序。本章着眼于将语言转换成在计算机上实际运行的程序的过程。

第 9 章：Web 浏览器

很多程序都是为 Web 浏览器写的。本章主要介绍 Web 浏览器的工作原理以及它的主要组件。

第 10 章：应用程序和系统程序设计

本章将编写一个程序的两个版本，分别在图 1 中的两个不同的层上运行。

第 11 章：捷径和近似法

提高程序的效率很重要。本章将探讨一些通过省去不必要的工作来让程序更有效率的方法。

第 12 章：死锁和竞态条件

许多系统包含不止一个计算机。本章将研究让计算机相互合作时可能会出现的一些问题。

第 13 章：安全性

计算机安全是一个先进主题。本章在讲解基础知识的同时，还会着重讲解难消化的数学知识。

第 14 章：机器智能

机器智能也是一个先进主题。大数据、人工智能和机器学习的结合带来全新的应用——从自动驾驶到把你逼疯的广告。

第 15 章：现实世界的考虑

编程是一个非常有条理的过程，逻辑性很强。人类会参与决定编什么、如何编程，而人类往往缺乏逻辑性。本章将讨论现实世界中关于编程的一些问题。

在阅读本书时，请记住，很多解释都是已简化的，因此细究细节可能不完全正确。要解释得完美，就需要太多分散注意力的细节。如果你在深入学习的过程中发现了这一点，请不要惊讶。你可以把这本书看成是一本可以让你在计算机的太虚世界里神奇遨游的光鲜亮丽的旅行手册。本书不可能涵盖所有的细节，当你深入阅读时，就会发现很多细微的差别。

Chapter 1 第1章

计算机的内部语言

语言的全部意义在于交流信息。作为一个程序员，你的工作就是给计算机下达指令。它们不懂我们的语言，所以我们必须学习它们的语言。

人类的语言是几千年发展的产物。我们不太了解它的发展历程，因为在语言的发展初期，还没有达到可以记录其历史的水平（显然没有人写过关于语言发展的民谣）。计算机语言则是另一回事，因为它是在人类语言发展很久之后才出现的，这使我们能够记录关于计算机语言的历史。

人类语言和计算机语言有许多相同的元素，如书面符号、排列规则和使用规则。但有一点不相同，即非书面的语言形式，计算机只有书面形式。

本章将介绍计算机的语言。学习计算机语言的过程就像学习人类语言一样，要分阶段进行。必须先学习字母，然后才能学习单词和句子。幸运的是，计算机语言比人类语言要简单得多。

1.1 什么是语言

语言是一种交流的捷径。我们可以通过它与彼此交流复杂的概念，而无须进行演示。语言还使概念的传播成为可能，甚至可以通过中间人传播。

每一种语言，无论是书面的、口头的，还是用一系列的手势或敲击石块交流信息的，其意义都被编码为一组符号。不过，将意义编码为符号还不够。只有在交流双方或多方都有相同的语言环境时，语言才能发挥作用，这样人们才可以给相同符号赋予同一个含义。例如，Toto 这个词可能会让很多人想起《绿野仙踪》里的狗，也有些人可能会想到日本的加热马桶座圈制造商。最近我在和法国交换生讨论服装问题时，遇到很多困惑。原来，

camisole 这个词在美国表示衬衣，但在法国表示紧身衣！在这两个例子中，同样的符号只能由语言环境区分开，而语境并不总是很容易分辨。计算机语言也有这个问题。

1.2 书面语言

书面语言是由一连串的符号构成的。我们将符号按照特定的顺序排列成单词。例如，在英语中，我们可以将三个符号（即字母）按从左至右的顺序排列，组成单词 yum。

符号有很多，符号组合也有很多。在英语中，有 26 个基本符号（A~Z）（忽略大写和小写、标点符号和连接词等）。这些都是母语为英语的人牙牙学语时就会学习的。其他语言也有不同类型、不同数量的符号。有些语言如汉语，有大量的符号，每个符号本身就是一个词。

语言和语言有不同的读写顺序，希伯来语从右往左读，汉语通常从左往右或从上往下读。符号的顺序很重要：dog 与 god 不同。

尽管字体在某些方面可以被认为是一种独立的语言，但我们并不以字体来区分符号：a、*a* 和 **a** 都是同一个符号。

包括计算机语言在内的书面语言有三个技术组成部分：

- 容纳符号的容器。
- 容器中允许使用的符号。
- 容器的排列排序。

有些语言包括更复杂的规则，根据其他容器中的符号约束容器中的每个符号。例如，有些符号不能占用相邻的容器。

1.3 比特

我们先从容器说起。在人类语言中它可能被称为字符，在计算机中可能被称为比特（bit）。比特这个词是二进制（binary）和十进制数字（digit）的尴尬结合。说它尴尬，是因为二进制意味着它表示的东西有两个部分，而十进制数字是表示组成我们日常数字系统的 10 个符号（0~9）中的一个。下一章将介绍为什么要使用比特，现在只需要知道比特成本很低，很容易建立就足够了。

比特是二进制的，这意味着一个比特容器只能容纳两个符号中的一个，有点像莫尔斯电码中的点和破折号。莫尔斯电码只用两个符号，通过将这些符号用不同的组合串起来表示复杂的信息。比如“点 – 破折号”表示字母 A，“破折号 – 点 – 点 – 点”表示 B，“破折号 – 点 – 破折号 – 点”表示 C，等等。就像人类语言一样，符号的顺序很重要，例如“破折号 – 点”表示 N 而不是 A。

符号的概念是抽象的。它们代表什么不重要，它们可以代表开或闭，也可以代表白天或黑夜，还可以代表鸭或鸡。但请记住，语言离不开语境。如果发送人以为自己说的是U（点－点－破折号），但接收人听到的是鸭－鸭－鹅，那么表达的事物就会变得很奇怪。

本章后续部分将介绍一些用于计算比特分配的常见方法。请记住，这里面涉及很多假设——例如，你可能会看到这样的语句："我们假设这个比特代表蓝色。"编程其实就是这样，所以即使你将了解到标准的比特用途，也不要害怕在适当的时候自己发明自己的用法。

1.4 逻辑运算

比特的一种用法是表示"冷吗？"或"你喜欢我的帽子吗？"等答案为是/否的问题的答案。我们用true表示是，用false表示否，像"哪里有狗狗派对？"这样的问题不能用是/否来回答，因此不能用比特来表示。

在人类语言中，我们经常把几个是/否分句组合成一个句子。我们可能会说，"天冷了要穿上外套，下雨了要穿上外套"或者"下雪了要去滑雪，不上学的时候要去滑雪"。另一种说法可能是"如果天冷或下雨是真的，那么穿外套是真的"和"如果下雪是真的或上学不是真的，那么滑雪是真的"。这些都是*逻辑运算*，每个运算都会根据其他比特的内容产生一个新的比特结果。

1.4.1 布尔代数

正如代数是一组对数字进行运算的规则，由英国数学家George Boole在19世纪提出的*布尔代数*，是一组对比特进行运算的规则。与普通代数一样，结合律、交换律和分配律也适用于布尔代数。

有三个基本的布尔运算——NOT（非）、AND（与）和OR（或），以及一个复合运算——XOR（异或）（为"exclusive-or"的简称），四个布尔运算描述如下：

NOT：NOT运算表示"取反"。例如，如果一个比特是假的，对该比特进行NOT运算，结果为真。如果一个比特是真，那么对该比特进行NOT运算，结果为假。

AND：此运算涉及2个比特或更多的比特。在2比特运算中，只有第一个和第二个比特均为真的时候，结果才能是真。当涉及超过2个比特时，只有当所有的比特都为真时，结果才是真。

OR：OR运算也涉及2个比特或更多的比特。在2比特运算中，如果第一个或第二个比特为真，结果为真；否则，结果为假。在超过2个比特的情况下，只要有比特为真，则结果为真。

XOR：如果第一个和第二个比特具有不同的值，则异或运算的结果为真。因为"exclusive-or"拗口，我们经常使用缩写XOR（发音为"ex-or"）。

图1-1将这些布尔运算以图示的形式概括为真值表。框外的表示输入，框内的表示输出。真值表中，T代表True，F代表False。

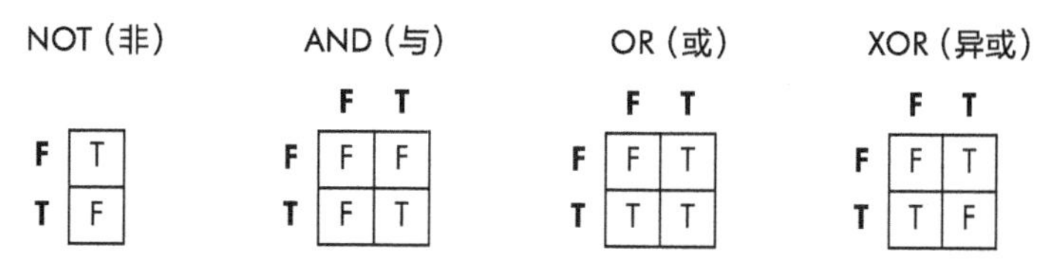

图 1-1 布尔运算真值表

图 1-2 展示了 NOT 和 AND 运算的工作原理。我们可以通过跟踪输入路径来找到输出。

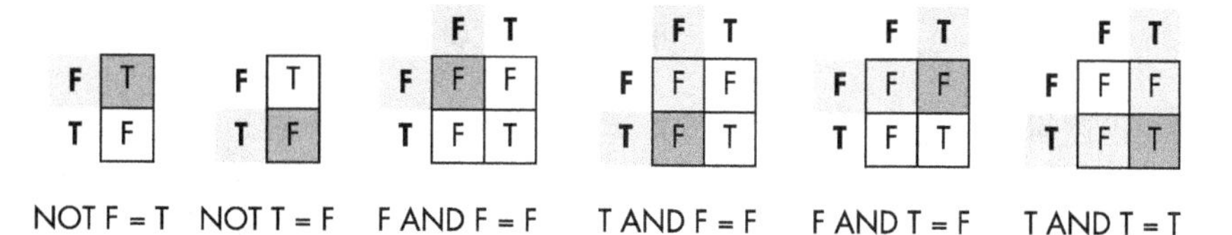

图 1-2 使用真值表的方式

正如你所看到的，NOT 运算只是反转输入的状态。此外，AND 运算只有在两个输入都为真的情况下才会返回真。

注意 XOR 运算是由其他运算建立起来的。例如，2 个比特 *a* 和 *b* 的 XOR 运算与 (*a* OR *b*) AND NOT(*a* AND *b*) 是一样的。这表明基本的布尔运算用不同的方式组合起来会产生相同的结果。

1.4.2 德摩根定律

19 世纪，英国数学家 Augustus De Morgan 添加了一条只适用于布尔代数的定律，即同名的德摩根定律。该定律规定，运算 *a* AND *b* 相当于运算 NOT(NOT *a* OR NOT *b*)，如图 1-3 所示。

a	*b*	*a* AND *b*	NOT *a*	NOT *b*	NOT *a* OR NOT *b*	NOT (NOT *a* OR NOT *b*)
F	F	F	T	T	T	F
F	T	F	T	F	T	F
T	F	F	F	T	T	F
T	T	T	F	F	F	T

图 1-3 德摩根定律真值表

注意，第二列中 *a* AND *b* 的结果与最后一列中 NOT(NOT *a* OR NOT *b*) 的结果完全相同。这意味着只要有足够的 NOT 运算，我们就可以用 OR 运算代替 AND 运算（反之亦然）。这是有用的，因为计算机运算的是不受它控制的来自真实世界的输入。虽然输入的形式是“冷”或“下雨”会比较好，但实际中它们往往是“不冷”或“不下雨”。类似于英语等语言中的双重否定句（如“ we didn’t not go skiing”），德摩根定律是一个工具，除了我们已经见过的正逻辑外，它还能让我们运算这些负逻辑命题。图 1-4 展示了正逻辑和负逻辑形式的穿衣决策。

冷	下雨	穿外套
F	F	F
F	T	T
T	F	T
T	T	T

不冷	不下雨	不穿外套
F	F	F
F	T	F
T	F	F
T	T	T

图 1-4　正逻辑与负逻辑

在左边（正逻辑），我们可以用一个 OR 运算来进行决策。在右边（负逻辑），德摩根定律允许我们使用一个 AND 运算来进行决策。如果没有德摩根定律，我们就必须将负逻辑的情况执行为“ NOT 不冷 OR NOT 不下雨”。虽然这样做是可行的，但每一次运算都是有金钱和性能成本的，所以最小化运算量会使成本最小化。执行 NOT 运算的硬件会花费真金白银，而且下一章会讲到级联运算会减慢速度。

1.5　用比特表示整数

让我们沿着逻辑链往上走，学习如何用比特来表示数字。数字比逻辑复杂，但比文字简单得多。

1.5.1　表示正数

我们常用十进制数字系统，因为它对应我们的十根手指。十个不同的称为数字的符号（0123456789）可以放进容器。容器从右到左依次堆放。每个容器都有一个与内容无关的名称，位于最右边的容器称为“一”，接下来是“十”，然后是“百”“千”，以此类推。这些名称是 10 的幂的别名，10^0 是 1，10^1 是 10，10^2 是 100，10^3 是 1 000。由于 10 是这些指数的底数，这个系统被称为十进制系统。数字的值等于每个容器的值与容器内的值的乘积之和。例如，数字 5 028 是 5 个 1 000、0 个 100、2 个 10、8 个 1 的总和，即 $5 \times 10^3+0 \times 10^2+2 \times 10^1+8 \times 10^0$，如图 1-5 所示。

10^3	10^2	10^1	10^0
5	0	2	8

图 1-5　数字 5 028 的十进制记数法

我们可以按照类似的方法用比特来表示数字。由于用的是比特而不是数字，因此只有两个符号 0 和 1，但这不是问题。在十进制中，每当空间不够用时，就会增加一个容器。比如我们可以把 9 装在一个容器中，但装 10 需要两个容器。这也适用于二进制容器，任何大于 1 的数，都需要再来一个新的容器。最右边的容器仍然是 1，但它的左边是什么容器？就是 2！在十进制中，有 10 个符号，因此容器的值是右边那个容器的 10 倍。由于在二进制中只有两个符号，因此容器的值是右边那个容器值的两倍。这就是它的全部内容！容器的值都是 2 的幂，这意味着二进制容器是底数为 2 的系统，而不是底数为 10 的系统。

表 1-1 列出了一些 2 的幂，我们可以用它作为参考，来理解数字 5 028 的二进制表示法。

表 1-1　2 的幂

展开式	幂次	十进制形式
2 ÷ 2	2^0	1
2	2^1	2
2 × 2	2^2	4
2 × 2 × 2	2^3	8
2 × 2 × 2 × 2	2^4	16
2 × 2 × 2 × 2 × 2	2^5	32
2 × 2 × 2 × 2 × 2 × 2	2^6	64
2 × 2 × 2 × 2 × 2 × 2 × 2	2^7	128
2 × 2 × 2 × 2 × 2 × 2 × 2 × 2	2^8	256
2 × 2 × 2 × 2 × 2 × 2 × 2 × 2 × 2	2^9	512
2 × 2 × 2 × 2 × 2 × 2 × 2 × 2 × 2 × 2	2^{10}	1 024
2 × 2 × 2 × 2 × 2 × 2 × 2 × 2 × 2 × 2 × 2	2^{11}	2 048
2 × 2 × 2 × 2 × 2 × 2 × 2 × 2 × 2 × 2 × 2 × 2	2^{12}	4 096
2 × 2 × 2 × 2 × 2 × 2 × 2 × 2 × 2 × 2 × 2 × 2 × 2	2^{13}	8 192
2 × 2 × 2 × 2 × 2 × 2 × 2 × 2 × 2 × 2 × 2 × 2 × 2 × 2	2^{14}	16 384
2 × 2 × 2 × 2 × 2 × 2 × 2 × 2 × 2 × 2 × 2 × 2 × 2 × 2 × 2	2^{15}	32 768

表 1-1 中最右边的每一个数字代表一个二进制容器的值。图 1-6 展示了数字 5 028 是如何用二进制表示的，其过程与前面的十进制记数法的表示过程基本相同。

2^{12}	2^{11}	2^{10}	2^9	2^8	2^7	2^6	2^5	2^4	2^3	2^2	2^1	2^0
1	0	0	1	1	1	0	1	0	0	1	0	0

图 1-6　数字 5 028 的二进制形式

转成二进制的结果是：

$1 \times 2^{12} + 0 \times 2^{11} + 0 \times 2^{10} + 1 \times 2^9 + 1 \times 2^8 + 1 \times 2^7 + 0 \times 2^6 + 1 \times 2^5 + 0 \times 2^4 + 0 \times 2^3 + 1 \times 2^2 + 0 \times 2^1 + 0 \times 2^0 = 5\ 028$

正如你所看到的，二进制数 5 028 有 1 个 4 096（2^{12}）、0 个 2 048（2^{11}）、0 个 1 024（2^{10}）、1 个 512（2^9）、1 个 256（2^8），以此类推，组成 1001110100100。执行与十进制数相同的计

算方法，可以写成 $1 \times 2^{12} + 0 \times 2^{11} + 0 \times 2^{10} + 1 \times 2^{9} + 1 \times 2^{8} + 1 \times 2^{7} + 0 \times 2^{6} + 1 \times 2^{5} + 0 \times 2^{4} + 0 \times 2^{3} + 1 \times 2^{2} + 0 \times 2^{1} + 0 \times 2^{0}$。将表 1-1 中的十进制数代入，得到 $4\,096 + 512 + 256 + 128 + 32 + 4$，等于 5 028。

5 028 是十进制的四位数。在二进制中，它是一个 13 位的数。

位数的多少决定了可以用十进制表示的值的范围。例如，在 0～99 的范围内，可以用两位数来表示。同样，比特数的多少也决定了可以用二进制表示的值的范围。例如，2 比特可以表示 0～3 范围内的 4 个值。表 1-2 总结了可以用不同的比特数来表示的值的数量和范围。

表 1-2　二进制数的范围

比特数	值的数量	值的范围
4	16	0...15
8	256	0...255
12	4 096	0...4 095
16	65 536	0...65 535
20	1 048 576	0...1 058 575
24	16 777 216	0...16 777 215
32	4 294 967 296	0...4 294 967 295
64	18 446 744 073 709 551 616	0...18 446 744 073 709 551 615

二进制数中最右边的位称为最低有效位，最左边的位称为最高有效位，因为改变最右边的位的值对数值影响最小，而改变最左边的位的值影响最大。计算机人喜欢用三个字母的缩写，也就是我们常说的 TLA（Three-Letter Acronyms），最低有效位和最高有效位的缩写通常为 LSB（Least Significant Bit）和 MSB（Most Significant Bit）。图 1-7 展示了用 16 位表示的数字 5 028。

MSB →	0	0	0	1	0	0	1	1	1	0	1	0	0	1	0	0	← LSB
	15	14	13	12	11	10	9	8	7	6	5	4	3	2	1	0	

图 1-7　最低有效位（LSB）和最高有效位（MSB）

你会发现，虽然 5 028 的二进制表示法需要 13 位，但图 1-7 显示的是 16 位。就像在十进制中在左侧添加前导零一样，我们总是可以使用比最低要求更多的容器。在十进制中，05 028 与 5 028 的值相同。二进制数通常也是这样表示的，因为计算机是围绕着位块建立的。

1.5.2　二进制加法

了解了如何用二进制来表示数字，我们来看如何用二进制数进行简单的算术。在十进制加法中，我们按照从右边（最低有效位）到左边（最高有效位）的顺序把每个数字加起来，如果结果大于 9，则进 1 位。类似地，我们按照从最低有效位至最高有效位的顺序把二进制数的每个位相加，如果结果大于 1，则进 1 位。

在二进制中，加法实际上是比较简单的，因为 2 位的二进制数只有 4 个可能的数，而 2 位的十进制数有 100 个数字。例如，图 1-8 展示了如何用二进制数进行加法，把 1 和 5 相加，并显示每一列上的进位。

十进制	二进制
1	⁰0 ¹0 ⁰1
5	1 0 1
6	1 1 0

图 1-8　二进制加法

数字 1 用二进制表示是 001，数字 5 是 101，因为（1×4）+（0×2）+（1×1）=5。把二进制数字 001 和 101 相加，我们从最右列的最低有效位开始。这一列的二进制数字 1 和 1 相加得 2，而二进制中并无表示 2 的符号。但是我们知道十进制中的 2 实际上就是二进制中的 10（[1×2]+[0×1]=2），所以我们把 0 作为和，把 1 进到下一位。因为中间的位都是 0，所以只有之前进位的 1。然后，把最左列的数字相加：0 加 1 就是二进制中的 1。最后的结果就是二进制的 110，或者说是十进制的 6，也就是 1 和 5 相加后的结果。

你可能会注意到，二进制加法的规则可以用前面讨论过的逻辑运算来表示，如图 1-9 所示。我们将在第 2 章中看到，逻辑运算实际上就是计算机硬件做二进制加法的方式。

A	*B*	*A* AND *B*		*A* + *B*		*A* XOR *B*	*A*	*B*
0	0	0	----►	00	◄----	0	0	0
0	1	0	----►	01	◄----	1	0	1
1	0	0	----►	01	◄----	1	1	0
1	1	1	----►	10	◄----	0	1	1

图 1-9　使用逻辑运算的二进制加法

当我们把 2 个比特相加时，计算结果的值是 2 个比特的 XOR 运算结果，进位的值是 2 个比特的 AND 运算结果。从图 1-9 中可以看到，二进制中的 1 和 1 相加得到的结果是 10。这意味着进位值为 1，也就是执行表达式（1 AND 1）所得到的结果。同样，表达式（1 XOR 1）会得到 0，也就是给相加位本身分配的值。

将 2 个比特相加是一个很少单独发生的操作。参照图 1-8，我们似乎是把每列中的 2 个比特相加，但实际上是把 3 个比特相加，因为进位也需参与加法运算。幸运的是，我们无须学习新的规则就可以把 3 个比特加在一起（因为根据结合律，*A*+*B*+*C* 等于（*A*+*B*）+*C*，所以可以用 2 次 2 个比特的加法把 3 个比特加在一起）。

当加法的结果超出位数时，会发生什么？这会导致*溢出*，只要从最高有效位进位，就会出现溢出。例如，如果将 4 位二进制数 1001（9_{10}）与 1000（8_{10}）相加，结果应该是 10001（17_{10}），但最终会是 0001（1_{10}），因为没有最高有效位的位置。我们将在后面详细介绍计算机的*条件码寄存器*，它是存放奇数信息的地方。其中一个是*溢出位*，它保存着最高有效位的进位值。我们可以通过查看这个值来判断是否发生溢出。

你可能知道，可以通过与一个数的负数相加来减去该数。下一节将介绍如何表示负数。向最高有效位借位称为*下溢*。针对下溢，计算机也有对应的条件码。

1.5.3 表示负数

上一节中我们用二进制表示的所有数字都是正数，但现实世界中的很多问题都涉及正数和负数，我们来看如何用二进制来表示负数。例如，假设我们有 4 个比特可以使用。正如上一节提到的，4 个比特可以表示 0～15 的 16 个数字。用 4 个比特可以表示 16 个数字并不意味着这些数字必须位于 0～15。记住，语言是通过意义和语境来发挥作用的，这意味着我们可以设计出新的语境来解释比特。

原码表示法

符号常用来区分负数和正数。符号有两个值，即正号和负号，所以可以用比特来表示。我们将使用最左边的位（MSB）来表示符号，剩下的 3 个位可以表示 0～7 之间的数字。如果符号位为 0，则将其视为正数。如果符号位为 1，则将其视为负数。这样，我们总共可以表示 15 个而不是 16 个不同的正数和负数，因为正 0 和负 0 是相等的。表 1-3 展示了使用此方法表示的 –7～+7 之间的数字。

这就是所谓的原码表示法，因为既有表示符号的位，也有表示大小（或者说这个值与零点的距离）的位。

原码表示法并不常用，原因有两个：第一，位的建立需要成本，所以我们不想因为用两种不同的方法表示 0 而增加成本，我们更愿意用这个位组合来表示另一个数字；第二，使用 XOR 和 AND 的运算不能用这种表示方法。

表 1-3 二进制数的原码表示

符号（正负号）	2^2	2^1	2^0	十进制数
0	1	1	1	+7
0	1	1	0	+6
0	1	0	1	+5
0	1	0	0	+4
0	0	1	1	+3
0	0	1	0	+2
0	0	0	1	+1
0	0	0	0	+0
1	0	0	0	–0
1	0	0	1	–1
1	0	1	0	–2
1	0	1	1	–3
1	1	0	0	–4
1	1	0	1	–5
1	1	1	0	–6
1	1	1	1	–7

假设我们想把 +1 与 –1 相加。我们期望得到的结果是 0，但使用原码表示法，我们却得不到该结果，如图 1-10 所示。

	0	0	0	1	+1
+	1	0	0	1	–1
	1	0	1	0	–2

图 1-10　使用原码表示法的 +1 与 –1 的相加

可以看到，0001 在二进制中代表正数 1，因为它的符号位是 0；1001 在二进制中代表 –1，因为它的符号位是 1。用 XOR 和 AND 运算把它们加在一起，就得到了 1010。而 1010 表示十进制的 –2，显然并非 +1 和 –1 之和。

虽然可以通过更复杂的逻辑来使原码表示法在运算中发挥作用，但尽可能地简化事情更有价值。我们需要探索一些其他的数字表示方法，以找到更好的方法。

反码表示法

另一种得到负数的方法是取正数并翻转它所有的位，这就是所谓的反码表示法。我们以类似于原码的方式对位进行划分。在这种情况下，用 NOT 运算得到一个反码。表 1-4 用反码表示了 –7～7 的数字。

表 1-4　二进制数的反码表示

符号（正负号）	2^2	2^1	2^0	十进制数
0	1	1	1	+7
0	1	1	0	+6
0	1	0	1	+5
0	1	0	0	+4
0	0	1	1	+3
0	0	1	0	+2
0	0	0	1	+1
0	0	0	0	+0
1	1	1	1	–0
1	1	1	0	–1
1	1	0	1	–2
1	1	0	0	–3
1	0	1	1	–4
1	0	1	0	–5
1	0	0	1	–6
1	0	0	0	–7

可以看到，翻转 0111（+7）的每个位，可以得到 1000（–7）。

反码表示法仍然存在有两个 0 的表示问题。它仍然不能让我们容易地进行加法运算。为了解决这个问题，我们使用循环进位，使最低有效位增加 1，如果在最高有效位之外还有进位，那我们就可以得到正确的结果。图 1-11 说明了它的原理。

要将用反码表示的 +2 与 −1 相加，可以按正常情况对 0010 和 1110 进行二进制加法。因为最高有效位（符号位）的数字相加结果是 10，我们把 0 保留，将 1 作为循环进位。但是我们只有 4 个位，所以当到达最高有效位时，我们把进位值带回第一个位，得到 0001，即 +1，也就是 +2 和 −1 之和的正确值。可以看到，这样做过于复杂。

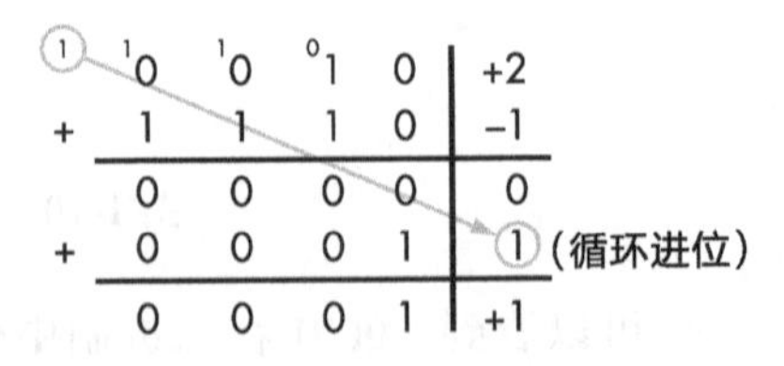

图 1-11 反码表示的二进制数加法

虽然这样做是可行的，但它仍然不是一个很好的解决方案，因为这需要额外的硬件来添加循环进位位。

现代计算机中既不使用原码表示法，也不使用反码表示法。没有额外的硬件，使用这些方法进行算术运算是行不通的，而额外的硬件会增加成本。我们来看看能不能想出一个解决这个问题的方案。

补码表示法

如果不添加任何特殊的硬件，只使用 XOR 和 AND 运算，会有什么结果？让我们想一想，当与 +1 相加的时候，什么位型会计算得到 0，并称其为 −1。如果我们坚持用 4 个比特表示，+1 就是 0001。如图 1-12 所示，1111 与它相加，结果是 0000，所以我们用这个位型来表示 −1。

```
 +1     ¹0 ¹0 ¹0 ⁰1
 −1      1  1  1  0
 ——     ————————————
  0      0  0  0  0
```

图 1-12 寻找 −1

这就是所谓的补码表示法，它是有符号整数最常用的二进制表示法。对正数求反码（即对每个位进行 NOT 运算），然后加 1，舍弃 MSB 的任何进位，就可以得到这个数字的负数。表示 +1 的 0001 的反码是 1110，加 1 就可以得到表示 −1 的 1111。同理，+2 是 0010，它的反码是 1101，再加 1 就可以得到表示 −2 的 1110。表 1-5 展示了用补码表示的 −8～7 的数字。

表 1-5 二进制数的补码表示

符号（正负号）	2^2	2^1	2^0	十进制数
0	1	1	1	+7
0	1	1	0	+6
0	1	0	1	+5
0	1	0	0	+4
0	0	1	1	+3
0	0	1	0	+2

（续）

符号（正负号）	2^2	2^1	2^0	十进制数
0	0	0	1	+1
0	0	0	0	+0
1	1	1	1	–1
1	1	1	0	–2
1	1	0	1	–3
1	1	0	0	–4
1	0	1	1	–5
1	0	1	0	–6
1	0	0	1	–7
1	0	0	0	–8

我们用 0 来试一下，看看补码表示法是否解决了 0 的重复表示问题。取 0000 并翻转每个位，我们得到它的反码 1111。将 1 加到 1111，得到 [1]0000，但由于这是一个 5 位的数字，超过了我们可用的位数，所以我们可以忽略掉进位位中的 1。这样就只剩下 0000，也就是刚开始的 0，所以 0 在补码表示法中只有一个表示形式。

程序员得知道需要多少位来表示他们需要的数字。对于这些内容，程序员们应烂熟于心。你可以参考表 1-6，该表给出了不同位数下可以用补码表示的数字范围。

表 1-6　补码表示的数字范围

位数	数字数量	数字范围
4	16	–8…7
8	256	–128…127
12	4 096	–2 048…2 047
16	65 536	–32 768…32 767
20	1 048 576	–524 288…524 287
24	16 777 216	–8 388 608…8 388 607
32	4 294 967 296	–2 147 483 648…2 137 483 647
64	18 446 744 073 709 551 616	–9 223 372 036 854 775 808…9 223 372 036 854 775 807

从表 1-6 可以看出，随着位数的增加，可以表示的数字范围呈指数级增加。重要的是要记住，我们总是需要根据语境来确定我们看到的 4 位数字 1111 是 15，而不是用补码表示的 –1 或用原码表示的 –7，也不是用反码表示的 –0。你必须知道使用的是哪种表示方式。

1.6　表示实数

到目前为止，我们已经设法用二进制来表示整数。但是，如何表示实数呢？实数在十进制中包括一个小数点。我们需要一些方法来表示等价二进制点。同样，这可以通过在不同语境解释二进制位来实现。

1.6.1 定点表示法

用二进制表示分数的一种方法是任意选择一个二进制点（小数点的二进制等价物）位置。比如，如果有 4 个位，我们可以假设其中两个位在二进制点的右边，表示 4 个小数，而另外两个位在左边，表示 4 个整数。这就是所谓的定点表示法，因为二进制点的位置是固定的。表 1-7 展示了其工作原理。

表 1-7 定点二进制数字

整数部分		二进制点	小数部分		值
0	0	.	0	0	0
0	0	.	0	1	¼
0	0	.	1	0	½
0	0	.	1	1	¾
0	1	.	0	0	1
0	1	.	0	1	1¼
0	1	.	1	0	1½
0	1	.	1	1	1¾
1	0	.	0	0	2
1	0	.	0	1	2¼
1	0	.	1	0	2½
1	0	.	1	1	2¾
1	1	.	0	0	3
1	1	.	0	1	3¼
1	1	.	1	0	3½
1	1	.	1	1	3¾

从二进制记数法来看，点左边的整数应该看起来很熟悉。与整数表示类似，点的右边两位可以表示 4 个值，代表的是四分之一，而不是我们熟悉的十进制中的十分之一。

虽然这种方法很好用，但在通用型计算机中并不常用，因为它需要太多的位来表示有用的数字范围。某些被称为*数字信号处理器*（Digital Signal Processor, DSP）的特殊用途计算机仍然使用定点数。而且第 11 章将提到定点数在某些应用中是有用的。

通用型计算机是为了解决通用型问题而建立的，涉及的数字范围很广。你可以通过浏览物理学读物，对这个范围有一定的概念。例如，有如普朗克常数（6.63×10^{-34}J · S）的微小数字，也有如阿伏伽德罗常数（6.02×10^{23}mol^{-1}）的大数字。这是一个相差 10^{57} 的范围，大约是 2^{191}。这几乎需要 200 个比特！用几百个比特去表示这里面的每一个数字成本可真是不低，所以我们需要寻找其他的解决方法。

1.6.2　浮点表示法

我们用二进制版本的科学记数法来解决这个问题，科学记数法常用于表示包括普朗克常数和阿伏伽德罗常数在内的大量级的数字。科学记数法创造了一个新的解释语境，以表示巨大范围内的数字。它使用小数点左边是个位的数字（称为尾数）乘以 10 的幂（称为指数）来表示。计算机也使用与这类似的表示方法，不过尾数和指数是二进制数，而底数 10 变成了 2。

以上就是浮点表示法，这让人很困惑，因为二进制（十进制）点总是在同一个位置：在一和二分之一（十进制的十分之一）之间。“浮点”只是科学记数法的另一种说法，我们使用浮点把数字表示为 1.2×10^{-3}，而不是 0.0012。

请注意，我们无须使用任何比特来表示底数 2，因为浮点定义默认底数为 2。通过将有效数字和指数分开，浮点表示法可以表示非常小或非常大的数字，无须存储所有数字中含有的零。

表 1-8 显示了 4 位的浮点表示法，其中 2 位为尾数，2 位为指数。

表 1-8　浮点二进制数字

尾数		浮点	指数		值
0	0	.	0	0	$0(0 \times 2^0)$
0	0	.	0	1	$0(0 \times 2^1)$
0	0	.	1	0	$0(0 \times 2^2)$
0	0	.	1	1	$0(0 \times 2^3)$
0	1	.	0	0	$0.5(½ \times 2^0)$
0	1	.	0	1	$1.0(½ \times 2^1)$
0	1	.	1	0	$2.0(½ \times 2^2)$
0	1	.	1	1	$4.0(½ \times 2^3)$
1	0	.	0	0	$1.0(1 \times 2^0)$
1	0	.	0	1	$2.0(1 \times 2^1)$
1	0	.	1	0	$4.0(1 \times 2^2)$
1	0	.	1	1	$8.0(1 \times 2^3)$
1	1	.	0	0	$1.5(1½ \times 2^0)$
1	1	.	0	1	$3.0(1½ \times 2^1)$
1	1	.	1	0	$6.0(1½ \times 2^2)$
1	1	.	1	1	$12.0(1½ \times 2^3)$

虽然这个例子只使用了几个位，但仍揭示了浮点表示法中存在的一些低效率问题。首先，存在很多浪费的位组合。例如，有四种方式表示 0，有两种方式表示 1.0、2.0 和 4.0。

其次，并不是每个数字都有表示它的位型，而且当数字变大时，指数会使数字之间的距离更大。这带来的一个副作用是，我们可以把 0.5 和 0.5 相加得到 1.0，但无法把 0.5 和 6.0 相加，因为没有表示 6.5 的位型。（数学中有一个分支叫作*数值分析*，涉及对计算的不准确程度的跟踪。）

1.6.3 IEEE 浮点标准

奇怪的是，浮点表示法是表示实数的标准方法。浮点表示法使用的位比表 1-8 中使用的更多，而且有两个符号，一个用于表示尾数，另一个隐藏的符号是指数的一部分。还存在很多技巧，可以确保像四舍五入这样的运算尽可能地成功，并尽量减少浪费的位组合数量。名为 IEEE 754 的标准将所有这些都列了出来。IEEE（Institute of Electrical and Electronic Engineer）代表美国电气电子工程师协会，它是一个专业组织，其业务包括制作标准。

我们希望在可用的位数下，最大限度地提高精度。有个巧妙的技巧叫作*归一化*，它可以调整尾数，所以不需要前导（即在左边）的零。每次调整尾数都需要对指数进行相应的调整。第二种技巧来自数字设备公司（Digital Equipment Corporation, DEC），它扔掉了尾数最左边的那一位（因为我们知道最左边那一个位永远是 1），将精度提高了一倍，也多了一个位的空间。

你不需要知道 IEEE 754 标准所有烦琐的细节。但你应该知道经常会遇到的两种类型的浮点数：单精度浮点数和双精度浮点数。单精度数字使用 32 位表示，可以表示大约在 $\pm 10^{\pm 38}$ 范围内的数字，可精确到 7 位数。双精度数字使用 64 位表示，可以表示的数字范围更广，约在 $\pm 10^{\pm 308}$，可精确到 15 位数。图 1-13 显示了它们的排列方式。

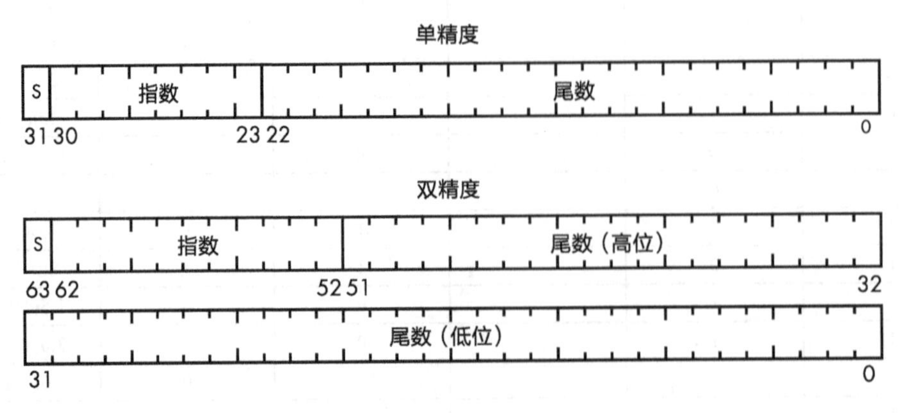

图 1-13 IEEE 浮点数格式

这两种格式都有一个符号位，即图 1-13 中的 S。可以看到，双精度浮点数比单精度浮点数多了 3 个指数位，范围是单精度的 8 倍。双精度浮点数也比单精度浮点数多了 29 个尾数位，精度更高。然而，代价是双精度浮点数要比单精度浮点数多占一倍的位数。

你可能已经注意到，指数值没有明确的符号位。IEEE 754 的设计者将所有 0 和所有 1 的指数值都设计为有特殊意义，所以实际的指数值必须被压缩到剩余的位型中。他们使用*偏置*（偏移）指数值来实现这点。对于单精度浮点数，偏移值是 127，这意味着 127（01111111）的位型代表指数值为 0。1（00000001）的位型代表指数值为 –126，254（11111110）的位型代表指数值 +127。双精度浮点数也类似，只不过它的偏移值为 1 023。

IEEE 754 的另一个方便之处是，它有特殊的位组合，可以表示除以 0 之类的东西，它的值为正负无穷大。它还指定了一个叫作 NaN 的特殊值，代表“不是数字”，所以如果你发现处于 NaN 状态，可能意味着你做了一些不合理的算术运算。这些特殊的位组合使用了前面讨论过的保留指数值。

1.7　二进制编码的十进制系统

前面已经讲解了一些比较常见的二进制数字表示方法，其实还有许多替代方法。一种是*二进制编码的十进制*（Binary-Coded Decimal, BCD），它用 4 个二进制位来表示一个十进制位。例如，12 在二进制中表示为 1100，但在 BCD 中表示为 0001 0010，其中 0001 代表 1，0010 代表 2。对于习惯十进制的人来说，这是一种更熟悉、更舒适的表示方式。

计算机曾经知道如何使用 BCD 数字工作，但二进制编码的十进制系统已经不再是主流。不过，它确实出现在了很多地方，值得我们了解。特别是许多与计算机交互的设备，如显示器和加速度计等，都使用 BCD 系统。

BCD 系统之所以不再盛行，主要是因为它没有像二进制那样有效地使用位。可以看到，BCD 比二进制需要更多的位来表示一个数字。虽然位的成本比过去低很多，但也不至于低到随便把每 16 个位组合中的 6 个浪费掉，那相当于浪费掉了高达 37.5% 的可用位。

1.8　处理二进制数的简单方法

众所周知，长时间对着显示器处理二进制数会有失明的危险，它会让人视觉疲劳！人们想出了一些让二进制数字更容易阅读的方法。下面将介绍其中的几种方法。

1.8.1　八进制表示法

其中一个节约用眼的方法是八进制表示法。八进制的意思是底数为 8，而八进制表示法背后的思想是将 3 位当作一组。3 位可以用来表示 2^3，或者表示 0～7 的 8 个值。假设有一些巨大的二进制数，比如 100101110001010100。这个数读起来很伤眼睛。图 1-14 展示了如何把二进制数转化为八进制表示。

100	101	110	001	010	100
4	5	6	1	2	4

图 1-14　二进制数的八进制表示

如你所见，我们将位分组，每组 3 位，并将八进制值分配给每一组，得到 456124，这样读起来就简便多了。要得到 100 的八进制值，只需简单地将其作为二进制数来处理：$(1\times2^2)+(0\times2^1)+(0\times2^0)=4$。

1.8.2 十六进制表示法

八进制表示法现在仍在使用，但没有过去那么广泛了。十六进制表示法（底数为 16）已经基本取代了八进制表示法，因为现在的计算机都是以 8 位的倍数为单位，可以整除 4，但不可以整除 3。

将我们熟悉的十进制数字中的一些符号转换为二进制很容易，因为只需要其中的 0 和 1。对于八进制，只需要 10 个数字中的 8 个。但是对于十六进制，需要 16 个，这比我们现有的 10 个数字要多。我们需要一些符号来代表 10～15。我们假设符号 a、b、c、d、e、f（或 A、B、C、D、E、F）分别代表 10～15。假设有一个可怕的二进制数，比如 11010011111111000001，图 1-15 显示了如何将其转换为十六进制。

1101	0011	1111	1100	0001
d	3	f	c	1

图 1-15 二进制数的十六进制表示

在这个例子中，我们把 4 个位作为一组，然后将 16 个符号值（0、1、2、3、4、5、6、7、8、9、a、b、c、d、e、f）中的一个分配给每一组。例如，1101（第一个 4 位的组）在十六进制中将用 d 表示，因为它的值为十进制 $1\times(2^3)+1\times(2^2)+0\times(2^1)+1\times(2^0)=13$，而 d 代表数字 13。将下一个 4 位的组映射到另一个符号，以此类推。最终 11010011111111000001 转换为十六进制中的 d3fc1。表 1-9 展示了便捷的十六进制值列表，你可以参考这些值，直到它刻在你的脑海里。

表 1-9 二进制数与十六进制数的转化

二进制	十六进制	二进制	十六进制
0000	0	1000	8
0001	1	1001	9
0010	2	1010	a
0011	3	1011	b
0100	4	1100	c
0101	5	1101	d
0110	6	1110	e
0111	7	1111	f

1.8.3 表示语境

怎么知道该如何解释一个数字？比如数字 10，如果是二进制数，那么就是 2；如果是八进制数，那么就是 8；如果是十进制数，那么就是 10；如果是十六进制数，那么就是 16。数学书上使用下标进行区分，所以我们可以写为 10_2、10_8、10_{10} 或 10_{16}，但是用电脑键盘输入下标很不方便。如果能有一个一致的记号就好了，但悲哀的是，很多人认为自己有更好的方法，因而会自己发明新的记号，于是我们曾使用过一堆记号。许多计算机编程语言都使用了以下记号法：

- 以 0 开头的数字表示八进制数，例如 017。
- 以 1～9 开头的数字表示十进制数，例如 123。
- 以 0x 为前缀的数字表示十六进制数，例如 0x12f。

请注意，我们无法区分八进制 0 和十进制 0，但是这并不重要，因为八进制 0 和十进制 0 是相同的。很少有编程语言有二进制的记号，因为它确实不怎么使用了，而且往往可以从语境判断。有些语言，如 C++，用 0b 前缀来表示二进制数。

1.9 命名位组

计算机不只是一个含有一堆毫无规则组织的位容器。设计计算机的人出于对成本的考虑，必须决定位的数量和组织方式。就像数字表示法一样，人们尝试过很多方法，但只有一些方法留存了下来。

位是很小的单位，所以把它们组合成更大的数据块。例如，霍尼韦尔 6000 系列的计算机使用 36 位数据块作为基本组织形式，并允许将这些数据块分割成 18 位、9 位以及 6 位数据块，或组合成 72 位数据块。第一款商用小型计算机 DEC PDP-8（1965 年推出）使用的是 12 位数据块。随着时间的推移，世界上已经确定 8 位数据块为基本单位，称为字节。

为了方便使用，不同大小的数据块有不同的名称。表 1-10 总结了现在一些常用数据块的名称和大小。

表 1-10　位组的名称

名称	位数
半字节	4
字节	8
半字	16
长字	32
双字	64

你可能会疑惑，为什么有半字、长字和双字，却没有普通字？字用来描述特定计算机设计中事物的真实大小。真实大小指的是可以被快速操作的最大数据块的大小。例如，虽然 DEC PDP-11 可以访问字节、半字、长字，但它的内部组织结构为 16 位，因此 DEC PDP-11 的真实大小为 16 位。C 和 C++ 等编程语言允许将变量声明为 `int`（整数的简称），这使它们的大小成为真实大小。你还可以使用一组受支持的特定大小来声明变量。

有一些标准的术语，可以方便地指代大数。曾经有一个指代大数的标准，现在又换了一个新的标准。工程师们有一个习惯，就是找一些和他们想要的意思相近的词，然后把这些词当作他们想要的意思来使用。例如，在公制中，千（kilo）是千级单位，兆（mega）是百万级单位，吉（giga）是十亿级单位，而太（tera）是万亿单位。这些名词被借用过来，稍稍改变，因为在计算机中使用的是底数 2，而不是底数 10。然而，当我们在计算中提到千位或千字节（K或KB）时，实际上并不是指1 000。我们指的是二进制中最接近1 000的数，也就是1 024或2^{10}。同理，兆字节（M或MB）是2^{20}，吉字节（G或GB）是2^{30}，太字节（T或TB）是2^{40}。

但有时我们确实指的是底数为10的版本。你需要了解语境，才能知道采用哪种含义。传统上，底数为10的版本常用来表示磁盘驱动器的大小。一位美国律师假装不知道这点，提起诉讼（Safier诉WDC），声称磁盘驱动器的内存比宣传的要小。（在我看来，这就像那些声称2×4的木材实际尺寸不是2英寸乘4英寸[⊖]一样愚蠢，因为这个尺寸一直都是指未刨光未加工的木材尺寸。）这场诉讼导致了新的IEC标准前缀的产生：kibi（KiB）表示2^{10}，mebi（MiB）表示2^{20}，gibi（GiB）表示2^{30}，tebi（TiB）表示2^{40}。这样的表示慢慢地流行了起来。

术语字符经常与字节互换使用（将在下一节介绍），因为字符的代码通常被设计成适应字节。现在，随着对非英语语言的更好支持，经常需要涉及多字节字符。

1.10 表示文本

此时，你已经知道了位是我们在计算机中全部工作的基础，我们可以用位来表示其他的东西，比如数字。是时候介绍新的东西了：用数字表示其他内容，比如字母和键盘上的符号。

1.10.1 ASCII

就像数字表示法一样，也存在几个互相竞争的文字表示法。1963年，美国信息交换标准代码（American Standard Code for Information Interchange, ASCII）从一些文字表示法中脱颖而出，它为键盘上的所有符号分配了7位的数字值。例如，65表示大写的A，66表示大写的B，以此类推。IBM的*扩展二进制编码的十进制交换码*（Extended Binary-Coded Decimal Interchange Code, EBCDIC）没有竞争过ASCII码，它基于用于穿孔卡片机的编码。EBCDIC中的“BCD”部分代表的是前面提到的二进制编码的十进制数。ASCII码表如表1-11所示。

从表1-11中找到字母A，可以看到它的十进制值是65，十六进制值是0x41，也就是八进制的0101。事实证明，由于历史原因，ASCII字符代码还是常用八进制。

ASCII表中有一些很有趣的编码。它们被称为*控制字符*，因为相对于输出来说，ASCII字符是控制东西的。表1-12展示了它们所代表的内容。

其中许多控制字符被用于通信控制。例如，ACK表示“我收到了消息”，NAK表示“我没有收到消息”。

⊖ 1英寸=0.025 4米。——编辑注

表 1-11　ASCII 码表

十进制	十六进制	字符	十进制	十六进制	字符	十进制	十六进制	字符	十进制	十六进制	字符
0	00	NUL	32	20	SP	64	40	@	96	60	`
1	01	SOH	33	21	!	65	41	A	97	61	a
2	02	STX	34	22	"	66	42	B	98	62	b
3	03	ETX	35	23	#	67	43	C	99	63	c
4	04	EOT	36	24	$	68	44	D	100	64	d
5	05	ENQ	37	25	%	69	45	E	101	65	e
6	06	ACK	38	26	&	70	46	F	102	66	f
7	07	BEL	39	27	'	71	47	G	103	67	g
8	08	BS	40	28	(	72	48	H	104	68	h
9	09	HT	41	29	)	73	49	I	105	69	i
10	0A	NL	42	2A	*	74	4A	J	106	6A	j
11	0B	VT	43	2B	+	75	4B	K	107	6B	k
12	0C	FF	44	2C	,	76	4C	L	108	6C	l
13	0D	CR	45	2D	-	77	4D	M	109	6D	m
14	0E	SO	46	2E	.	78	4E	N	110	6E	n
15	0F	SI	47	2F	/	79	4F	O	111	6F	o
16	10	DLE	48	30	0	80	5	P	112	70	p
17	11	DC1	49	31	1	81	51	Q	113	71	q
18	12	DC2	50	32	2	82	52	R	114	72	r
19	13	DC3	51	33	3	83	53	S	115	73	s
20	14	DC4	52	34	4	84	54	T	116	74	t
21	15	NAK	53	35	5	85	55	U	117	75	u
22	16	SYN	54	36	6	86	56	V	118	76	v
23	17	ETB	55	37	7	87	57	W	119	77	w
24	18	CAN	56	38	8	88	58	X	120	78	x
25	19	EM	57	39	9	89	59	Y	121	79	y
26	1A	SUB	58	3A	:	90	5A	Z	122	7A	z
27	1B	ESC	59	3B	;	91	5B	[	123	7B	{
28	1C	FS	60	3C	<	92	5C	\	124	7C	|
29	1D	GS	61	3D	=	93	5D	]	125	7D	}
30	1E	RS	62	3E	>	94	5E	^	126	7E	~
31	1F	US	63	3F	?	95	5F	_	127	7F	DEL

表 1-12　ASCII 控制字符

NUL	空	SOH	起头字符
STX	文本起始符	ETX	文本结束符
EOT	传输结束位	ENQ	请求

（续）

ACK	告知收悉符	BEL	响铃
BS	回格符	HT	水平制表符
NL	新一行	VT	垂直制表符
FF	换页符	CR	回车
SO	移出符	SI	启用切换
DLE	数据通信换码符	DC1	设备控制 1
DC2	设备控制 2	DC3	设备控制 3
DC4	设备控制 4	NAK	非正常响应
SYN	同步空闲	ETB	块传输中止
CAN	取消	EM	介质末端
SUB	替补 / 替换	ESC	退出
FS	文件分隔符	GS	分组符
RS	记录分隔符	US	单元分隔符
SP	空格	DEL	删除

1.10.2 其他标准的演变

ASCII 码只使用了一段时间，因为它只包含英语所需的字符。早期的计算机大多产自美国，其他的则产自英国。随着计算机的普及，其他语言的支持需求也越来越大。国际标准化组织（International Standards Organization, ISO）采用了 ISO-646 标准和 ISO-8859 标准，这两个标准基本上还是 ASCII，只不过扩展了一些欧洲语言中使用的重音符号和其他双音符号。日本工业标准（Japanese Industrial Standards, JIS）委员会提出了日文字符专有的 JIS X 0201。此外，还有中文标准、阿拉伯文标准等。

产生这些不同标准的原因之一是，当时的位成本比现在高得多，所以 7、8 个位被打包表示字符。随着位成本的下降，人们提出了一个较新的标准 Unicode，将 16 位编码分配给了字符。当时，人们认为 16 位足以容纳地球上所有语言的所有字符，甚至还有剩余空间。后来 Unicode 已经扩展到了 21 位（其中有 1 112 064 个有效值），我们认为 21 位才能满足对所有字符的表示，但考虑到我们喜欢创造新的表情符号，标准可能不会持久不修改。

1.10.3 UTF-8

计算机使用 8 位来存储一个 ASCII 字符，因为计算机的设计决定它不适合处理 7 位的数量。同样，虽然位成本比过去低廉了很多，但也不至于便宜到随便使用 16 位来存储一个只需要用 8 位的字母。Unicode 通过为字符代码提供不同的编码来解决这个问题。编码是代表另一个位型的位型。我们用位这样的抽象概念来创建代表字符的数字，然后用其他数字来代表这些数字。你明白我说的“假设”是什么意思了吧？有一种特别的编码叫作 UTF-8

（Unicode Transformation Format-8 bit），由美国计算机科学家 Ken Thompson 和加拿大程序员 Rob Pike 提出。我们最常使用 UTF-8 编码，因为它具有高效率和向后兼容性。UTF-8 编码使每个 ASCII 字符占 8 位，这样就不会占用 ASCII 数据的额外空间。它对非 ASCII 字符进行编码的方式不会破坏使用 ASCII 码的程序。

UTF-8 将字符编码为一个 8 位块序列，通常称为八位字节。UTF-8 的一个巧妙之处是，第一块中最重要的数对应序列的长度，因此很容易识别出第一块。序列的长度很有用，因为它允许程序很容易找到字符边界。ASCII 字符都是 7 位的，所以每一个字符只需要一个大块，这对说英语的人来说很方便，因为它比其他需要非 ASCII 符号的语言更紧凑。

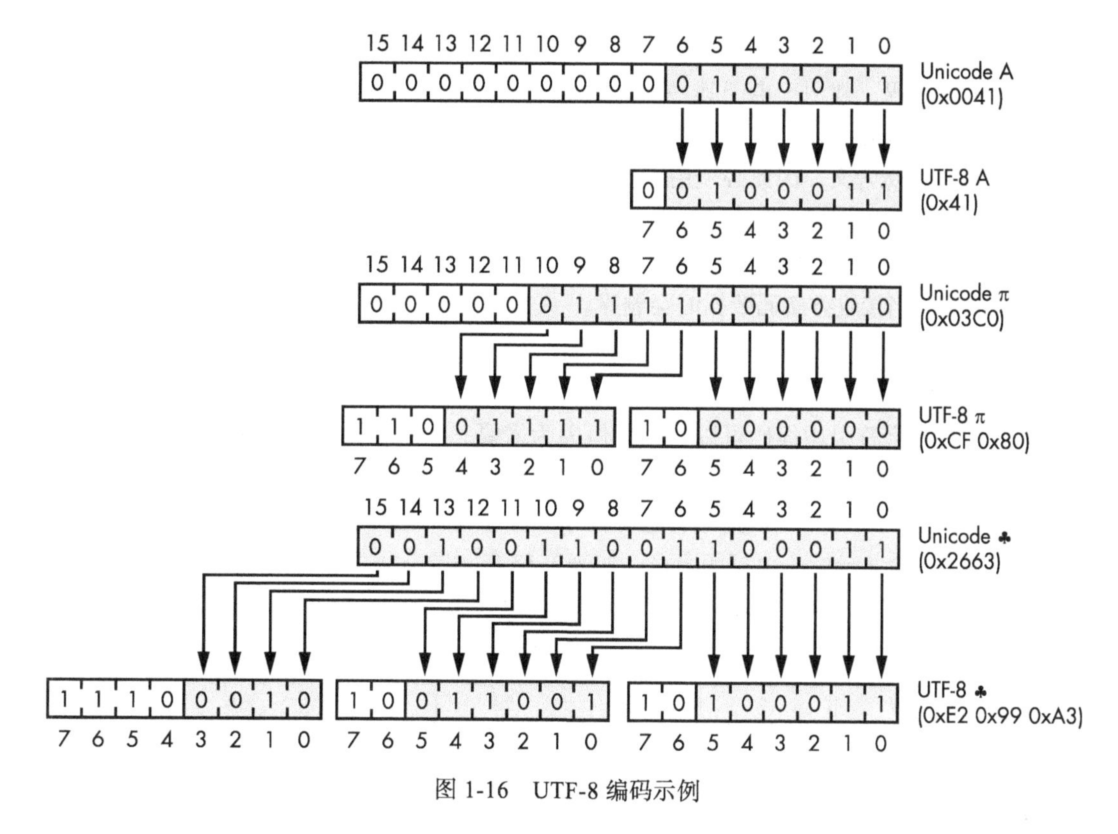

图 1-16　UTF-8 编码示例

从图 1-16 中可以看到，字母 A 的数字编码在 ASCII 码和 Unicode 码中是相同的。为了用 UTF-8 编码 A，不管是什么编码，只要适合 7 位的编码，都会得到一个 UTF-8 块，MSB 设置为 0。这就是 UTF-8 中字母 A 有前导 0 的原因。π 符号的 Unicode 不适合 7 位编码，但适合 11 位编码。为了用 UTF-8 对 π 编码，我们使用 2 个 8 位块，第一个块以 110 开头，第二个块以 10 开头，这样每个块分别剩余 5 个位和 6 个位来保存剩余的编码。最后，我们看到 ♣ 的 Unicode 是 16 位的，所以需要 3 个 UTF-8 块。

1.11 用字符表示数字

UTF-8 用数字来表示由代表字符的位组成的数字。但是我们还没有完成！现在，我们要用字符来表示其中的一些数字。在计算机与计算机互相通信的早期，人们希望在计算机之间发送的不仅仅是文字，还希望发送二进制数据。但在计算机间发送二进制数据并不简单，因为许多 ASCII 值都是为控制字符保留的，而且不同系统之间的处理方式不一致。此外，有些系统只支持 7 位字符的传输。

1.11.1 可打印字符引用编码

可打印字符引用编码也称为 QP 编码，是一种允许将 8 位数据通过只支持 7 位数据的路径进行通信的编码，常用于电子邮件附件。这种编码允许任何 8 位的字节值由 3 个字符表示：字符“=”后跟一对十六进制数字（1 个数字对应 1 个半字节）。当然，这样做的过程中，“=”具有特殊含义，因此必须用“=3D”代表它，它的值见表 1-11。

可打印字符引用编码有一些额外的规则。如果制表符和空格字符出现在行尾，必须分别用“=09”和“=20”表示。编码后数据行的长度不能超过 76 个字符。在行末的“=”是一个软换行符，当接收方解码数据时会删除。

1.11.2 Base64 编码

虽然可打印字符引用编码可以使用，但因为需要三个字符来代表一个字节，它的效率并不高。Base64 编码更有效率，而效率在计算机之间的通信速度比现在慢得多的时候非常重要。Base64 编码将 3 字节的数据打包分配给 4 个字符。这 3 字节的 24 位数据被分割成 4 个 6 位的块，每个块分配一个打印字符，如表 1-13 所示。

表 1-13 Base64 字符编码

数字	字符	数字	字符	数字	字符	数字	字符
0	A	12	M	24	Y	36	k
1	B	13	N	25	Z	37	l
2	C	14	O	26	a	38	m
3	D	15	P	27	b	39	n
4	E	16	Q	28	c	40	o
5	F	17	R	29	d	41	p
6	G	18	S	30	e	42	q
7	H	19	T	31	f	43	r
8	I	20	U	32	g	44	s
9	J	21	V	33	h	45	t
10	K	22	W	34	i	46	u
11	L	23	X	35	j	47	v

（续）

数字	字符	数字	字符	数字	字符	数字	字符
48	w	52	0	56	4	60	8
49	x	53	1	57	5	61	9
50	y	54	2	58	6	62	+
51	z	55	3	59	7	63	/

图 1-17 展示了如何将字节 0、1、2 编码为 AAEC。

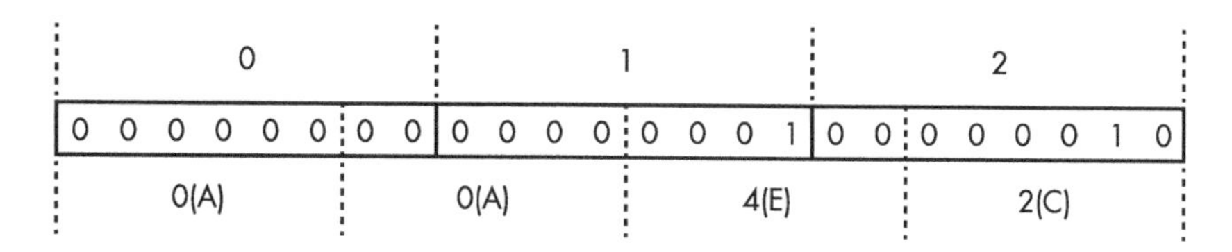

图 1-17　Base64 编码

图 1-17 所示的编码以 3 字节为一组，将其转换为 4 个字符。但不能保证数据的长度是 3 字节的倍数，因而可以通过填充字符来确保数据的长度是 3 字节的倍数；如果末尾只有 2 字节，则会在末尾添加一个“=”，如果末尾只有 1 字节，则会在末尾添加“==”。

这种编码也常用于电子邮件附件。

1.11.3　URL 编码

在上文中可以看到，可打印字符引用编码赋予了“=”字符特殊的权力，编码中也包含了表示“=”但没有特殊的功能的机制。网页 URL 使用了几乎同一种模式。

如果你曾经检查过网页的 URL，可能已经注意到像 %26 和 %2F 这样的字符序列。这些字符之所以存在是因为它们在 URL 的上下文中具有特殊含义。但有时我们需要用这些字符作为*字面值*，换句话说，就是不含特殊的意义。

上一节提到，字符被表示为一个 8 位数据块的序列。每个数据块可以用两个十六进制的字符来表示，如图 1-16 所示。URL 编码，也称为*百分制编码*，用 % 后面跟着其十六进制表示的形式替换字符。

例如，正斜线字符（/）在 URL 中有特殊的含义。它的 ASCII 值为 47，也就是十六进制中的 2F。如果我们需要使用 URL 中的“/”，而不想触发其特殊含义，可以用 %2F 代替“/”。（因为我们刚刚给 % 字符赋予了特殊含义，如果想在字面上表示 %，需要用 %25 代替 %。）

1.12　表示颜色

数字的另一个常见用途是表示颜色。大家知道，数字可以用来表示图形中的坐标。计算机图形学通过在电子图纸上绘制色块的方式绘图。每一对坐标上的色块被称作*像素*。

计算机显示器通过使用 RGB 颜色模型，将红、绿、蓝三色光混合在一起产生各种颜色，RGB 模型的名字为红绿蓝三色首字母组成。颜色可以用一个颜色立方体来表示，其中每个轴代表一个原色，如图 1-18 所示。值为 0 表示该颜色的光亮度为 0，值为 1 表示该颜色的亮度达到了极限。

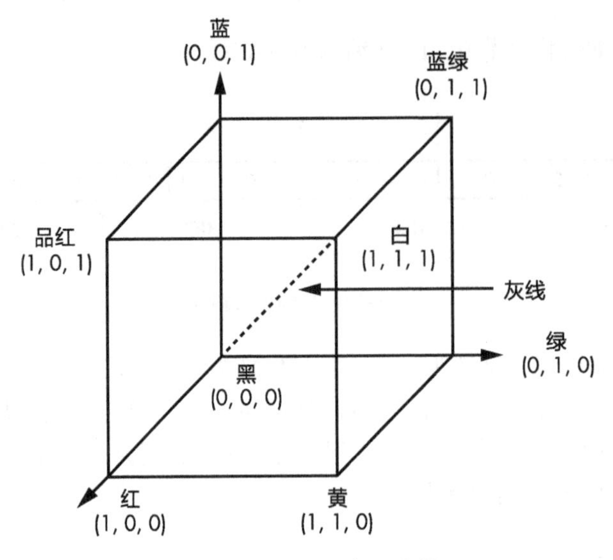

图 1-18 RGB 颜色立方体

可以看到，如果没有任何一个色灯亮着，则产生黑色，如果所有色灯的亮度都处于最大，则产生白色。如果只有红灯亮起，就会产生红色的阴影。将红色和绿色光混合在一起会产生黄色。将三原色的色灯都设置为同一水平的亮度会产生灰色。由于添加不同的原色会产生不同的颜色，这种混合颜色的方式称为*加色法系统*。图 1-19 展示了颜色立方体中几种颜色的坐标。

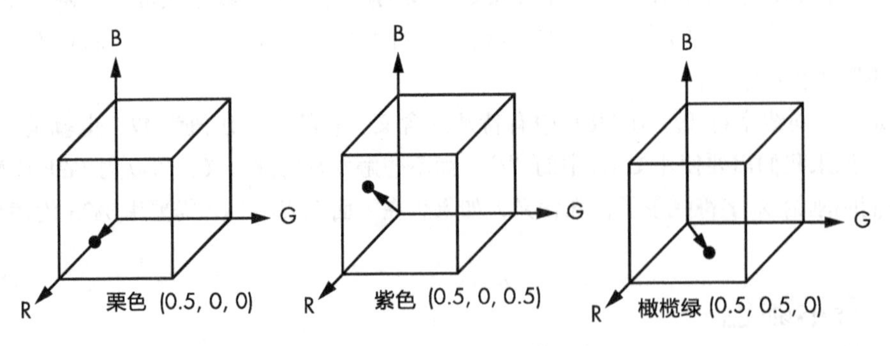

图 1-19 RGB 颜色立方体示例

如果你曾经尝试过绘画，你可能对减色法系统比较熟悉，在这个系统中，三原色是蓝绿、品红和黄色。减色法系统是通过去除白光中的波长来产生不同颜色，而不是像加色法系统通过增加颜色来得到不同颜色。虽然这两种颜色系统都不能产生出所有人眼可见的颜色，但减色法系统能比加色法系统产生更丰富的颜色。一整套印前技术的存在，使那些在计算机显示器前操作的艺术家们的设计在印刷到杂志上时仍能保持颜色无偏差。如果你对色彩感兴趣，推荐你阅读 Maureen Stone 的 *A Field Guide to Digital Color*。

人眼是非常复杂的机器，它为了生存而进化，并不是为了计算而进化的。人眼可以分辨出大约 1 000 万种颜色，但人眼的分辨能力不是线性的；光照度增加一倍并不一定会导致人眼能感知到的亮度增加一倍。更糟糕的是，随着时间的推移，眼睛的反应会随着整体光照亮度的变化而缓慢改变。这就是所谓的*暗适应*。而且人眼对不同颜色的反应不同，眼睛对绿色的变化非常敏感，对蓝色的变化相对不敏感，国家电视系统委员会（National Television System Committee, NTSC）标准就利用了这一现象。现代计算机选择将 1 000 万四舍五入到最接近 2 的幂，并使用 24 位来表示颜色。这 24 位被分成 3 个 8 位的字段，每种原色占有一个字段。

可以看到，表 1-10 中没有给出 24 位的名称。这是因为现代计算机并不是设计为在 24 位的单元上运行的（尽管还是有些 24 位的机器，比如霍尼韦尔公司的 DDP-224）。因此，表示颜色的位按照最接近的标准尺寸——32 位（长字）——封装，如图 1-20 所示。

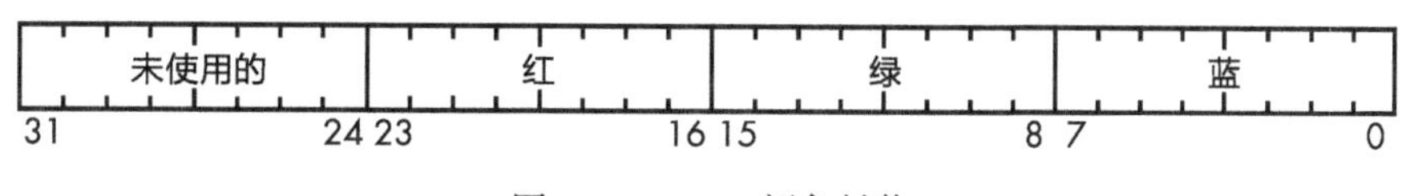

图 1-20　RGB 颜色封装

可以看到，这个封装标准下每种颜色都会留下 8 个未使用的位。8 位一个很大的数量，考虑到现在的计算机显示器有超过 800 万的像素，我们不能浪费这些位，那么可以用这 8 个位做什么？答案是，我们可以用这 8 个位来表示一些上文中没提到的：透明度（也就是能“看穿”颜色的程度）。到目前为止，我们只讨论过不透明的颜色，可是这些不透明的颜色不能用于制作玫瑰色眼镜等物品。

1.12.1　增加透明度

在早期的动画电影中，每一帧都是手绘的。这不仅是一项非常繁重的工作，而且由于不可能在每一帧上精确地重现背景，还会有很多视觉“抖动”。美国动画师 John Bray（1879—1978）和 Earl Hurd（1880—1940）在 1915 年发明了“赛璐珞动画”，解决了这个问题。在“赛璐珞动画”中，移动的角色画在透明的赛璐珞片上，且可以在静态背景图像上移动。

虽然计算机动画的起源可以追溯到 20 世纪 40 年代，但它真正腾飞是在 20 世纪 70 年代和 80 年代。当时的计算机速度还不够快，无法实现电影导演想要的效果。而且需要一种机制将不同算法产生的对象组合起来。就像“赛璐珞动画”一样，透明度允许影像合成，或者将不同来源的图像组合在一起。如果你用过 GIMP 或 Photoshop 这样的图像编辑器，可能对图像组合这个概念很熟悉。

1984 年，卢卡斯电影公司的 Tom Duff 和 Thomas Porter 发明了一种实现一定透明度和影像合成的方法，这种方法后来成了行业标准。他们给每一个像素添加了一个透明度值，称为 α。α 是一个介于 0 和 1 之间的值，其中 0 表示颜色完全透明，1 表示颜色完全不透明。一组合成代数方程定义了具有不同 α 的颜色如何结合产生新的颜色。

Duff 和 Porter 的实现方式很巧妙。他们没有使用浮点系统，而是用数字 255 表示 α 的值为 1，充分利用了图 1-20 所示的多出来的 8 位。Duff 和 Porter 用各颜色的值乘以 α 存储颜色，而不是直接存储红色、绿色、蓝色值。例如，如果颜色为中等红色，那么它对应的红色值为 200，绿色值和蓝色值为 0。如果是不透明的红色，那么红色值为 200，因为 α 为 1（α 值用 255 表示）。但是半透明的中等红色的 α 将是 0.5，所以储存的红色的值为 $200 \times 0.5=100$，存储的 α 为 127（$255 \times 0.5 \approx 127$）。图 1-21 展示的是带透明度值 α 的像素的存储安排。

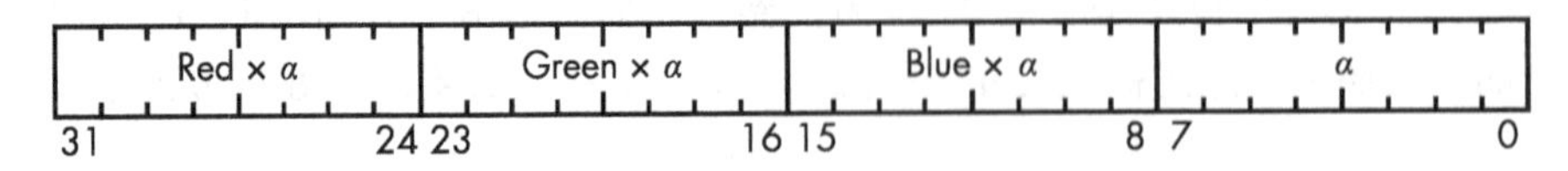

图 1-21　RGB α 颜色封装

因此，合成图像需要将颜色值乘以 α。以预乘形式存储颜色意味着我们不需要每次在使用像素点时都做一次这样的乘法。

1.12.2 编码颜色

因为网页主要是文本文档，这意味着它们往往是用 UTF-8 编码的人类可读字符序列，我们需要一种方法使文本可以表示颜色。

我们用类似于 URL 编码的方式来实现文本表示颜色，使用十六进制三联体指定颜色。十六进制三联体是一个 # 后面有 6 个十六进制的值。其格式为 #rrggbb，其中 rr 是红色值，gg 是绿色值，bb 是蓝色值。例如，#ffff00 为黄色，#000000 为黑色，#ffffff 则是白色。三个 8 位颜色值中的每一个都转换为两个字符表示的十六进制值。

虽然 α 在网页中也可用，但没有简明的格式可以表示它，它的表示完全使用了另一套方案。

1.13　本章小结

本章介绍了位在概念上虽然很简单，但它们可以用来表示复杂的东西，比如非常大的数字、字符，甚至是颜色。也介绍了如何用二进制表示十进制数，如何用二进制数进行简单的算术，如何表示负数和分数。还介绍了通过使用不同的编码标准，用位编码字母和字符。

有一个笑话："世上有 10 种类型的人，懂二进制的人和不懂二进制的人。"你现在应该属于懂二进制的人了。

第 2 章将介绍一些硬件基础知识，帮助你了解计算机的物理组成以及计算机起初为什么使用位。

Chapter 2 第 2 章

组合逻辑

在 1967 年的《星际迷航》剧集“ The City on the Edge of Forever”中，斯波克先生有一句台词：“女士，我正在努力用石刀和熊皮构建一个记忆回路。”就像斯波克先生一样，人们想了各种巧妙的方法，利用现有的资源构建计算设备。很少有专门为计算发明的基础技术，大多数的基础技术是为其他目的发明的，不过这些技术后来被用于计算。本章将介绍用于计算的基础技术的演变过程，直到便利且距今相当近的电力技术出现。

第 1 章介绍过现代计算机使用叫作位的二进制容器作为内部语言。可能你会好奇，既然十进制数很好用，为什么计算机要用二进制的位呢？在本章，我们将从一些不使用二进制的位的早期计算设备开始介绍，以了解为什么使用位是当今计算机技术的正确选择。在用于计算的形式中，位并不是自然存在的形式，所以我们将谈谈制造位所需要的东西。我们将探讨一些较老、较简单的技术，如继电器和真空管等，将它们与硬件中使用电力和集成电路的现代位设备进行比较。

第 1 章中关于位的讨论相当抽象。本章将深入浅出地讨论具体细节。物理上的设备，包括那些实现位操作的设备，被称为*硬件*。我们将讨论实现*组合逻辑*的硬件，组合逻辑即第 1 章中讨论的布尔代数。就像第 1 章一样，本章也是首先介绍简单的构件，然后再把简单的构件结合起来实现更复杂的功能。

2.1 数字计算机的案例

我们先来看看现代之前的一些基于齿轮的机械计算装置。当两个齿轮啮合在一起时，两个齿轮的齿数比决定了它们的相对速度，这使得它们在乘法、除法等计算中非常有用。安提凯希拉机械装置就是一个基于齿轮的机械装置，它是已知的最古老的计算机实例，发现于希腊安提凯希拉岛，可追溯到公元前 100 年。它可以进行天文计算，使用者通过转动表盘输入一个日期，然后转动曲柄，得到太阳和月亮在该日期的位置。另一个例子是二战时期的火炮火力控制计算机，它使用许多形状奇特的齿轮实现三角和微积分运算，复杂的设计使它几乎成为艺术品。

还有一个不使用齿轮的机械计算机的例子，*计算尺*，由英国数学家威廉·奥特雷德（William Oughtred）（1574—1660）发明。苏格兰物理学家、天文学家、数学家约翰·纳皮尔（1550—1617）发现了对数。计算尺是对对数的巧妙应用。计算尺的基本功能是利用公式 $\log(x\times y)=\log(x)+\log(y)$ 实现乘法运算。

计算尺有用对数标记的固定刻度和移动刻度。它通过将移动的刻度 y 与固定的刻度 x 对齐，计算出两个数字的乘积，如图 2-1 所示。

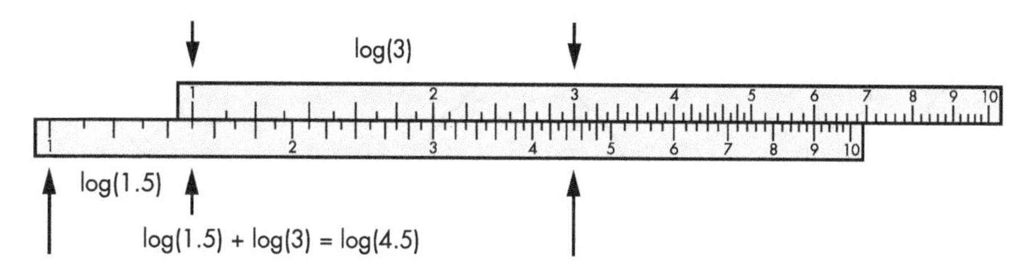

图 2-1　计算尺加法

许多人认为计算尺是第一种大规模生产的计算设备，是说明过去的人们如何利用当时的技术来解决问题的好例子。如今，飞机上的飞行员仍在使用称为*飞行计算机*的圆形计算尺，作为备份设备来执行导航相关的计算。

计数是历史上计算设备的一个重要应用，由于手指能计的数有限，而且手指常常用来做其他事情，所以早在公元前 18 000 年，有缺口的骨头和被称为“计数棍”的棍子就被用作计算辅助工具。甚至有一种理论认为，埃及的荷鲁斯之眼是用来表示二进制分数的。

博学多才的英国人 Charles Babbage（1791—1871）说服英国政府资助建造了一种复杂的十进制机械差分机，它最初是由德国陆军工程师 Johann Helfrich von Müller（1746—1830）构想出来的。William Gibson 和 Bruce Sterling 以*差分机*命名的小说把差分机推广开，当时的金属加工技术还不能制造出精度满足要求的零件，所以差分机的出现是超前的。

然而，简单的十进制机械计算器可以制造出来，因为制造它们不像制造其他零件那样要求金属加工技术精密复杂。例如，可以进行十进制加法运算的加法机出现在 17 世纪中期，主要用于记账和会计。许多不同型号的加法机被大量生产，后来的新版加法机用电动马达取代了手动操作的杠杆，操作更容易。事实上，标志性的老式收银机就是带有放钱抽屉的加法机。

所有这些历史上出现的例子都属于两个不同的类别，将在下文中介绍。

2.1.1 模拟和数字之间的区别

计算尺等设备与计数棒或加法机相比，有一个重要的区别。图 2-2 展示了图 2-1 中的一个计算尺刻度与一组编了号的手指的对比。

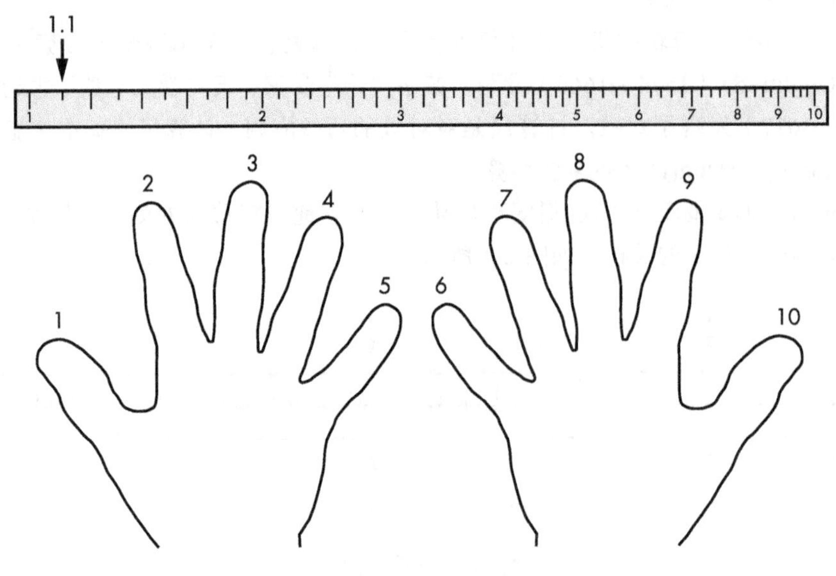

图 2-2 连续和离散测量

计算尺刻度和手指可以记的数都是从 1 到 10。我们可以很方便地用刻度表示 1.1 这样的数值，但如果不做一些花哨的表示（例如手舞足蹈），就不能用手指来表示 1.1。因为数学家认为刻度是*连续*的，也就是说刻度可以表示实数。而手指可表示的则被数学家认为是*离散*的，只能表示整数。整数和整数之间没有任何值存在，数值从一个整数值跳到另一个整数值，就像我们的手指一样。

在谈论电子学时，我们用*模拟*（analog）这个词表示连续的意思，用*数字*（digital）表示离散的意思（很容易记住，手指是数字的，因为手指的拉丁语是 digitus）。你可能听过模拟和数字这两个术语。即使一直在学习使用数字计算机编程，但你很可能没有意识到也存在类似计算尺这样的模拟计算机。

一方面，模拟计算似乎是更好的选择，因为它可以表示实数。但是它的精度存在问题。例如，我们可以在图 2-2 中的计算尺刻度上挑出数字 1.1，因为这部分的刻度间距大，而且还有标记。但要找到 9.1 就难多了，因为这部分刻度比较拥挤，而且这个数字在 9.0 和 9.2 的刻度线之间。9.1 和 9.105 之间的差别，即使用显微镜也很难分辨。

当然，我们可以把刻度做得更大。例如，如果将刻度尺做大到一个足球场那么大，就会更准确。但要制造一台 120 码[⊖]长的便携式计算机就很难了，更不用说操作这么大的物体

⊖ 1 码 =0.914 4 米。——编辑注

要耗费的巨大能量。我们要的是体积小、速度快、功耗低的计算机。下一节将提到尺寸如此重要的另一个原因。

2.1.2　为什么尺寸对硬件很重要

想象一下，你需要开车接送孩子们上学放学，到学校的路程有 10 英里[⊖]，汽车平均时速为 40 英里。这样的距离和速度下每小时只能往返两次。如果你不开快一点，或者离学校更近点，没办法更快地走完这段路程。

现代计算机驱动着电子来回穿梭。电流以光速行进，大约是每秒 3 亿米。我们还没有发现一种突破速度这个物理限制的方法，所以唯一能在计算机中最大限度地减少电流行进时间的方法就是把部件集中使它们靠近。

当今的计算机时钟频率可以达到 4GHz，这意味着计算机每秒可以处理 40 亿件事情。电流在 40 亿分之一秒的时间里只能传播 75 毫米左右。

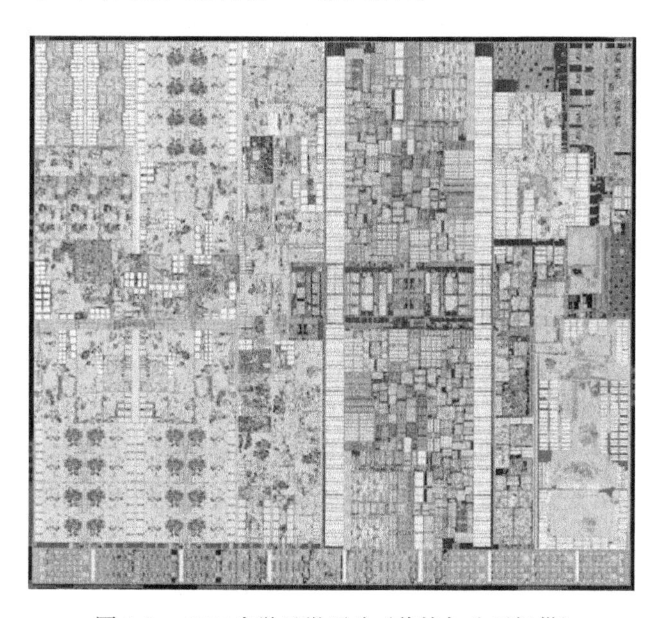

图 2-3　CPU 光学显微照片（英特尔公司提供）

图 2-3 展示了一个典型的 CPU，边长约 18 毫米。在 40 亿分之一秒的时间里，电流能在这个 CPU 里往返两次。由此可见把物件尺寸做小点会让 CPU 性能更好。

另外，就像接送孩子上学放学一样，出行也是需要能量的。把硬件做得小一点，就能减少来回的路途，从而减少所需的能量。这意味着设备的功耗更低、发热更少，咱们放在裤兜里的手机才不会烫到腿。这也是为什么在计算机设备发展史上，人们一直在致力于让

⊖ 1 英里 =1 609.344 米。——编辑注

硬件更小。不过，把硬件做得非常小会带来其他的问题。

2.1.3 数字使设备更加稳定

虽然把硬件做小可以提高速度和效率，但当它们非常小时，很容易受到其他事物的干扰。德国物理学家 Werner Heisenberg（1901—1976）对此表示绝对肯定。

想象一个玻璃量杯，上面标有 1～10 盎司[⊖]的刻度。如果在杯子里放一些水，然后举起来再观察，可能很难判断杯子里有多少盎司水，因为你的手会抖动。现在想象一下量杯小十亿倍的样子。没有人能让它保持不动，因此也无法得到准确的读数。事实上，即使你把那个小杯子放在桌子上，仍然无法读出体积，因为在那个大小下原子运动会使量杯无法保持不动。在非常小的尺度上，宇宙是一个嘈杂热闹的地方。

量杯和计算尺都是模拟（连续）设备，一点点抖动就会产生错误的读数。像杂散的宇宙辐射这样的干扰足以在微观的量杯中掀起波澜，但它们不太可能影响到像手指、计数棒或机械计算器这样的离散设备。这是因为离散设备采用的是*决策衡量准则*。当你用手指计数时，没有“两个数之间”的值。我们可以通过在整数位置上增加阻尼点（某种机械性的黏性点）来修改计算尺使它包含决策衡量准则。但这么做就把模拟设备变成了一个离散的设备，消除了它表示实数的能力。实际上，决策衡量准则使得某些数值范围无法被表示。在数学上，这类似于将数字四舍五入到最接近的整数。

我们说过干扰好像是来自外部的，所以你没准会认为可以通过使用某种屏蔽来减少干扰，就像铅保护超人免受氪石的伤害一样。但还有另一种更隐蔽的干扰源：电流。它会影响远处的东西，就像重力一样。这点有好的应用方面，否则我们就不会有无线电。但这也意味着，信号沿着芯片上的导线传播时，会影响其他导线上的信号，特别是当芯片上的导线离得很近的时候。现代计算机芯片上的导线只相距几纳米（10^{-9} 米）。相比之下，一根头发的直径大约是 10 万纳米。这种干扰有点像反向行驶的两辆车在马路上驶过时你感受到的风。因为没有简单的方法来使芯片免受这种*串扰*效应，所以使用决策衡量准则下*抗噪能力*更强的数字电路是必需的。当然，我们可以把东西做得更大，使电线相距更远以减少干扰的影响，但这与我们效率更高的目标背道而驰。跳过决策衡量准则的障碍所需要的额外能量，使我们获得了一定程度的抗噪能力，这是使用连续设备所得不到的。

事实上，使用决策衡量准则带来的稳定性是我们构建数字（离散）计算机的主要原因。但是，你可能已经注意到了，只要不提那些小到存在于量子物理学的事物，这个世界就是一个模拟（连续）世界。下一节将介绍如何操纵模拟世界获得构建稳定计算设备所需的数字行为。

2.1.4 模拟世界中的数字

很多工程都巧妙地应用了自然界中存在的*传递函数*。这些函数就像你在数学课上学到

⊖ 英制容量单位，1 盎司 =0.028 4 升（在美国，1 盎司 =0.029 57 升）。

的函数一样，只不过它们代表的是现实世界中的现象。例如，图 2-4 展示了一个数码相机传感器（或老式模拟相机的胶片）的传递函数图。

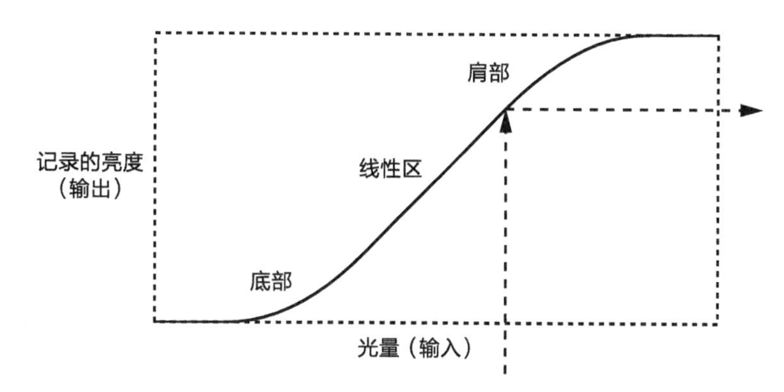

图 2-4　数码相机传感器或胶片传递函数

x 轴表示进入的光量（输入），*y* 轴表示记录的亮度或传感器记录的光量（输出）。曲线表示它们之间的关系。

我们通过将一个输入球弹离曲线来获得输出，进而探究传递函数。可以看到，对于不同的光量值，传递函数会产生不同的记录亮度值。注意，传递函数是曲线，不是直线。如果光量达到曲线肩部对应的光量，图像就会过度曝光，因为记录亮度值会比实际场景里的光值更紧密。同样，如果光量达到曲线的底部，那么拍摄的画面就会曝光不足。我们的目标（除非是为了特殊的效果）是调整曝光，使之达到*线性区域*，这将产生最忠于现实的表现。

工程师们已经开发出各种方法来利用传递函数，例如调整相机上的快门速度和光圈，使光线达到线性区域。放大器电路，如驱动音乐播放器中扬声器或耳塞的电路，是另一个例子。

图 2-5 展示了改变音量对放大器传递函数的影响。

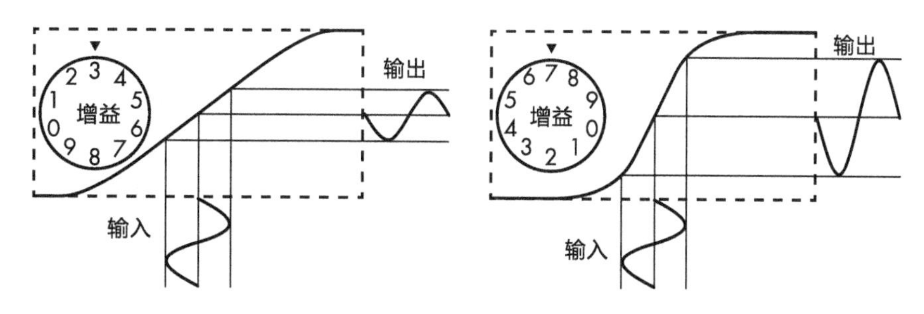

图 2-5　增益对放大器传递函数的影响

音量控制可以调整*增益*或曲线的陡峭度。可以看到，增益越高，曲线越陡峭，输出音量越大。但对于1984年电影《摇滚万岁》中的那种增益可以调到11的特殊声音放大器会怎样？那样信号就不再局限于线性区域了。这将导致失真，因为输出的声音不再是输入的忠实再现。从图2-6中可以看到，输出与输入不相似，因为输入延伸到了传递函数的线性区域之外。

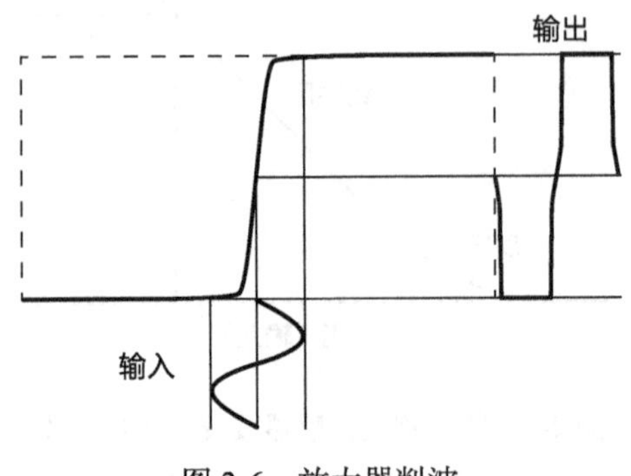

图2-6 放大器削波

输入的微小变化会导致曲线陡峭处的输出发生跳跃。这就像从一个手指跳到另一个手指——追求的决策衡量准则，称为阈值。这种失真是一种有用的现象，因为输出值只会落在阈值的一侧，很难落在那些值的中间。落在两侧的输出值把连续的空间分割成了离散的区域，这就是我们追求稳定性和抗噪能力（在受干扰的情况下依然发挥作用的能力）所需要的。你可以认为模拟对应的是一个大的线性区域，而数字对应的是一个小的线性区域。

小时玩跷跷板的时候会发现这一现象（如果你有幸成长在教育游乐场设备不被认为是危险的时代）：处于低端时（一直向下）或高端时（一直向上）比试图在两者之间的某个地方保持平衡要稳定得多。

2.1.5 为什么使用位而不是数字

我们已经讨论过为什么数字技术相比模拟技术更适合计算机。但为什么计算机要用位而不是数字？毕竟人们使用数字，而且因为我们有10个手指，所以很擅长10以内的运算。

最明显的原因是计算机没有手指。一方面，用手指数数虽然很直观，但不是一种非常有效的方法，因为每数一个数字都要用一个手指。另一方面，如果你像用位那样用每个手指来表示一个值，手指是不够用的。使用位而不是数字并不是一个新的想法，事实上，早在公元前9年，中国人就用6位数字来引用《易经》中的八卦。使用位代替手指，效率至少提高了100倍。即使是以四根手指为一组，来表示由十进制（BCD法）表示的十进制数，在效率方面也比普通计数方法要高。

对于硬件来说，使用位比数字好的另一个原因是，使用数字无法简单地调整传递函数以获得10个不同的阈值。我们可以构建实现图2-7左侧的硬件，但它会比实现10个图2-7右侧的硬件都要复杂和昂贵。

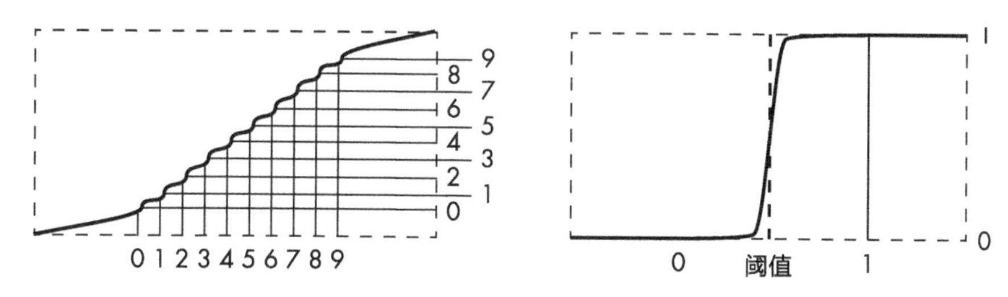

图 2-7 十进制与二进制阈值对比

当然，如果能在一个空间里建立 10 个阈值，我们肯定会这样做。但是，用 10 个位都比用 1 个数字更好。这就是现代硬件的工作原理。它利用了传递函数的底部区域和肩部区域（在电气工程中，分别被称为截断和饱和）。这有很大的回旋余地，需要很大的干扰才会得出错误的输出。传递函数的曲线非常陡峭，以至于输出值从一个值突然切换到另一个值。

2.2 电学的简单入门

现代计算机的功能是通过电子电路运行实现的。与使用其他目前的技术相比，使用电子电路将使计算机运算的速度更快而且更容易。本节将帮助你学习足够的电学知识，进而了解电学是如何在计算机硬件中发挥作用的。

2.2.1 用管道理解电

电是不可见的，让人很难想象它的样子，所以我们把它想象成水。像水来自水箱，电来自电池之类的电源。电池会耗尽电能，需要充电，就像水箱没水了需要加水一样。太阳是我们唯一的主要能量来源，在水箱里有水的情况下，太阳的热量导致水蒸发，蒸发的水蒸气又变成雨水补充了水箱。

我们从图 2-8 这样一个简单的水阀开始介绍。

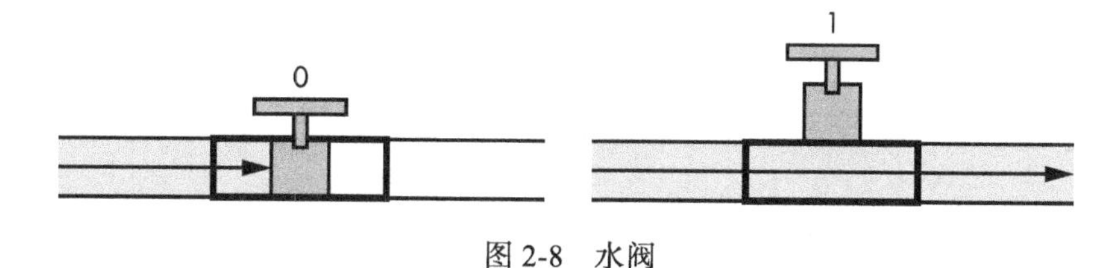

图 2-8 水阀

可以看到，图中有一个打开和关闭阀门的手柄。图 2-9 是一个现实生活中的闸阀，闸阀这个名字来自通过手柄控制打开和关闭的阀门。当阀门打开时，水可以从装置中流过。假设 0 代表关闭，1 代表打开。

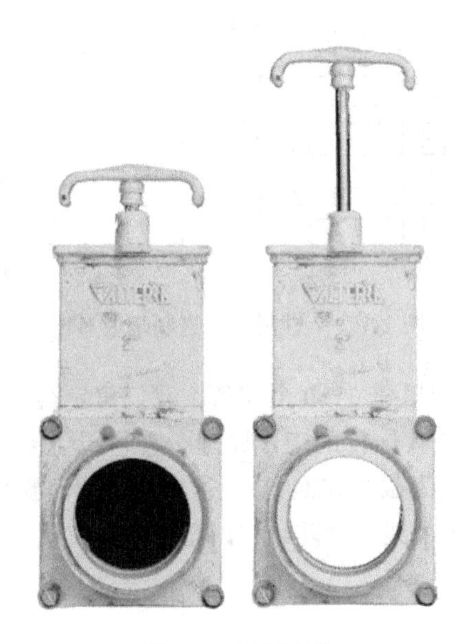

图 2-9　闸阀开关

我们可以用两个阀门和一些管道来说明 AND 运算，如图 2-10 所示。

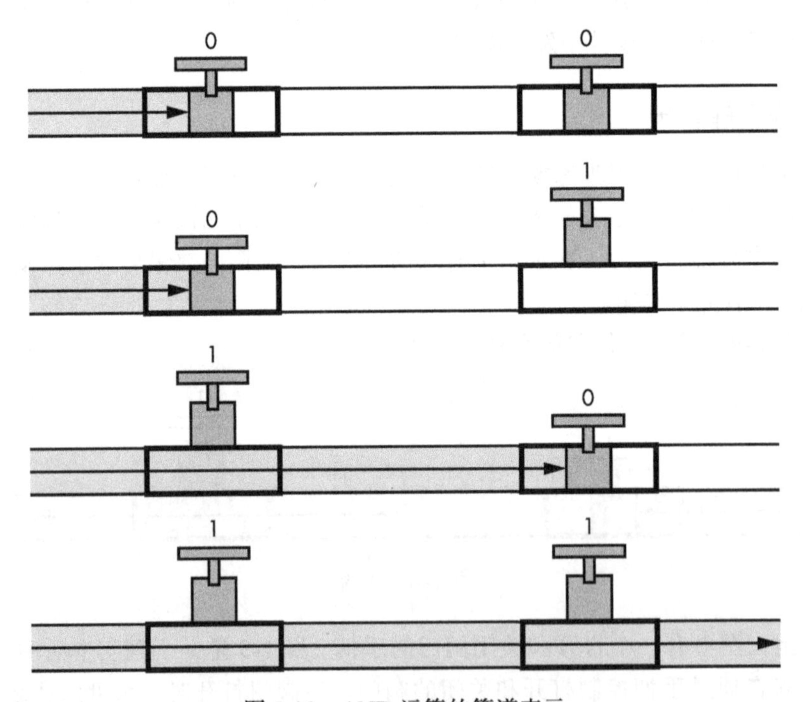

图 2-10　AND 运算的管道表示

可以看到，只有当两个阀门都打开（相当于都等于 1）时，水才会流入，这就是第 1 章中 AND 运算的定义。当一个阀门的输出与另一个阀门的输入互相连接时，称为*串联*，如图 2-10 所示，它实现了 AND 运算。图 2-11 所示的叫作*并联*，是将两个阀门的输入和输出分别连接形成的，它实现了 OR 运算。

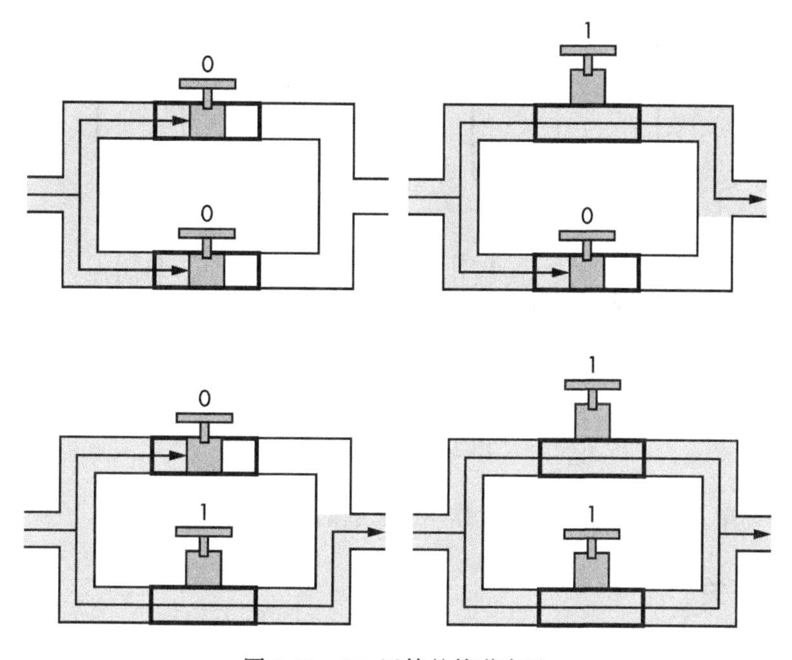

图 2-11 OR 运算的管道表示

就像水流过管道需要时间一样，电流通过计算机芯片也需要时间。你很有可能经历过这种延迟：转动水龙头后，需要在淋浴间等待水变热。这种效应称为*传播延迟*，稍后我们会介绍它。延迟值不是一个固定的常数，对于水来说，温度会导致管道膨胀或收缩，从而改变水的流速，进而改变延迟时间。

电流会流过导线，就像水会流过管道一样。电流是一种电子流。导线由两部分组成：金属和覆盖物。内部的金属就像水管内的空间，是导体；外面的覆盖物就像水管本身，是绝缘体。阀门可以控制内部流体流动和阻断。在电的世界中，阀门被称为开关。管道和电路是如此的相似，以至于一种被淘汰的名为真空管的设备也被称为热阴极电子管。

水不只是被动地流过水管，它受到了强度可变的压力的推动。在电学上，水压等价于电压（V），以伏特（V）为单位，该单位以意大利物理学家 Alessandro Volta（1745—1827）的名字命名。流动量称为电流（I），以安培（A）为单位，该单位以法国数学家 André-Marie Ampère（1775—1836）的名字命名。

水可以通过宽管道，也可以通过窄管道，但越窄的管道阻力越大，限制了水的流量。即使电压（水压）很大，如果使用太细的导体（管道），也会产生很大的阻力，无法获得很大的电流（流量）。电阻（R）的测量单位是欧姆（Ω），以德国数学家、物理学家 Georg Simon

Ohm（1789—1854）的名字命名。

这三个变量——电压、电流和电阻——都与*欧姆定律*有关，即 $I=V/R$。所以，就像水管一样，电阻越大，电流越小。电阻会将电能转化为热能，这就是烤面包机到电热毯等一切发热电器的工作原理。图 2-12 说明了电阻使电压难以产生电流的原理。

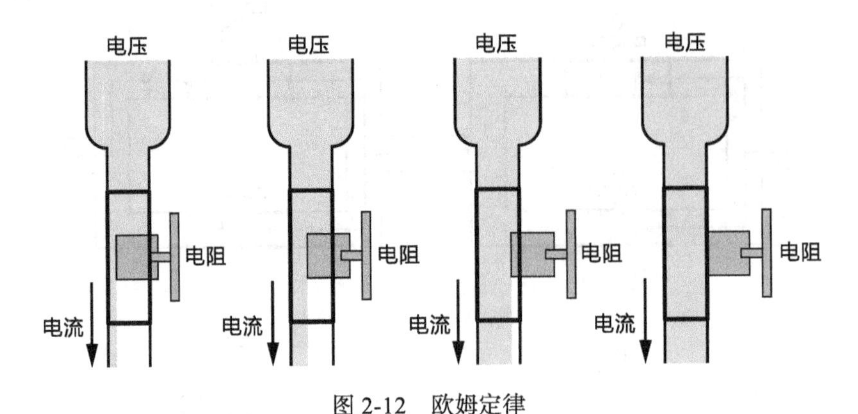

图 2-12 欧姆定律

为了理解简单，可以把欧姆定律比作用吸管吸奶昔。

2.2.2 电源开关

只需插入或取下导体之间的绝缘体就可以实现电源的开关。想一想电灯开关，它们包含两块金属，这两块金属要么相互接触，要么被操控开关的把手分开。空气是一种相当好的绝缘体，当两块金属不接触时，就不能产生电流。(注意，之所以说空气是一个“相当好”的绝缘体，而不是“完美”的绝缘体，是因为在足够高的电压下，空气可以电离并变成导体，比如闪电。)

建筑物的管道系统可以在设计图中展示出来。称为*电路*的电气系统用原理图记录，其中的每一个元件都使用符号表示。图 2-13 展示的是简单开关的符号。

图 2-13 单极单掷开关原理图

这种开关就像吊桥一样，当图上的箭头（桥）抬起时，电流（车）就不能从一边传输到另一边。看图 2-14 所示的老式*刀形开关*就很容易弄清楚了，这种开关经常出现在低端的科幻电影中。刀形开关仍然被应用于断电盒之类的东西，但现在它们通常放置在防护容器内，以防灼伤使用者。

图 2-13 和图 2-14 都展示了*单极单掷*（Single-Pole, Single-Throw, SPST）开关。*极*是指连接在一起可以一致移动的几个开关。前面提到的水阀是单极的，我们可以通过在一对阀门的手柄之间焊接一根杆来做一个双极阀，于是当你移动杆时，两个阀会一起移动。开关和阀可以有任意数量的极。*单掷*的意思是只有一个接触点，它可以打开或关闭某物，但不能打开一个的同时关闭另一个。要做到这点，需要一个*单极双掷*（Single-Pole, Double-

Throw, SPDT）开关。图 2-15 为这种装置的符号。

图 2-14　单极单掷刀形开关

图 2-15　单极双掷开关原理图

单极双掷开关像铁路岔道，指引列车走这个铁轨或另一个铁轨，也像图 2-16 展示的分裂成两个管道的管道。

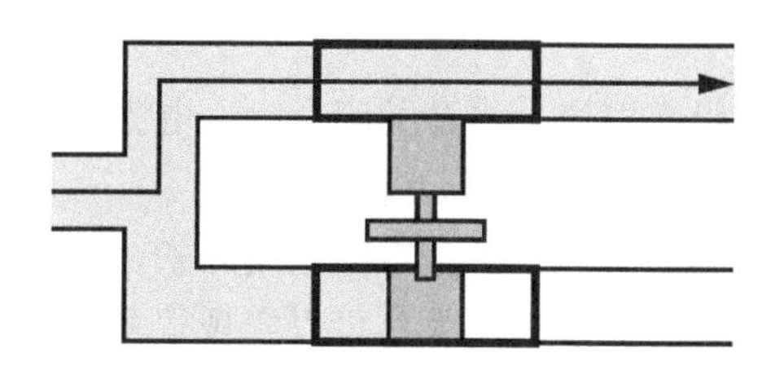

图 2-16　单极双掷水阀

如你所见，当手柄被往下推时，水经由上阀流走。如果手柄被推上去，水会流经下阀。

可以对开关术语扩展以描述任何数量的极和掷。例如图 2-17 所示的**双极双掷**（DPDT）开关，虚线表示两极**联动**，也就是说它们会一起移动。图 2-18 展示了现实生活中的双极双掷刀形开关。

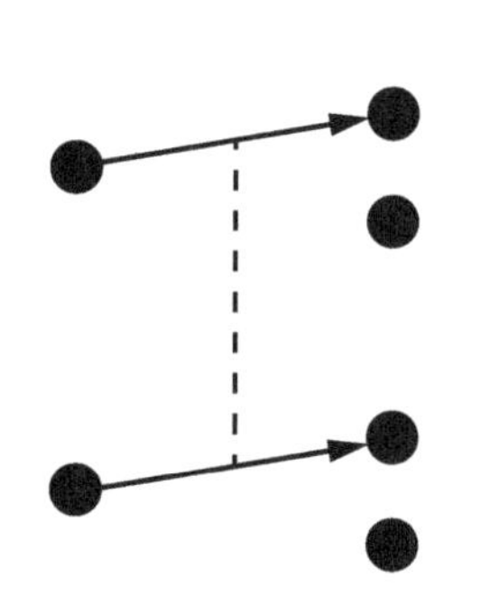

图 2-17　双极双掷开关原理图

图 2-18　双极双掷刀形开关

刚才没有考虑的一些关于供水系统的细节是，如果水流没有去处，供水系统就不能正常工作。如果排水管被堵住，水就不能流进水管，必须有让水从排水管流回到水箱的办法，否则排供水系统的水流将枯竭。

电气系统也是如此。电流从电源流出，通过元件并返回电源。这就是为什么电气系统被称为电路。也可以这样想：在操场上跑步需要跑回起跑线，然后再开始跑下一圈。

请看图 2-19 中的简单电路。它引入了两个新的符号，一个是电源符号（左边），一个是灯泡符号（右边）。如果你建造了这样的电路，你可以通过开关控制灯泡开闭。

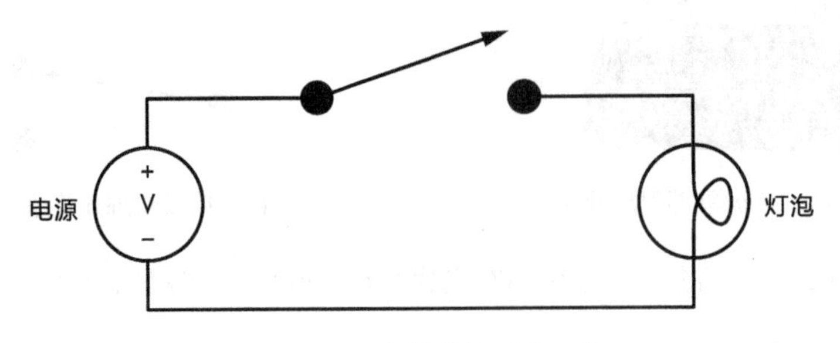

图 2-19　一个简单的开关电路

当开关打开时，电路中没有电流。当开关闭合时，电流从电源流经开关，通过灯泡再回到电源。串联和并联开关的工作原理类似水阀。

现在已经介绍了一些电学知识和一些基本的电路元素，虽然它们可以用来实现一些简单的逻辑功能，但这些知识本身并没有强大到可以实现很多功能。下一节将介绍另外一种设备，它使早期使用电力驱动的计算机成为可能。

2.3　为位构建硬件

现在你已经知道了为什么要在硬件中使用位，那么可以准备学习如何构建硬件了。直接跳到现代的电子实现技术可能让人望而生畏，所以我将从其他更容易理解的经典技术开始讨论。虽然其中一些例子已经不再应用于如今的计算机，但仍然可能在与计算机并行的系统中遇到，所以这些例子还是值得了解的。

2.3.1　继电器

早在电子技术发明之前，电流就已经被用来给计算机供能了。丹麦物理学家 Hans Christian Ørsted（1777—1851）在 1820 年发现了电和磁之间的关系。如果将一束导线卷成线圈，并让电流通过它，它将变成*电磁铁*。电磁铁可以人为控制磁性有无，并且可以用来移动物体，也可以用来控制水阀，控制水阀这点是大多数自动喷水灭火系统的工作原理。也有一些巧妙的方法可以利用电磁学来制造马达。在线圈周围移动磁铁能产生电流，这也是发电机的工作原理。事实上，生活中大部分的电力都是通过这种方式获得的。切断电磁铁的电源就相当于在线圈附近快速挥动磁铁。这个经验令人震惊，这种效果称为反电动势，它是汽车点火线圈为火花塞制造火花的原理，也是电栅栏的工作原理。

继电器是用电磁铁控制开关的装置。图2-20是单极双掷继电器的符号，可以看到它的符号很像开关接在了线圈上。

图2-21是一个单极单掷继电器的实例，当没有电流流经线圈时，开关是打开的，所以它被称为常开继电器。如果在线圈没有电流的情况下开关是闭合的，那它就是一个常闭继电器。

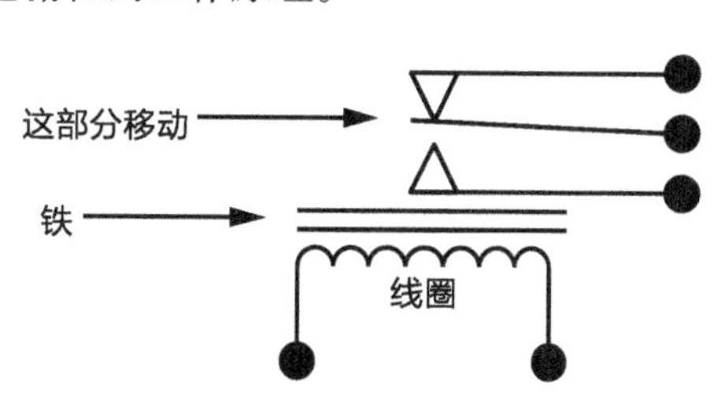

图2-20 单极双掷继电器原理图

图2-21 常开单极单掷继电器

图2-22所示的继电器底部的连接线与线圈相连，其余的部分看起来像开关的变体。中间触点的移动取决于线圈是否通电。我们可以通过图2-22所示的继电器来实现逻辑功能。

在图2-22的上方，可以看到只有当两个继电器都被激活时，两根输出线才会连接到一起，这就是我们对AND功能的定义。同样，如图2-22下方，只要任何一个继电器被激活，两条输出线就会连接在一起，这是OR功能。请注意本图中的小黑点，在原理图中，这些小黑点表示导线之间的连接点，没有小黑点的交叉导线并没有互相连接。

继电器可以做一些开关无法做到的事情。例如，我们可以构建实现NOT功能的反相器，而NOT功能非常重要，如果没有NOT功能，布尔代数将会受到限制。我们可以用AND电路的输出驱动OR电路的输入。正是这种能力，使开关可以控制其他的开关，让我们可以构建计算机所需的复杂逻辑。

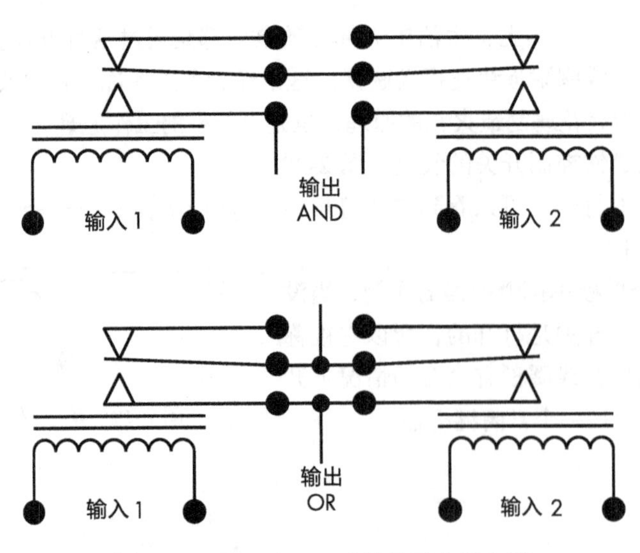

图 2-22　AND 和 OR 功能的继电器电路

人们用继电器做了很多惊人的事情。例如，有一种单极 10 掷步进继电器，它有两个线圈。一个线圈每次通电时都会把触点移到下一个位置，另一个线圈则把触点移回第一个位置，从而使继电器复位。满是步进继电器的巨大设备曾经在拨号时，数出电话号码的数字，从而接通电话。电话程控交换机房是非常嘈杂的地方。步进继电器也是老式弹球机的魅力所在。

关于继电器的另一个有趣事实是，它的传递函数的阈值是垂直的；无论如何缓慢地增加线圈上的电压，都会导致开关总是从一个位置突然移动到另一个位置。这让孩提时的我感到很神秘，直到我大三学习拉格朗日－汉密尔顿方程时，才了解到传递函数的值在阈值处是未定义的，这点导致了开关的突然移动。

继电器最大的问题是速度慢、耗电量大，而且如果开关触点有灰尘（或虫子），继电器就会停止工作。事实上，术语 bug 就是来自 1947 年哈佛大学 Mark Ⅱ计算机的一个错误，追根溯源，这个错误最后追踪到了一只困在继电器中的飞蛾上。另一个有趣的问题来自使用开关触点来控制其他继电器。记住，关闭线圈电源的瞬间会产生很高的电压，而空气在高电压下会导电。这种现象往往导致开关触点产生电火花，进而磨损。由于这些弊端，人们开始寻找能够做到继电器能做到的、并且没有活动部件的构件。

2.3.2　真空管

英国物理学家、电气工程师 John Ambrose Fleming 爵士发明了真空管。他根据命名为*热电子发射*的原理（如果把某样东西加热到足够高的温度，电子就会跃迁出来）发明了真空管。真空管有一个加热器，可以加热阴极，其作用就像棒球中的投手。在真空中，电子（棒球）从阴极流向阳极（捕球器）。图 2-23 是一些真空管示例。

电子与磁铁有一些共同的性质，包括相异的电荷互相吸引，相同的电荷互相排斥。真空管可以包含一个额外的“击球员”元件，称为栅极，它可以驱赶来自阴极的电子，防止它们进入阳极。包含三个元件（阴极、栅极和阳极）的真空管称为*三极管*。图 2-24 展示了三极管的原理图。

图 2-23　真空管

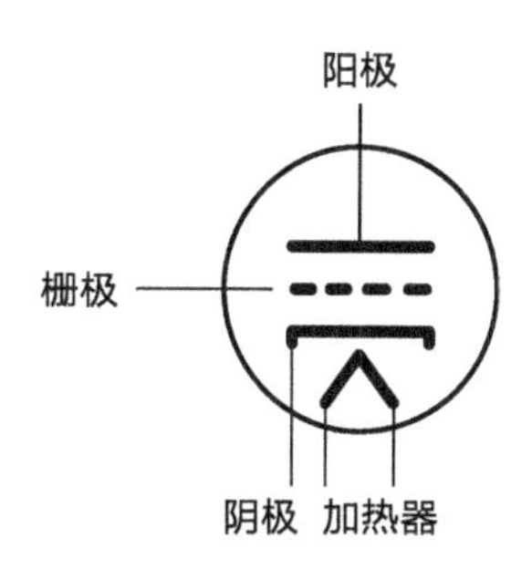

图 2-24　三极管原理图

加热器加热阴极，使电子跃迁。电子会落在阳极上，除非栅极把它们打回去。你可以把栅极看成是开关上的把手。

真空管的优点是没有移动的部件，因此比继电器快得多。缺点是它们会像灯泡一样，工作久了就很热很脆弱。加热器就像灯泡的灯丝一样会被烧坏。但与继电器相比，真空管仍然是一个进步，而且真空管使建造更快更可靠的计算机成为可能。

2.3.3　晶体管

如今，晶体管占据了主导地位。晶体管类似于真空管，但晶体管是用一种称为*半导体*的特殊材料制成的，它可以在导体和绝缘体之间转换。事实上，这种可转换特性正是制造不含有加热器和移动部件的电力阀所需要的。但是晶体管也并不完美。我们可以把它们做得非常非常小，但是偏窄的导体会有更大的电阻，从而会产生很多热量。如何减少晶体管内的热量确实是一个问题，因为晶体管内部的半导体很容易融化。

你不需要了解晶体管的所有内部结构，重要的是要了解这一点：晶体管是由某种半导体材料（通常是硅）构成的基质或平板制造的。与齿轮、阀门、继电器和真空管等不同，晶体管不是单独制造出来的物体。它们是通过一种称为光刻法的工艺制造出来的，涉及将晶体管的图片投射到硅片上并将其显影。这种工艺适合大规模生产，因为可以将大量的晶体管投射到一个硅片上，将其显影，然后再切成单个元件。

晶体管有许多不同的类型，但两个主要类型是*双极结晶体管*（Bipolar Junction Transistor, BJT）和*场效应晶体管*（Field Effect Transistor, FET）。制造这二者的过程涉及掺杂，即在基底材料中注入砷等化学物质来改变其特性。掺杂会产生 P 型和 N 型材料的区域，晶体管的制造包括制作 P 型和 N 型夹层。图 2-25 显示了某些类型的晶体管原理图符号。

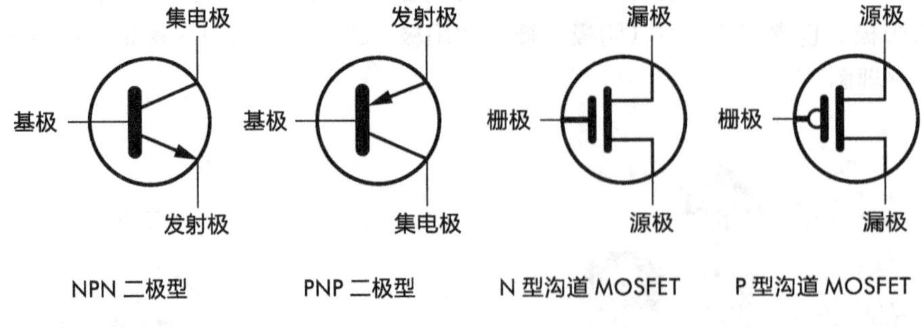

图 2-25 晶体管原理图符号

术语 NPN、PNP、N 型沟道和 P 型沟道代表的都是夹层结构。你可以把晶体管想象成一个阀门或开关，栅极（或基极）是手柄，当手柄抬起时，电流从顶部流向底部，这与继电器线圈移动触点的方式类似。但双极晶体管与我们目前所见的开关和阀门不同，它的电流只能向一个方向流动。

可以看到，在 FET 的符号中，栅极和晶体管的其他部分之间有一个间隙。这个间隙象征着 FET 是利用静电工作的，就像利用静电吸附来控制开关一样。

金属氧化物半导体场效应晶体管（Metal-Oxide Semiconductor Field Effect Transistor, MOSFET）是 FET 的一个变体，由于功耗低，在现代计算机芯片中广泛应用。N 型沟道和 P 型沟道的变体经常以互补对的方式使用，这也是 CMOS（Complementary Metal Oxide Semiconductor，互补金属氧化物半导体）一词的来源。

2.3.4 集成电路

晶体管使逻辑电路变得更小、更快、更可靠，而且功耗更低。但即使是构建简单的电路，比如实现 AND 逻辑功能的电路，仍然需要大量的元件。

1958 年，美国电气工程师 Jack Kilby（1923—2005）与美国数学家、物理学家、飞兆半导体和英特尔的创始人之一 Robert Noyce（1927—1990）发明了集成电路，使这一切发生了改变。有了集成电路，就可以用制造单个晶体管的成本构建出复杂的电路。集成电路因其外观而被称芯片。

正如你所看到的，许多相同类型的电路可以用继电器、真空管、晶体管或集成电路构造。而随着每一项新技术的出现，这些电路变得更小、更便宜、更节能。下一节将介绍为组合逻辑而设计的集成电路。

2.4　逻辑门

20世纪60年代中期，Jack Kilby任职的德州仪器公司推出了5400和7400系列集成电路。这些芯片包含了执行逻辑运算的现成电路。这些特殊的电路称为逻辑门（或简称门），是布尔函数的硬件实现，我们称之为组合逻辑。德州仪器公司卖出了几十亿的集成电路。这些集成电路至今仍然有售。

逻辑门对硬件设计者来说是一个巨大的便利：他们不再需要从零开始设计一切，建造复杂的逻辑电路可以像建造复杂的管道一样轻松。就像水管工可以在五金店找到成箱的三通管、肘管和管接头一样，逻辑设计者们也可以找到AND门（与门）、OR门（或门）、XOR门（异或门）和反相器（运行NOT运算的工具）的“工具箱”。图2-26是这些门的符号。

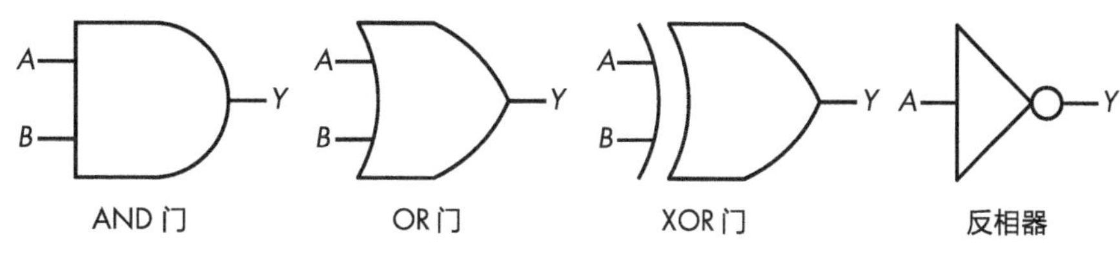

图2-26　门符号

正如你所期望的那样，如果A、B输入都为真，那AND门的Y输出为真（可以从图1-1所示的真值表获得其他门运算结果）。

图2-26中反相器符号的关键部分是○（圆圈），而不是与圆圈连接的三角形。没有圆圈的三角形表示缓冲区，作用只是把输入传递给输出。反相器的符号只在不与其他设备结合使用的情况下才会用到。

使用5400和7400系列零件的晶体管–晶体管逻辑（Transistor-Transistor Logic, TTL）构建AND门和OR门的效率并不高。因为简单门电路的输出是反向的，所以需要一个反相器来让简单门电路以正确的方向输出，而这样会使成本更高、速度更慢、能耗更大。所以，基本的门是NAND（与非）和NOR（或非），它们使用的是图2-27所示的反向圆圈。

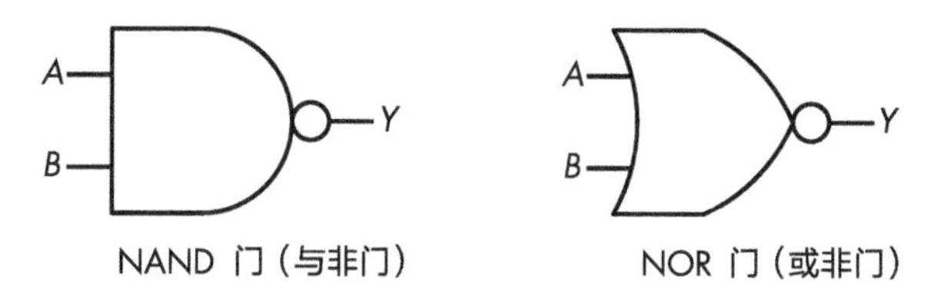

图2-27　NAND门和NOR门

幸运的是，这种额外的反向并不影响设计逻辑电路的能力，因为我们可以用德摩根定律解决反向问题。图2-28应用德摩根定律来说明NAND门相当于一个输入反向的OR门。

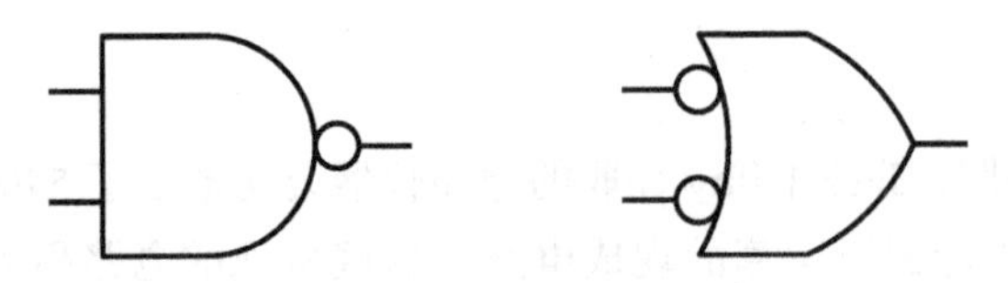

图 2-28 应用德摩根定律重绘 NAND 门

到目前为止，如果不算反相器的话，我们看到的所有门都有两个输入，但事实上门可以有两个以上的输入。例如，一个三输入的 AND 门，只有三个输入都是真，它的输出才是真。既然知道了门的工作原理，我们来看看使用门时会出现的一些复杂情况。

2.4.1 利用迟滞现象提高抗噪声能力

前面提到，由于决策衡量准则的原因，使用数字（离散）器件可以获得更好的抗噪能力。但在有些情况下这是不够的。很容易假设逻辑信号从 0 到 1 的转换是瞬间发生的，反之亦然。在大多数情况下这是一个很好的假设，尤其是当我们将门连接在一起的时候。但现实世界中的信号往往变化得更慢。

我们来看缓慢变化的信号会是什么样的。图 2-29 显示了两个从 0 到 1 缓慢沿斜坡增加的信号。

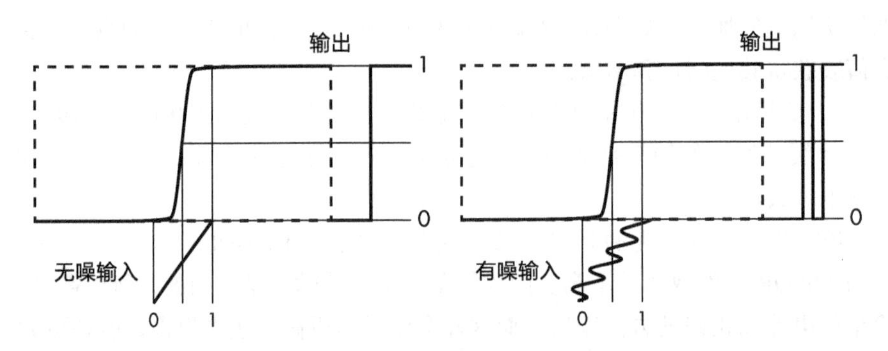

图 2-29 噪声干扰

左边的输入是没有噪声的，右边的信号有一些噪声。可以看到，嘈杂的信号导致输出产生故障，因为噪声会使信号不止一次地越过阈值。

我们可以使用迟滞现象来解决这个问题，即决策衡量准则受历史的影响。从图 2-30 中可以看出，传递函数不是对称的；实际上，箭头所示的上升信号（从 0 到 1 的信号）和下降信号（从 1 到 0 的信号）有不同的传递函数。当输出为 0 时，应用的是右边的曲线，输出为 1 时，应用的是左边的曲线。

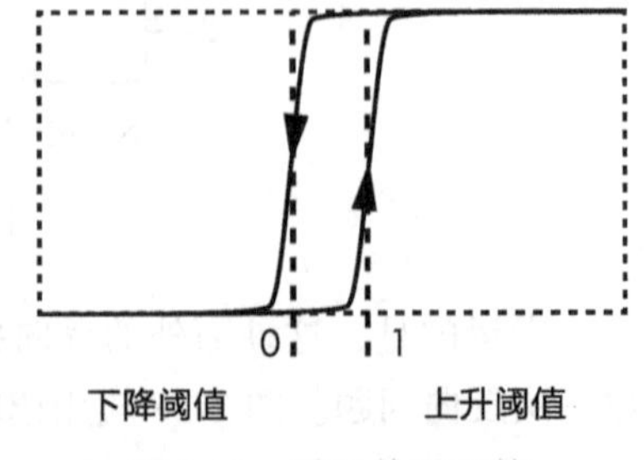

图 2-30 滞后传递函数

两条曲线给了我们两个不同的阈值：一个用于上升

信号，另一个用于下降信号。这意味着，当一个信号越过其中一个阈值时，它需要跨得更远才能越过另一个阈值，而这也就转化为更高的抗噪能力。

可发挥迟滞功能的门被称为*施密特触发器*，以美国科学家Otto H. Schmitt（1913—1998）的名字命名，他发明了具有迟滞效应的电路。因为这种电路比普通的电路更复杂、更昂贵，它们只在最需要的地方使用。如图2-31所示的反相器，原理图符号描绘了迟滞现象的叠加。

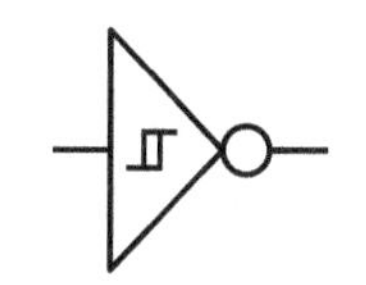

图2-31 施密特触发器原理图符号

2.4.2 差分信号

有时候噪声太大，连迟滞都不能减弱噪声。想象一下走在人行道上，我们把人行道的右侧边缘称为正向阈值，左侧边缘称为负向阈值。你可能边走边想些自己的事情，这时有人推着一辆很宽的推车，把在人行道右侧的你撞了下去，然后一群慢跑者又迫使你闪避到左侧。在这种情况下，我们也需要保护。

到目前为止，我们都是根据一个绝对阈值（在触发施密特触发器的情况下为一对阈值）来衡量信号。但在某些情况下，由于噪声太大，已越过施密特触发器的阈值，导致触发器失效。

让我们试试“好哥们”系统吧。想象一下你正和一个朋友在人行道上走着，如果你的朋友在你的左边，我们就称这种情况为0，如果你的朋友在你的右边，我们就称为1。当那些推车和慢跑者过来时，你和你的朋友都会被推向人行道另一边，但你们并没有改变相对位置，所以如果这就是我们要测量的，那噪声对此没有任何影响。当然如果你们两个人只是在彼此附近走着的话，你们可能会被推来推去。所以牵着手或者搂着腰会更好。依偎在一起能更好地抵御噪声！这被称为差分信号，因为我们测量的是一对互补信号之间的差值。图2-32为一个差分信号电路。

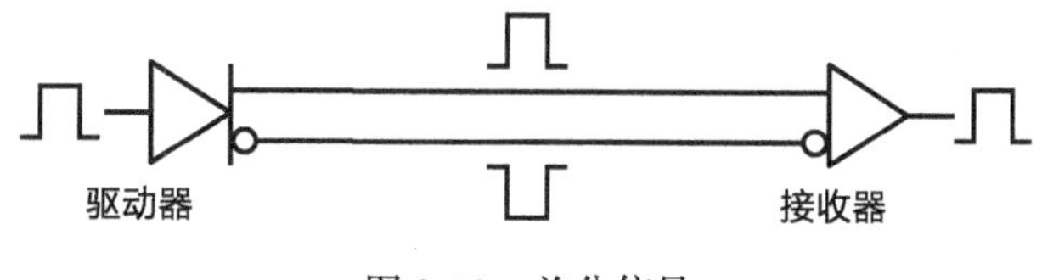

图2-32 差分信号

从图2-32可以看到，驱动器将输入信号转换为互补输出，接收器将互补输入转换回单端输出。接收器中通常包含一个施密特触发器，以获得额外的抗噪能力。

当然，图2-32中的设备存在局限性。太多的噪声会将电子元件推到指定的工作范围之外——想象一下，人行道旁边有一栋楼，你和你的朋友都被推到了这栋楼墙边上。*共模抑制比*（Common-Mode Rejection Ratio, CMRR）是元件特性的一部分，表示可处理的噪声量。之所以称为“共模”，是因为它针对的是一对信号中两个信号共同的噪声。

差分信号应用于很多地方，比如电话线。在19世纪80年代，有轨电车首次出现时，差分信号大显身手。因为有轨电车会产生大量噪声，对电话信号造成了干扰。苏格兰发明家亚历山大·格雷厄姆·贝尔（Alexander Graham Bell）（1847—1922）发明了双绞线，将成对的电线缠绕在一起，相当于交缠在一起的电子等效物（见图2-33）。在今天双绞线无处不在，在USB、SATA（磁盘驱动器）和以太网电缆中均可找到它。

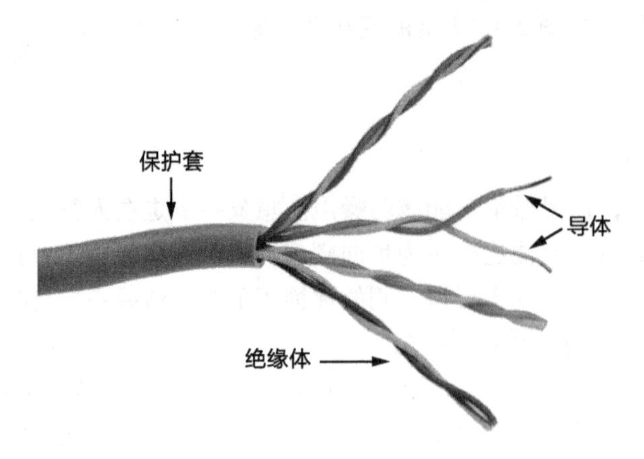

图2-33 双绞线以太网电缆

美国某乐队使用的音墙演唱会音响系统，是一个关于差分信号传导的有趣应用。音墙演唱会音响系统通过使用成对的麦克风，使一个麦克风的输出中减去了另一个麦克风的输出，从而解决了麦克风的反馈问题。这样一来，任何传进两个话筒中的声音都是共模并被抵消掉的。歌手对着其中一个话筒唱歌，他们的声音就会由音响系统传出。从乐队的现场录音中可以听到，来自观众的噪声听起来很尖锐，这是这套系统的一个缺陷。这是因为低频声音的波长比高频声音的波长长，与高频噪声相比，低频噪声更可能是共模的，所以来自观众的噪声没有被共模。

2.4.3 传播延迟

在2.2.1节，我就提到过传播延迟。传播延迟是一个统计测量值，指输入的变化反映到输出中所需要的时间。传播延迟因制造工艺和温度的差异而产生，还受到和门的输出端相连接的元件数量和类型的影响。门有最小和最大延迟，实际延迟介于两者之间。传播延迟是限制逻辑电路最大速度的因素之一。设计人员如果想让设计的电路正常工作，就得使用最坏情况下的值。这意味着他们在设计时必须考虑最短和最长延迟的情况。

在图2-34中，灰色区域表示因传播延迟不能依赖输出的地方。

输出可能在灰色区域的左边缘处就发生变化，但不能保证到右边缘前一定会发生变化。而且随着更多的门被串联起来，灰色区域的长度也会增加。

传播延迟的范围很大，它的时间长度取决于工艺技术。单个元件，如7400系列零件，其延迟时间可以达到10纳秒（即亿分之一秒）。现代大型元件（如微处理器）内部的门延迟可以达到皮秒（万亿分之一秒）级。在元件的规格说明中，传播延迟通常以 t_{PLH} 和 t_{PHL} 表示，分别代表从低到高和从高到低的传播时间。

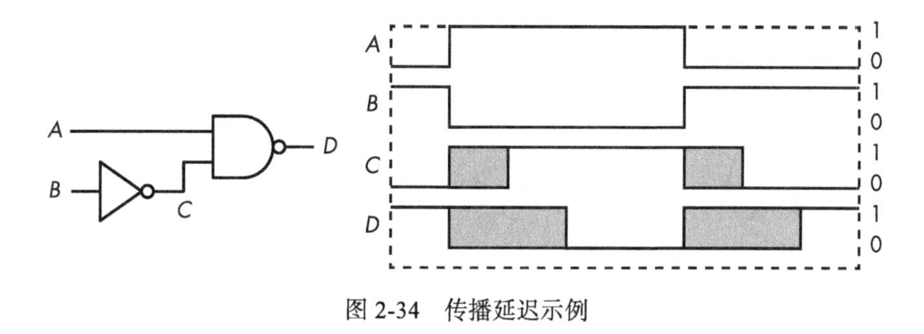

图2-34　传播延迟示例

既然我们已经讨论了输入和在通往输出的电路上发生的事情，现在可以看看输出了。

2.4.4　输出的变化

我们已经讨论了一些关于门输入的问题，但我们还没有讨论很多关于输出的内容。针对不同的应用场合，有几种不同类型的输出。

图腾柱输出

普通门输出称为图腾柱，因为一个晶体管堆叠在另一个晶体管上的方式类似于图腾柱。我们可以用如图2-35所示的开关来模拟这种类型的输出。

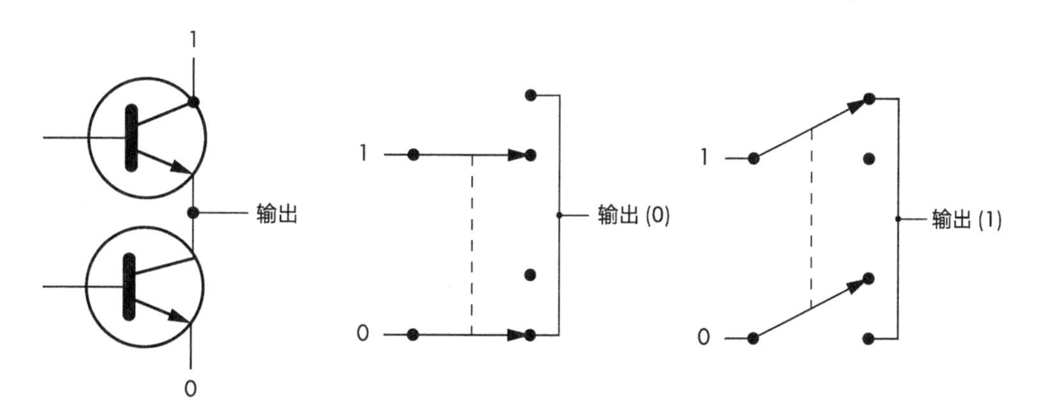

图2-35　图腾柱输出

图2-35中左边的示意图说明了图腾柱输出是如何得名的。最上面的开关叫*主动上拉*开关，因为它把输出端连接到高逻辑电平，使输出端得到1。图腾柱的输出不能连接在一起。从图2-35可以看出，如果把一个0输出和一个1输出连接到一起，就会把正负电源连接在

一起——就像穿越 1984 年电影 *Ghostbusters* 中的流一样糟糕，而且可能会使元件熔化。

开路集电极输出

另一种类型的输出称为开路集电极或开路漏极，具体称呼取决于所用晶体管的类型。该输出的原理图和开关模型如图 2-36 所示。

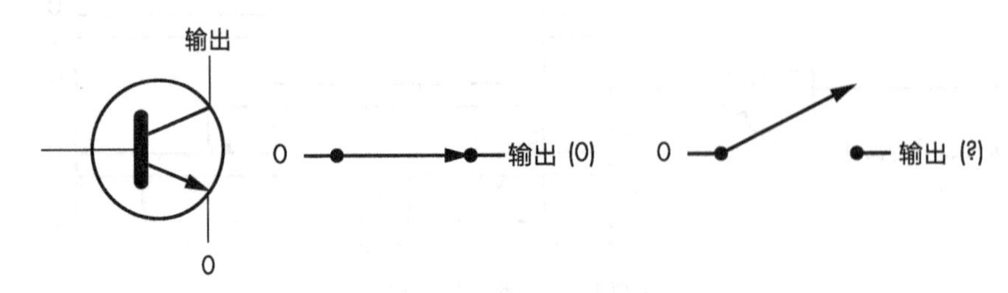

图 2-36 开路集电极 / 开路漏极输出

乍一看，这似乎很奇怪，我们期望得到 0 作为输出，但输出会浮动，不是 0 的时候，我们并不知道它的值是多少。

由于开路集电极和开路漏极类型的输出没有主动上拉，我们可以将它们的输出连接在一起而不损害真实值。我们可以使用*被动上拉*，用一个上拉电阻将输出端连接到电源电压，也就是 1 的来源。对于双极型晶体管来说，电源电压叫作 V_{CC}，对于 MOS（金属氧化物半导体）晶体管来说叫作 V_{DD}。被动上拉的效果是形成一个有线 AND，如图 2-37 所示。

可能发生的情况是，当两个开路集电极输出都很低时，电阻将信号拉到 1。电阻器限制了电流，所以不会使电路着火。当任何一个开路集电极输出很低时，输出为 0。你可以通过这种方式将大量的东西连接到一起，用大量输入消除 AND 门的需求。

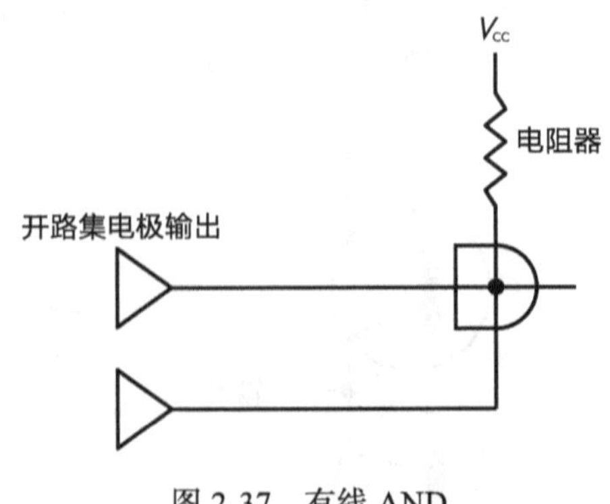

图 2-37 有线 AND

开路集电极和开路漏极输出的另一个用途是驱动 LED（发光二极管）之类的设备。开路集电极和开路漏极器件通常是为驱动设备而设计的，能够处理的电流要高于图腾柱输出器件。一些类型的输出允许将输出拉到一个比逻辑 1 更高的电压水平，这使它们可以与其他类型的电路相连。这一点很重要，虽然 7400 门系列的阈值是一致的，但其他的门系列阈值不同。

三态输出

虽然开路集电极电路允许输出连接在一起，但它们没有主动上拉的速度快。因此，我们暂时放下两态解决方案，引入三态输出。第三状态是“关闭”。有一个额外的使能输入可以打开和关闭输出，如图 2-38 所示。

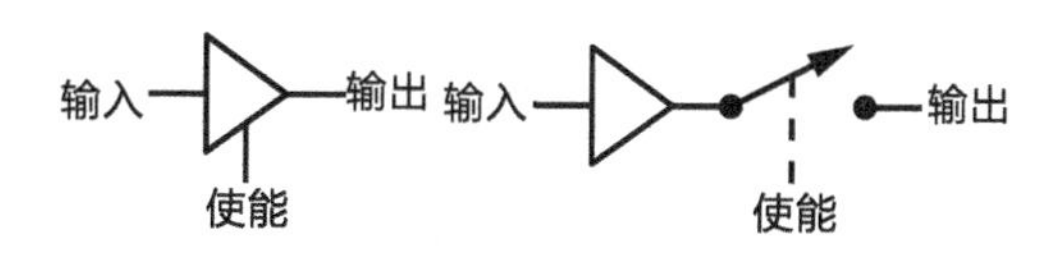

图 2-38　三态输出

关闭被称为 hi-*Z*，或高阻抗状态。*Z* 是阻抗的符号，在数学上是电阻的复数形式。可以把三态输出想象成图 2-35 的电路。分别控制基极可以得到四种组合：0、1、hi-*Z* 和熔断。显然，电路设计者必须确保选择的组合不会使电路熔断。

三态输出允许大量的设备组合在一起，但需要注意的是，一次只能使能一个设备。

2.5　构建更复杂的电路

门的引入极大地简化了硬件设计过程，人们不再需要从分立元件设计一切。例如，原来制造一个双输入的 NAND 门需要大约 10 个元件，而 7400 系列电路将 4 个双输入 NAND 门包含在一个封装中，称为*小规模集成*（Small-Scale Integration, SSI）部件，因此一个封装可以替代 40 个元件。

硬件设计人员可以用 SSI 门构建任何东西，就像使用分立元件那样。这使得成本变低、硬件内部更紧凑。而且由于某些门的组合被大量使用，因此引入了包含这些组合的*中等规模集成*（Medium-Scale Integration, MSI）部件，进一步减少了所需部件的数量。后来又出现了*大规模集成*（Large-Scale Integration, LSI）、*超大规模集成*（Very Large-Scale Integration, VLSI）等。

下面的内容将介绍一些门的组合。但这不是终点，我们将使用这些更高级别的功能部件制造出更高级别的部件，类似于用较小的程序构建复杂的计算机程序。

2.5.1　制作加法器

我们来构建一个二进制补码加法器。尽管很可能永远不需要设计这样的加法器，但这个例子可以让你明白怎么巧妙地操作逻辑来提高硬件和软件的性能。

我们在第 1 章中提到，2 个位的和是这两个位的 XOR 结果，进位是这些位的 AND 结果。图 2-39 为门的实现。

可以看到 XOR 门实现了和运算，AND 门实现了进位功能。图 2-39 中门的实现之所以被称为*半加器*，是因为缺少了一些东西。两个位的相加没问题，但有第三个输入我们才可以进位。这意味着得出每个位的和需要两个加法器。至少有两个输入为 1，才可以进位。表 2-1 是全加器的真值表。

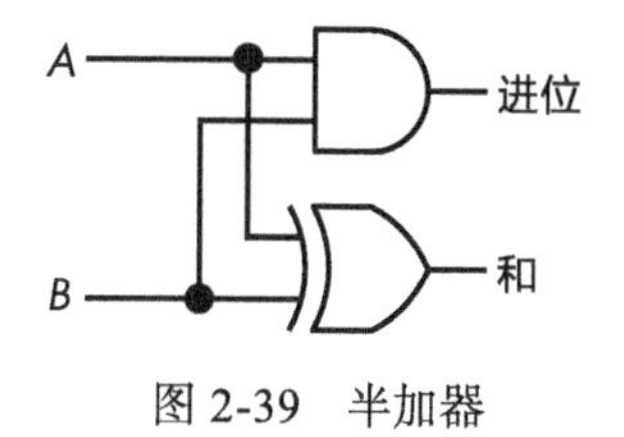

图 2-39　半加器

表 2-1　全加器真值表

A	*B*	*C*	和	进位
0	0	0	0	0
0	0	1	1	0
0	1	0	1	0
0	1	1	0	1
1	0	0	1	0
1	0	1	0	1
1	1	0	0	1
1	1	1	1	1

构建全加器比较复杂，其结构如图 2-40 所示。

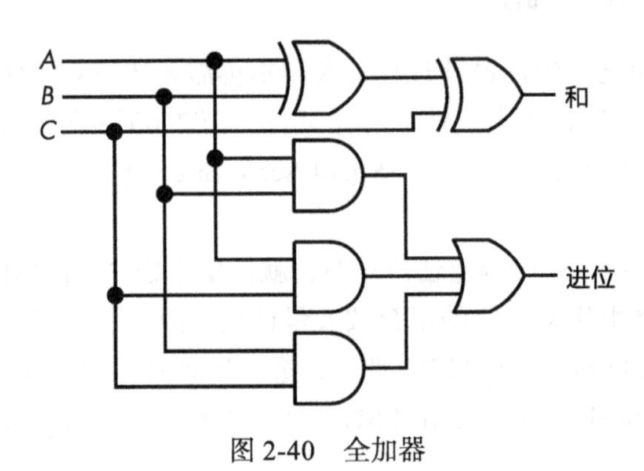

图 2-40　全加器

图 2-41 所示的行波进位加法器内部包含很多门。但我们可以使用全加器来构建超过一位的加法器。图 2-41 展示了行波进位加法器的构造图。

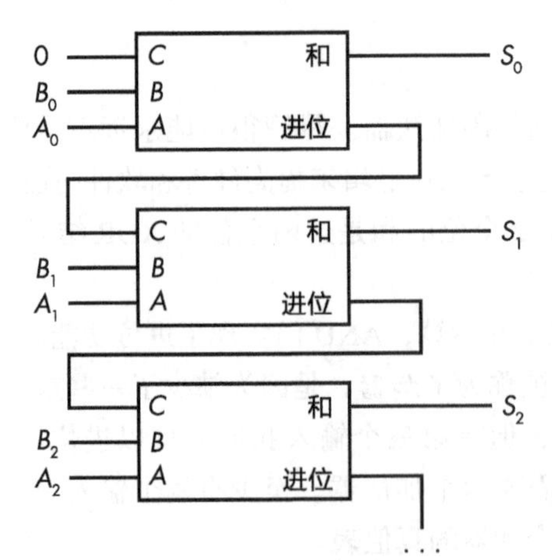

图 2-41　行波进位加法器

行波进位加法器得名于从一个位进位到下一个位的方式。两位之间进位的方式就像波浪一样。可以看到每个位都有两个门发生延迟，如果构建一个 32 位或 64 位的加法器，延迟会增加很多。我们可以用一个超前进位加法器来消除这些延迟，我们可以通过一些基本的基础运算来弄清楚超前进位加法器的工作原理。

从图 2-40 可以看出，全加器对位 i 的进位会被输入位 i+1 的进位：

$$C_{i+1} = (A_i \text{AND} B_i)\text{OR}(A_i \text{AND} C_i)\text{OR}(B_i \text{AND} C_i)$$

最大的症结在于，我们需要 C_i 才能得到 C_{i+1}，这一步会产生波纹。从 C_{i+2} 的公式中可以看出这点：

$$C_{i+2} = (A_{i+1} \text{AND} B_{i+1})\text{OR}(A_{i+1} \text{AND} C_{i+1})\text{OR}(B_{i+1} \text{AND} C_{i+1})$$

将第一个方程代入第二个方程可以消除这种依赖性：

$$\begin{aligned} C_{i+2} = & (A_{i+1} \text{AND} B_{i+1}) \\ & \text{OR}(A_{i+1} \text{AND}((A_i \text{AND} B_i)\text{OR}(A_i \text{AND} C_i)\text{OR}(B_i \text{AND} C_i))) \\ & \text{OR}(B_{i+1} \text{AND}((A_i \text{AND} B_i)\text{OR}(A_i \text{AND} C_i)\text{OR}(B_i \text{AND} C_i))) \end{aligned}$$

请注意，虽然多了很多 AND 和 OR，但仍然只有两个门的传播延迟。C_n 只依赖于 A 和 B 输入，所以进位时间及加法时间并不取决于位数。C_n 由 C_{n-1} 生成，随着 n 的增加，C_{n-1} 使用的门的数量越来越多。虽然门成本低廉，但也会消耗功率，所以在速度和功耗之间得有权衡。

2.5.2　制作解码器

在 1.5 节中，我们用位构建编码数字。解码器的作用正好相反，它将编码后的数字还原成一组独立的位。解码器的一个应用是驱动显示器。你可能在老科幻电影中看到过数码管（如图 2-42 所示），它们是一种非常酷的复古数字显示器。数码管本质上是一组霓虹灯，每个数字都对应一个霓虹灯。由于每根发光的线都有自己的连接，所以需要我们把一个 4 位的二进制数变成 10 个独立的输出中的一个。

图 2-42　数码管

回想一下，八进制表示法将 8 个不同的数值编码为 3 位的数字。图 2-43 显示了一个 3:8 解码器，它将一个八进制的值转化为到一组独立的位。

当输入为 000 时，Y_0 输出为真；当输入为 001，Y_1 输出为真，以此类推。解码器是以输入和输出的数量来命名的，图 2-43 中的例子有 3 个输入和 8 个输出，所以它是一个 3:8 解码器。这种解码器通常绘制成图 2-44 所示的样子。

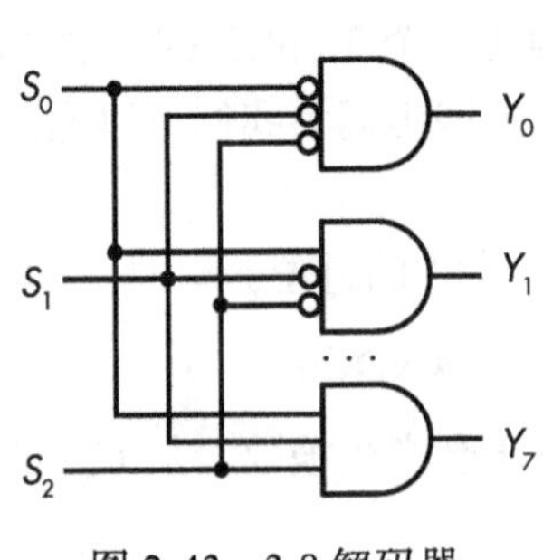

图 2-43　3:8 解码器

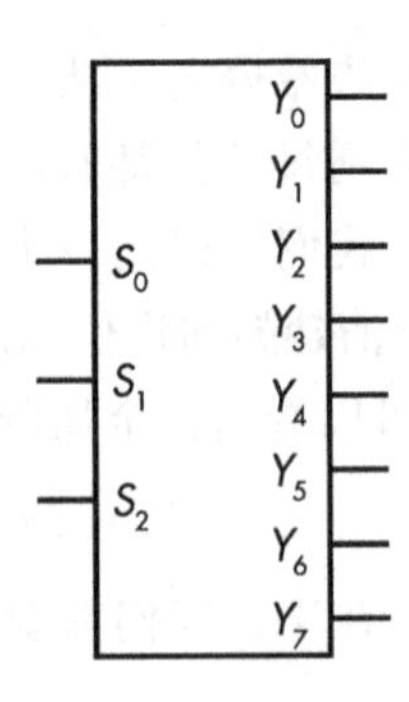

图 2-44　3:8 解码器原理图符号

2.5.3　制作多路输出选择器

你可以使用解码器来构建多路输出选择器（demultiplexer），通常简称为 dmux。它允许一个输入定向到多个输出中的一个输出，就像用分院帽把霍格沃茨的学生分到不同的学院一样。多路输出选择器按图 2-45 所示的方式将一个解码器与一些门结合起来。

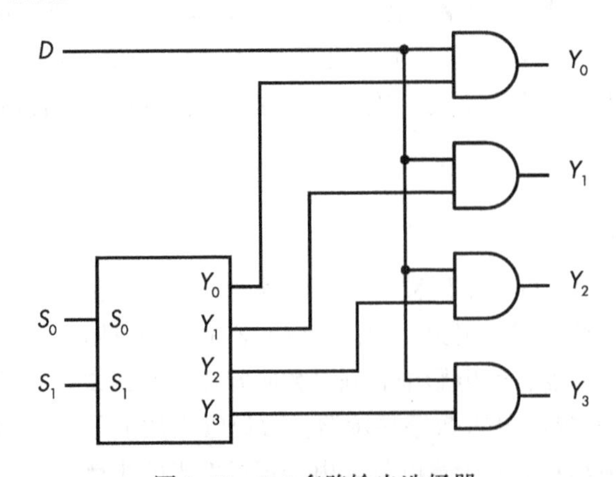

图 2-45　1:4 多路输出选择器

多路输出选择器根据解码器的输入 $S_{0\text{-}1}$ 使输入信号 D 与四个输出端 $Y_{0\text{-}3}$ 中的一个对应。图 2-46 为多路输出选择器的原理图符号。

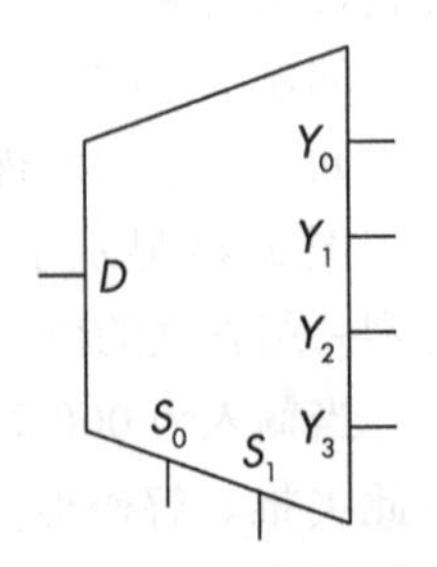

图 2-46　多路输出选择器原理图符号

2.5.4　制作选择器

从多个输入中选择一个输入是另一个常用功能。例如，一个加法器可能有几个操作数源，我们需要从中选择一个。通过使用门，我们可以创建称为选择器或多路选择器（multiplexer, mux）的功能块。

选择器将一个解码器与一些附加门结合了起来，如图 2-47 所示。

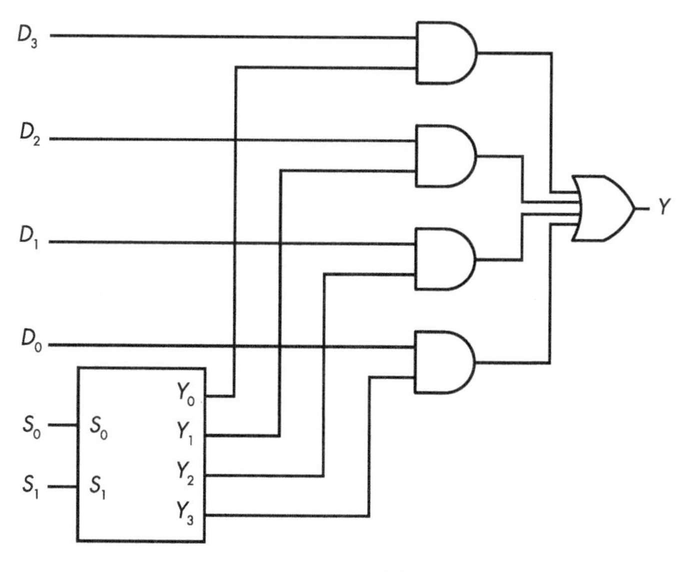

图 2-47　4:1 选择器

选择器的使用频率也很高，它有自己的原理图符号，图 2-48 所示的是 4:1 选择器的符号，几乎是解码器符号的反转。

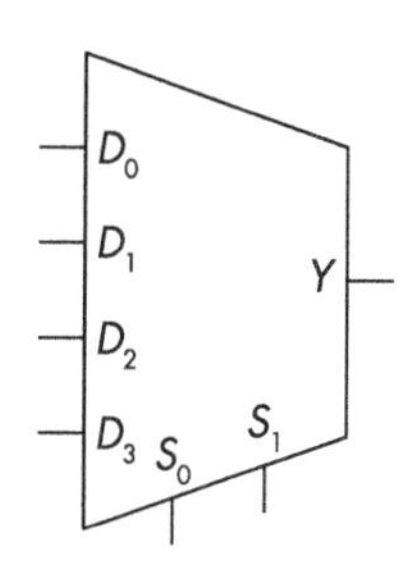

图 2-48　4:1 选择器原理图符号

你可能不知道，其实你对选择器还挺熟悉的。你可能见过转盘上标有“关闭”“吐司（烘烤）”“面包（烘焙）”和“肉或鱼（烤、炙）”的烤箱，那就是有四个位置的选择器开关。烤箱有两个加热元件，一个在顶部，另一个在底部。烤箱逻辑工作原理如表 2-2 所示。

表 2-2　烤箱工作逻辑

设置	顶部加热元件	底部加热元件
关闭	关闭	关闭
面包（烘焙）	关闭	工作
吐司（烘烤）	工作	工作
肉或鱼（烤、炙）	工作	关闭

我们可以用组合在一起的 4:1 选择器实现这个逻辑，如图 2-49 所示。

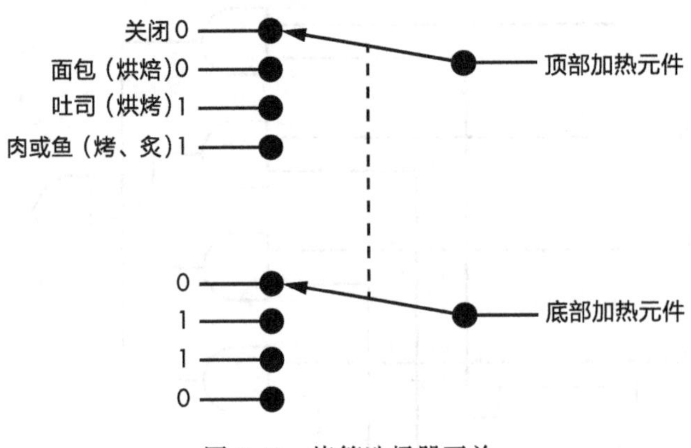

图 2-49 烤箱选择器开关

2.6 本章小结

本章介绍了为什么我们使用位而不是数字来构建硬件。也介绍了实现位和组合数字逻辑的一些技术发展。还介绍了现代逻辑设计符号，以及如何将简单的逻辑元素组合起来制造更复杂的设备。研究了组合元器件的输出是其输入的函数，但由于输出会随着输入的变化而变化，所以没有办法记住任何东西。要想记住，需要有“冻结”输出的能力，使输出不随输入而变化。第 3 章将讨论时序逻辑，它可以使计算机硬件能够随着时间的推移记住事物。

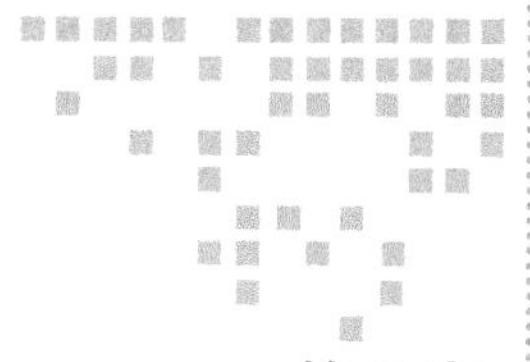

第3章 Chapter 3

时序逻辑

上一章中介绍的组合逻辑是“顺势而为”。换句话说，输出会随着输入的变化而变化。但我们不能只用组合逻辑就把计算机制造出来，因为它没有给我们提供任何一种从流程中移除一些东西并记住它的方法。不能用这种计算机把从1到100的所有数字都加起来，除非计算机能一直记录下运算到了何处。

本章将介绍时序逻辑。这个术语来自时序这个词，意思是“在时间顺序上一件事接一件事”。作为高等生物人类，咱们肯定对时间有直观的认识，就像你对用手指数数也有直观的认识，但这并不意味着时间对于数字电路也是自然存在的，时间在计算机中必须以某种方式创造出来。

组合逻辑只处理输入的当前状态。时序逻辑既可以处理现在的状态，也可以处理过去的状态。本章将介绍生成时间和记忆时间的电路。我们将追溯用于实现这些功能的技术的前世今生。

3.1 表示时间

无论在历史上还是现如今，我们都使用周期函数来衡量时间，如地球的自转和公转。我们把一个完整的地球自转看作一天，这一天又细分为更小的单位，如时、分、秒。由于一天有86 400秒，因此我们把地球自转的1/86 400定义为一秒。

除了利用像地球自转这样的外部事件外，我们也可以使用某些物理现象（如钟摆摆动所需的时间）来生成周期函数。就是摆动时长代表时间这项技术，让老爷钟里有了“滴答滴答”的声音。当然为了让钟摆更有应用价值，摆锤必须校准到摆过一秒钟所需的标准长度。

计算机与电子学有关，所以需要一个周期性的电子信号。我们可以通过放置一些开关来产生电信号，它们就像钟摆一样生成信号。不过，除非你是一个严肃的蒸汽朋克玩家，否则很可能还是不太想要一台钟摆驱动的计算机。下一节将介绍一些更现代的方法。

3.1.1 振荡器

来看看我们用反相器做的小把戏：把输入和输出连接起来，如图 3-1 所示。

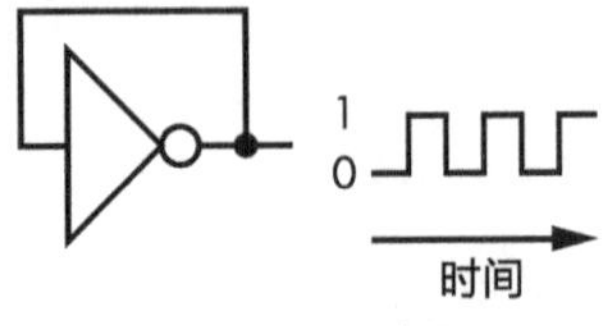

图 3-1 振荡器

把输入和输出连接起来将产生反馈，就像麦克风离扬声器太近时产生的效果一样。反相器的输出在 0 和 1 之间来回反弹，或者称之为*振荡*。振荡的速度是传播延迟的函数（见 2.4.3 节），而传播延迟会随着温度而变化。频率稳定的振荡器很有应用价值，它可以生成精确的时间参考。

用晶体制作振荡器是一种经济有效的方法，这个想法还挺新潮！晶体，像磁铁一样，与电流有某种关系。如果把电极（电线）连接到晶体上，然后向晶体施加压力，它就会产生电流。如果在与晶体连接的电线上通电流，晶体就会弯曲。这就是所谓的压电效应，是 Paul Jacques 兄弟（1855—1941）和 Pierre Curie（1859—1906）在 19 世纪末发现的。压电效应有各种各样的应用。晶体可以接收声音振动，因而可以应用到麦克风中。晶体通电后产生的声音振动会使电器发出恼人的蜂鸣声。电路图中的晶体符号如图 3-2 所示。

图 3-2 晶体原理图符号

晶体振荡器利用电子单极双掷开关交替向晶体充电和放电。充电和放电所需的时间是可以预测的，而且非常准确。石英是最好的晶体材料之一，这也是你会看到精确石英钟表的广告的原因。当你在商店里看到高级石英手表的标价时，别忘了一块好的石英售价大约只有 25 美分。

3.1.2 时钟

振荡器给我们提供了一种测量时间的方法。显而易见，计算机需要保证准时，比如能够以同一速度播放视频。但时间之所以很重要还有另一个原因。在第 2 章中，我们讨论了传播延迟如何影响电路工作所需的时间。时间为我们提供了一种方法，例如，等待加法器最坏情况下的延迟，然后再查看结果，这样我们就知道它是稳定和正确的。

振荡器为计算机提供了时钟。计算机的时钟就像军乐队中的鼓手，为电路设定节奏。最大的时钟频率或最快的节奏由传播延迟决定。

元件制造涉及大量的统计数据，因为不同的零件之间差异很大。分选过程根据测量到的特性，将元件放入不同的箱或堆。速度最快、价格最高的部件放进一个箱，速度较慢、价格较低的部件放进另一个箱，以此类推。拥有无限多的箱是不切实际的，所以即使箱中部件的差异比所有部件间的差异要小，但还是会有差异。这就是传播延迟被指定为一个范围的原因，生产厂家除了提供一个典型值外，还要提供最小值和最大值。一个常见的逻辑电路设计错误是使用典型值，而不使用最小值和最大值。超频计算机其实是在赌计算机的部件在概率上处于箱的中间，并且时钟可以在不导致部件失效的情况下增加频率。

3.1.3 锁存器

既然有了时间源，我们来试着记住一个单独的信息位。我们可以通过反馈来做到这一点，比如将 OR 门的输出与输入绑定，如图 3-3 所示。因为没有反相器，所以输入与输出绑定不会像图 3-1 那样产生一个振荡器。假设图 3-3 中的电路输出初始为 0。如果输入为 1，输出也变为 1，而且由于输出连接到了另一个输入端，所以即使输入变回 0，输出也会保持不变，换句话说，输出记得它的值。

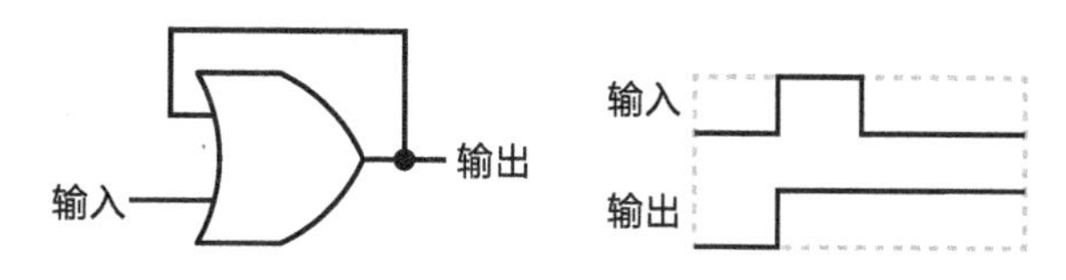

图 3-3 OR 门锁存器

当然，完成这个方案还需要一些工作，因为它没有办法再使输出为 0。我们需要通过断开反馈来重置输出，如图 3-4 所示。

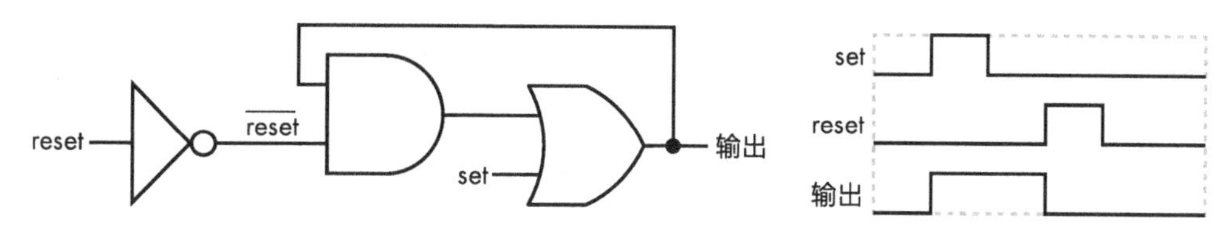

图 3-4 AND-OR 门锁存器

请注意，我们已经把反相器的输出标为$\overline{\text{reset}}$。把横线加在符号之上是硬件语言，意思是“相反的”。这代表着某事物为 0 时为真，为 1 时为假。有时这被称为低电平有效，而不是高电平有效，意思是当它是 0 而非 1 的时候，它会主动触发。字符上横线的发音是“bar”，所以$\overline{\text{reset}}$ 读作“reset bar”。

当 reset 为低电平时，$\overline{\text{reset}}$ 为高电平，因此 OR 门的输出被反馈给输入。当 reset 为高电平时，$\overline{\text{reset}}$ 为低电平，打破了反馈，所以输出是 0。

图 3-5 表示了一个 S-R 锁存器，它是建立位存储器的一个稍微聪明一点的方法。S-R 代表 set-reset。它有低电平有效输入和与输入互补的输出，即输入是低电平有效，输出是高电平有效。也可以使用 NOR 门来构建一个高电平有效输入的版本，但 NOR 门通常比 NAND 门更耗电，除此之外，也更复杂，建造成本更高。

$\overline{\text{set}}$ 和$\overline{\text{reset}}$ 都活动时（高电平）的情况很奇怪，一般不会使用这种情况下的电路，因为两个输出都是真。另外，如果两个输入同时不活动（由高电平跳变到低电平）(即从 0 过渡为

1），输出的状态将不可预测，因为它取决于传播延迟。

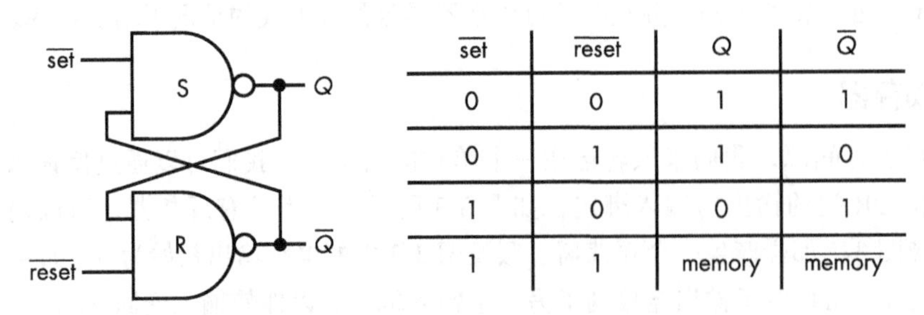

$\overline{set}$	$\overline{reset}$	Q	$\overline{Q}$
0	0	1	1
0	1	1	0
1	0	0	1
1	1	memory	$\overline{memory}$

图 3-5　S-R 锁存器

图 3-5 中的电路有一个图 3-4 中电路没有的很好的特性，即电路设计是对称的。这意味着 set 信号和 reset 信号的传播延迟都是相似的。

3.1.4　锁存器组成的门电路

既然已经有了一些记忆信息的方法，现在一起来看在某个时间点记住某件事情需要什么。图 3-6 所示的电路在输出端添加了一对门。

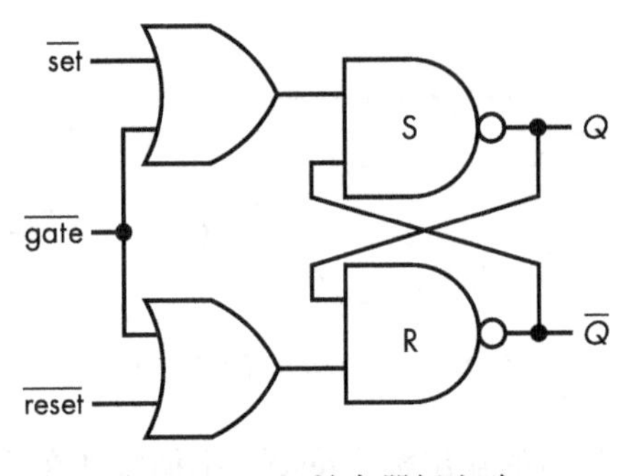

图 3-6　S-R 锁存器门电路

可以看到，当 $\overline{\text{gate}}$ 输入不活动（高电平）时，是不受 $\overline{\text{set}}$ 和 $\overline{\text{reset}}$ 影响的。由于 S 门和 R 门的输入都为 1，输出不会改变。

因为我们想记住一位的信息，接下来我们可以做的改进是在 $\overline{\text{set}}$ 和 $\overline{\text{reset}}$ 输入之间加一个反相器，这样只需要一个数据输入（简写为 *D*）即可。图 3-7 展示了修改后的电路。

当 $\overline{\text{gate}}$ 处于低电平时，如果 *D* 为 1 时，输出 *Q* 将被设置为 1。同理，当 $\overline{\text{gate}}$ 处于低电平时，如果 *D* 为 0，输出 *Q* 会被设定为 0。当 $\overline{\text{gate}}$ 处于高电平时，*D* 的改变对输出 *Q* 没有影响。这意味着 *D* 的状态可以被记住。图 3-8 的时序图展示了这个原理。

这个电路的问题是当 $\overline{\text{gate}}$ 处于低电平时，*D* 值的变化就会通过，如图 3-8 阴影区域所示。这意味着我们得指望 *D* 是“行为良好”的，并且在“门”处于“打开”状态时不会改变。如果可以使打开这一操作瞬间完成，就更好了。我们将在下一节介绍如何做到这一点。

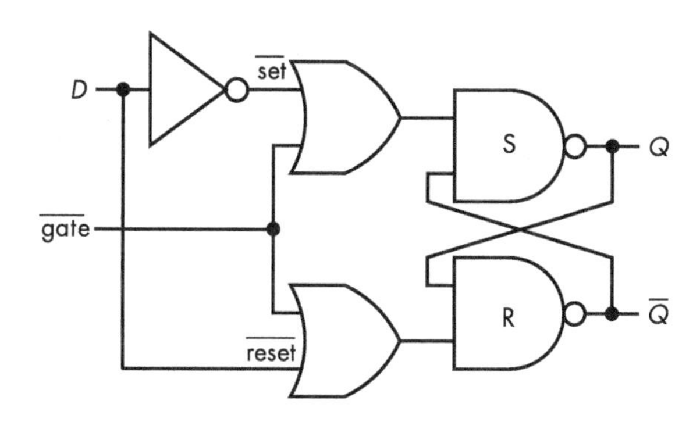

图 3-7 D 锁存器门电路

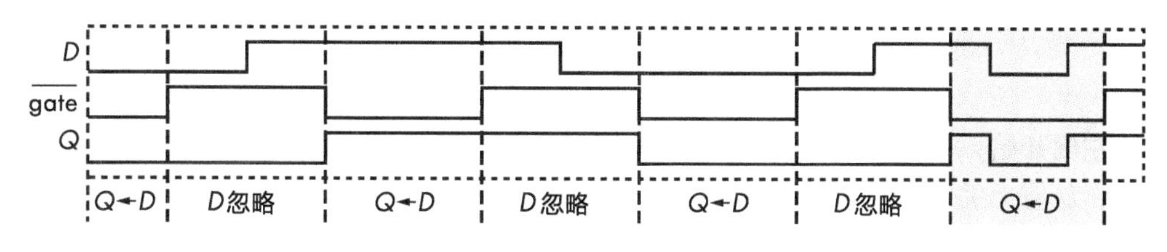

图 3-8 D 锁存器门电路的时序图

3.1.5 触发器

正如上一节中讨论的那样，我们希望最大限度地减少因数据更改导致错误结果的概率。通常的方法是使用逻辑电平之间的过渡来获取数据，而不是在逻辑电平具有特定值时获取数据。这些过渡称为边沿。你可以将边沿视为时间的决策衡量准则。回到图 3-8，可以看到逻辑电平之间几乎发生瞬时过渡。边沿触发的锁存器称为触发器。

锁存器是用来制作触发器的构件。我们可以通过巧妙地组合三个 S-R 锁存器来构造一个称为 D 触发器的上升沿触发触发器，如图 3-9 所示。上升沿触发意味着触发器作用于从逻辑 0 到逻辑 1 的转换；而对于下降沿触发，触发器将作用于从逻辑 1 到逻辑 0 的转换。

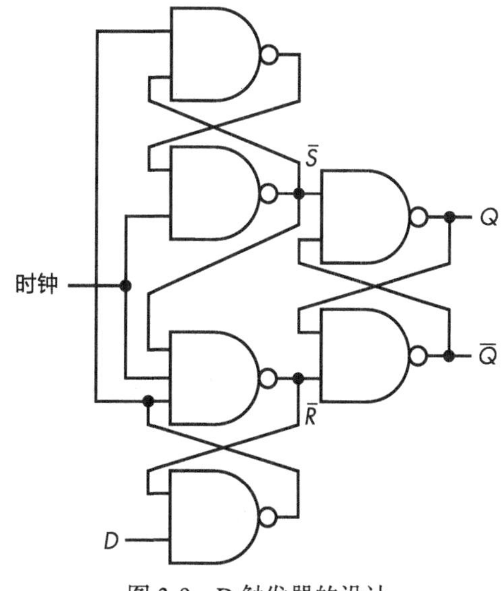

图 3-9 D 触发器的设计

图 3-9 所示的电路有些令人难以置信。右边的两个门构成了一个 S-R 锁存器。从图 3-5 可以知道，除非$\overline{S}$或$\overline{R}$变成低电平，否则输出不会改变。

图 3-10 展示了电路在不同的 *D* 值和时钟下的表现。细线表示逻辑 0，粗线表示逻辑 1。

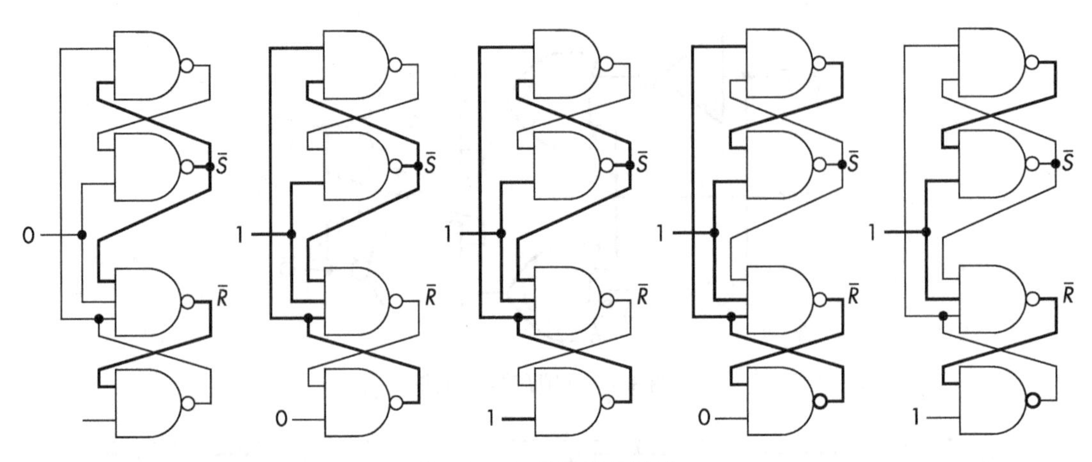

图 3-10　D 触发器的活动

从左侧开始，可以看到当时钟为 0 时，$\overline{S}$ 和$\overline{R}$ 都为高电平，所以图 3-9 右侧的锁存器状态不变，*D* 值无关紧要。再往右看，第 2、3 两幅图中，如果$\overline{R}$ 为低电平，更改 *D* 值无效。同样，最右边的两个图显示，如果$\overline{S}$ 为低电平，则更改 *D* 值无效。因此，无论时钟为高电平还是低电平，*D* 值的更改均不起作用。

我们来看一下时钟从低电平变化到高电平时会发生什么，如图 3-11 所示。

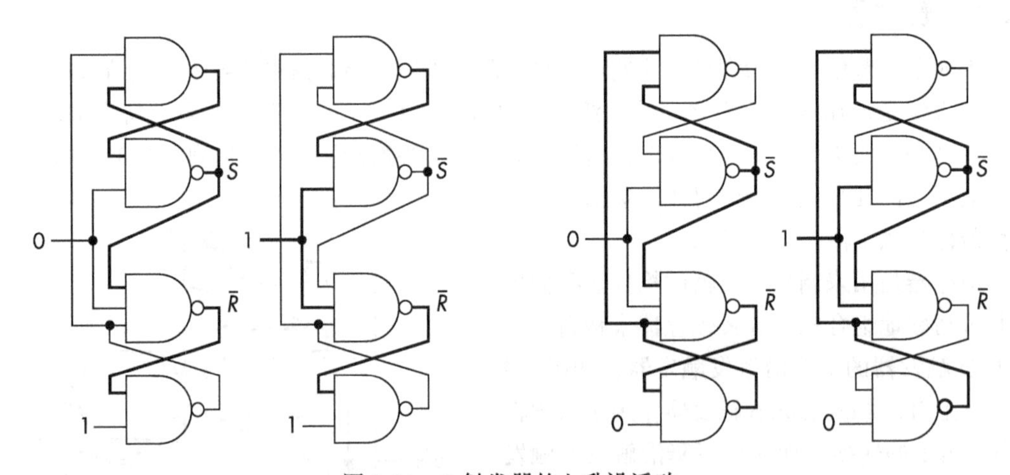

图 3-11　D 触发器的上升沿活动

可以在图 3-11 的左边看到，当时钟为低电平而 *D* 值为高电平时，$\overline{S}$ 和$\overline{R}$ 都为高电平，所以锁存器状态没什么变化。但当时钟变为 1，$\overline{S}$ 变为低电平时，就会改变触发器的状态。在图 3-11 的右边，可以看到当 *D* 值为低电平而时钟变成高电平时也有类似的变化，即会引起$\overline{R}$ 变低电平并且改变触发器状态。从图 3-11 可以看出，其他的改变都无关紧要，不会产生什么影响。

1918年，英国物理学家William Eccles和Frank Jordan发明了第一个电子版触发器，这个触发器使用真空管制作。图3-12展示了一个稍微不那么古老的D触发器7474的简图。

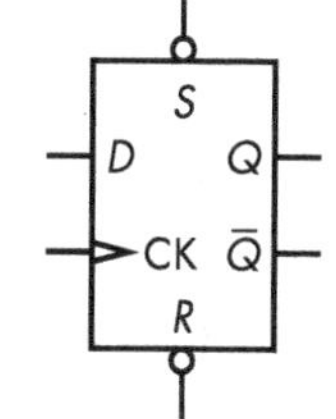

图3-12 D触发器7474

D触发器具有互补的Q和$\overline{Q}$输出以及$\overline{S}$（设置）和$\overline{R}$（复位）输入。这有点令人困惑，因为图中显示的是S和R，而不是$\overline{S}$和$\overline{R}$；实际上，正是S、R和○的结合使它们成了$\overline{S}$和$\overline{R}$。所以，除了左边神秘的部分，它就像我们的S-R锁存器。神秘的部分是两个额外的输入，D代表数据，CK代表时钟（用三角形表示）。它是上升沿触发的，所以只要CK上的信号从0变为1，D输入的值就会被存储起来。

除传播延迟外，边沿触发设备还有其他定时考虑因素，比如如**建立时间**，即在时钟边沿之前信号必须稳定的时间量，以及**保持时间**，即时钟边沿之后信号必须稳定的时间量，如图3-13所示。

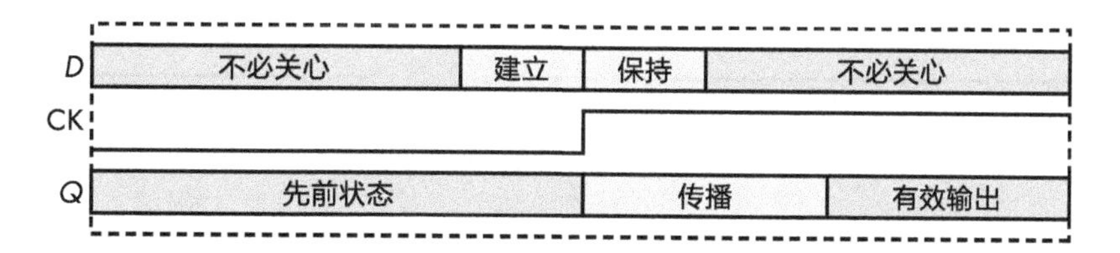

图3-13 建立及保持时间

如你所见，除了在时钟边沿周围的建立时间和保持时间期间，其他时间不必关心D输入上发生了什么。而且，与其他逻辑电路一样，输出在传播延迟时间之后是稳定的，而且独立于D输入保持稳定。建立时间和保持时间通常用t_{setup}和t_{hold}表示。

触发器的边沿行为与时钟配合得很好。我们将在下一节中给出示例。

3.1.6 计数器

计数是触发器的一个常见应用。例如，我们可以计算振荡器的时间，并用解码器驱动显示器来制作数字时钟。图3-14展示了一个产生3位数字（C_2，C_1，C_0）的电路，这3位数字表示信号从0变为1的次数。$\overline{\text{reset}}$信号可用来把计数器设置为0。

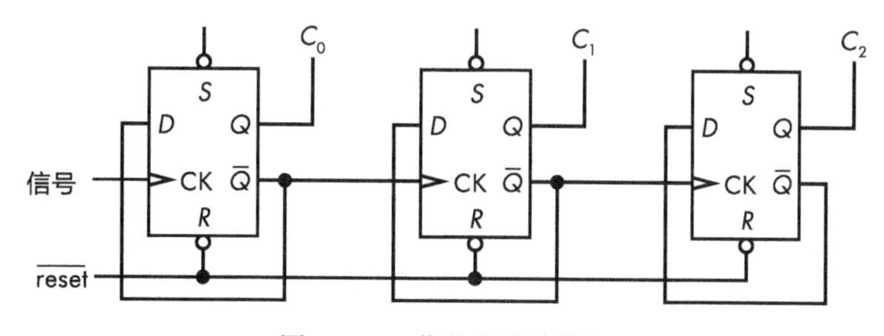

图3-14 3位的纹波计数器

图 3-14 所示的计数器之所以被称为纹波计数器是因为其结果就像纹波一样从左到右计数，而不是因为它可以用来数瓶装廉价酒的数量。C_0 改变 C_1，C_1 改变 C_2，如果有更多的位的话，以此类推。由于每个触发器的 D 输入都与 $\overline{Q}$ 输出相连，因此在每次 CK 信号正跃迁时，都会改变状态。

它也被称为异步计数器，因为每件事都是在它到来的时候才发生。异步系统的问题是很难知道何时查看结果。输出（C_2，C_1，C_0）在波动期间无效。从图 3-15 可以看到为何得到每个连续位的结果都需要花费更长的时间，图中灰色区域表示由于传播延迟而未被定义的值。

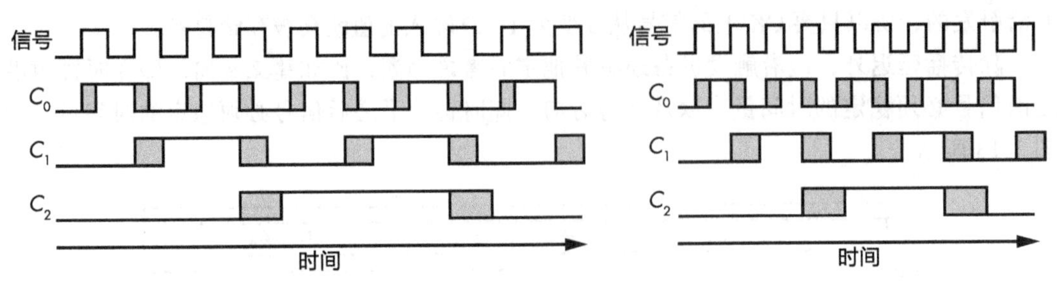

图 3-15 纹波计数器的时序

左边的时序图显示，在传播延迟消除后，我们得到了一个有效的 3 位数字。但是在右边的时序图，可以看到我们试图用比传播延迟允许的更快的速度进行计数，因此并非任何时间都能产生有效的数字。

这是我们在图 2-41 中看到的行波进位加法器问题的变体。正如能够用超前进位设计解决这个问题一样，我们也可以通过同步计数器设计来解决纹波问题。

与纹波计数器不同，同步计数器在同一时间（同步）输出所有变化。这意味着所有的触发器都是并行计时的。3 位的同步计数器如图 3-16 所示。

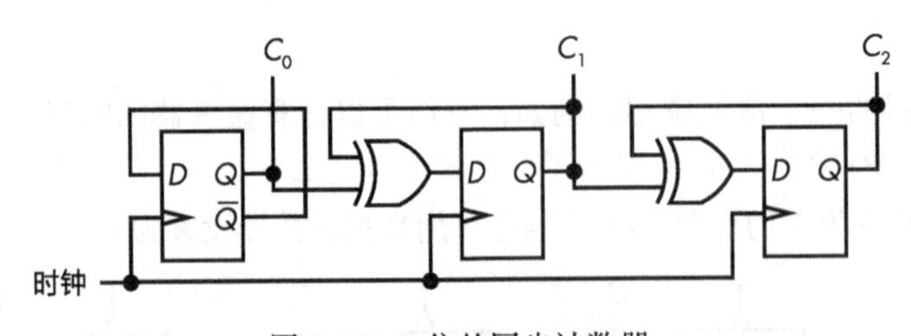

图 3-16 3 位的同步计数器

可以看到计数器中的所有触发器都同时改变状态，因为它们都是在同一时间开始计时的。尽管传播延迟仍然是判断输出何时有效的一个影响因素，但是级联效应已经被消除。

计数器也是一种功能构件，这意味着它们有自己的原理图符号。在本例中，它是一个矩形框，如图 3-17 所示。

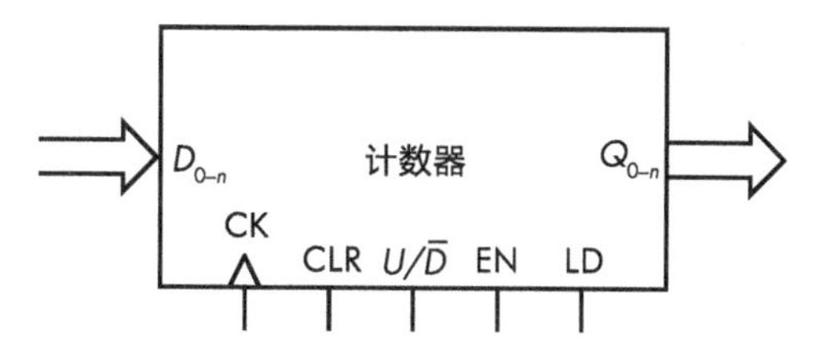

图 3-17 计数器的原理图符号

图 3-17 中包含了一些我们以前从未见过的输入。计数器可以操作部分或全部的这些输入。大多数计数器都有清理计数器的 CLR 输入，可以将计数器设置为 0。同样常见的是 EN 输入，它可以启动计数器来计数，除非启用，否则计数器不计数。一些计数器可以在任意方向上计数，使用 $U/\overline{D}$ 输入即可选择向上或向下。最后，一些计数器具有数据输入 $D_{0\text{–}n}$ 和负载信号 LD（允许将计数器设置为特定值）。

有了计数器，我们就可以用它们来记录时间。但计数并不是我们能用触发器做的唯一事情。下一节将开始介绍如何记住大量信息。

3.1.7 寄存器

D 触发器有利于计算机记忆。D 触发器的一个很常见的应用是它可以制作寄存器，寄存器是一个包中的一堆共享同一时钟的 D 触发器。图 3-18 显示了保存前面讨论的加法器电路加法结果的寄存器示例。

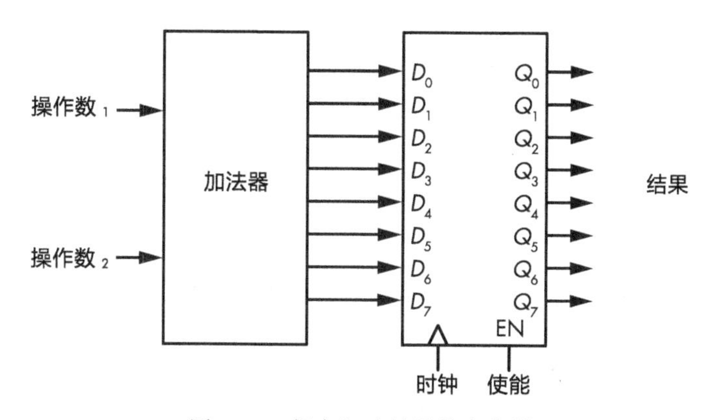

图 3-18 保存加法结果的寄存器

一旦加法器的输出被记录到寄存器中，操作数发生改变不会让结果也改变。请注意，寄存器通常具有与计数器类似的使能输入。

3.2 内存组织和寻址

我们已经看到，触发器在需要记住一个位时很有用，寄存器在需要记住一组位时很方便。可当我们需要记住更多的信息时，应该使用什么呢？例如，如果我们希望存储几个不同的加法结果呢？

我们可以使用一大堆寄存器。但是现在我们遇到了一个新问题：如何指定要使用的寄存器，如图 3-19 所示。

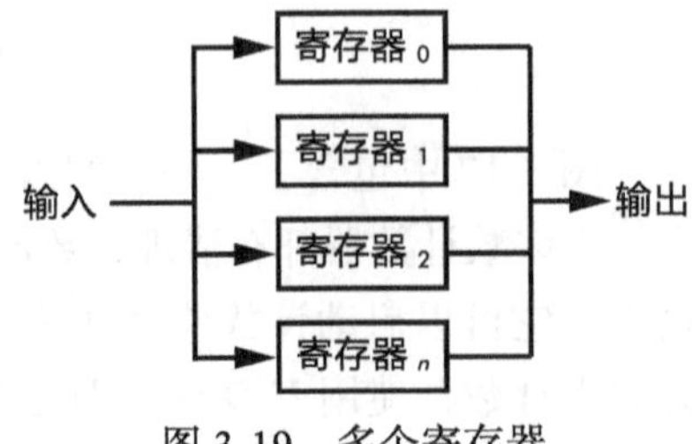

图 3-19 多个寄存器

解决这个问题的一种方法是为每个寄存器分配一个编号，如图 3-19 所示。我们可以根据第 2.5.2 节中的标准构件解码器使用编号或地址指定寄存器。解码器的输出与寄存器上的使能输入连接。

接下来，我们需要从寄存器中挑选出一个输出。幸运的是，第 2.5.4 节中已经介绍了如何构建选择器，这正是我们所需要的。

系统通常包括多个连接在一起的内存组件。现在来介绍另一个标准构件：三态输出模块。

把寄存器、选择器、解码器三者组合在一起即为一个内存组件，如图 3-20 所示。

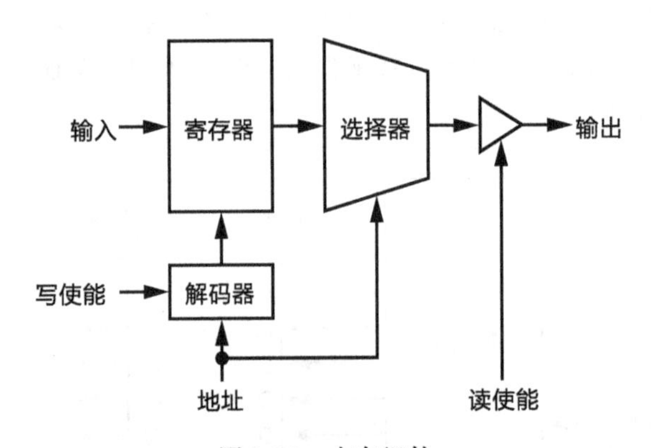

图 3-20 内存组件

内存组件有很多电气连接。如果想处理 32 位数字，我们需要输入和输出各 32 个连接，加上地址、控制信号和电源的连接。程序员不必关心如何将电路装入软件包或如何布线，但硬件设计师却需要关心。认识到一点：很少需要同时读取和写入内存，我们就可以减少连接的数量。我们可以简化为一组数据连接加上一个读 / $\overline{写}$控制。图 3-21 为一个简化的存储芯片的示意图。使能控制可以打开和关闭整个设备，以便多个存储芯片可以连接在一起。

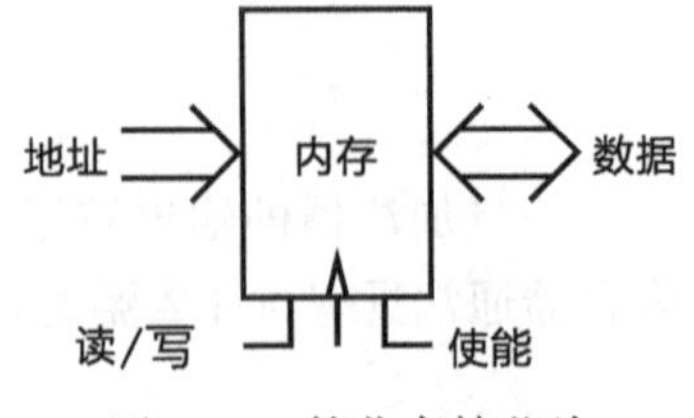

图 3-21 简化存储芯片

你会注意到，图 3-21 中地址和数据使用了大而粗的箭头，而不是使用单个指示符号。我们把一组相关的信号称为总线，因此存储芯片有一个地址总线和一个数据总线。

封装存储芯片的一个挑战是当内存大小增加时，需要连接大量地址位。回顾第 1 章的表 1-2，对于一个 4GiB 内存组件，我们需要 32 个地址连接。

内存设计者和道路规划师一样需要处理类似的交通管理问题。许多城市按网格规划，存储芯片内部布局的方式也是如此。在图 2-3 所示的 CPU 显微照片中可以看到几个矩形区域，它们是内存块。地址被分成两块：行地址和列地址。内存位置使用行和列的交集进行内部寻址，如图 3-22 所示。

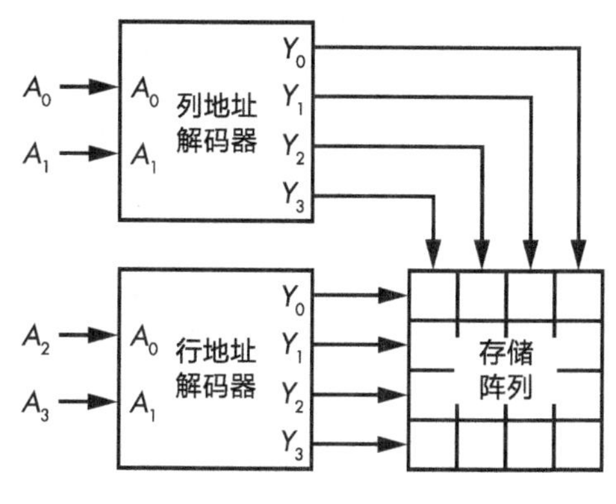

图 3-22 行寻址与列寻址

显然，我们不需要担心图 3-22 所示的 16 位内存中地址行的数量。但如果有更多的地址行数量呢？我们可以通过多路复用行地址和列地址将地址行数减半。我们需要的只是用存储芯片上的寄存器保存它们，如图 3-23 所示。

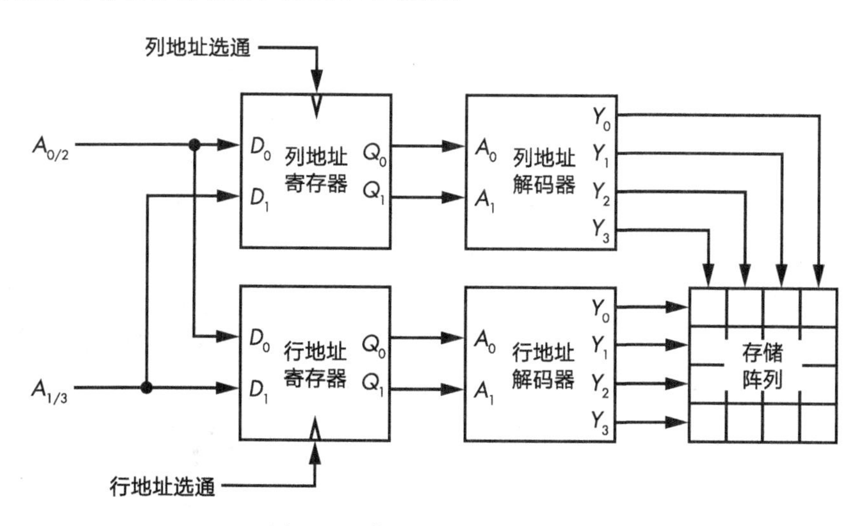

图 3-23 使用地址寄存器的内存

由于地址分为两部分，因此如果只更改一部分，例如先设置行地址然后改变列地址，性能会更好。我们可以发现如今的大型存储芯片确实是这样的。

存储芯片的大小是以深度 × 宽度来描述的。例如，一个 256 × 8 的芯片有 256 个 8 位宽的内存位置，一个 64 Mib × 1 的芯片有 64 个兆比特宽的内存位置。

3.2.1 随机存取存储器

到目前为止，我们所讨论的内存称为随机存取存储器（Random-Access Memory, RAM）。使用 RAM，任何内存位置的整个宽度可以以任何顺序读写。

静态 RAM 或 SRAM 虽然成本很高但速度很快。每个位需要 6 个晶体管。因为这些晶体管占用不少的空间，SRAM 并不是存储数十亿或万亿位的好选择。

动态内存（DRAM）是一个聪明的黑客。电子被储存在称为电容器的微型桶中，只使用一个晶体管作桶盖。问题是，这些存储桶可能泄漏电子，所以需要每隔一段时间刷新一次内存，这意味着需要定期将存储桶加满。你必须小心，不要在与访问内存发生冲突的时刻将存储桶加满；第一批基于 DRAM 的计算机 DEC LSI-11 就存在这样的问题。DRAM 的一个有趣的副作用是，当光线照射到充满电子的存储桶时，它们会漏出更多的电子，这使得存储桶可以用在数码相机中。

DRAM 由于其高密度（每个区域的位数）而被用于制作大容量存储芯片。大容量存储芯片意味着大量的地址，大量的地址意味着 DRAM 芯片使用前面讨论的多路寻址方案。由于其他内部设计考虑因素，使用行地址选通存储行地址，然后通过列地址选通改变列地址会更快。行有时被称为页，这是一个被过度使用的术语。读内存地址和阅读一本书差不多，浏览一页比翻页容易得多。正如伟大的表演先驱 Jimmy Durante 所言，最好的表演是 a-ras-a-ma-cas。这是一个编程中非常重要的考虑因素：将一起使用的东西放在同一行可以大大提高性能。

SRAM 和 DRAM 都是易失性存储器，这意味着当电源中断时，数据可能会丢失。磁芯存储器是一种古老的非易失性 RAM，它将位存储在圆环形（甜甜圈形状）铁片中，如图 3-24 所示。圆环体在一个方向被磁化为 0，另一个方向为 1。圆环体的物理性质很酷，因为它们抵抗来自圆环外部电磁干扰的能力很强。在这种类型的存储器中，磁芯排列在一个称为平面的网格中，其中成行列的导线穿过它们。还有第三条线，叫作感知线，因为读取位的状态的唯一方法就是尝试改变位，然后感知发生了什么。当然，如果感知到位变了，就必须把它改回去，否则数据就会丢失，位就会变得毫无用处。除所有的拼接处外，实现这点还需要大量的电路。磁芯实际上是三维存储的，就像是多个平面被组装成积木一样。

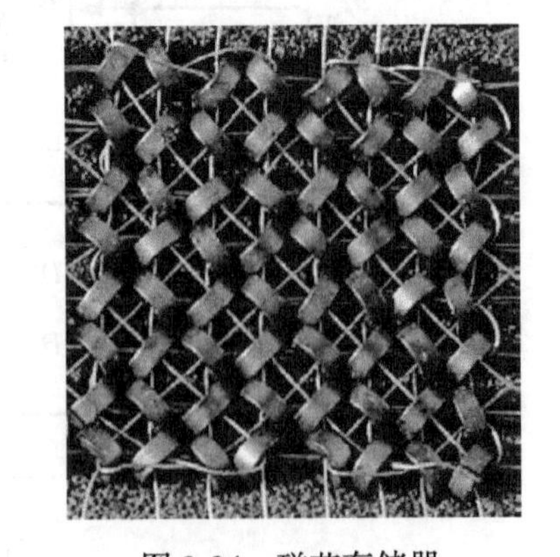

图 3-24 磁芯存储器

虽然磁芯是一种古老的技术，但它的非易失性仍然备受重视，研究人员还在继续开发商业化实用磁阻存储器，将磁芯存储器和 RAM 的优点结合起来。

3.2.2 只读存储器

只读存储器（Read-Only Memory, ROM）并不是一个非常准确的名字。只能读而不能写的存储器是没有用的。这个名字已经过时了，更准确的说法是一次写入存储器。ROM 可以写入一次，然后读取多次。ROM 对于那些需要内置程序的设备（比如微波炉）很重要，毕竟大家都不想每次爆米花时都要对微波炉现场编程。

ROM 的早期形式之一是 Hollerith 卡（后被称为 IBM 卡），如图 3-25 所示。位被打散到一张纸上。IBM 卡相当便宜，因为它的发明者赫尔曼·何乐礼（Herman Hollerith）（1860—1929）非常擅长“偷工减料”。

19 世纪末，Hollerith 发明了 Hollerith 卡，更准确地说，他是从 1801 年约瑟夫·玛丽·雅卡尔（Joseph Marie Jacquard）发明的提花织机中汲取了灵感。提花织机用穿孔卡片来控制织布图案。当然，提花织机的创意来自 Basile Bouchon，Basile Bouchon 在 1725 年发明了穿孔纸带控制织机。有时很难区分发明和借鉴，毕竟未来就是建立在过去的基础上的。当听到有人主张延长专利和限制版权法时，请记住这一点：如果不能在前人的基础上再接再厉，人类的进步就会减慢。

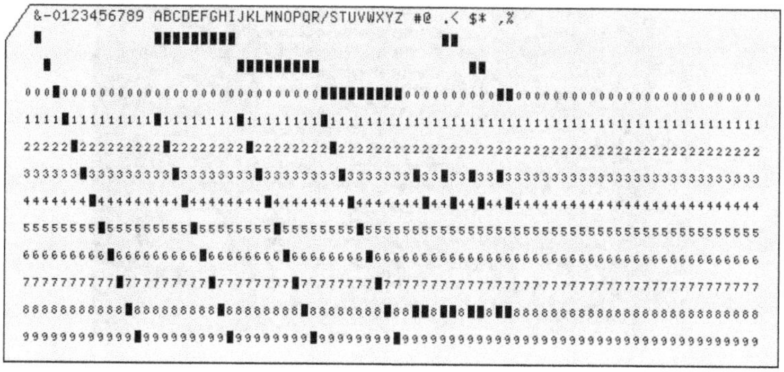

图 3-25　IBM 卡

早期的 IBM 读卡器使用开关来读取位。卡片会在一排有弹性的金属丝下面滑动，这些金属丝会穿过孔与另一边的金属接触。后来的 IBM 读卡器是通过孔将光线照射到另一边的一排光电探测器上，这样读卡器的运行速度会快得多。

穿孔纸带是一种与 ROM 相关的技术，一卷带孔的纸带可以用来表示位（见图 3-26）。相比于卡片，纸带更有优势，弄丢一张卡片会使数据混乱，而纸带则不存在这个问题。不过，纸带可能会被撕裂，而且很难修复，许多修复过的纸带都会阻塞读卡器正常工作。

图 3-26　穿孔纸带

卡片和纸带的速度非常慢，因为它们必须被移动才能被读取。

阿波罗飞行计算机使用了一种称为奥尔逊存储器的 ROM 变体（见图 3-27）。因为它只能通过针脚写入，所以它不受干扰，在恶劣的太空环境中，不受干扰的特点很重要。

图 3-27　阿波罗飞行导航计算机的奥尔逊存储器

IBM 卡和纸带是顺序存储器，即数据是按顺序读取的。读卡器不能倒转，所以它们只适合长期存储数据。为了方便使用，内容必须被读入某种 RAM 中。1971 年首次推出的商用单芯片微处理器英特尔 4004，为更好的程序存储技术创造了需求。这些最初的微处理器用于运行固定程序的计算器等设备。在单芯片微处理器之后而来的是掩模式可编程只读存储器。掩模是集成电路制造过程中使用的模板。你需要编写一个程序，然后把位型和一张大额支票发送给半导体制造商。半导体制造商会把位型变成一个掩模，然后制造出包含程序的芯片。它是只读的，因为如果不写另一张大额支票且不做另一个不同的掩模，是没有办法改变它的。掩模式可编程只读存储器可以随机存取的方式读取。

掩模成本非常高昂，只能用于大容量应用设备。在掩模之后而来的是可编程只读存储器（Programmable Read-Only Memory, PROM），它是一种可以让你自己编程的只读存储器（ROM）芯片，但只能编写一次。PROM 最初的机制涉及在芯片上熔化镍铬（一种镍铬合金）熔断器。镍铬合金和烤箱里发光丝的材质是一样的。

开发程序时，人们需要快速浏览一大堆 PROM 芯片。工程师不喜欢麻烦，所以接下来出现了可擦可编程只读存储器（Erasable Programmable Read-Only Memory, EPROM）。这些芯片与可编程只读存储器类似，只不过它们上面有一个石英窗，你可以把它们放在特殊的紫外线下擦掉它们。

随着电擦除可编程只读存储器（Electrically Erasable Programmable Read-Only Memory, EEPROM）的引入，生活变得更好了。EPROM 芯片可以用电擦除，不需要紫外光，也没有石英窗。相对来说，擦除 EEPROM 的速度非常慢，所以人们不太想经常做这样的事情。

从技术角度讲，EEPROM 是一种 RAM，因为它可以按任何顺序读写内容。但由于它们写得慢而且比 RAM 贵，所以它们只被用作 ROM 的替代品。

3.3 块设备

与内存对话需要时间。想象一下，每次你需要一杯面粉时，都得去商店买，所以还是去商店买一整袋面粉回来比较方便。大型存储设备使用的就是这个思想。设想一下去商店买“比特位”吧。

磁盘驱动器，也称为大容量存储器，非常适合存储大量数据。写这本书的时候，一个 8TB 的硬盘售价不到 200 美元。一些机构会使用大容量存储设备来记录一些仪式。磁盘驱动器将位存储在旋转的磁盘上，有点像转盘。位会周期性地回到某个位置，你可以把它们取下来或放上去。在磁盘驱动器中，磁头代替了手。

与其他类型的存储器相比，磁盘驱动器运行速度相对较慢。如果你想要一个东西，可这个东西刚刚从磁头经过，那么待几乎整个旋转过程进行完，它才会再次出现。现代磁盘的旋转速度为每分钟 7 200 转，旋转一周所需时间略长于 8 毫秒。磁盘驱动器最大的问题是它们是机械的，存在磨损问题。轴承磨损是磁盘失效的主要原因之一。商用设备和消费级设备之间的区别主要是生产时使用的润滑脂用量不同，一分钱不到的东西，厂家却能收几百块钱。磁盘驱动器通过磁化磁盘上的区域来存储数据，这使得它们和磁芯存储器一样具有非易失性。

磁盘驱动器是在速度和密度之间权衡的产物。磁盘驱动器的速度很慢，因为在磁头下面显示位需要时间，但由于数据被带到了磁头处，所以地址和数据连接不再需要空间，这就与 DRAM 中的情况不同了。图 3-28 展示了磁盘驱动器的内部结构。磁盘驱动器被封装在密封的容器内以防灰尘使其失效。

图 3-28　磁盘驱动器

磁盘是按块寻址的，而不是按字节寻址的。块（历史上称为扇区）是可以访问的最小单元。磁盘曾经的扇区有 512 字节，较新设备的扇区有 4 096 字节。这意味着如果要更改磁盘上的某个字节，就必须读取整个块，更改字节，然后再将整个块写回。磁盘包含一个或多个盘片，如图 3-29 所示。

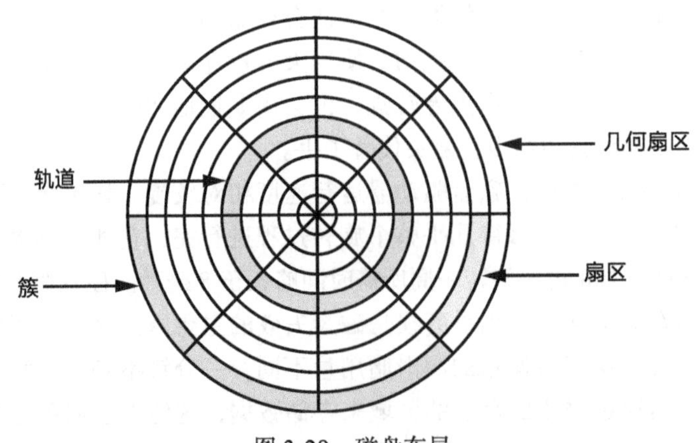

图 3-29　磁盘布局

由于所有扇区都包含相同数量的位，因此每个盘片中心的位密度（bit/mm^2）比盘片外部边缘的位密度更大。显然外轨道上有足够多的空间容纳位，所以不一致的密度很浪费。较新的磁盘通过将磁盘划分为一组径向区来解决这个问题，实际上外部区域的扇区比内部区域的扇区更多。

有几个数字描述了磁盘驱动器的性能。现代磁盘的执行器臂上有一个磁头，该磁头在磁盘上径向移动；磁头的位置将磁盘划分成磁道。*寻道时间*是将磁头从一个磁道移动到另一个磁道所需的时间。当然，如果每个磁道都有一个磁头会快得多，因为这样就不需要寻道时间了。老旧的磁盘驱动器也确实是这样的，但是现代磁盘上磁道之间距离太近了，不可能使每个磁道都有一个磁头。除寻道时间外，磁盘旋转也需要时间，这部分磁盘旋转的时间称为*旋转延迟*，通常在毫秒级。

磁盘驱动器通常也被称为*硬盘驱动器*。最初，所有的磁盘驱动器都是硬盘驱动器。当廉价的可移动存储设备*软盘*出现时，磁盘驱动器和硬盘驱动器便有区别了。软盘是可弯曲的，因此称磁盘驱动器为“硬盘”使二者易于区分。

磁盘驱动器的一个过时的变体是*磁鼓*存储器，就像它听起来的那样：一个旋转的磁鼓，上面有条纹磁头。

*磁带*是另一种使用磁带盘的非易失性存储技术。它的运行速度比磁盘驱动器的慢得多，而且需要很长时间才能将磁带卷绕到要求的位置。早期的苹果电脑使用消费级的盒式磁带来制作磁带存储器。

*光盘*与磁盘相似，只不过光盘应用的是光而不是磁，比如 CD 和 DVD。光盘的一大优点是可以通过印刷批量生产。预印盘是只读存储器。也有可一次性写入的与 PROM 等效的版本（CD-R、DVD-R），以及可擦除可重写的版本（CD-RW）。光盘的部分特写如图 3-30 所示。

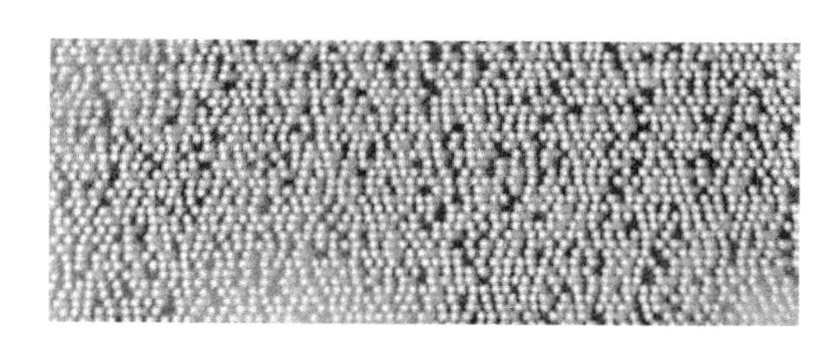

图 3-30 光盘数据

3.4 闪存和固态磁盘驱动器

闪速存储器简称*闪存*，是 EEPROM 最新的典型。对于音乐播放器和数码相机等设备来说，闪存是一个很实用的技术。它的工作原理像 DRAM 一样，即将电子储存在桶中。闪存内的微型桶更大，结构更坚固，所以不会泄露电子。但是，如果桶打开和关闭的次数太多，盖子会磨损。闪存的擦除速度比 EEPROM 的更快，而且制作成本更低。和 RAM 一样，它既可以读取，也可以写入一个充满 0 的空白设备，尽管 0 可以变成 1，但如果不先擦除，就不能将它们还原。闪存内部被分为块，只有块可以被擦除，单个的位置不可以被擦除。闪存设备的读取操作是随机访问，写入操作则是块访问。

磁盘驱动器正逐渐被固态磁盘驱动器所取代，固态磁盘驱动器几乎是包装成磁盘驱动器的闪存。目前，固态磁盘驱动器每个位的价格都远高于旋转磁盘的价格，但这种状况将来会有所改善。由于闪存会磨损，固态磁盘驱动器含有一个处理器，可以跟踪不同块中的使用情况，并尝试将其平衡以使所有块以相同的速度磨损。

3.5 检错和纠错

你永远不知道什么时候就有一束迷路的宇宙射线击中一块内存并破坏数据。如果能知道这种事情发生的时间而且还能修复损坏就好了。当然，这样的改进是需要耗费金钱的，而且在消费级设备中并不常见。

我们希望在不需要存储完整的第二份数据的情况下，检测出错误。但无论如何，这都行不通。因为我们不知道哪个副本是正确的。我们可以存储两个额外的副本，并假设匹配对（如果有的话）是正确的。那些本就是为恶劣环境设计的计算机可以做到这一点，这些计算机中还使用了更昂贵的电路设计，确保被质子击中时不会使电路烧毁。例如，航天飞机有冗余的计算机和在检测到错误时发挥作用的表决系统。

我们可以用一种叫作*奇偶校验*的方法来测试 1 位错误。其思想是将设置为 1 的位数相加，并使用额外的位来存储相加结果是奇数还是偶数。我们可以通过取位的 XOR 来实现这一点。有两种取位的形式：在*偶校验*中使用位和，在*奇校验*中使用位和的补码。这个选择可能看起来很奇怪，但这个术语来自 1 或 0 的数目，包括奇偶校验位。

图 3-31 的左半部分展示了偶校验的计算过程，存在 4 个 1，因此奇偶校验位为 0。右半部分同样展示了奇偶校验的检查，输出 0 表示数据是正确的，或者至少用奇偶校验判断是正确的。奇偶校验的一个大问题是，如果有两个位错误，则看起来像是正确的，它只能捕捉奇数个错误。

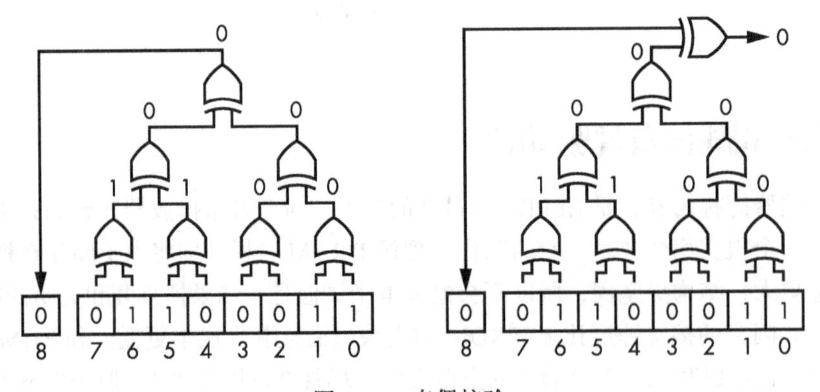

图 3-31 奇偶校验

还有更为复杂的方法，如美国数学家 Richard Hamming（1915—1998）发明的汉明码。

汉明码需要占用更多的位，允许检测更多的错误，并允许纠正一些错误。包括汉明码这一电路的检错和纠错（Error Checking and Correcting, ECC）存储芯片是可用的。ECC存储芯片通常用于大数据中心，甚少用于消费级设备。

像奇偶校验这样的方法适合不断变化的数据。也有一些成本较低的方法可以验证静态块数据，例如计算机程序。其中最简单的是*校验和*，即将每个数据位置的内容累加为某个n位的值，并丢弃溢出位。通常在程序运行之前，可以将校验和与程序进行比较。校验和值越大（即n越大），得到假阳性的概率越低。

循环冗余校验（Cyclic Redundancy Check, CRC）在数学上是校验和的一个更好的替代。哈希码也是校检和很好的替代。循环冗余校检的目标是计算出一个对数据来说足够唯一的验证数字，这样对于大多数的更改，验证数字将不再正确。

3.6 硬件和软件

用于制作PROM、EEPROM和闪存的技术不仅仅只能制作存储器。我们很快就会看到逻辑电路是怎样构成计算机硬件的。你在学习编程，知道程序代码中包含逻辑，也可能知道计算机通过指令集向程序公开逻辑。在硬件和软件上做这些有什么区别？两者之间的界限很模糊，很大程度上，除了构建软件要容易得多之外（因为除了设计需要花费时间之外，没有额外的成本），几乎没有区别。

你可能听说过术语*固件*，它最初只是指ROM中的软件。但如今大多数固件都存在于闪存或者ROM中，所以固件和ROM差别很小。过去，芯片是由极客们设计的，他们通过在一大块透明聚酯薄膜上粘贴彩色胶带来布置电路。1979年，美国科学家、工程师Carver Mead和Lynn Conway出版了*Introduction to VLSI Systems*，这本书改变了世界，推动了电子设计自动化（Electronic Design Automation, EDA）产业的发展。芯片设计变成了软件。今天的芯片是用专门的编程语言（如Verilog、VHDL和SystemC）设计的。

很多时候，只需要使用一块硬件就可以运行计算机程序。但是你可能会有机会参与一个包括硬件和软件的系统的设计。软硬件接口的设计至关重要。关于芯片不可用、不可编程、功能不必要的例子举不胜举。

集成电路的制造成本很高。在早期，所有的芯片都是*全定制*设计。芯片是分层的，底部是实际的组件，顶部是金属层，可以将组件连接起来。*门阵列*的存在是为了降低某些设备的成本，有些预先设计的组件可用，只需定制金属层即可。就像存储器一样，这些芯片可以被能自己编程的PROM等效版本替代。而且也有一个等效的EPROM，可以擦除程序并重新编程。

现代现场可编程门阵列（Field-Programmable Gate Array, FPGA）是闪存的等价物，它们可以在软件中被重新编程。在许多情况下，使用FPGA比使用其他组件便宜。FPGA的特性非常丰富，例如你可以获得包含两个ARM处理器内核的大型FPGA。英特尔最近收购

了 Altera，很可能在其处理器芯片中加入 FPGA。我们很有可能会参与某个使用这些设备的项目中，所以要做好把软件变成硬件的准备。

3.7 本章小结

本章介绍了计算机从何处获得对时间的感知，也介绍了时序逻辑。时序逻辑和第 2 章中的组合逻辑一起为我们提供了所有基本的硬件构建块。最后，介绍了存储器是如何建立起来的。第 4 章将把所有这些知识结合起来制作一台计算机。

第 4 章 Chapter 4

计算机剖析

第 1 章介绍了位的属性以及用位表示事物的方法。第 2 章和第 3 章介绍了为什么使用位以及位是如何在硬件中实现的，还介绍了一些基本构建块，以及如何将它们组合成更复杂的配置。本章将介绍如何将这些构建块组合成可以操作位的电路，即计算机。

构造计算机的方法有很多。本章中将构建一个便于解释的计算机模型，但不一定是最好的计算机模型设计。虽然简单的计算机也可以工作，但要使它们更好地工作，还需要增加许多额外的复杂功能。本章只讨论简单的计算机，第 5 ~ 6 章将讨论一些额外的复杂问题。

现代计算机有三大部件：内存、输入输出（Input and Output, I/O）和中央处理器（Central Processing Unit, CPU）。本章将介绍这些部件之间的相互关系。内存已在第 3 章介绍过，计算机和其他内存相关知识将在第 5 章中详细介绍，I/O 将在第 6 章中介绍。CPU 在本章中位于称为“市中心”的部分。

4.1 内存

计算机需要一个地方来保存它们正在操作的位。我们在第 3 章中介绍过，那个地方就是内存。现在来看计算机使用内存的原理。

内存就像是一条建满了房屋的长街。每间房子大小完全一样，都有容纳一定数量位的空间。编译代码基本上都是按每间房子 1 个字节计算的。就像在真正的街上一样，每个房子都有一个地址，每个内存都有对应的数字。如果计算机内存为 64 MiB，则包含 $64 \times 1\ 024 \times 1\ 024$=67 108 864 字节（或 536 870 912 位）。字节的地址为 0 到 67 108 863。与建筑物门牌号不同，字节的地址有实际的用处。

引用内存位置很常见，引用内存位置即引用特定地址的内存，比如内存通道 3（见图 4-1）。

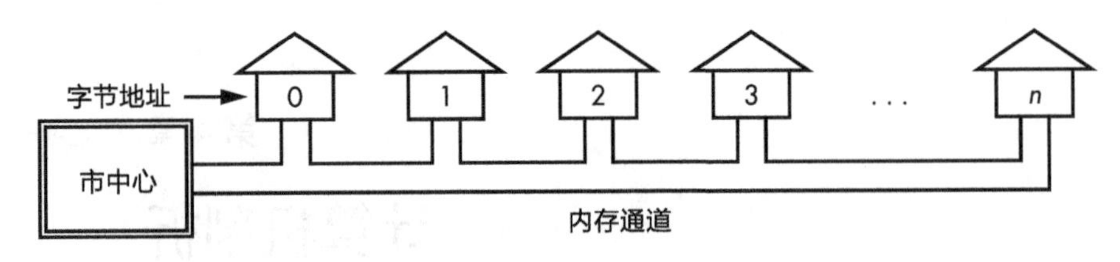

图 4-1 内存通道

内存的基本单位是字节，这并不意味着我们总是按单个数量来处理字节。例如，32 位计算机通常将内存组织成 4 字节块，而 64 位计算机通常将内存组织为 8 字节块。4 字节块和 8 字节块区别很大吗？这就像四车道或八车道的高速公路，更多的车道可以解决更严重的交通拥堵，因为更多的位可以进入数据总线。寻址内存时，我们需要知道我们在寻址什么。寻址长字与寻址字节是不同的，因为在 32 位计算机上，一个长字有 4 个字节，而在 64 位计算机上有 8 个字节。例如，在图 4-2 中，长字地址 1 包含字节地址 4、5、6 和 7。

从另一个角度来看，32 位计算机中的内存包含四个单元，而不是单个单元，每个单元包含两个双路复用器。这意味着我们可以寻址单个单元、双路复用器或整个构件。

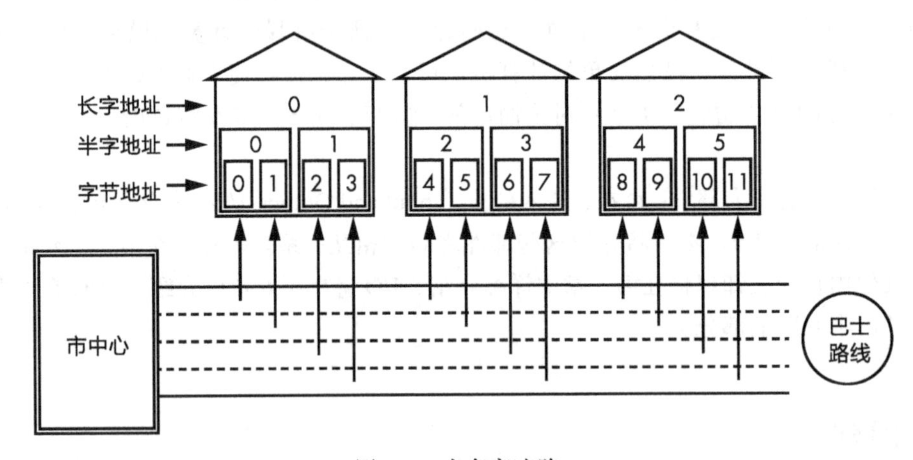

图 4-2 内存高速路

你可能已经注意到，每栋大楼都横跨“高速公路”，因此每个字节都有自己指定的通道，而一个长字就占据了整个道路。位每天乘坐一辆有四个座位的“巴士”往返于市中心，每个字节都有一个座位。车门的设置使得每条车道都有一个座位。在大多数现代计算机上，从市中心出发的“巴士”只在一座大楼前停留。这意味着我们不能从字节 5、6、7 和 8 中组成一个长字，因为这需要市中心出发的“巴士”进行两次行程：一次行驶到 1 号楼，一次行驶到 2 号楼。过去的计算机中有一个复杂的装卸平台，允许“巴士”这样做，但是规划者也注意到往返两次这点并不是那么实用，所以在新型号的计算机中削减了它的预算。现在的计算机中的“巴士”试图同时进入两个建筑物，如图 4-3 所示，称为非对齐访问。

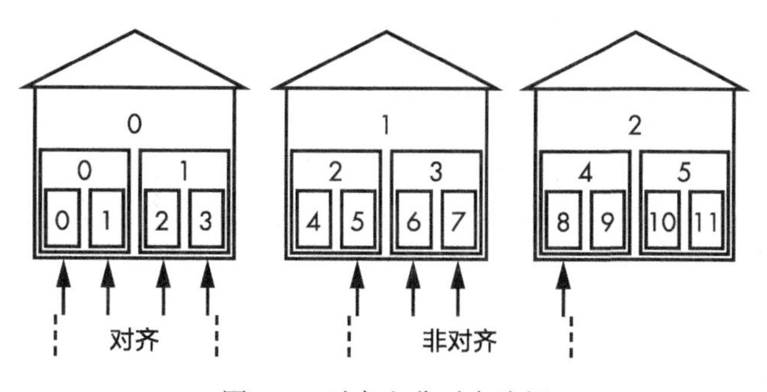

图 4-3　对齐和非对齐访问

正如我们在上一章中看到的，计算机中有很多不同种类的存储器。每一种的性价比都不同。例如，SRAM 虽快但贵，就像行驶在政客们居住处附近的高速公路一样。磁盘倒是便宜，可慢得像行驶在泥泞的土路。

“巴士”上哪个字节坐哪个座位？当一个长字坐车进城时，字节 0 或字节 3 会坐在最左边的座位上吗？答案取决于你所使用的处理器，因为设计师们已经把两种方式都做到了，字节 0 或 3 都可以坐到最左边的座位上。两种方式都有效，几乎像神学辩论一样魔幻。事实上，在 Jonathan Swift 的《格列佛游记》中，基于小人国和大人国皇家法令的术语端，就被用来描述这种区别。

字节 0 在英特尔处理器这样的小端机器中占据“巴士”最右边的位置，在摩托罗拉处理器这样的大端机器中占据“巴士”最左边的位置。图 4-4 比较了这两种排列。

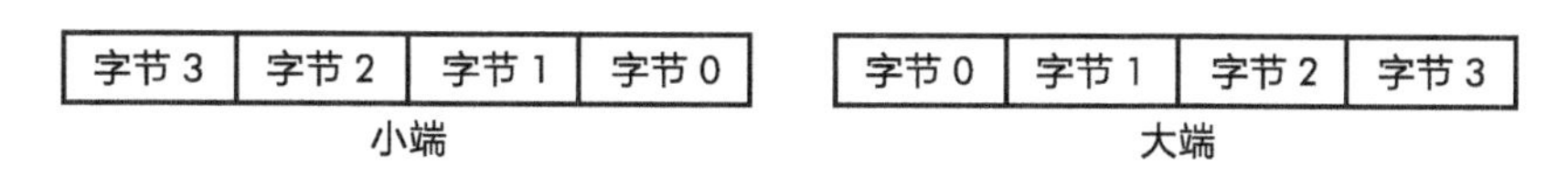

图 4-4　大小端式排列

字节顺序是在将信息从一个设备传输到另一个设备时要记住的一点，因为你不希望无意中将数据打乱。在将 UNIX 操作系统从 PDP-11 移植到 IBM 系列 /1 计算机时，就有这样一个值得注意的例子：当 16 位字中的字节被交换时，一个本应输出“Unix”的程序却输出了“nUxi”。这也够滑稽的，nuxi 综合征就是指这种字节排序问题。

4.2　输入输出

一台不能与外界通信的计算机用处有限，我们需要使用一些方法使计算机能够与外界交换信息，即输入输出，简称 I/O。与 I/O 相连接的设备叫作 I/O 设备。由于它们位于计算机的外围，所以通常也被称为外围设备。

计算机过去有一个单独的I/O通道，如图4-5所示，类似于内存通道。过去计算机体积巨大时，这个通道是有意义的，因为它们没有被挤压在有限的电气连接的小组件中。而且，内存通道不是很长，所以仅仅为了支持I/O而限制地址的数量是没有意义的。

图4-5 独立的内存和I/O总线

由于32位和64位计算机的普及，内存通道比过去长很多。内存通道太长了，并不是通道中每个地址都有“房子”，空地也很多。换句话说，有些地址没有与之相关联的内存。因此，为I/O设备预留一部分内存通道更为合理，这就像城市边缘的工业区。而且，当更多的电路被封装进一个连接数量有限的组件中时，I/O和内存在同一总线上是有意义的。

许多计算机都设计了标准的输入/输出插槽，以便I/O设备可以以统一的方式与任一计算机连接。这有点像美国旧西部的财产分配方式，非法人领地被划分为一系列的政府赠地，如图4-6所示。每个插槽持有者都可以使用其边界内的所有地址。通常每个插槽中都有一个特定的地址，地址中包含某种标识符，这样“市中心”就可以进行统计普查，以确定每个插槽中“居住”的是谁。

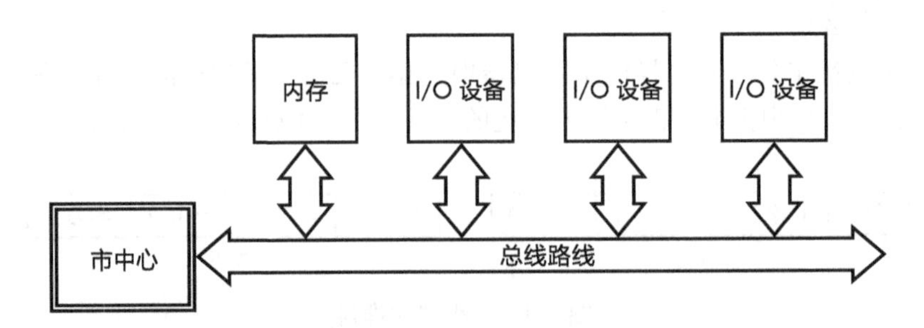

图4-6 共享的内存和I/O总线

如果用船运来比喻设备和I/O端口的关系，那设备就好像钩在了I/O端口上。

4.3 中央处理器

中央处理器（CPU）是计算机中进行实际计算的部分。按照我们的比喻，CPU住在市中心，城市里其他成员都是配角。CPU由许多不同的部分组成，我们将在本节介绍这些部分。

4.3.1 算术逻辑单元

算术逻辑单元（Arithmetic Logic Unit, ALU）是 CPU 的主要部件之一。它负责算术、布尔代数和其他运算。图 4-7 展示了 ALU 的简单结构。

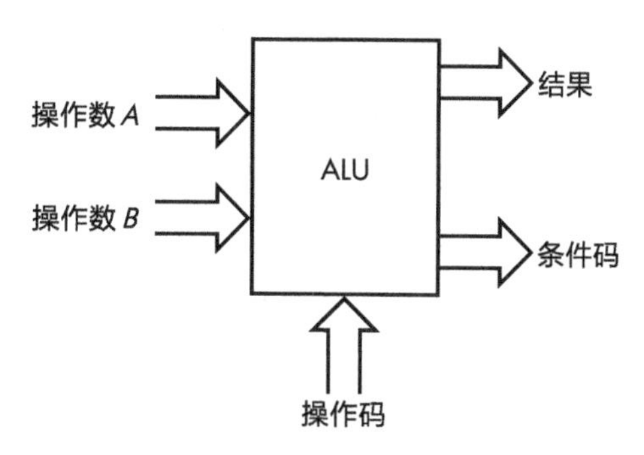

图 4-7　算术逻辑单元示例

操作数只是可以表示数字的位。操作码是一个数字，它告诉 ALU 要将哪个运算符应用于操作数。当然，结果就是我们对操作数应用运算符时得到的结果。

条件码包含与结果有关的额外信息。它们通常存储在条件码寄存器中。我们在第 3 章中提到过寄存器，它只是一个特殊的内存片段，与其他内存不同，它住在另一个“街道”上，那条街上有昂贵的定制住宅。典型条件码寄存器如图 4-8 所示。方框顶部的数字是位编号，可以很方便地指示位。注意有些位没有使用，这种情况并不罕见。

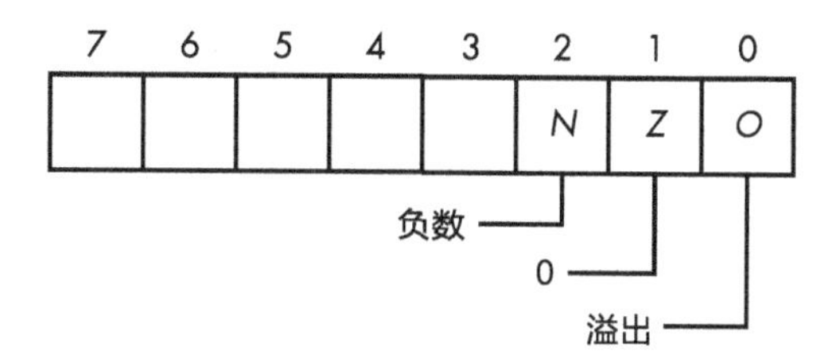

图 4-8　条件码寄存器

如果最后一个操作的结果是负数，则 *N* 位被设置为 1。如果最后一个操作的结果为 0，则 *Z* 位被设置为 1。如果最后一个操作的结果造成了溢出或下溢，*O* 位被设置为 1。

表 4-1 展示了 ALU 的具体功能。

表 4-1　示例算术逻辑单元操作码

操作码	助记符	描述
0000	clr	忽略操作数；使结果的每一位为 0（清除）
0001	set	忽略操作数；使结果的每一位为 1
0010	not	忽略 *B*；将 *A* 从 0 变到 1，反之亦然

（续）

操作码	助记符	描述
0011	neg	忽略 *B*；结果是 *A* 的补码 –*A*
0100	shl	将 *A* 按 *B* 的低 4 位左移（见下一节）
0101	shr	将 *A* 按 *B* 的低 4 位右移（见下一节）
0110		未使用
0111		未使用
1000	load	将操作数 *B* 传递给结果
1001	and	运算结果是 *A* 和 *B* 中的每一位进行 AND 操作后的结果
1010	or	运算结果是 *A* 和 *B* 中的每一位进行 OR 操作后的结果
1011	xor	运算结果是 *A* 和 *B* 中的每一位进行 XOR 操作后的结果
1100	add	结果是 *A*+*B*
1101	sub	结果是 *A*–*B*
1110	cmp	基于 *B*–*A* 设置条件码（比较）
1111		未使用

ALU 可能看起来很神秘，但实际上它只是一些选择器中的逻辑门。图 4-9 展示了 ALU 的总体设计，为了简单起见省略了一些复杂的功能。

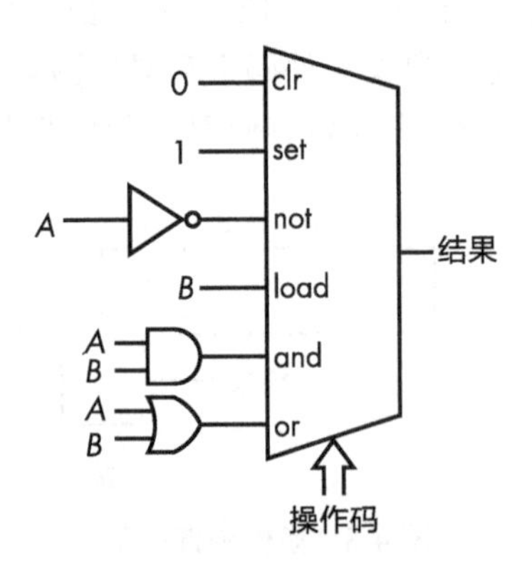

图 4-9　ALU 部分内部结构

4.3.2 移位寄存器

你可能已经注意到表 4-1 中的移位操作。左移使每一位向左移动一个位置，丢弃最左边的位，最右边的空位置移入一个 0。如果把 01101001（105_{10}）左移一位，将得到 11010010（210_{10}）。这是非常方便的，因为把一个数字左移一个位后得到的数，就是把它乘以 2 后的数。

右移使每一位向右移动一个位置，丢弃最右边的位并将 0 移到最左边的空位置。如果把 01101001（105_{10}）右移 1 位，将得到 00110100（52_{10}）。右移一位的结果是将这个数除以 2 并去掉它的余数。

经常需要左移时会丢失 MSB（最高有效位）值，经常需要右移时会丢失 LSB（最低有效位）值，因此 MSB 值和 LSB 值保存在条件码寄存器中。我们假设 CPU 把这些保存在 *O* 位。

你可能已经注意到，除这些移位指令之外，ALU 中的所有内容看起来都可以用组合逻辑实现。你可以用触发器来构建移位寄存器，其中的内容每计算机时钟移位一位。

顺序移位寄存器（如图 4-10 所示）速度很慢，在最坏的情况下它移动每位需要一个计算机时钟。

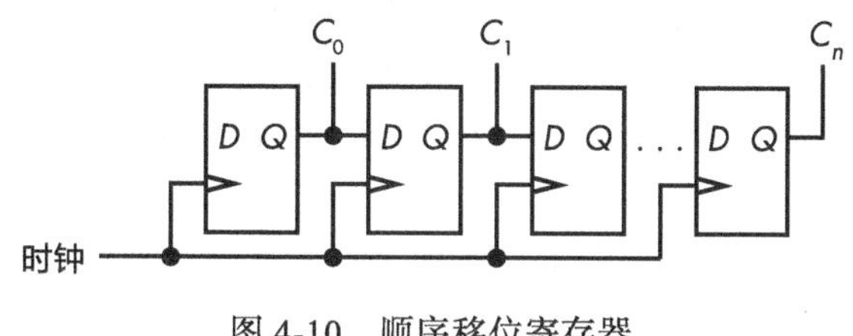

图 4-10　顺序移位寄存器

我们可以通过使用逻辑构件之一的选择器（参见图 2-47）完全用组合逻辑构造桶式移位器来解决这个问题。要构建一个 8 位移位器，我们需要 8 个 8:1 选择器。

每个位要有一个选择器，如图 4-11 所示。

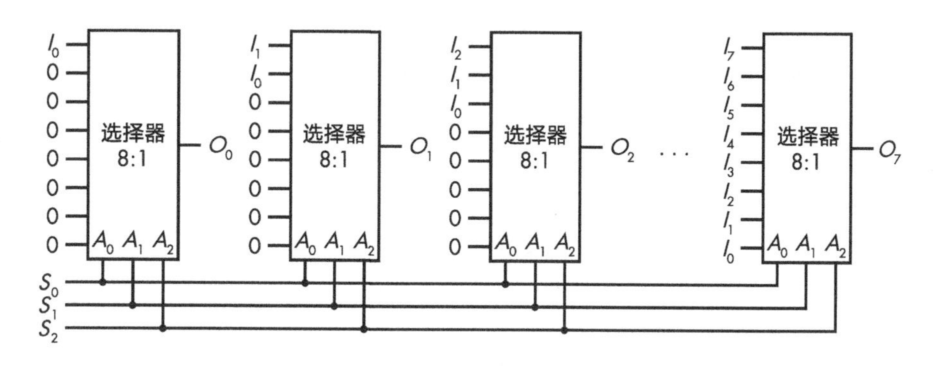

图 4-11　组合桶式移位器

右移量由 $S_{0\text{-}2}$ 提供。可以看到，在没有移位的情况下（*S* 为 000），输入位 0（I_0）被传递到输出位 0（O_0），I_1 传递到 O_1，以此类推。当 *S* 为 001 时，输出右移 1 位，因为这是输入连接到选择器的方式。当 *S* 为 010 时，输出右移 2 位，以此类推。换言之，我们有 8 种可能的连接方式，但只需选择一种我们想要的。

你可能会好奇为什么我一直在展示这些逻辑图。在集成电路设计系统中，类似门、多路输出选择器、多路选择器、加法器、锁存器等功能都是预先定义好的。它们的用法和旧的元件类似，只是不用把第 2 章提到的 7400 系列零件粘在电路板上，而是用设计软件把类似的元件组装成一个芯片。

你可能已经注意到我们的简单 ALU 中没有乘法和除法运算。那是因为乘法和除法要复杂得多，而且不能向我们展示我们还没有看到过的东西。乘法可以通过重复加法来完成，也可以通过级联桶式移位器和加法器来构建组合乘法器，但请记住左移会将数字乘以 2。

移位器是实现浮点运算的一个关键元素，指数用于移动尾数以对齐二进制点，以便它们可以相加、相减等。

4.3.3 执行单元

计算机的执行单元，也称为*控制单元*，是计算机里的指挥中心。ALU 自身并不能发挥作用，需要有指令指示它应该怎么做。执行单元从内存中正确的位置获取操作码和操作数，告诉 ALU 要执行哪些操作，并将结果放回内存中。希望它能以某种有用的方式完成所有这些工作。

执行单元如何做到？我们给它一个指令列表，比如“将位置 10 的数字与位置 12 的数字相加，并将结果放入位置 14。”执行单元在哪里找到这些指令？在内存里！这种形式的计算机在技术上称为*存储程序计算机*。它起源于英国奇才艾伦 · 图灵（Alan Turing）（1912—1954）的作品。

是的，我们还有另一种方法来看待和解释位。*指令*是指示计算机做什么的位型。位型是特定 CPU 设计的一部分，它们不像数字那样是一些通用的标准，所以 Intel Core i7 CPU 对于 `inc A` 指令的位型可能与 ARM Cortex-A CPU 的不同。

执行单元如何知道在内存中何处查找指令？执行单元使用一个*程序计数器*（Program Counter, PC），它有点像邮递员，或者像一个标有“你在这里”的大箭头。如图 4-12 所示，程序计数器是一个寄存器，是特殊“街道”上的一块内存。程序计数器是由一个计数器（见 3.1.6 节）而非一个普通寄存器（见 3.1.7 节）构造的。你可以将它视为具有额外计数功能的寄存器。

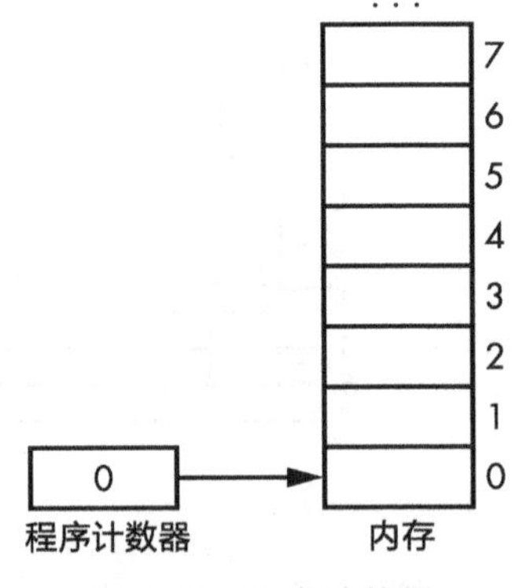

图 4-12 程序计数器

程序计数器包含一个内存地址。换句话说，它会指向或引用内存中的一个位置。执行单元从程序计数器引用的位置获取指令。有些特殊的指令可以改变程序计数器的值。除非正在执行某个指令，否则在指令执行完毕后程序计数器值将递增（即将一条指令的大小加到其中），以便下一条指令从下一个内存位置中产生。请注意，当电源打开时，CPU 有一些初始程序计数器值，通常为 0。我们在图 3-17 中看到的计数器具有支持所有这些功能的输入。

这一切就像寻宝一样。计算机进入内存中的某个位置并找到一个“纸条”。计算机读取那张“纸条”后，会被“纸条”告知该做些什么，然后到其他地方去拿下一张“纸条”，以此类推。

4.4　指令集

计算机在寻宝过程中在内存中找到的“纸条”叫作*指令*。本节将介绍这些指令所包含的内容。

4.4.1　指令

为了了解在 CPU 中可以找到什么样的指令，以及如何为它们选择位型，我们假设计算机中的指令为 16 位宽。

我们把指令分成四个字段：操作码以及两个操作数的地址和结果地址，如图 4-13 所示。

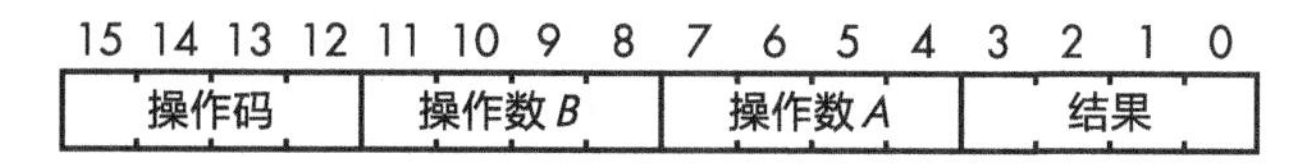

图 4-13　三地址指令分布

将指令分成四段看起来是个好主意，但效果不太好。因为我们只有 4 个位的地址空间可以存放每个操作数或结果。当只有 16 个地址位时，要寻址较大的内存有点困难。当然也可以使指令更大，但即使使用 64 位宽的指令，我们也只有 20 位的地址，而 20 位的地址只能达到 1 兆字节的内存。现代计算机有千兆字节的内存。

另一种方法是借鉴图 3-23 中的 DRAM 寻址技巧。可以增加一个*地址扩展寄存器*，并用一条单独的指令加载高阶地址位。英特尔使用这项技术使其 32 位计算机可以访问超过 4 GiB 的内存。英特尔称这项技术为*物理地址扩展*（Physical Address Extension, PAE）。当然，加载这个寄存器需要额外的时间。如果我们使用这种方法创建的边界两边的内存，则需要大量的寄存器加载。

不过，三地址格式不能正常工作还有一个更重要的原因：三地址格式依赖于某种神奇的、不存在的内存形式才能让三个不同的位置同时被寻址。图 4-14 中的三个内存块都是相同的存储设备，三地址格式不代表它包含三个地址总线和三个数据总线。

要想使它工作，可以让一个寄存器保存操作数 *A* 的内容，让另一个寄存器保存操作数 *B* 的内容。硬件需要执行以下操作：

1. 使用程序计数器中的地址从内存中加载指令。
2. 使用指令中操作数 *A* 部分的地址将操作数 *A* 加载到寄存器中。
3. 使用指令中操作数 *B* 部分的地址将操作数 *B* 加载到寄存器中。
4. 使用指令结果部分的地址将结果存储在内存中。

寄存器是很复杂的硬件，如果每一个步骤都需要一个时钟周期，那么就需要 4 个周期来完成这项工作。我们应该从一次只能访问一个内存位置这一事实出发，并据此设计指令集。如果一次只处理一件事，就会有更多的地址位可用。

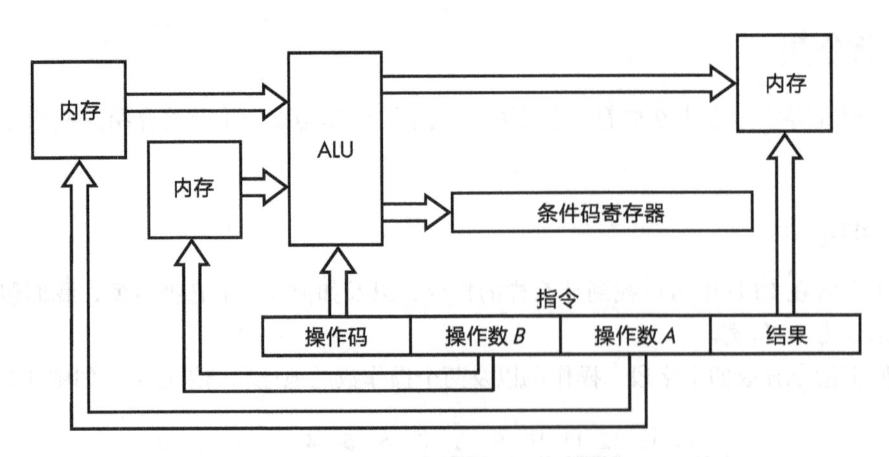

图 4-14 行不通的计算机架构

我们可以通过在寄存器街道再建造一个寄存器来做到上面的那一点。我们将这个寄存器称为*累加器*（Accumulator），或者简称 A 寄存器，它将保存来自 ALU 的结果。我们将在一个内存位置和累加器之间执行运算，而不是在两个内存位置之间执行运算。当然，我们必须添加一个*存储指令*，将累加器的内容存储在某个内存位置，因此其指令分布如图 4-15 所示。

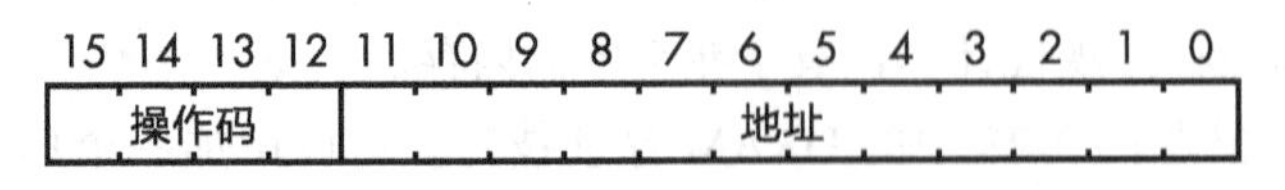

图 4-15 单地址指令分布

以上的思路让我们得到了更多的地址位，但完成这件事情需要更多的指令。之前只需一条指令：

$C=A+B$

但现在需要三条指令：

累加器 $=A$

累加器 = 累加器 $+B$

$C=$ 累加器

你可能会注意到，一条指令变成了上面的三条指令，有效地使指令变大，且自相矛盾。对于这个简单的例子来说，的确是这样的，但一般情况下并不会这样。假设我们需要计算：

$D=A+B+C$

只使用一条指令无法计算出结果，即使这条指令可以访问三个地址。现在我们需要四个地址，我们必须这样做：

中间体 $=A+B$

$D=$ 中间体 $+C$

如果坚持使用 12 位地址，则需要 40 位指令来处理三个地址和操作码。我们需要两条这样的指令，总共 80 位来计算 *D*。使用单地址版本的指令需要 4 条指令，总共 64 位。

累加器 =*A*

累加器 = 累加器 +*B*

累加器 = 累加器 +*C*

D= 累加器

4.4.2　寻址方式

使用累加器可以得到 12 个地址位，虽然能够寻址 4 096 个字节比只能寻址 16 个字节好得多，但 4 096 个字节仍然不够。这种寻址内存的方式称为*直接寻址*，意味着地址就是指令中给定的地址。

我们可以使用*间接寻址*来寻址更多的内存。使用间接寻址可以从指令中包含的内存位置获取地址，而不是直接从指令本身获取地址。例如，假设内存位置 12 包含值 4321，而内存位置 4321 包含值 345。如果使用直接寻址，会从内存位置 12 加载，得到 4321，而间接寻址将得到 345，即位置 4321 包含的内容。

这两种寻址方法对于处理内存来说都很好，但有时候我们只需要得到常量。例如，如果要数到 10，我们就需要使用某种方法来加载这个数字。我们可以用另一种寻址方式来实现，称为*立即数寻址*。在立即数寻址中，地址只是作为一个数字被处理。因此，前面的示例若以立即数寻址方式加载位置 12 将得到 12。这些寻址方式对比如图 4-16 所示。

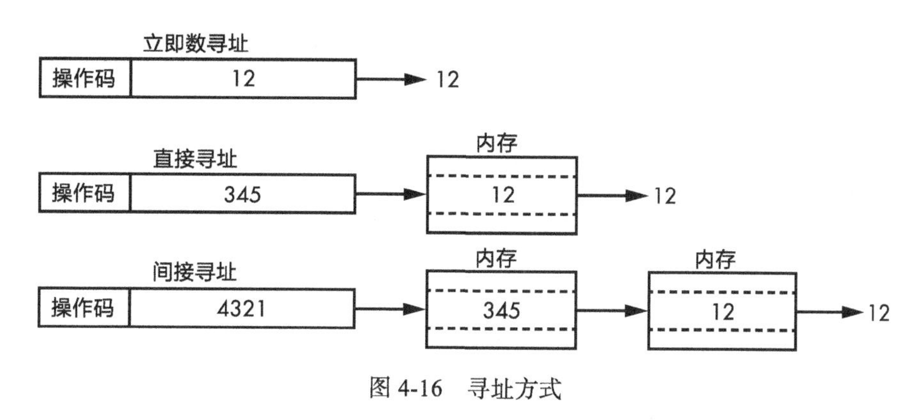

图 4-16　寻址方式

显然，直接寻址比立即数寻址慢，因为它需要多次内存访问。间接寻址速度更慢，因为它需要再多一次内存访问。

4.4.3　条件码指令

我们的 CPU 还缺少一些东西，比如处理条件码的指令。前面提到这些条件码是通过加法、减法和比较形成的。但是我们需要一些方法将它们设置为已知的值并查看这些值。要实现这点，可以添加一个 cca 指令将条件码寄存器的内容复制到累加器，再添加一个 acc 指令将累加器的内容复制到条件码寄存器。

4.4.4 分支

现在我们有了可以做各种事情的指令，但我们只能从头到尾执行一系列的指令，这没多大用处。我们希望的是程序可以作出决定并选择部分代码执行。程序可以接收某些指令让我们改变程序计数器的值。这些指令称为*分支指令*，它们使程序计数器加载一个新地址。就其本身而言，分支指令并不比仅执行一系列指令更有用。但是分支指令也并不总分支，它们会查看条件码，并且只在满足条件时才分支。不满足条件时，程序计数器正常递增，然后执行分支指令之后的指令。分支指令需要一些位来保存条件，如表 4-2 所示。

表 4-2　分支指令的条件

操作码	助记符	描述
000	bra	恒分支
001	bov	如果设置了 *O*（溢出）条件码位，则分支
010	beq	如果设置了 *Z*（零位）条件码位，则分支
011	bne	如果未设置 *Z* 条件码位，则分支
100	blt	如果设置了 *N*（负）并且 *Z* 为空，则分支
101	ble	如果设置了 *N* 或 *Z*，则分支
110	bgt	如果 *N* 为空且 *Z* 也为空，则分支
111	bge	如果 *N* 为空或设置了 *Z*，则分支

有时我们需要明确地更改程序计数器的内容。有两个特殊的指令可以实现这一点：pca 以及 apc。pca 可以将当前的程序计数器值复制到累加器，apc 可以将累加器的内容复制到程序计数器。

4.4.5 最终指令集

我们将所有这些特性集成到指令集中，如图 4-17 所示。

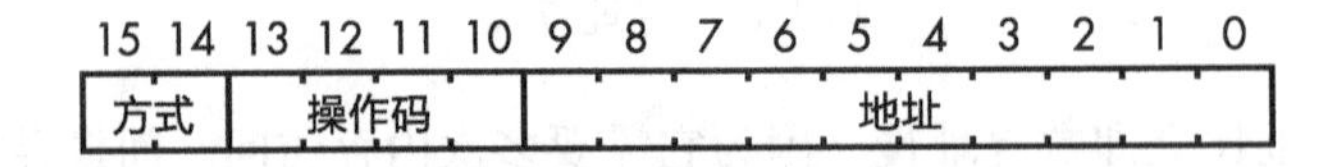

图 4-17　最终指令分布

我们有三种寻址方式，这意味着需要 2 个位来实现寻址方式的选择。未使用的第 4 个组合用于不涉及内存的操作。

寻址方式和操作码解码成指令，如表 4-3 所示。注意，分支条件合并到了操作码中。寻址方式 3 的操作码用于只涉及累加器的操作。完整实现的一个副作用是操作码与表 4-1

中的 ALU 不完全匹配。这并不罕见，需要一些额外的逻辑。

表 4-3　寻址方式和操作码

操作码	寻址方式			
	直接寻址（00）	间接寻址（01）	立即数寻址（10）	空（11）
0000	load	load	load	
0001	and	and	and	set
0010	or	or	ore	not
0011	xor	xor	xor	neg
0100	add	add	add	shl
0101	sub	sub	sub	shr
0110	cmp	cmp	cmp	acc
0111	store	store		cca
1000	bra	bra	bra	apc
1001	bov	bov	bov	pca
1010	beq	beq	beq	
1011	bne	bne	bne	
1100	blt	blt	blt	
1101	ble	bge	ble	
1110	bgt	bgt	bgt	
1111	bge	bge	bge	

“左移”和“右移”指令使用一些未使用的位作为要移位的位置数的计数，如图 4-18 所示。

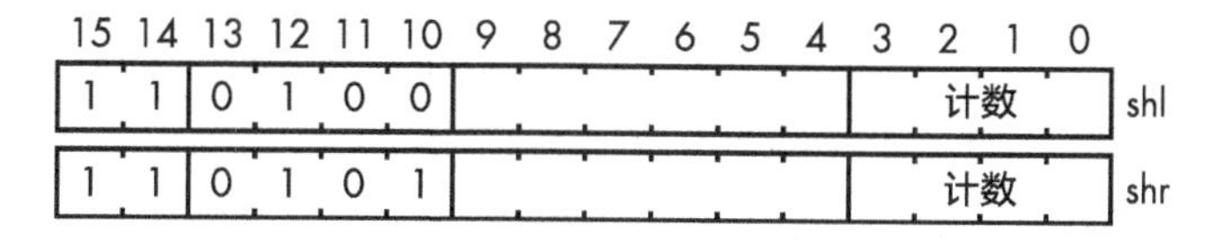

图 4-18　移位指令分布

现在我们可以通过编写一个程序来指导计算机做一些事情，这个程序就是执行某项任务的指令的列表。我们来计算从 0 到 200 的斐波那契（意大利数学家，1175—1250）数。斐波那契数相当有意思，一朵花上花瓣的数目就是斐波那契数。前两个斐波那契数是 0 和 1，把它们加起来就得到了下一个斐波那契数。不断地在前一个斐波那契数的基础上加上一个新的斐波那契数，即可得到斐波那契数序列，即 0，1，1，2，3，5，8，13，…。该过程如图 4-19 所示。

表 4-4 的短程序可实现这个过程。指令列按图 4-17 的分布方式划分为字段。描述中涉及的地址是十进制数字。

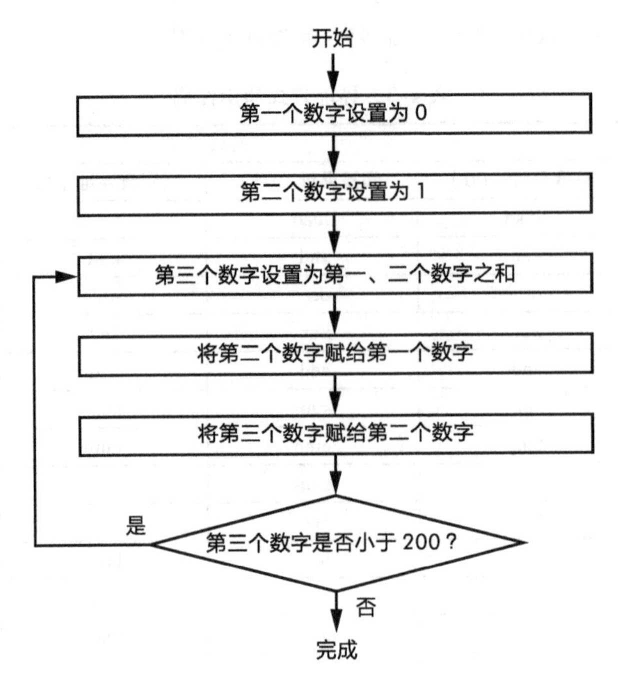

图 4-19　计算斐波那契数序列的程序流程图

表 4-4　计算斐波那契数序列的机器语言程序

地址	指令	描述
0000	10 0000 0000000000	清除累加器（立即加载 0）
0001	00 0111 0001100100	将累加器（0）存储在内存位置 100 中
0010	10 0000 0000000001	将 1 装入累加器（立即加载 1）
0011	00 0111 0001100101	将累加器（1）存储在内存位置 101 中
0100	00 0000 0001100100	从内存位置 100 加载累加器
0101	10 0100 0001100101	将内存位置 101 的数字与累加器数字相加
0110	00 0111 0001100110	将累加器存储在内存位置 102 中
0111	00 0000 0001100101	从内存位置 101 加载累加器
1000	00 0111 0001100100	将其存储在内存位置 100 中
1001	00 0000 0001100110	从内存位置 102 加载累加器
1010	00 0111 0001100101	将其存储在内存位置 101
1011	10 0110 0011001000	将累加器中数字与 200 进行比较
1100	00 0111 0000000100	如果小于 200，则通过分支到地址 4（0100）计算另一个斐波那契数

4.5 最终设计

我们把到目前为止的所有片段组合到一台实际的计算机中。我们需要在几处使用“胶水”才能让一切正常。

4.5.1 指令寄存器

你可能会误以为计算机在执行计算斐波那契数序列的程序时，一次只执行一条指令。但后台其实处理了更多事情。执行一条指令需要什么？图 4-20 所示的状态机将执行以下两个步骤。

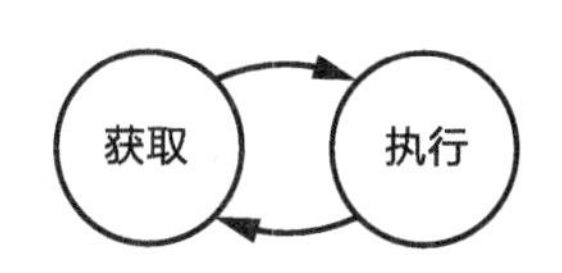

图 4-20 获取 – 执行循环

要做的第一件事是从内存中取得指令。获得指令后，就可以考虑该如何执行该指令。

执行指令通常涉及访问内存。这意味着在使用内存执行其他任务时，需要有一个地方来保存指令。因此，我们向 CPU 添加一个指令寄存器来保存当前指令，如图 4-21 所示。

图 4-21 增加一个指令寄存器

4.5.2 数据通路和控制信号

复杂的部分来了。我们需要将程序计数器的内容输入内存地址总线的方法，以及将内存数据输入指令寄存器的方法。可以做一个类似的练习来确定实现指令集中所有内容（见表 4-4）所需的不同连接，最后得到了图 4-22。图 4-22 可能看起来很混乱，但它实际上只是些我们之前见过的东西：寄存器、选择器、ALU 和三态缓冲器。

虽然它看起来很复杂，但它就像一张路线图，比真正的城市地图简单多了。地址选择器只是一个三路交叉口，而数据选择器是一个四路交叉口。对于将在第 6 章中讨论的 I/O 设备，存在挂载到地址总线和数据总线的连接。

图 4-22 中唯一的新内容是*间接地址寄存器*。之所以需要它是因为我们需要在某个地方保存从内存中获取的间接地址，就像需要指令寄存器保存从内存中获取的指令一样。

为了简单起见，图 4-22 省略了所有寄存器和内存中的系统时钟。在简单寄存的情况下，假设寄存器被加载到下一个时钟（如果启用）。同样，程序计数器和内存在每个时钟上按其控制信号的指示执行程序。所有其他组件（比如选择器）都只是纯粹地进行了组合，不使用时钟。

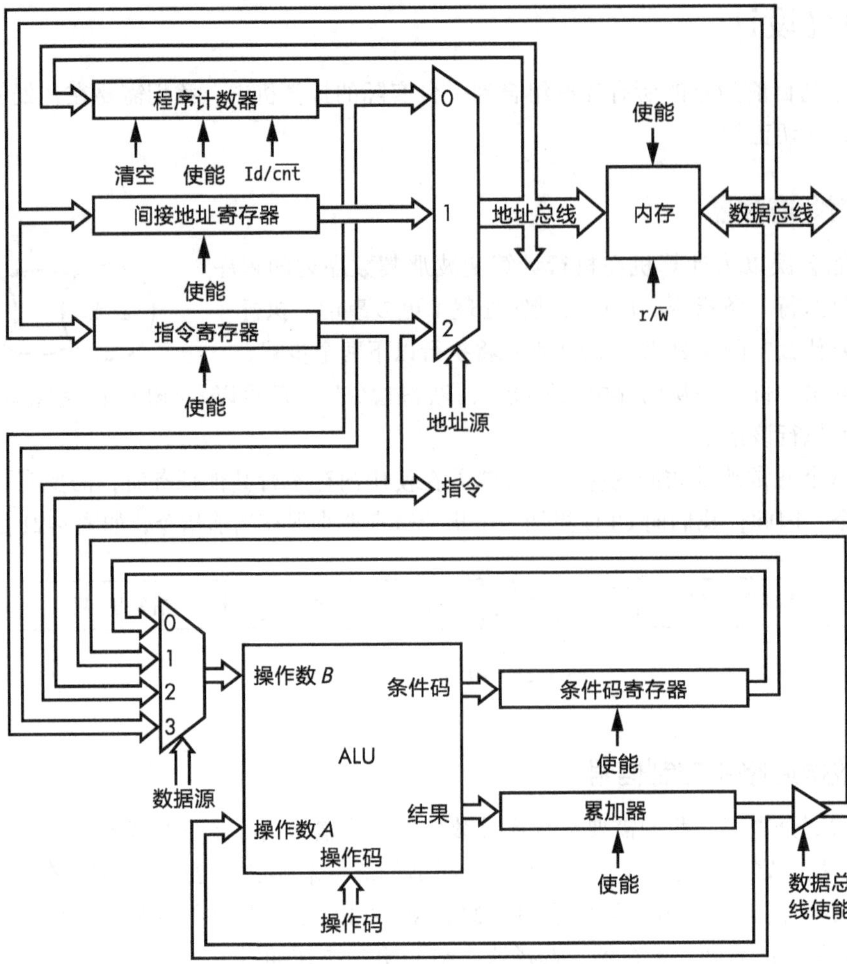

图 4-22 数据通路和控制信号

4.5.3 流量控制

既然已经熟悉了所有的输入和输出，现在是时候构建流量控制单元了。我们来看几个关于它需要如何运行的例子。

获取指令、获取数对所有指令都是通用的，涉及以下信号：

- 地址源必须设置为选择程序计数器。
- 必须启用内存，读写信号 r/$\overline{w}$必须设置为读取（1）。
- 指令寄存器必须启用。

比如，把累加器的内容存储在指令中地址所指向的内存地址（间接寻址），仍然可以像上面那样获取地址。

从内存获取间接地址：

❑ 地址源必须设置为选择指令寄存器，它可以获取指令的地址部分。

❑ 启用内存，$r/\overline{w}$设置为读取（1）。

❑ 启用间接地址寄存器。

将累加器存储在该地址中：

❑ 地址源必须设置为选择间接地址寄存器。

❑ 必须设置数据总线启用。

❑ 启用内存，$r/\overline{w}$设置为写入（0）。

❑ 程序计数器递增。

因为获取和执行指令涉及多个步骤，所以需要一个计数器来跟踪它们。计数器内容加上指令的操作码和方式部分就可以生成所有的控制信号。我们需要 2 位计数器，因为执行最复杂的指令需要三种状态，如图 4-23 所示。

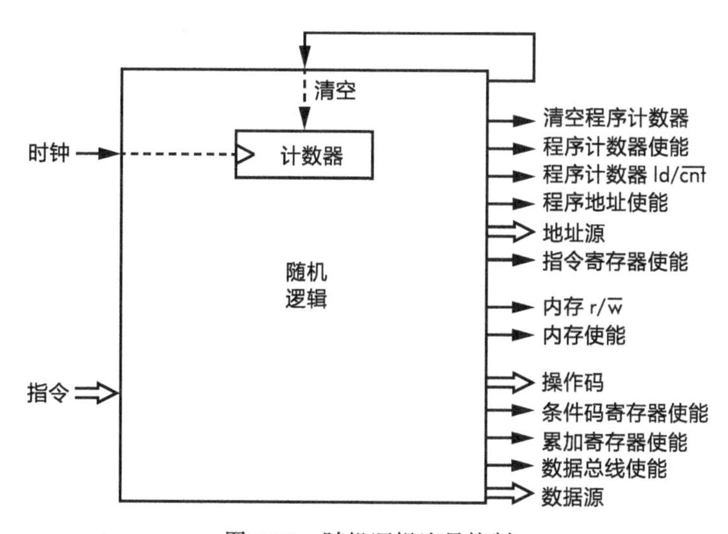

图 4-23　随机逻辑流量控制

图 4-23 所示的是一个装满随机逻辑的大盒子。到目前为止，我们看到的所有逻辑图都遵循某种规律。功能块（如选择器和寄存器）以一种清晰的方式由简单的块组装而成。有时，例如当实现流量控制单元时，必须有一组输入被映射到一组输出以完成一个没有规律的任务。这张示意图看起来就像一个老鼠窝一样的连接，因此表示出了“随机”。

还有另一种可以实现流量控制单元的方法。该方法用大量的内存来代替随机逻辑。地址将由计数器输出加上指令的操作码和方式部分组成，如图 4-24 所示。图 4-25 展示了每一个 19 位的内存字。

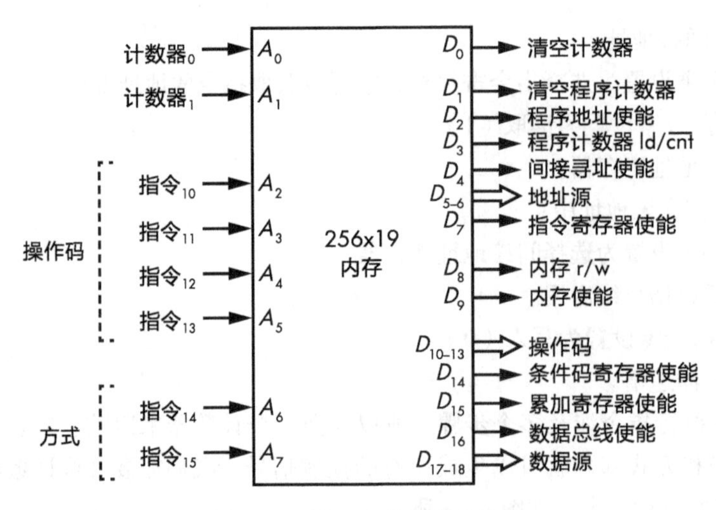

图 4-24　基于内存的流量控制

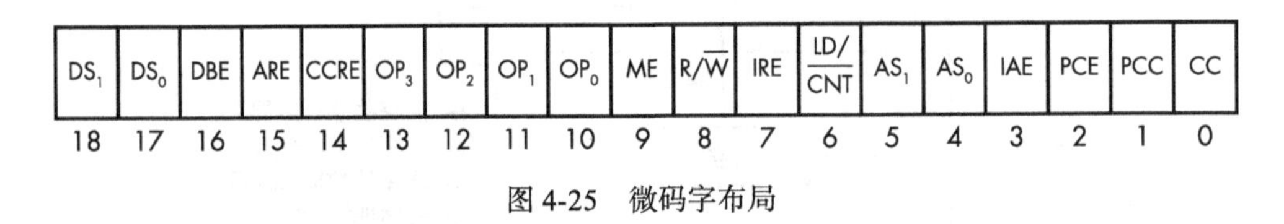

DS_1	DS_0	DBE	ARE	CCRE	OP_3	OP_2	OP_1	OP_0	ME	R/$\overline{W}$	IRE	LD/$\overline{CNT}$	AS_1	AS_0	IAE	PCE	PCC	CC
18	17	16	15	14	13	12	11	10	9	8	7	6	5	4	3	2	1	0

图 4-25　微码字布局

图 4-25 可能会让你觉得有些奇怪。一方面，它只是另一个使用内存而不是随机逻辑实现的状态机。另一方面，它看起来确实像一台简单的计算机。以上两种解释都正确。之所以说它是状态机是因为计算机就是状态机。但它也是一台计算机，因为它是可编程的。

这种类型的实现称为*微编码*，内存的内容称为*微码*。通常一台小型计算机可以作为大型计算机实现的一部分。

我们来看*微指令*的一部分，如图 4-26 所示，它实现了我们讨论过的例子。

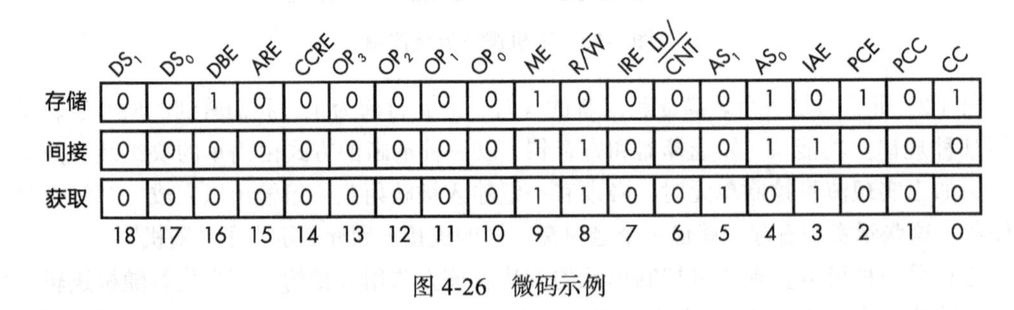

	DS_1	DS_0	DBE	ARE	CCRE	OP_3	OP_2	OP_1	OP_0	ME	R/$\overline{W}$	IRE	LD/$\overline{CNT}$	AS_1	AS_0	IAE	PCE	PCC	CC
存储	0	0	1	0	0	0	0	0	0	1	0	0	0	0	1	0	1	0	1
间接	0	0	0	0	0	0	0	0	0	1	1	0	0	0	1	1	0	0	0
获取	0	0	0	0	0	0	0	0	0	1	1	0	0	1	0	1	0	0	0
	18	17	16	15	14	13	12	11	10	9	8	7	6	5	4	3	2	1	0

图 4-26　微码示例

正如你所料，一个好主意很难不被滥用。有些机器有一个*纳米编码块*，它实现了可以实现指令集的*微编码块*。

使用 ROM 作为微码存储器是有一定意义的，否则我们就需要在其他地方保存一份微码的副本，并且需要额外的硬件来加载微码。然而，在某些情况下，RAM 或者 ROM 和 RAM 的混合体也是合理的。有些 Intel CPU 有可写微码，可以通过修补来修复 bug。有些机器，如 HP-2100 系列，有一个*可写的控制存储器*，它是可以用来扩展基本指令集的微码 RAM。

当今拥有可写微码的设备很少允许用户修改，原因有以下几个。制造商不希望用户依赖用户自己为应用程序编写的微码，因为一旦用户开始依赖它，制造商就很难打破这点。此外，有缺陷的微码也会损坏设备，例如它可以同时打开 CPU 中的内存使能和数据总线使能以可能烧坏晶体管的方式连接图腾柱输出。

4.6　RISC 和 CISC 指令集

设计者们过去常常为计算机编写指令，这些指令似乎很有用，但导致一些计算机变得相当复杂。20 世纪 80 年代，来自伯克利大学的 David Patterson 和来自斯坦福大学的 John Hennessey 对程序进行了统计分析，发现许多复杂指令很少被使用。他们率先设计了一种只包含占程序大部分时间的指令的计算机，甚少使用的指令被淘汰，取而代之的是其他指令的组合。这些计算机被称为 RISC(Reduced Instruction Set Computer)，即*精简指令集计算机*。它之前的设计被称为 CISC（Complicated Instruction Set Computer)，即*复杂指令集计算机*。

RISC 的一个特点是它们有一个*加载 – 存储架构*。这意味着它们包含两类指令：一类用于访问内存，另一类用于其他所有指令。

当然，计算机的用途也随着时间的推移而改变。Patterson 和 Hennessey 的原始统计数据是在计算机被普遍用于播放音频和视频之前收集完成的。新程序的统计数据正在促使设计者向 RISC 添加新的指令。今天的 RISC 实际上比过去的 CISC 复杂得多。

其中一个影响很大的 CISC 是美国数字设备公司的 PDP-11。这台机器有 8 个通用寄存器，而不是前面示例中使用的单个累加器。这些寄存器可用于间接寻址。此外，这种寄存器还支持*自动递增*和*自动递减*模式，可以使寄存器中的值在使用之前或之后递增或递减。这使得一些非常有效的计划得以实施。例如，假设要将从源地址开始的 n 字节内存复制到从目标地址开始的内存中，我们可以将源地址放入寄存器 0，将目标地址放入寄存器 1，将字节计数放入寄存器 2。我们将跳过这里的实际部分，因为 PDP-11 指令集没有学习的必要。表 4-5 展示了这些指令的作用。

表 4-5　PDP-11 复制内存程序

地址	描述
0	将寄存器 0 中地址对应的内存位置的内容复制到寄存器 1 中地址对应的内存位置，然后向每个寄存器加 1
1	将寄存器 2 的内容减 1，然后将结果与 0 比较
2	如果结果不为 0，则分支到地址 0

我们为什么要关心这个？C 语言是 B 语言（BCPL 的后续）的后续编程语言，是在 PDP-11 上开发的。C 语言中指针的使用，是间接寻址的一个更高层次的抽象，结合了 B 语言的特性（如自动递增和自动递减运算符），很好地映射到了 PDP-11 架构。C 语言逐渐变得非常有影响力，并影响了许多其他语言的设计，包括 C++、Java 和 JavaScript。

4.7 图形处理单元

你可能听说过图形处理单元（Graphics Processing Unit, GPU），它不在本书的讨论范围之内，但还是值得一提。

每个图形的绘制都是一项巨大的数字绘制练习。需要绘制 800 万个色点的情况并不少见，如果想让视频正常工作，需要每秒绘制 60 次。这意味着每秒大约需要 5 亿次内存访问。

图形绘制是一项专门的工作，不需要用到通用 CPU 的所有特性。它有很好的并行性：一次绘制多个色点可以提高性能。

GPU 有两个特点。首先，它包含大量的简单处理器。其次，它的内存总线比 CPU 中的内存总线宽得多，这意味着 GPU 可以更快地访问内存。如果把内存总线比作水管，那么 GPU 中的是消防软管而非花园浇水用软管。

随着时间的推移，GPU 有了更多的通用功能。使用标准编程语言的变体可以对它们编程，现在它们主要用在某些可以利用其体系结构的应用程序中。写这本书的时候，GPU 供不应求，因可用于比特币的挖掘而被抢购一空。

4.8 本章小结

本章使用前面章节介绍的构建块创建了一台实际的计算机。虽然简单，但它的确可以建造出来，而且可以被编码。但是，它缺少一些真实计算机中存在的构件，比如堆栈和内存管理硬件。我们将在第 5 章中介绍这些内容。

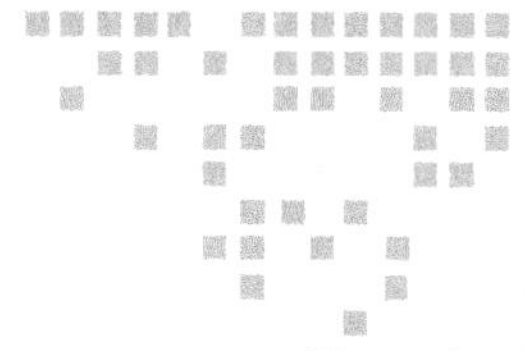

第 5 章 Chapter 5

计算机架构

第 4 章介绍了简单计算机系统的设计，并讨论了 CPU 如何通过地址和数据总线与内存和 I/O 设备互通信息。然而，这还没有结束。这些年来的改进使计算机的运行速度更快、功耗更小，也更容易编程。这些改进增加了设计上的复杂性。

计算机架构指的是计算机中各种组件的排列，而不是指盒子上是否有多立克柱或爱奥尼柱，也不是像美国企业家史蒂夫·乔布斯（1955—2011）为最初的 Macintosh 电脑设计的定制米色阴影。多年来，人们尝试了许多不同的架构。什么样的架构有效，什么样的架构无效，都值得人们探讨，而且关于这些主题的书已经出版了很多。

本章主要关注涉及内存的架构改进。现代微处理器的显微照片显示，绝大部分的芯片面积都用于内存处理。内存处理太重要了，它应该自成一章。还将讨论架构中的一些其他差异，例如指令集设计、附加寄存器、功率控制和更高级的执行单元。我们将讨论对多任务处理（即同时运行多个程序的能力，或者至少提供一个这样做的假象）的支持。同时运行多个程序意味着存在某种称为操作系统（Operating System, OS）的监控程序来控制它们的执行。

5.1 基本架构元素

最常见的两种架构是冯·诺依曼架构（以匈牙利裔美国全才 John von Neumann（1903—1957）的名字命名）和哈佛架构（以 Harvard Mark I 计算机命名，当然 Harvard Mark I 计算机是哈佛架构机器）。前面的章节已经介绍过计算机的部件，图 5-1 显示了这两种架构下这些部件是如何组织起来的。

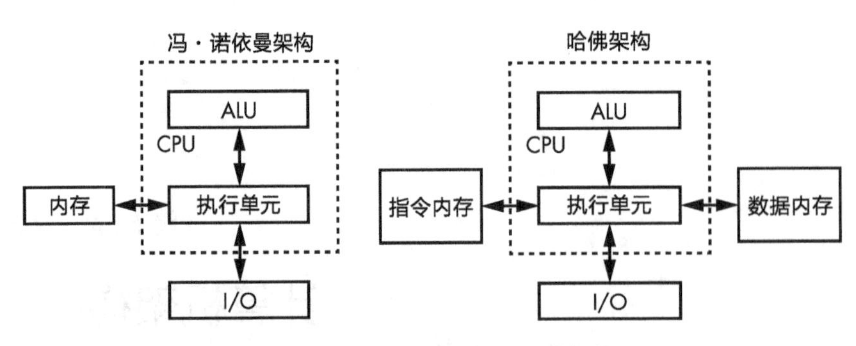

图 5-1　冯·诺依曼架构和哈佛架构

请注意，这两种架构之间唯一的区别是内存的排列方式。在其他条件相同的情况下，冯·诺依曼架构运行速度稍微慢一点，因为它只有一条内存总线，不能同时访问指令和数据。哈佛架构则不存在这个问题，但是第二条内存总线的存在需要额外的硬件。

5.1.1　处理器核心

图 5-1 中的两种架构都有一个 CPU，而 CPU 包含 ALU、寄存器和执行单元（见第 4 章）。具有多个 CPU 的*多处理器*系统在 20 世纪 80 年代首次出现，作为一种解决单 CPU 性能不佳的方法。但事实证明，想解决 CPU 性能不佳这个问题并不是那么容易。一般情况下，将一个程序拆分为可以*并行*使用多个 CPU 的程序，还是一个尚未解决的问题，尽管对于某些特定类型的重数学程序拆分，它的确很有效。无论如何，同时运行多个程序时，多处理器系统的确很有用。在早期的图形工作站中，多处理器是一根救命稻草，因为 X Window 系统会占用大量的资源，需要单独的处理器来运行它。

减小芯片制造尺寸可以降低成本，因为芯片都是由硅片制造的，而将芯片变小意味着一个硅片可以制作出更多的芯片。在以前，人们通过提高 CPU 的速度来获得更高的性能，也意味着需要增大时钟频率。但是机器速度越快，需要的能量也越多，再加上更小的几何形状，单位面积将产生更多的热能。处理器在 2000 年左右遇到了功率瓶颈，因为功率密度在不超过熔点的情况下无法再增加了。

在较小的制造几何结构中，我们发现了多种形式的降低成本的方法。CPU 的定义已经发生了改变，过去被称为 CPU 的东西现在被称为*处理器核心*。*多核处理器*现在已经很普遍了。甚至还有一些系统（主要存在于数据中心）有多个多核处理器。

5.1.2　微处理器和微型计算机

正交架构的另一个特征在于机械包装。图 5-1 显示，CPU 连接了内存和 I/O。当内存和 I/O 与处理器核心不在同一个物理包装中时，我们称之为*微处理器*，而当三者都在一个芯片上时，我们称之为*微型计算机*。这些术语并没有真正明确的定义，它们的用法有很多模糊之处。有些人认为微型计算机是一个围绕微处理器构建的计算机系统，并用*微控制器*这个词来指代刚才定义的微型计算机。

微型计算机往往不如微处理器强大，因为片上存储器之类的东西占用了大量空间。本章不打算把重点放在微型计算机上，因为它们没有复杂的内存问题。然而，如果你学会了编程，就需要去买一台类似 Arduino 的计算机，Arduino 是一台基于 Atmel AVR 微型计算机芯片的哈佛架构的小型计算机。Arduino 非常适合制作各种玩具和有趣的东西。

总而言之，微处理器通常是大型系统的组成部分，而微型计算机则主要用于洗碗机之类的小型系统。

微型计算机还有另一种变体叫作*片上系统*（System on a Chip, SoC）。SoC 的一个模糊但可以接受的定义是：SoC 是一个更复杂的微型计算机。SoC 包括类似 Wi-Fi 电路的东西，而不包括相对简单的片上 I/O。SoC 可用于手机等设备。甚至还有包含现场可编程门阵列（FPGA）的 SoC，这种 SoC 允许额外定制。

5.2 过程、子程序和函数

许多工程师苦恼于一种特殊的懒惰。如果有什么事情不想做，他们会把精力投入创造能够帮他们完成这些事情的事物上，即使创造这些事物比自己亲自做那些事情要付出更多。程序员要避免的一件事是多次编写同一段代码。除了懒惰，还有很好的理由让程序员不要多次编写同一段代码：这样代码会占用更少的空间，如果代码中有错误，只需在一个地方进行修复即可。

代码复用主要依赖*函数*（或者*过程*或*子程序*）实现。这些术语都代表同样的东西，只不过因语言而有所差异。我们将使用函数这个术语，因为它与数学上的函数最相似。

大多数编程语言都有类似的结构。例如，在 JavaScript 中，我们可以编写列表 5-1 所示的代码。

列表 5-1 JavaScript 函数示例

```
function
cube(x)
{
        return (x * x * x);
}
```

此代码创建了一个名为 cube 的函数，该函数接受一个名为 x 的参数并返回它的立方。因为计算机键盘上没有乘法符号（×），所以许多编程语言使用 * 来代替。现在我们可以编写如列表 5-2 所示的程序片段。

列表 5-2 JavaScript 函数调用示例

```
y = cube(3);
```

这样做的好处是可以多次调用该函数而不必再编写它。我们可以计算出 cube(4)+cube(6)，而不必编写两次计算立方的代码。这只是一个很小的例子，但是可以想象用函数实现更复杂的代码块有多方便。

函数的工作原理是什么？我们需要一种方法来运行函数代码，然后再回到原来的位置。为了回到原来的位置，需要知道这个位置在哪儿，而这正是程序计数器（见图 4-12）的内容。表 5-1 展示了如何使用 4.4 节中的示例指令集进行函数调用。

表 5-1 进行函数调用

地址	指令	操作数	注解
100	pca		程序计数器→累加器
101	add	5（立即数寻址）	返回地址（100+5=105）
102	store	200（直接寻址）	在内存中存储返回地址
103	load	3（立即数寻址）	将数字放入累加器中的 cube(3)
104	bra	300（直接寻址）	调用 cube 函数
105			函数后从此处继续
…			
200			保留内存位置
…			
300	…	…	cube 函数
…			cube 函数的剩余处理
310	bra	200（间接寻址）	分支到存储的返回地址

表 5-1 中都发生了什么？首先计算从 cube 函数返回后要继续执行的位置的地址。这需要一些指令。另外，还需要加载待求立方的数字。这就已经运行 5 条指令了，所以我们把地址存储在内存位置 200。我们分支到函数，当函数完成时，通过 200 进行间接分支，所以最终在 105 处结束。这个过程如图 5-2 所示。

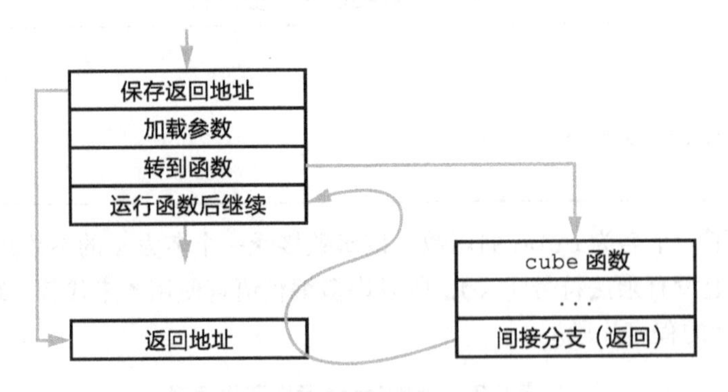

图 5-2 函数调用的流程

对于一个已完成很多工作的事物来说，完成图 5-2 所示的过程仍然是一项繁重的工作，所以很多机器都添加了辅助指令。例如，ARM 处理器有一条带链接的分支（Branch with Link, BL）指令，它将函数分支与保存接下来指令的地址相结合。

5.3 堆栈

函数不局限于简单的代码片段，比如刚才的示例。函数调用其他函数或者调用函数本身都是很常见的。

什么是调用自身的函数？调用自身的函数叫作*递归*，用处非常大。我们来看一个例子。你的手机可能使用 JPEG（Joint Photographic Experts Group，联合图像专家组）压缩来减小照片的文件大小。为了了解压缩是如何工作的，我们以一幅黑白方块图像为例，如图 5-3 所示。

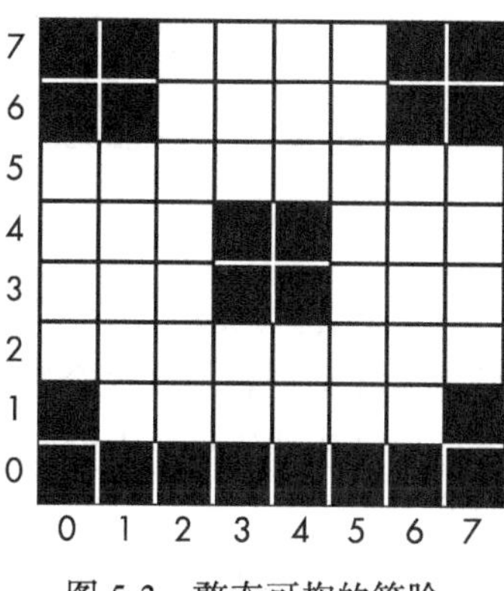

图 5-3 憨态可掬的笑脸

使用*递归细分*来解决压缩问题：查看图像，如果它并非全部都是一种颜色，就将它分成四块，然后再次检查，以此类推，直到每一块都是一个像素大小。

列表 5-3 为 `subdivide` 函数，它处理图像的一部分。它是用*伪代码*（一种类似英语的编程语言）编写的。`subdivide` 函数获取了正方形左下角的 `x` 和 `y` 坐标以及图像尺寸（不需要同时获取宽度和高度，因为图像是一个正方形）。

列表 5-3 细分函数

```
function
subdivide(x, y, size)
{
    IF (size ≠ 1 AND the pixels in the square are not all the same color) {
        half = size ÷ 2
        subdivide(x, y, half) lower          left quadrant
        subdivide(x, y + half, half)         upper left quadrant
        subdivide(x + half, y + half, half)  upper right quadrant
        subdivide(x + half, y, half)         lower right quadrant
    }
    ELSE {
        save the information about the square
    }
}
```

`subdivide` 函数将图像分割成相同颜色的块，从左下象限开始分割，然后是左上、右上，最后是右下。图 5-4 显示了需要细分为灰色的方块和需要细分成纯黑色或纯白色的方块。

这里的图像看起来像计算机极客们所说的*树*，也像数学极客们所说的*有向无环图*（Directed Acyclic Graph, DAG）。按箭头所指方向看图。在这种结构中，箭头不指向上，所以不可能有循环。不含有箭头的叫作*叶节点*，它们是线的末端，就像树叶是树枝的末端一样。如果数了图 5-4 中的小方块，会发现有 40 个纯黑或纯白的正方形，比原始图像中的 64 个正方形少，这意味着需要存储的信息更少，也就是压缩。

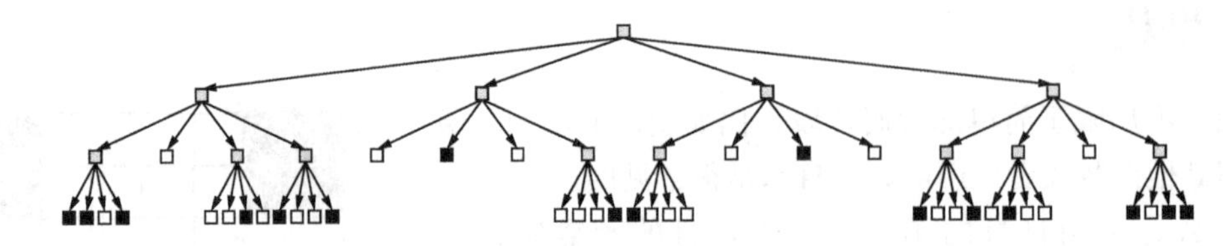

图 5-4　细分图像

出于某种原因，计算机极客们总是把树根放在树的顶端，然后让树向下生长，可能是因为这样画更容易。这个特殊的变体称为*四叉树*，因为每个节点被分成四个部分。四叉树是*空间数据结构*。Hanan Samet 把这些作为自己毕生的工作，并写了几本关于这个主题的书。

实现前面所示的函数时存在问题，因为只有一个地方可以存储返回值，像这样的函数不能调用自身，因为值会被覆盖。

我们需要能够存储多个返回地址以使递归发挥作用。还需要一种方法，可以将返回地址与其对应的函数调用相关联。我们来看是否能找到一个细分图像的模式。尽可能地沿着树向下，当没有向下的选择时才进行横穿。这被称为*深度优先遍历*，与之相反的是先横向遍历再向下遍历，即*宽度优先遍历*。每向下一层，都需要记住当前位置，这样才可以回去。回去之后，就不需要再记得那个位置了。

我们需要的是像自助餐厅里能堆盘子的小工具一样的事物。当调用一个函数时，将返回地址贴在一个盘子上，并将其放在堆的顶部。当从函数调用返回时，把那个盘子取下来。换句话说，盘子堆就是一个*堆栈*。你可以严肃地将其称为后进先出（Last In, First Out, LIFO）结构。我们把东西推到堆栈上，然后把它们弹出。试图将东西推到已经没有多余空间的堆栈上，称为*堆栈溢出*。尝试从空堆栈弹出东西称为*堆栈下溢*。

在软件中可以做到这一点。在表 5-1 的函数调用示例中，每个函数都可以获取存储它的返回地址，并将其推送到堆栈中，以便以后检索。幸运的是，大多数计算机都有支持堆栈的硬件，因为堆栈的确很重要。对堆栈的支持涉及的硬件包括*限制寄存器*，这样软件就不必经常检查可能存在的溢出。我们将在下一节讨论处理器如何处理异常，例如如何处理超出限制的情况。

堆栈不仅仅用于返回地址。`subdivide` 函数包含一个局部变量，在这个变量中，一次计算一半的大小，然后使用 `subdivide` 函数八次，使程序更快。我们不能每次调用函数时都重写它。相反，我们也将局部变量存储在堆栈上。这使得每个函数调用都独立于其他函数调用。每个调用存储在堆栈上的集合是一个*堆栈帧*。图 5-5 展示了列表 5-3 中函数的堆栈帧示例。

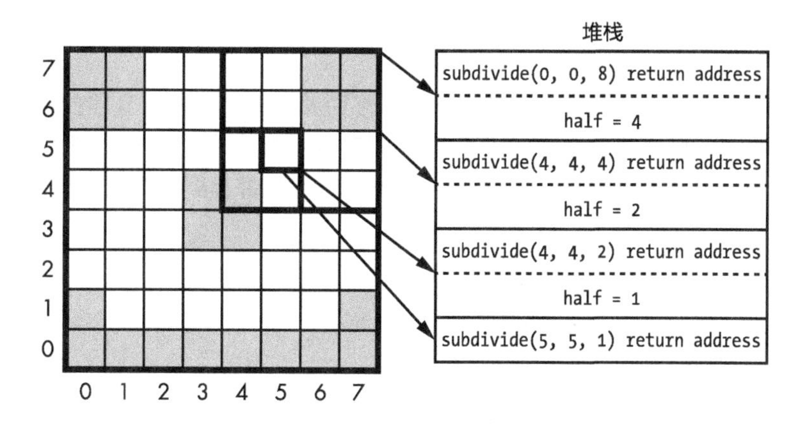

图 5-5 堆栈帧

沿着黑色加粗线方块所显示的路径前进。可以看到，每个调用都生成了一个新的堆栈帧，堆栈帧中既包括返回地址，也包括局部变量。

有几种计算机语言（如 forth 和 PostScript），它们都是基于堆栈的（参见“不同的公式表示法”），一些经典的 HP 计算器也基于堆栈。堆栈不只被计算机语言使用，日语也使用堆栈：名词被推到堆栈上，动词对它们进行操作。尤达的隐晦语也遵循这一模式。

不同的公式表示法

运算符和操作数的排列方式有很多种。你可能习惯用中缀表示法做数学题。中缀表示法将运算符放在操作数之间，如 4+8。中缀表示法需要用括号来分组，例如（1+2）×（3+4）。

1924 年，波兰逻辑学家 Jan Luskasiewicz 发明了前缀表示法。因为他的国籍，该表示法也被称为波兰表示法。该表示法将运算符放在操作数之前，例如 + 4 8。前缀表示法的优点是不需要括号。前面的中缀示例按前缀表示法将写成 × + 1 2 + 3 4。

美国数学家 Arthur Burks 在 1954 年提出了逆波兰表示法（Reverse Polish Notation, RPN），也称为后缀表示法。RPN 将运算符放在操作数之后，就像在 4 8 + 中那样，因此前面的示例用后缀表示法表示为 1 2 + 3 4 + ×。

RPN 很容易用堆栈实现。将操作数压入堆栈，而后运算符将操作数从堆栈中弹出，执行相应的运算，然后将结果推回到堆栈中。

HP RPN 计算器有一个 ENTER 键，可以在不明确的情况下将操作数推送到堆栈上。没有 ENTER 键，就无法知道 1 和 2 是两个独立的操作数，而非数字 12。用这样一个计算器，我们将输入键序列 1 ENTER 2 + 3 ENTER 4 + ×。中缀表示法计算器则需要更多的输入。

在 PostScript 语言中，这个示例公式看起来像 1 2 add 3 4 add mul。不需要 ENTER 键，因为空格起到了它的作用。

5.4 中断

想象一下你正在厨房里做巧克力曲奇饼干。你需要按照烹饪程序（即食谱）来做。因为只有你一个人在家，所以烹饪的同时，你需要知道有没有人来到门外。我们将使用流程图（一种用来表示事物如何工作的图表）来表示这个活动，如图 5-6 所示。

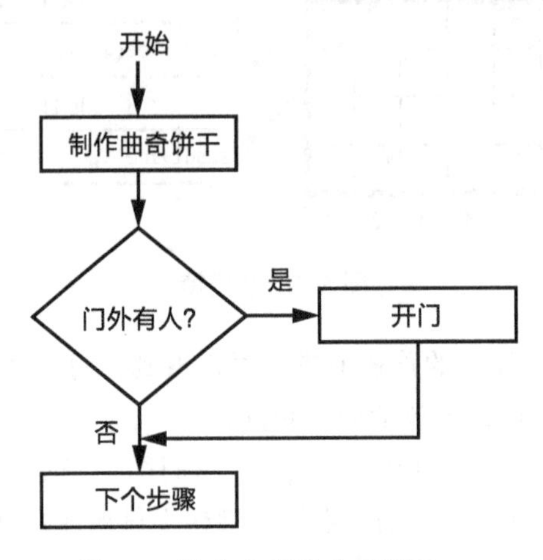

图 5-6　独自在家做曲奇饼干 #1

如果真的有人来到门外耐心等待的话，图 5-6 所示的流程图可能会发挥作用。但假设快递员送来一个包裹需要你签名。快递员不会在门口等你 45 分钟，除非他闻到了饼干的味道并希望能尝尝。我们来试试另一种方法，如图 5-7 所示。

这种方法称为轮询。它发挥了一些作用。使用这种方法就不太可能会错过快递了，但要花很多时间检查门外是否有人。

把制作曲奇饼干的任务分成更小的子任务，并在子任务的间隙检查门外是否有人。这会提高收到快递的概率，但一定程度上，也需要花更多的时间检查门外是否有人而不是做饼干。

在非主任务上花费大量时间是一个常见而重要的问题，目前还没有软件解决方案。重新安排程序的结构也不可能解决这个问题。我们需要某种方法来中断一个正在运行的程序，以便它能够响应外部需要注意的东西。是时候向执行单元添加一些硬件特性了。

当今制造的每一个处理器都几乎包含一个中断单元。中断单元通常含有引脚或电子连接，适当摆动中断单元时会产生中断。引脚是一个通俗的术语，用于描述与芯片的电子连接。芯片曾经含有看起来像针的部件，但随着设备和工具变得越来越小，出现了许多其他变体。许多处理器芯片，特别是微型计算机，都有集成外设（片上 I/O 设备），可以与中断系统内部连接。

下面介绍中断单元的工作原理。需要注意的外设产生一个中断请求。处理器（通常）完成当前正在执行的指令，然后将当前正在执行的程序挂起，转而执行一个完全不同的程序，即中断处理程序。中断处理程序做它需要做的任何事情，主程序从它停止的地方继续执行。中断处理程序是函数。

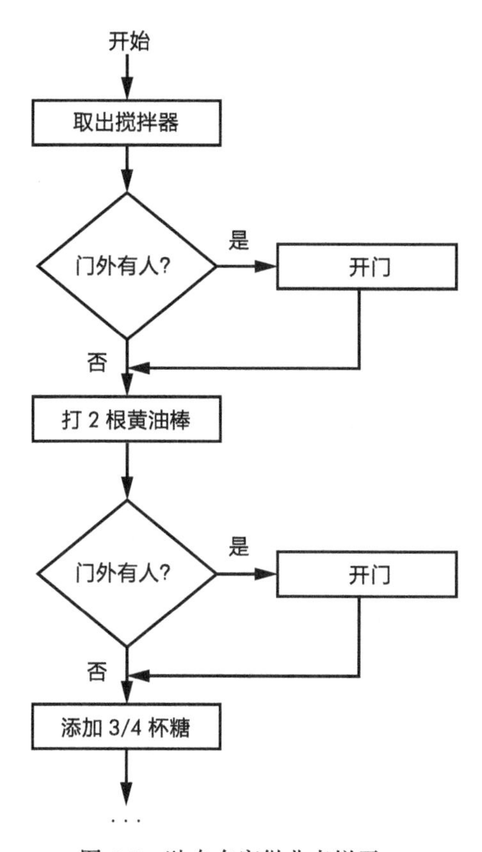

图 5-7 独自在家做曲奇饼干 #2

制作曲奇饼干项目的等效中断是门铃，你可以心无旁骛地做饼干，直到被门铃声打断。有一些事情要考虑。首先是你对中断的响应时间。如果你花了很长时间和快递员闲聊，饼干可能会烤焦；你需要确保能及时处理中断。其次，在响应中断时，你需要一些方法来保存中断时的状态，以便在服务中断之后可以返回到正在执行的任何操作。例如，如果被中断的程序在一个寄存器中储存有什么东西，中断处理程序必须保存该寄存器的内容，如果需要使用它，则必须在返回主程序之前将其还原。

中断系统使用堆栈来保存中断程序中的位置。保存可能需要使用的任何内容是中断处理程序的任务。这样，处理程序可以保存所需的绝对最小值，以使其快速工作。

计算机如何知道在哪里找中断处理程序？通常，有一组为中断向量保留的内存地址，每个地址对应一个支持的中断。中断向量只是一个指针，一个内存位置的地址。中断向量类似于数学或物理中的向量，箭头意味着“从这里到那里”。当中断发生时，计算机会查找该地址并将控制权转移到中断处。

许多机器包含针对异常的中断向量，这些异常也包括堆栈溢出和使用无效地址（如超出物理内存边界的地址）。将异常转移到中断处理程序通常可以使中断处理程序来修复问题，以便程序可以继续运行。

通常，还有各种特殊的中断控制，比如打开和关闭特定中断的方法。通常会有一个*掩模*，这样你就可以说“在烤箱门开着的同时保持住中断。”在有多个中断的机器上，通常会有某种*优先顺序*，保证最重要的事情会最先处理。这意味着低优先级中断的处理程序本身可能会被中断。大多数机器有一个或多个内置*计时器*，这些计时器可以为生成中断重新配置。

下一节中讨论的操作系统，通常会让大多数程序无法对物理（硬件）中断进行访问。它们替代了某种虚拟或软件中断系统。例如，UNIX 操作系统有一个*信号*机制，而最近开发的系统称之为*事件*。

5.5 相对寻址

同时运行多个程序需要什么？首先，必须有一种管理程序，以知道如何在程序之间切换。这个管理程序称为操作系统或操作系统内核。将操作系统称为*系统程序*，被它所监视的程序称为*用户程序*或*进程*，即可对二者加以区分。简单操作系统工作原理如图 5-8 所示。

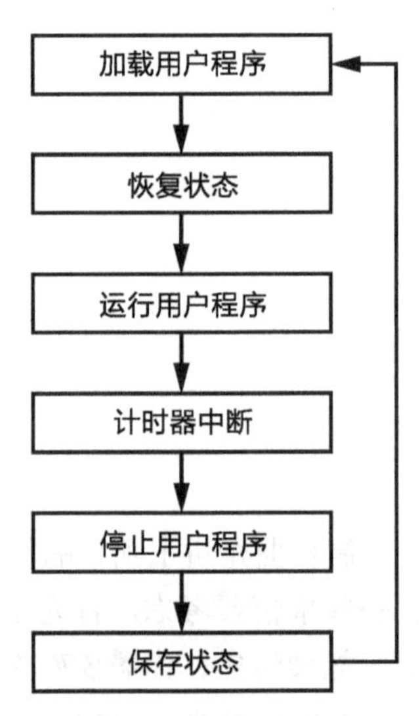

图 5-8 简单操作系统

操作系统使用计时器来告诉它何时在用户程序之间切换。这种调度技术称为*时间切片*，因为这种技术为每个程序提供了一段运行的时间。用户程序*状态*或*上下文*是指寄存器和程序正在使用的内存的内容，包括堆栈。

这种技术虽然有效，但速度很慢。加载程序需要时间。如果能在空间允许的情况下将程序加载到内存中并将其保存在那里，那么速度会更快，如图 5-9 所示。

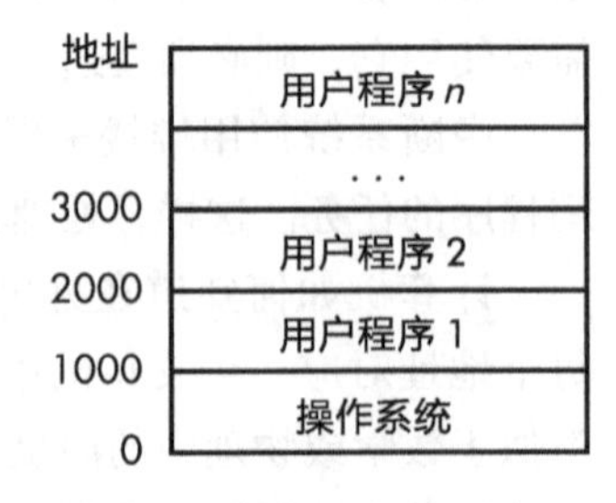

图 5-9 内存中的多个程序

在图 5-9 的例子中，用户程序被一个接一个地加载到内存中。但，这样可能吗？正如 4.4.2 节中所解释的，我们的示例计算机使用的是*绝对寻址*，意味着指令中的地址指向特定的内存位置。运行一个预期在地址 1000 的不同地址（如 2000）的程序是行不通的。

一些计算机通过添加*索引寄存器*来解决这个问题（见图 5-10）。将索引寄存器的内容添加到地址可以形成*有效地址*。如果一个用户程序希望在地址 1000 运行，操作系统可以先将索引寄存器设置为 2000，然后再在地址 3000 运行它。

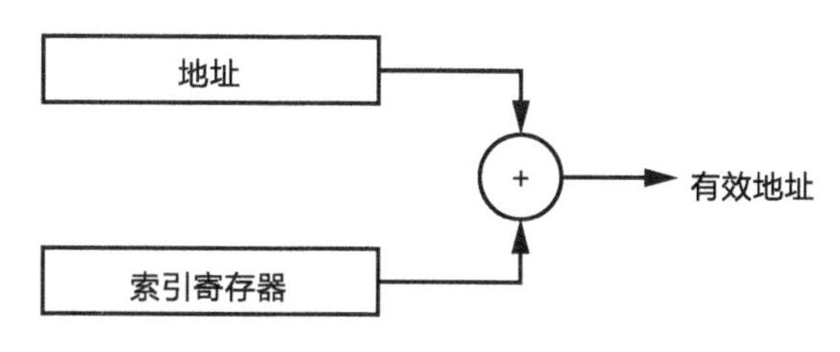

图 5-10 索引寄存器

解决这个问题的另一种方法是使用*相对寻址*。指令中的地址可以不是相对于 0（大多数机器中内存的起点）的，而是相对于指令的地址。返回表 4-4，可以看到第二条指令包含地址 100（二进制的 110100）。使用相对寻址时，这将变成 +99，因为指令位于地址 1，地址 100 距离地址 1 有 99 个地址。同样，最后一条指令是指向地址 4 的分支，使用相对寻址时它将变成 –8 分支。在二进制中做这类事情简直是个噩梦，但是现代语言工具可以完成所有的运算。相对寻址允许我们将程序*重新定位*到内存中的任何位置。

5.6 内存管理单元

多任务处理已经从一种奢侈品演变成现如今的一种基本要求，因为除了用户正在做的事情之外，通信任务还在后台不断地运行。索引寄存器和相对寻址起到了一些作用，但还不够。如果这些程序中某个程序包含 bug 会发生什么？例如，如果用户程序 2（见图 5-9）中的一个 bug 导致它覆盖用户程序 1 中的某些内容，或者更糟，导致覆盖了操作系统呢？如果有人故意编写了一个程序来监视或更改系统上运行的其他程序呢？我们真的很想隔离每个程序，让以上情况都不可能发生。为了达到这个目的，现在大多数微处理器都包含了内存管理单元（Memory Management Unit, MMU）硬件，它可以提供这种功能。MMU 是非常复杂的硬件。

使用 MMU 的系统会区分虚拟地址和物理地址。MMU 将程序使用的虚拟地址转换成内存使用的物理地址，如图 5-11 所示。

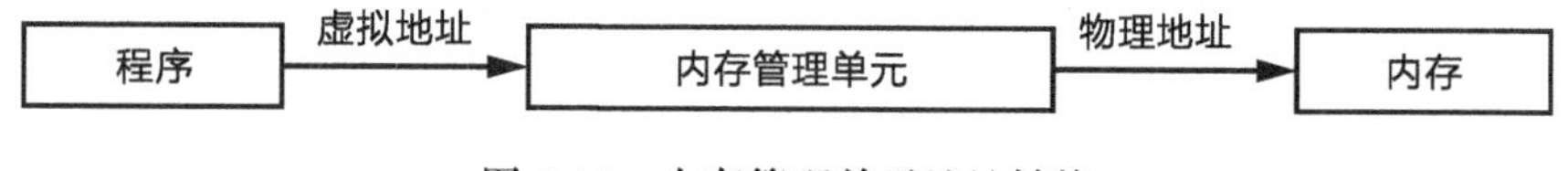

图 5-11 内存管理单元地址转换

MMU 与索引寄存器有何不同？好吧，不同点并不只有一个。MMU 不具有地址的全宽。虚拟地址被分成两部分，下半部分与物理地址相同。上半部分将通过一个称为*页表*的 RAM 进行*翻译*，如图 5-12 所示。

在本例中，内存被划分为 256 字节的页。页表内容控制物理内存中每个页的实际位置。这使得我们可以把一个期望从地址 1000 开始的程序放在 2000 处，或者任何其他地方，只要它在*页边界*上对齐。尽管虚拟地址空间对程序来说是连续的，但它不必映射到连续的物理内存页。我们甚至可以在程序运行时把它移到物理内存的另一个地方。还可以通过将虚拟地址空间的一部分映射到相同的物理内存来提供一个或多个具有*共享内存*的协作程序。注意，页表内容会成为程序上下文的一部分。

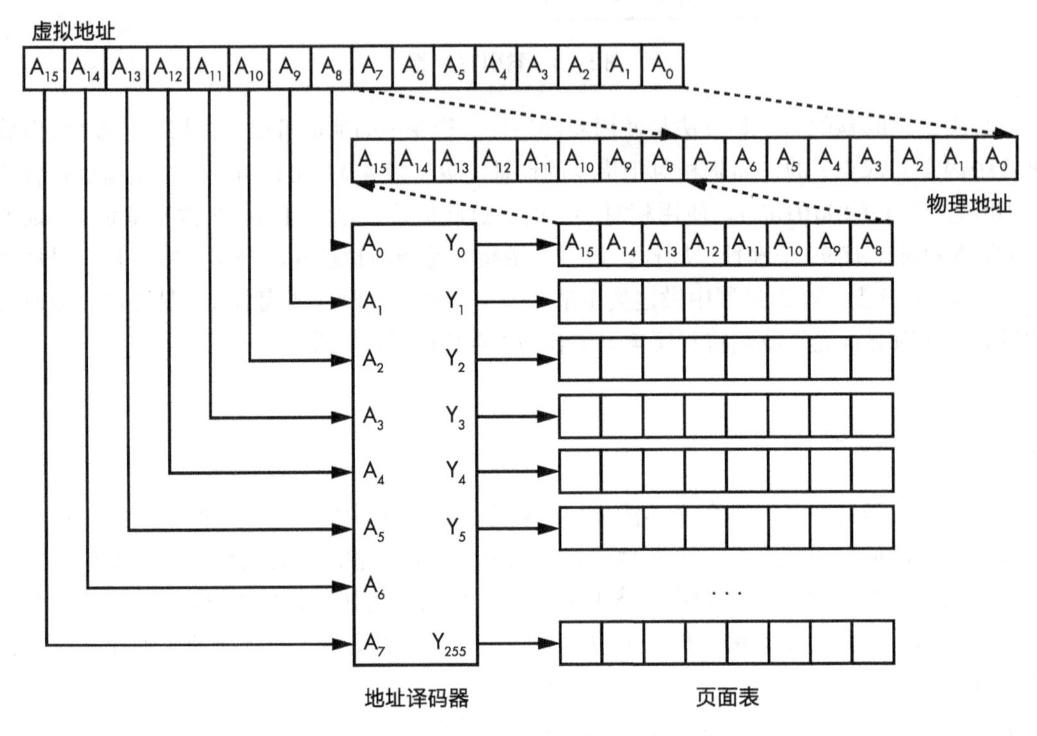

图 5-12　16 位机的简单页表

你可能会注意到页表看起来就像一块内存。它的确像一块内存，但它并没有那么简单。

以上示例使用的是 16 位地址。如果使用一台 64 位地址的现代计算机，会发生什么？如果把地址一分为二，则需要 4GiB 的页表，页大小也将是 4GiB，但它的用处不是很大，因为这比许多系统占有的内存都要多得多。当然，也可以缩小页的大小，但这会增加页表的大小。看样子我们需要一个解决办法。

现代处理器中的 MMU 具有有限的页表大小。完整的*页表条目*集保存在主存储器（主存）中，如果主存不足，则保存在磁盘上。MMU 根据需要将页表条目的子集加载到其页表中。

一些 MMU 设计添加了更多针对页表的控制位，例如，*不执行位*。当这个位被设置在某页时，CPU 不会执行来自该页的指令。不执行位会阻止程序执行自己的数据，存在某种安全风险。另一个常见的控制位可使页*只读*。

当程序试图访问未映射到物理内存的地址时，MMU 会生成*页错误异常*。例如，在堆栈溢出的情况下，它非常有用。操作系统不必中止正在运行的程序，而是让 MMU 映射一些额外的内存来增加堆栈空间，然后继续执行用户程序。

MMU 使得冯·诺依曼架构和哈佛架构之间的区别在一定程度上没有实际的意义了。包含 MMU 的系统虽然有冯·诺依曼架构的单总线，但可以分别提供指令和数据内存。

5.7　虚拟内存

操作系统在互相竞争的程序之间分配稀缺的硬件资源，例如图 5-8 中操作系统对 CPU 的访问。内存也是一种托管资源。操作系统使用 MMU 为用户程序提供*虚拟内存*。

前面提到 MMU 可以将程序的虚拟地址映射到物理内存。但虚拟内存远不止这些。页错误机制允许程序认为它们可以占有任意多的内存，即使已经超出了物理内存的数量。当请求的内存超过可用内存量时会发生什么？操作系统会将当前不需要的内存页内容转移到更大但速度较慢的大容量存储器（通常是磁盘）。当程序试图访问已交换出的内存时，操作系统会做任何它需要的事情来腾出空间，然后将请求的页复制回来。这就是所谓的*请求分页*。图 5-13 显示了一个交换了一个页的虚拟内存系统。

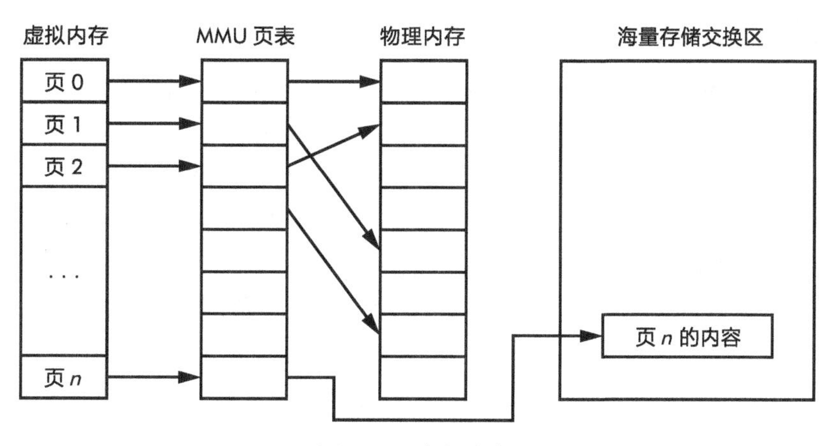

图 5-13　虚拟内存

当交换页发生时，系统性能会受到很大的影响，但这仍然比由于内存不足而无法运行程序要好。虚拟内存系统使用了许多技巧来最小化性能损失。其中之一是跟踪页访问的*最近最少使用*（Least Recently Used, LRU）算法。最常用的页保存在物理内存中，最近最少使用的页被交换出去。

5.8　系统和用户空间

多任务系统给每个进程一种错觉，让它认为自己是计算机上唯一运行的程序。MMU 通过给每个进程分配自己的地址空间来助长这种错觉。但当涉及I/O设备时，进程的这种错觉很难继续下去。例如，操作系统使用计时器设备来告诉多任务系统何时在图5-8中的程序之间切换。操作系统决定将计时器设置为每秒生成一次中断，但如果其中一个用户程序将其更改为每小时中断一次，操作系统将无法按预期工作。同样，如果用户程序可以修改其配置，说明MMU没有在程序之间提供任何严格的隔离。

为了解决这个问题，许多CPU都包含额外的硬件。寄存器中有一个位，可以指示计算机是处于*系统模式*还是*用户模式*。某些指令（如处理I/O的指令）具有特权，只能在系统模式下执行。称为*陷阱*或*系统调用*的特殊指令，允许用户模式程序向系统模式程序（即操作系统）发出请求。

这种安排有几个优点。首先，它保护了操作系统不受用户程序的影响，也保证了用户程序间不互相影响。其次，由于用户程序不能接触某些东西，如MMU，操作系统可以控制对程序的资源分配。系统空间也是处理硬件异常的地方。

为手机、笔记本电脑或台式计算机编写的任何程序都将在用户空间中运行。在接触系统空间中运行的程序之前，需要真正掌握好系统空间的知识。

5.9 存储器层次和性能

从前，CPU和内存以同样的速度工作，计算机世界的土地上处处和平。然而，CPU的速度越来越快，虽然内存也越来越快，但它始终跟不上CPU的速度。计算机架构师想出了各种各样的方法来确保那些快速的CPU不会无所事事地等待内存。

虚拟内存和交换引入了*存储器层次*的概念。尽管对于一个用户程序来说，所有内存看起来都是一样的，但后台发生的事情会极大地影响系统的性能。或者用George Orwell的话来说，所有的内存访问都是平等的，但是有些内存访问比其他内存访问更平等。

计算机速度很快。它们每秒可以执行数十亿条指令。但是，如果CPU必须等待这些指令到达，或者等待数据的检索或存储，那么CPU能做的工作就不会太多了。

处理器包含一些非常快速、昂贵的内存，称为寄存器。早期的计算机只有少量的寄存器，而一些现代计算机则有数百个寄存器。但总的来说，寄存器占内存的比率已经变小了。处理器与*主存储器*（通常是DRAM）通信，后者的速度不到处理器速度的十分之一。磁盘驱动器等大容量存储设备的速度甚至是处理器的百万分之一。

拿食物类比的话，寄存器就像冰箱：里面没有很多空间，但可以很快拿到里面的东西。主存储器就像一个杂货店：它有更多的空间放东西，但要花一段时间才能到达某个物品的位置。大容量存储设备就像仓库：那里的空间更大，但距离更远。

我们再解释一下这个比喻。通常你打开冰箱只是为了拿某个食品，但你去杂货店的时候，往往要购买满满几袋子的食品，仓库给杂货店供货更是以卡车来计。计算机也是如此。小块的东西在CPU和主存储器之间移动，较大的数据块在主存储器和磁盘之间移动。看看

Jeff Berryman 的 *The Paging Game*，你可以幽默地解释一下它是如何运作的。

跳过很多烦琐的细节，我们假设 CPU 的运行速度是主存储器的 10 倍。这意味着 CPU 要花很多时间等待内存，所以需要增加额外的硬件（更快的片上内存）作为“冰箱”或*缓存*。片上内存虽然比“杂货店”小得多，但以全处理器速度运行时要快得多。

如何从“杂货店”中把食物拿回家装满“冰箱”呢？回到 3.2.1 节，可以看到 DRAM 在访问行外的列时性能最好。检查程序的工作方式，你会注意到它们访问顺序排列的内存位置，除非碰到分支。并且程序使用的大量数据往往会聚集在一起。利用这种现象可以提高系统性能。与其只买一盒麦片，不如多买一些打包带回家。CPU *内存控制器*硬件从一行中的连续列填充缓存，因为通常需要从连续位置获取数据。通过使用可用的最高速度的内存访问模式，CPU 通常在竞争中处于领先地位，即使是在由于非连续访问导致缓存缺失的情况下。*缓存缺失*是指 CPU 在缓存中查找不存在的内容，并必须从内存中获取它。同样，*缓存命中*是指 CPU 在缓存中找到了它要查找的内容。

缓存存储器有好几种级别，离 CPU 越远（即使在同一芯片上），尺寸将越来越大、运行速度越来越慢。这些缓存称为 L1、L2 和 L3 缓存，L 代表级别（Level）。“仓库”里还有备用的“冰箱”和“食品储藏室”。还有一个厉害到让空中交通管制都不好意思的调度员。还有一整支逻辑电路大军，它们的工作就是包装和拆开不同尺寸的购物袋、箱子和卡车，使所有这些工作能正常进行。缓存实际上占据了芯片内部体积的很大一部分。存储器层次如图 5-14 所示。

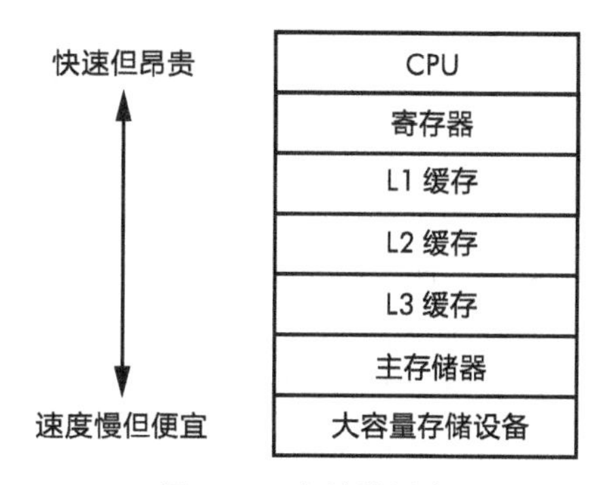

图 5-14 存储器层次

额外的复杂调整甚至进一步提高了内存的性能。机器中包含*分支预测*电路，可以猜测条件分支指令的结果，以便可以从内存中预取正确的数据，并将其放入缓存中准备就绪。甚至还有处理*无序执行*的电路。这种电路允许 CPU 以最有效的顺序执行指令，即使它与程序中指令出现的顺序不同。

维护*缓存一致性*是一个特别棘手的问题。假设系统含有两个处理器芯片，每个芯片有四个核心。其中一个核心将数据写入内存位置，实际上是写入缓存，最终进入内存。另一个核心或处理器如何知道它从该内存位置获取了正确的数据？最简单的方法称为*写直达*，这意味着写操作直接针对内存而不被缓存。但是这样会抹去缓存的许多好处，因此出现了很多额外的缓存管理硬件（不在本书的讨论范围）。

5.10 协处理器

处理器核心是一种相当复杂的电路。通过将常见操作转移到构造更简单的*协处理器*上，可以释放处理器核心用于一般计算。过去，协处理器的出现是因为单个芯片没有足够的空间容纳所有的东西。例如，浮点协处理器主要是为了解决处理器没有足够空间容纳浮点指令硬件的问题。如今有包括专门用于图形处理的片上协处理器在内的许多片上协处理器。

本章讨论了如何将程序加载到要运行的内存中，这通常意味着程序来自一些速度较慢且价格低廉的内存，例如磁盘驱动器。可以看到，虚拟内存系统可能在数据交换过程中读写磁盘。从3.3节可以看到，磁盘不是按字节寻址的，它们传输的是512或4 096字节的块。这意味着在主存储器和磁盘之间有很多直接的复制，因为不需要其他计算。将数据从一个地方复制到另一个地方是占用CPU时间最多的操作之一。有些协处理器除了移动数据什么都不做，称为*直接存储器访问*（Direct Memory Access, DMA）单元。它们可以被配置成执行诸如“把这些东西从这里移到那里，完成后告诉我”之类的操作。CPU将大量单调的工作移动到DMA单元上，让CPU自由地执行更多有用的操作。

5.11 在内存中排列数据

从表4-4中的程序可以得知，内存不仅用于指令，还用于数据。在这种情况下，数据是*静态*的，这意味着在编写程序时所需的内存量是已知的。本章前面提到程序也将内存用于堆栈。这些数据区域需要被安排在内存中，这样它们就不会发生冲突。

图5-15展示了不包含MMU的冯·诺依曼和哈佛架构计算机的典型布局。可以看到，两者唯一的区别是哈佛架构计算机上指令驻留在独立的内存中。

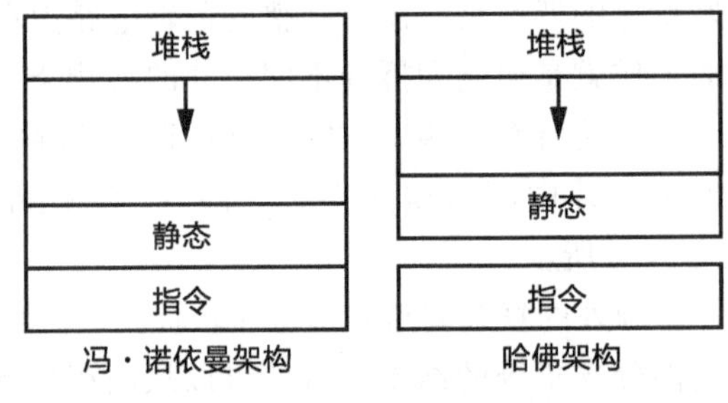

图5-15 内存中的内容排列

程序还有一种使用内存的方法。大多数程序都必须处理*动态*数据，而动态数据的大小在程序运行之前是未知的。例如，即时消息系统预先并不知道它需要存储多少消息，或者每条消息需要多少存储空间。动态数据通常堆在静态区域上方的内存中，称为堆，如图5-16所示。当动态数据需要更多空间时，堆向上增长，而堆栈向下增长。重要的是要确保堆和堆栈不会碰撞。一些题外话：一些处理器在内存的开始或结束处，为控制片上I/O设备的中断向量和寄存器保留了内存地址。

微型计算机使用的通常是图5-16所示的内存布局，因为它没有MMU。当涉及MMU时，指令、数据和堆栈会映射到不同的物理内存页，这些页的大小可以根据需要进行调整。对于呈现给程序的虚拟内存，也使用相同的内存布局。

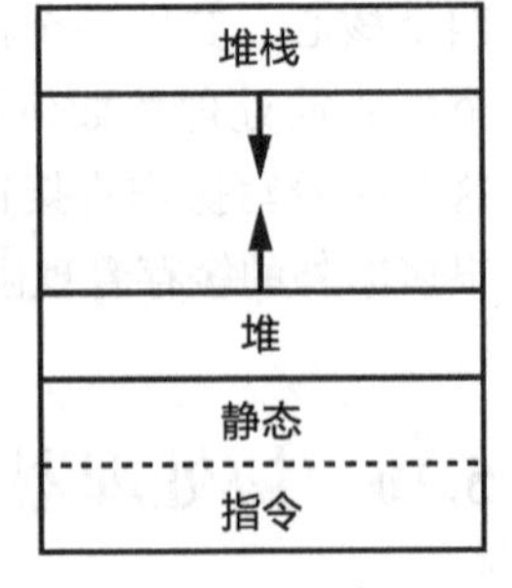

图5-16 堆内存排列

5.12 运行程序

计算机程序有很多部分。本节将介绍它们是如何组合在一起的。

前面提过程序员使用函数进行代码复用，相关内容还没结束。有许多函数可用于多个程序，例如，比较两个文本字符串。如果可以使用这些第三方函数，而不是每次都编写自己的函数，那就太好了。使用第三方函数的一种方法是将相关函数分组到*库*中。从字符串处理到复杂的数学运算，再到 MP3 解码，有大量的库可供使用。

除了库之外，重要的程序通常都是分段构建的。尽管可以把整个程序放到一个单独的文件中，但出于多种原因，也可以将其分解。其中最主要的一个原因是，这样可以使多人同时处理同一个程序变得更容易。

但是，分解程序意味着需要某种方法将所有不同的部分*链接*在一起。方法是将每个程序段处理成为此分解而设计的中间格式，然后运行一个特殊的*链接程序*来实现所有的连接。多年来，开发出了许多中间文件格式。*可执行和可链接格式*（Executable and Linkable Format, ELF）是当前最流行的格式。这种格式包括类似于招聘广告的部分。在销售部分可能会有这样的内容："我有一个名为 `cube` 的函数。" 同样，在招聘部分可能会看到"我正在寻找一个名为 `date` 的变量"。

链接程序可以解析所有的"广告"，产生一个可以实际运行的程序。当然，在性能方面也有些复杂。以前你把库当作一个充满函数的文件来处理，然后把它们与程序的其余部分链接起来，这叫作*静态链接*。然而，在 20 世纪 80 年代的某个时候，人们注意到许多程序都在使用相同的库。这充分证明了这些库的价值。但是这些库增加了使用它们的程序的大小，并且许多库的副本占用了很多珍贵的内存。为了解决此问题，共享库应运而生。MMU 可用于允许多个程序共享库同一副本，如图 5-17 所示。

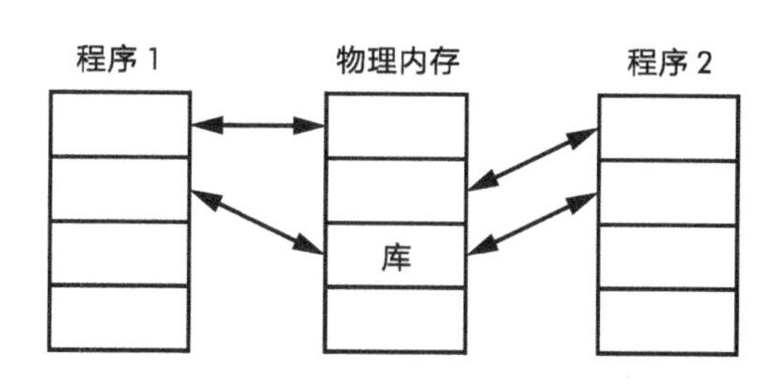

图 5-17 共享库

请记住，来自共享库的指令对于使用它的程序是通用的。库函数的设计必须使它们能够使用调用程序的堆和堆栈。

程序要有一个*入口点*，即程序中第一条指令的地址。虽然有点违反直觉，但这条指令并非程序运行时执行的第一条指令。当程序的所有部分都链接起来形成*可执行文件*时，会包含一个额外的*运行时库*。此库中的代码会在到达入口点之前运行。

运行时库负责设置内存，这意味着要建立一个堆栈和一个堆。运行时库还为静态数据区域中的项设置初始值。这些值存储在可执行文件中，在从系统获取内存后必须复制到静态数据中。

运行时库还执行了许多别的函数，特别是对于复杂的语言。不过现在我们不需要知道更多有关内容。

5.13 内存功耗

到目前为止，我们已经从性能的角度研究过了内存。但还有另一个考虑：在内存中移动数据需要能量。这对台式电脑来说没什么大不了的。但对于移动设备来说，却是一个棘手的问题。虽然在大型互联网公司的数据中心中，电池续航时间已不是问题，但在数千台机器上使用额外的电源会增加续航时间。

平衡功耗和性能是一项挑战。在编写代码时，务必请记住平衡功耗和性能。

5.14 本章小结

第 4 章介绍过处理内存并没有想象中那么简单。从本章中可以看到，为了提高内存使用率，人们在简单处理器上增加了很多额外的复杂内容。目前为止，已经对现代计算机中的构造和部件进行了相当完整的介绍，剩余的 I/O 相关内容将在第 6 章介绍。

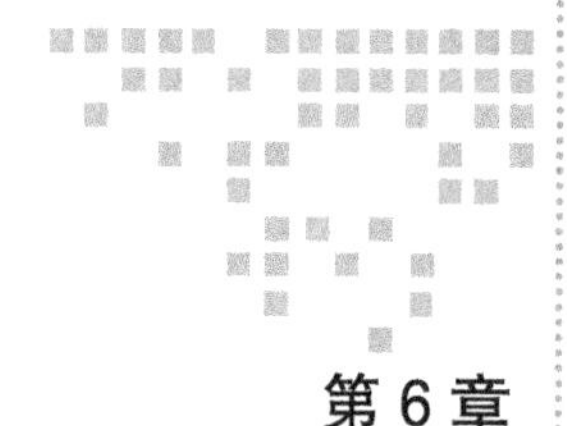

第 6 章 Chapter 6

通信故障

计算机可不只是为了刺激而计算的，它们接受来自不同来源的输入，进行计算，并产生输出供各种各样的设备使用。计算机可能会与人交流，互相交谈，也可能会运营工厂。下面进行进一步的探讨。

4.2 节中简单地提到了输入和输出（I/O），它指的是把东西放进处理器核心以及从处理器核心中取出东西。这一步并不是很困难，只需要一些锁存器（见 3.1.3 节）即可实现输出，用三态缓冲器（参见图 2-38）即可实现输入。过去，I/O 设备的每一个面都会连接到锁存器或缓冲器上的某个位上，而计算机则像是负责衔接每一个肢体关节的木偶师。

处理器成本的降低改变了这一情况。许多以前复杂的 I/O 设备现在都有了自己的微处理器。例如，现在只需要花几美元即可购买一个三轴加速度计或温度传感器，而且提供的数字输出还很不错。我不想谈论这类设备，因为从编程的角度来看，它们并没有什么意思，于它们而言，编程仅仅是按照设备说明书用接口读取或写入字节而已。但这并不能让你摆脱困境。你可能会为带有集成处理器的设备编写代码。如果你正在设计下一个连接互联网的设备，则会对它烦琐的控制算法感到恼火的。

本章从编程的角度研究了一些可以与 I/O 设备交互的技术，即使是从编程的角度来看，这些技术也挺有意思的。这些技术包括采样，通过采样可以将真实的模拟数据转换成计算机可用的数字形式，反之亦然。

6.1 低电平 I/O

最简单的 I/O 形式包括将设备与 CPU 可以读写的位连接。当它们开始被大量使用时，这些形式也开始演变成更复杂的设备。本节将介绍几个示例。

6.1.1 I/O 端口

要让计算机与某个对象进行通信，最简单的方法是将其连接到 I/O 端口。例如，Atmel 公司制造了 AVR 系列的小型处理器，它们包括大量的内置 I/O 设备。在图 6-1 中，我们将灯泡和开关连接到了端口 B。

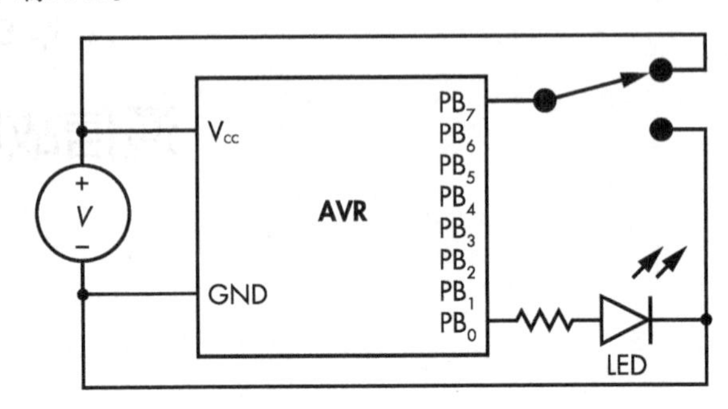

图 6-1　连接到端口 B 的开关和灯泡

根据第 2 章的知识，你应该能认出图 6-1 中的开关。LED 是发光二极管。二极管是一种半导体器件，其工作原理类似于游乐场的旋转栅门：只允许电流沿着一个方向通过，即空心箭头所指方向。发光二极管的附带作用才是发光。

注意与 LED 串联的电阻器。它的作用是限制流过 LED 的电流，这样 LED 和 PB_0 都不会烧坏。用第 2 章中介绍的欧姆定律可以计算出电阻值。假设 V 是 5 伏。2.3.3 节中讨论的 NPN 或 PNP 的一个特点是其上电压为 0.7 伏。AVR 处理器的数据表显示，当 V 为 5 伏时，逻辑电路 1 的输出电压为 4.2 伏。根据 LED 的要求，电流需要限制在 10 毫安（0.01 安）以内，AVR 中的电流能达到 20 毫安。欧姆定律表明电阻等于电压除以电流，所以（4.2–0.7）÷ 0.01=350 欧。如你所见，PB_7 的电压可以在 0 和 1 之间切换。当它设置为 0 时，没有电流流过 PB_0。当 PB_0 电压为 1 时，电流通过 LED，使其发光。使用 LED 或其他元件时，请务必认真阅读其数据表，因为压降等特性可能不同。

端口 B 由三个寄存器控制，如图 6-2 所示。DDRB（数据方向寄存器）决定每个引脚是输入还是输出。PORTB 是保存输出数据的锁存器，而 PINB 则读取引脚的值。

7	6	5	4	3	2	1	0	
DDB7	DDB6	DDB5	DDB4	DDB3	DDB2	DDB1	DDB0	DDRB
7	6	5	4	3	2	1	0	
PORTB7	PORTB6	PORTB5	PORTB4	PORTB3	PORTB2	PORTB1	PORTB0	PORTB
7	6	5	4	3	2	1	0	
PINB7	PINB6	PINB5	PINB4	PINB3	PINB2	PINB1	PINB0	PINB

图 6-2　AVR 端口 B 的寄存器

图 6-2 可能看起来很复杂，但正如图 6-3 所示，它也只是标准构建块的另一种排列形

式：多路输出选择器、触发器和三态缓冲器。

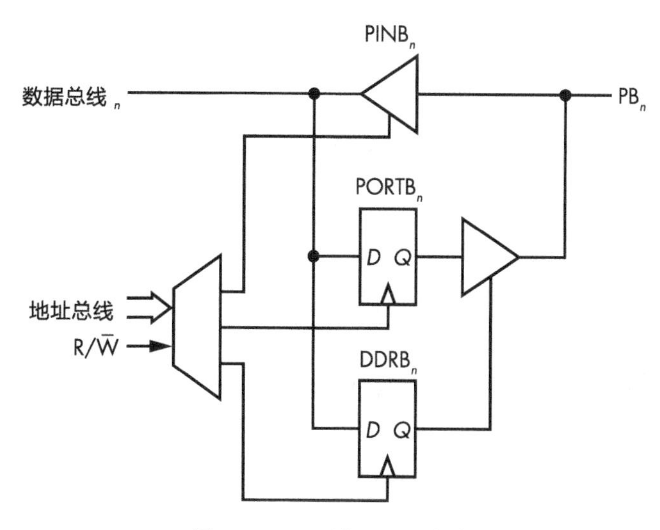

图 6-3　AVR 端口 B 的构件

DDRB 是端口 B 的数据方向寄存器。在它的任何一位中输入 1 都会把相关的引脚转换为输出，如果设置为 0，则为输入。PORTB 是端口的输出部分。将 0 或 1 写入其中任何一位都会使相关输出变成低电压或高电压。读取 PINB 可提供相关引脚的状态，因此，如果引脚 6 和 0 被拉高，其余的被拉低，它将读取到 01000001 或 0x41。

如你所见，使数据进出芯片非常容易。查看 PINB 寄存器中的 $PINB_7$ 可以读取开关的状态。向 PORTB 寄存器中的 $PORTB_0$ 写入 1 或 0，可以打开或关闭 LED。你可以写一个简单的程序使 LED 闪起来，让你和朋友们娱乐娱乐。

6.1.2　按下按钮

很多设备都有某种按钮或开关。因为按钮的设计方式，它们并不像你想象得那么容易被计算机阅读。一个简单的按钮由一对电触点和一块金属片组成，当按钮被按下时，金属片将电触点连接起来。请看图 6-4 中的电路。

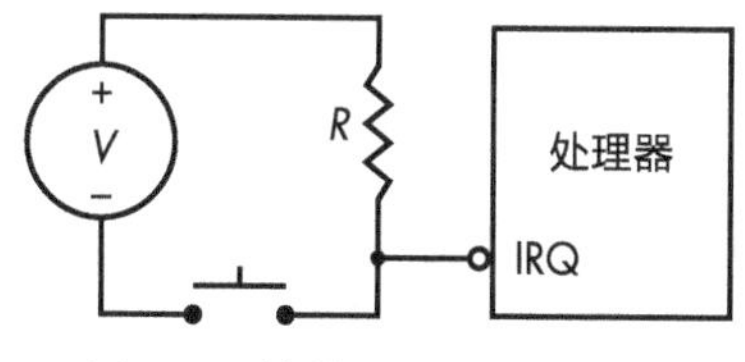

图 6-4　简单的按压按钮电路

R 是所谓的上拉电阻，类似于之前在图 2-37 中看到的。当没有按下按钮时，电阻器会将处理器中断请求（Interrupt Request, IRQ）引脚上的电压拉高到 *V* 提供的电压，使其成为逻辑电路 1。当按下按钮时，电阻器限制 *V* 的电流，确保不会使电路烧坏，同时允许逻辑 0 被提交给 IRQ。

看起来很简单，但图 6-5 告诉我们并非如此简单。你可能会认为当按下并释放按钮时，IRQ 的信号看起来应该是左边这样的，但实际上看起来更像是右边那样的。

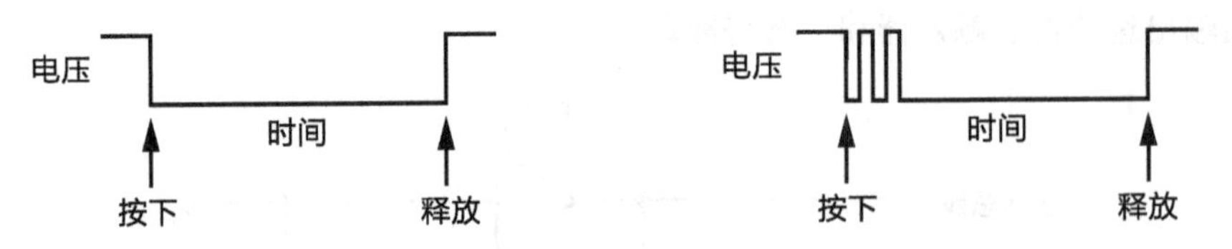

图 6-5　按钮弹跳

这是怎么回事？当与按钮连接的金属片碰到触点时，金属片会反弹并在短时间内脱离触点。在稳定下来之前，金属片可能会弹跳几下。由于将按钮连接到处理器上的中断生成引脚，因此可能按一次按钮就会中断几下，这并不是我们想要的。我们需要防止按钮弹跳。（也有无弹跳的按钮，但它们往往更贵。）

*防弹跳*的一个简单方法是让中断处理程序设置一个计时器，然后在计时器到期后测试按钮的状态，如图 6-6 所示。可以用两种不同的方法来处理这个问题：在第一个中断时设置一个计时器，或者在每个中断时用一个新的计时器替换现有的计时器。

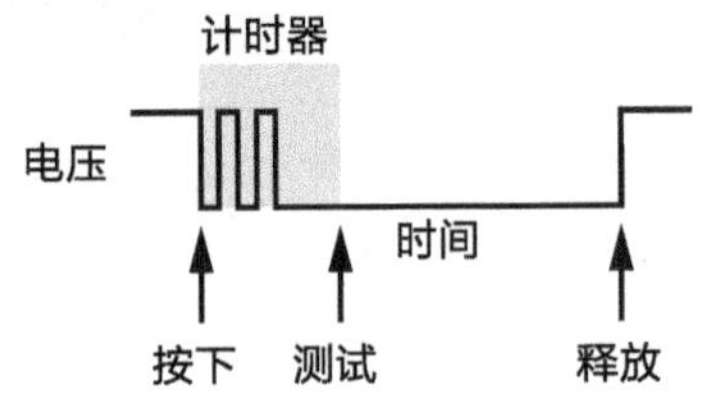

图 6-6　防按钮弹跳计时器

这种方法虽然可行，但不一定是最好的方法。很难选择一个计时器值，因为按钮弹跳时间会随着机械磨损而改变。比如，你可能遇到过闹钟由于上面按钮的严重磨损而很难设定时间的情况。而且大多数设备都有不止一个按钮，处理器不太可能供应足够的中断引脚。虽然可以搭建电路来共享中断，但我们更愿意用便宜的软件来实现这点。大多数系统都有某种计时器，可以产生周期性的中断。我们可以依托这些中断来解除按钮弹跳。

假设有 8 个按钮连接到某个 I/O 端口（参考图 6-1），并且 I/O 端口的状态存储在名为 INB 的变量（该变量是一个 8 位无符号字符）。用数组构造*有限冲激响应*（Finite Impulse Response, FIR）滤波器，如图 6-7 所示。FIR 是一个队列，在每一个计时器滴答声响起时，

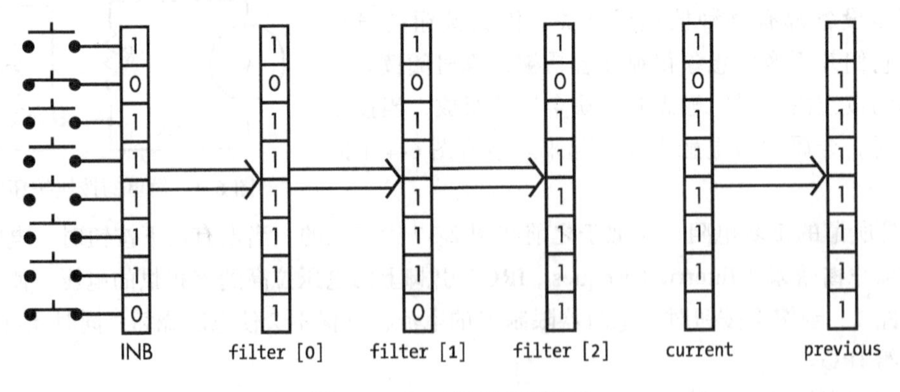

图 6-7　FIR 防按钮弹跳器

丢弃最旧的元素并换入新的元素。对数组元素进行 OR 运算形成 current（当前）状态，作为两个元素队列的一部分：current 在计算新的 current 之前被移到 previous。我们现在要做的就是对 current 和 previous 状态进行 XOR（异或）运算，以找出哪些按钮的状态发生了变化。

它的 C 编程语言代码相当简单，如列表 6-1 所示。

列表 6-1 FIR 防按钮弹跳器 C 语言程序

```
unsigned char   filter[FILTER_SIZE];
unsigned char   changed;
unsigned char   current;
unsigned char   previous;

previous = current;
current = 0;

for (int i = FILTER_SIZE - 1; i > 0; i--) {
        filter[i] = filter[i - 1];
        current |= filter[i];
}

filter[0] = INB;
current |= filter[0];
changed = current ^ previous;
```

FILTER_SIZE 是滤波器中元素的数量，它取决于按钮的噪声程度和计时器中断率。

6.1.3 让灯光亮起

许多小部件都有某种显示方式。这里的显示指的并不是电脑屏幕之类的显示，而是闹钟和洗碗机等的显示。它们通常有几个指示灯和一些简单的数字显示。

常见的简单指示器是一种七段式显示器，如图 6-8 所示。这些显示器有 7 个 LED 灯，以 8 字形排列，外加一个小数点。

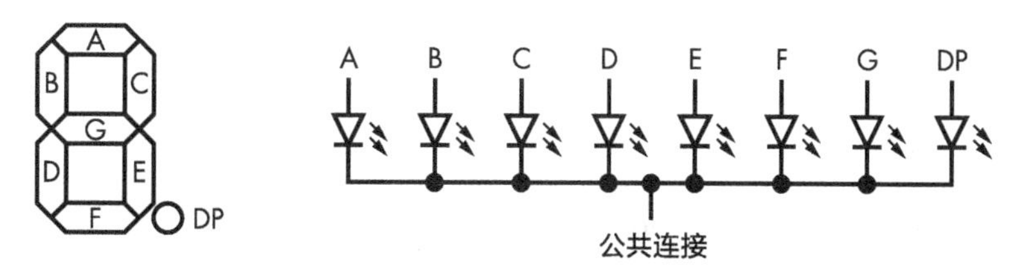

图 6-8 七段式显示器

8 个 LED 需要 16 个电子连接（引脚）。但图 6-8 所示的方式并不是它们通常的构造方式，图中每个 LED 的一端有一个引脚，另一端有一个公共连接。因此只需要控制一端即可打开或关闭一个 LED 灯，这种公共连接节省了引脚，从而降低了成本。图 6-8 展示的是一个共阴极显示器，其中阴极全部连接在一起，每个阳极都有自己的引脚。

将阳极连接到处理器的输出引脚，将阴极连接到接地或电源的负极，引脚上的高电压（1）就会点亮相应的LED灯。实际上，大多数处理器无法提供所需的足够电流，所以需要额外的驱动电路。通常使用开路集电极输出（见图2-36）。

驱动这些显示器的软件非常简单。所需要的只是一个将数字（也许还有字母）映射到适当的段以进行发光的表。就算是小部件也很少只有一个显示器，例如，一个闹钟有4个显示器。虽然可以将每个显示器都连接到它的I/O端口，但不太可能有那么多端口可用。解决方案是将阳极连接到端口A，将阴极连接到端口B，进行多路显示，如图6-9所示。

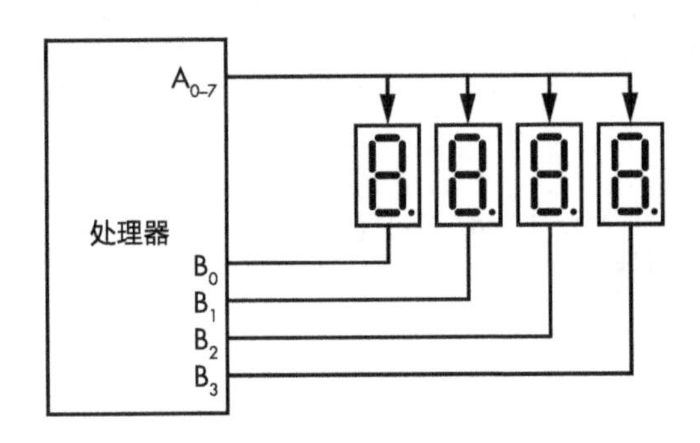

图6-9 多路显示器

图6-9显示阳极是并联的。所有的A段连接在一起，所有的B段连接在一起，以此类推。每个显示器的阴极连接都连接到自己的输出引脚。只有当阳极为1，阴极为0时，显示段才能亮起。例如，你可能想知道，如果A是1，B是0，为什么A和B段不会亮起。请记住，LED中的D代表*二极管*，而二极管是单向通电的。

利用人类的*视觉暂留*可以使显示器发挥作用。显示器不必一直亮着，我们就可以感觉到它是亮的。只要它亮了1/24秒，我们的眼睛和大脑就会告诉我们它已经亮了。这和电影、视频的工作原理是一样的。我们所要做的就是将相关的阴极引脚设置为0，将部分阳极按照想要显示的内容来设置，以切换打开哪个显示器。我们可以在计时器中断处理程序（类似于前面按钮示例中使用的）中切换显示器。

6.1.4 灯光，动作……

设备通常会同时包含按钮和显示器。事实证明，可以通过多路复用按钮以及显示器来节省一些引脚。假设除了4个显示器之外还有一个12按钮的电话式小键盘，如图6-10所示。

我们在这么复杂的情况下完成了什么？只需要在12个按钮上增加3个引脚，而不是12个。所有的按钮都被上拉电阻器拉到逻辑1。如果没有选择显示器，按下按钮是没有效果的，因为B输出也都是1。当选择最左边的显示时，B_0是低电平，按下最上面一行的任何按钮都会导致相关的 C 输入变成低电平，以此类推。由于显示器和按钮是用同一组信号扫描的，所以进行扫描的代码可以合并到计时器中断处理程序中。

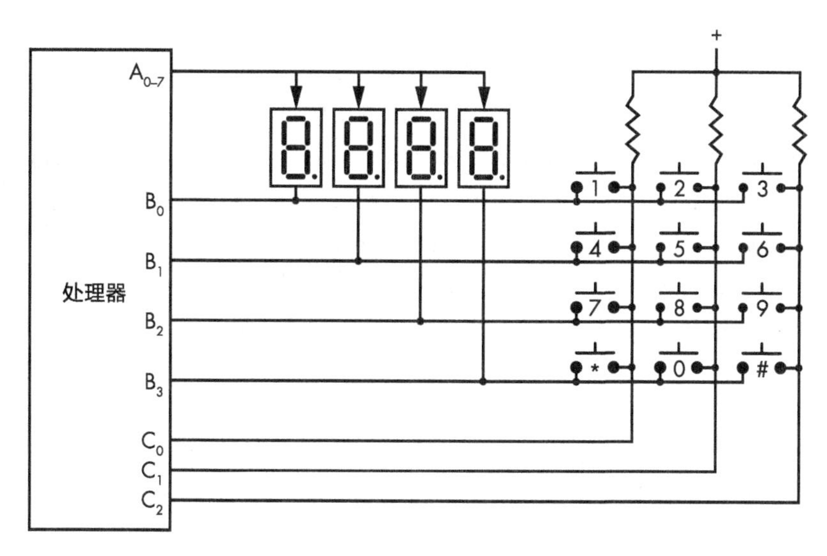

图 6-10　多路按钮和显示器

注意，图 6-10 是一个简化图。实际上，B 引脚需要集电极开路或漏极开路（参见 2.4.4 节），否则，按下同一列不同行的两个按钮将把 1 和 0 直接连接起来，可能会损坏部件。然而，它通常不是这样实现的，因为可以用前面提到的显示驱动电路来处理这个问题。

可以通过同时按下多个按钮并观察显示器来确定某些设备是否以类似于图 6-10 的方式构建。显示器看起来会很奇怪。想想为什么会这样。

6.1.5　奇思妙想

闹钟的显示器可能有亮度调整功能。它是如何实现的？通过改变显示器的占空比，如图 6-11 所示。

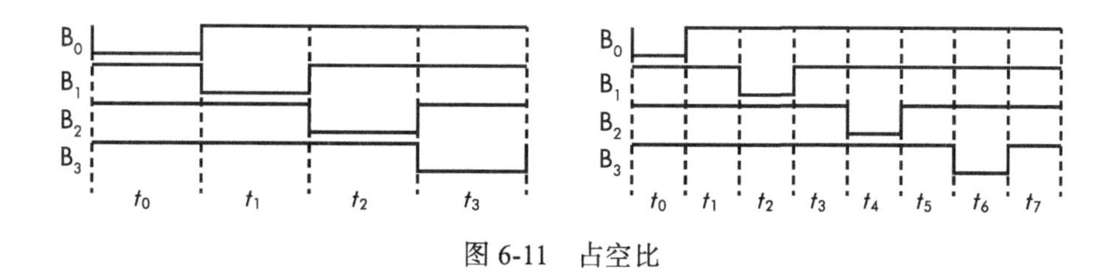

图 6-11　占空比

在图 6-11 的左边，每个显示器有四分之一的时间是点亮的。右边部分的每个显示器只有八分之一的时间是点亮的。没有显示器在一半的时间内都保持点亮状态。右边的显示器的亮度大约是左边显示器的一半。“亮度”与显示器点亮的平均时间有关。注意，占空比和感知亮度之间的关系不太可能是线性的。

6.1.6 2^n 种灰色

一个常见的传感器任务是确定旋转轴的位置，比如电机、车轮和旋钮。我们可以通过轴上的开关或可用光电传感器读取的黑白点来确定旋转轴位置。不管采取什么方法，都需要将每个轴位置编码为二进制数。如果关心的是 8 个不同的位置，那么编码器可能看起来像图 6-12 那样。如果白色扇区表示 0，黑色扇区表示 1，那么从图中可以看出如何读取位置值。径向线不是编码器的组成部分，它们只是为了使图表更易于理解而出现在图上的。

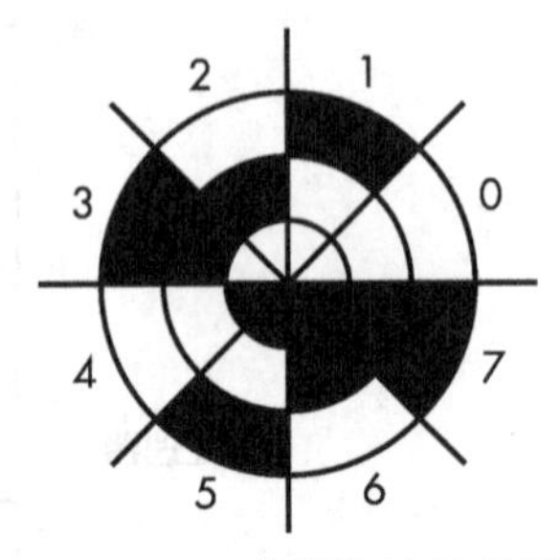

图 6-12 二进制旋转编码器

同样，图 6-12 看起来很简单，但事实并非如此。在这种情况下，问题在于机械公差。请注意，即使使用完全对齐的编码器，在电路读取每一个位时，仍然会因为传播延迟差异而遇到问题。如图 6-13 所示，如果编码器没有完全对齐，会发生什么？

根据图 6-13，得到的不是预期的 01234567，而是 201023645467。贝尔实验室的美国物理学家 Frank Gray（1887—1969）研究了这个问题，并提出了一种不同的编码方法（格雷码），即每个位置的改变只会引起一个位的值的改变。对于我们一直在研究的 3 位编码器，格雷码是 000、001、011、010、110、111、101 和 100。格雷码很容易被转换成二进制数。图 6-14 展示了编码轮的格雷码版本。

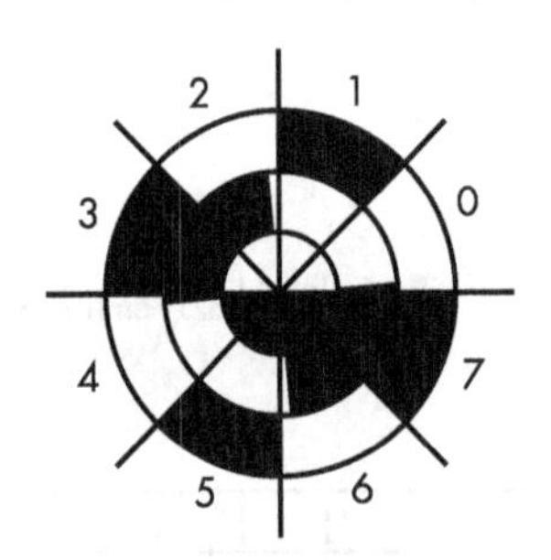

图 6-13 二进制旋转编码器对齐误差

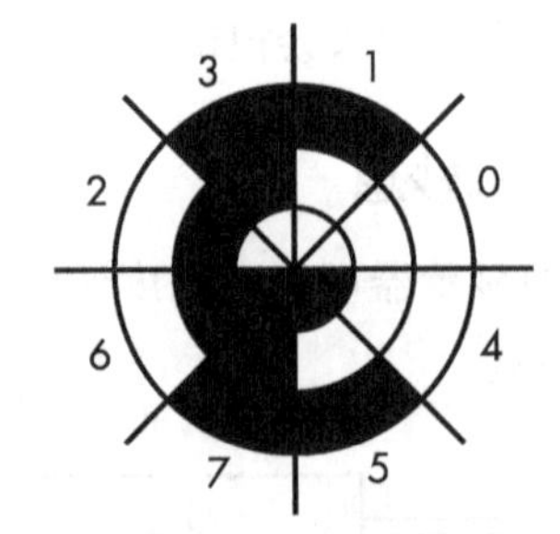

图 6-14 格雷码旋转编码器

6.1.7 正交

当不需要知道某物的绝对位置，但又要知道其位置何时改变以及改变发生在哪个方向时，可以使用 2 位格雷码。汽车仪表板上的一些旋钮，比如立体声音响的音量控制旋钮，就使用了 2 位格雷码。一个好的指标是，一旦汽车启动，在点火开关关闭的情况下转动旋钮是没有效果的。这种旋钮称为正交编码的旋钮，因为包含 4 种状态。2 位格雷码模式可以重复多次。例如，有些便宜的正交编码器可以达到 1/4096 转。正交编码只需要两个传感器，每一位一个传感器。而一个 4096 个位置的绝对编码器需要 12 个传感器。

正交波形如图 6-15 所示。

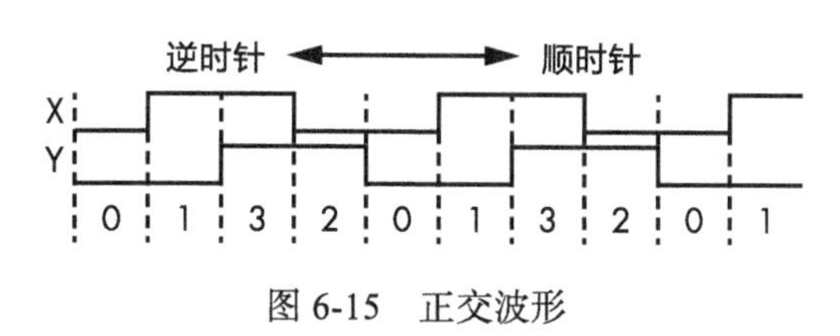

图 6-15　正交波形

当轴顺时针旋转时，生成序列 0132；当轴逆时针旋转时，生成序列 2310。我们可以根据当前位置和上一位置组成一个 4 位数字。这个数字可以告诉我们旋转的方向，如表 6-1 所示。

表 6-1　正交旋转检测

当前位置	上一位置	组合式	含义
00	00	0	非法
00	01	1	顺时针
00	10	2	逆时针
00	11	3	非法
01	00	4	逆时针
01	01	5	非法
01	10	6	非法
01	11	7	顺时针
10	00	8	顺时针
10	01	9	非法
10	10	a	非法
10	11	b	逆时针
11	00	c	非法
11	01	d	逆时针
11	10	e	顺时针
11	11	f	非法

请注意，这是一个状态机，其中组合值表示状态。

如果拿一对正交编码器，使它们彼此成 90°，并在中间安置一个橡皮球，会得到什么？一个鼠标！

6.1.8　并行通信

并行通信是对之前点亮 LED 的一个延伸。我们可以将 8 个 LED 连接到端口 B 并闪烁

ASCII 字符代码。并行意味着每个组件都有一根连接电线，并且可以同时控制组件。

如果是旧型号计算机，则可能会有一个 IEEE 1284 *并行端口*。在*通用串行总线*（Universal Serial Bus, USB）出现之前，IEEE 1284 并行端口通常用于打印机和扫描仪。并行端口上有 8 条数据线，所以可以发送 ASCII 字符码。

但是，存在一个问题：怎样知道数据何时有效？假设发送字符 ABC，怎么知道下一个字符什么时候出现？不能仅仅寻找变化，因为发送的字符也可能是 AABC。一种方法是发送另一种“看着我”的信号。IEEE 1284 为此提供了一个*选通*信号。如图 6-16 所示，当选通信号为低电平或等于 0 时，位 0～7 的数据有效。

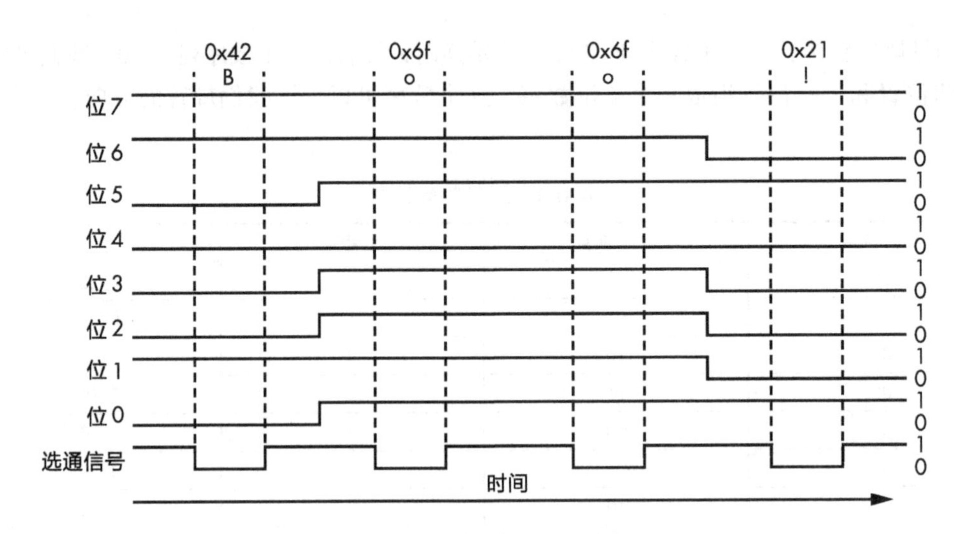

图 6-16 并行数据选通时序

另一个几乎已经过时的并行接口是 IDE。IDE 是用来与旧式磁盘驱动器通信的。

并行接口非常昂贵，因为它们需要许多 I/O 引脚、连接器引脚和电线。并行端口有一个 25 引脚的连接器和一条大而粗的电缆。IDE 有 40 根电线。信号通过电线传输的速度是有限制的，想要超过这个限速，就需要多条电线。

6.1.9 串行通信

能够用更少的电线进行通信是件好事，因为增加电线需要增加成本，尤其是远距离通信时。两根电线是所需的最小配置，因为还需要一个电流返回信号路径，参见第 2 章。为了简单起见，我们不会在图中绘出返回路径。

如何能在一根电线上发出 8 个信号？可以通过查看图 6-16 中的时序图得到提示。即使每一位都有自己的线路，字符也是按时间间隔排列的。因此，也可以把位按时间间隔排列开。

4.3.2 节中谈到了移位寄存器。在发送端，选通或时钟信号将所有位移动一个位置，并将一端挤下来的位发送到线路上。在接收端，时钟将所有位移动一个位置，并将数据线的状态置于新空出的位置，如图 6-17 所示。

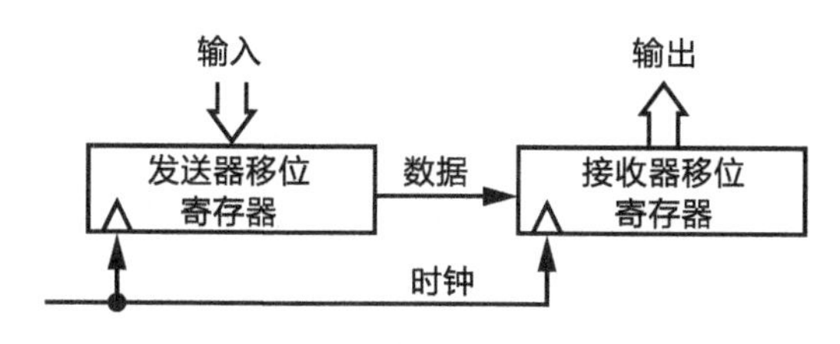

图 6-17　使用移位寄存器进行串行通信

用一个计数器提醒何时到达 8 位，然后就可以用这个值来做一些事情。这种方法需要用到两根电线，而且很容易出错。它要求发送器和接收器保持同步，或零时差。只要错过一个时钟，一切就都会乱套。当然也可以添加第三条线，在每次开始新字符时进行提示，但我们的目标是减少电线的数量。

很久以前（20 世纪初），人们把电报机与打字机结合起来，制造出了电传打字机。这是一种允许将所打的字输入远处的打印机的机器。电传打字机最初的目的是使股票市场信息通过电报线传送。

数据是使用串行*协议*（一组规则）发送的，除了返回路径外，该协议只使用一条线。这个协议的巧妙之处在于它的工作原理有点像游泳比赛的计时器。每个人都会在发令枪响的时候启动他们各自的计时器，而且它们的工作原理相差无几。图 6-18 展示了协议。

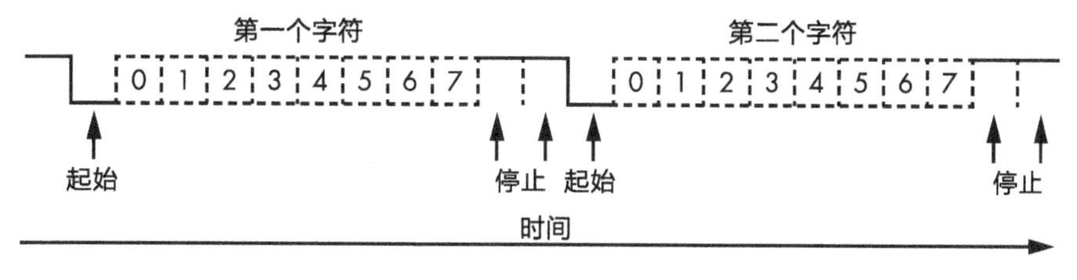

图 6-18　标识空间信号

当什么都没有发生时，图 6-18 中的线处于 1 或高位的状态。早期的电报设备要么在纸条上做记号，要么在纸条上留下一个空白，高位状态称为*标记*（mark），低位状态称为*空白*（space）。图 6-18 中的低位线表示发令枪响，称为*起始位*。在起始位之后，将发送 8 位数据。字符以一对高位*停止位*结尾。每一位都分配了相同的时间量。同步误差也可能会发生，但发送器只要等待一个字符的时间，接收器就会同步。我们把传输通道按时间分隔为多路，每一路传输不同的数据，最后再把多路汇总到一条传输通道中。这种技术称为*时分多路复用*，可以用选择器（参见 2.5.4 节）来实现，而不是用移位寄存器来实现。顺便说一下，以位 / 秒为单位的速度称为波特率，以法国工程师 Émile Baudot（1845—1903）的名字命名。

电传打字机是很棒的机器。它们不包含任何电子设备，通过电机带动轴旋转来工作。

键盘也以类似的方式工作，按下一个键，轴开始旋转，根据按下的键移动电触点，生成ASCII码。

另一个很酷的技巧叫作*半双工连接*，即每一端的发送器和接收器共用同一根电线。一次只能有一个发送信息，否则会造成混乱。这就是为什么无线电接线员会说“结束”之类的话。如果用过对讲机，你就会知道半双工通信。当不止一个发送器同时处于活动状态时，会导致数据混乱。*全双工*连接是指有两根电线，在每个方向各有一根。

所有实现这一点的电路最终都集成在了称为UART的集成电路中，UART代表*通用异步收发器*（Universal Asynchronous Receiver-Transmitter）。软件也可以通过bit-banging方法来实现UART。

一个名为RS-232的标准定义了旧串行端口上用于标记和空白的电压电平，以及许多附加的控制信号。它现在几乎已经被USB取代了，尽管在工业环境中仍在使用一种称为RS-485（它使用差分信号（参见图2-32）来提高抗噪性）的变体。磁盘的并行IDE接口已经被串行等效的SATA所取代。现在的电子产品的运行速度足够快，可以连续地做许多以前必须并行来做的事情。而且，电线的成本仍然很高。可从地球上提取的铜正在减少，而铜正是电线中用作导体的材料。回收现有的铜产品已是铜的主要来源。而芯片中主要是硅元素，它广泛存在于沙石中。

有许多串行接口是为连接外设和小型微型计算机而设计的，包括SPI、I2C、TWI和OneWire。

6.1.10 捕捉一个波

标记空白（mark-space）信号存在一个大问题，那就是它不适合远距离传输。标记空白信号不能通过电话线工作，其原因不在本书的讨论范围内。这是一件大事，因为一旦电报被更好的技术取代，仅存的长途通信技术就是电话和无线电。标记空白信号的远距离传输问题可以用某些使无线电工作的方式或技巧来解决。

宇宙包含各种不同的波。有存在于海洋中的波，也有声波、光波、微波，以及介于它们之间的各种各样的波。基波是*正弦波*。所有其他波形都可以由正弦波组合而成。通过绘制圆上的点的高度与角度的关系，可以得到正弦波，如图6-19所示。

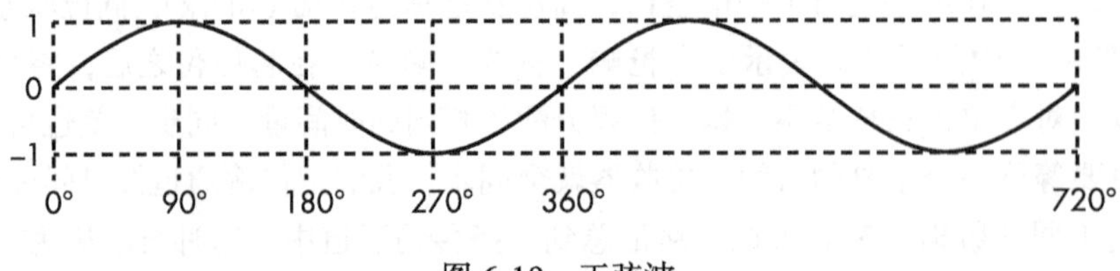

图6-19 正弦波

正弦波的高度就是*振幅*。每秒同向过零的次数是*频率*，单位为*赫兹*，以德国物理学家Heinrich Hertz（1857—1894）的名字命名，单位符号为Hz，和*每秒周期数*同义。两个同向过零点之间的距离就是波长。它们的关系如下：

$$\lambda = \frac{v}{f}$$

其中，λ 是波长（米），f 是频率（赫兹），v 是波在介质中传播的速度，等于无线电波的光速。频率越高，波长越短。以中音 C 为参考，中音 C 大约是 261 赫兹。

仔细想想，你会发现不同的波有不同的性质。声波不会传播得很远，可以绕过拐角进行传播，但无法在真空中传播。光波虽然可以传播得很远，但是一堵墙就可以挡住它。有些频率的无线电波可以穿墙而过，有些则不可以。它们之间有很大的差异。

我们来找一个可以随心所欲的波，然后搭个便车。这种波称为载波，我们要做的是根据需要的信号（比如标记空白波形）来调制或改变它。

美国电话电报公司（AT&T）在 20 世纪 60 年代初推出贝尔 103A 数据集，通过使用 4 个音频频率，在电话线上以 300 波特的速率提供全双工通信，每个连接端都有它自己的一对标记和空白。这种方式称为频移键控（Frequency Shift Keying, FSK），因为频率随标记和空白而移动，如图 6-20 所示。

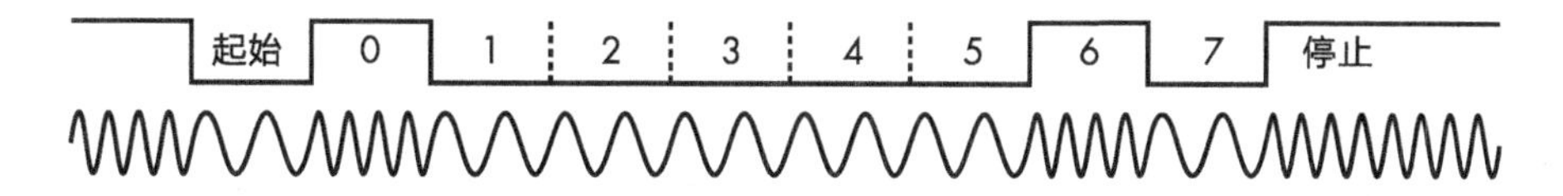

图 6-20 频移键控（ASCII 字母 A）

接收端必须将音频转换回标记和空白，称为解调，与调制相反。完成解调的设备称为调制解调器。当有人使用拨号上网或发送传真时，听到的奇怪噪音是调制解调器使用的频率所致。

6.1.11 通用串行总线

USB（Universal Serial Bus，通用串行总线）并不是那么有趣，但它值得提一提，因为 USB 应用非常普遍。它的特征是不兼容而且包含比任何其他标准都难以使用的连接器，可以说 USB 对设备充电比对数据传输更重要。

USB 取代了 20 世纪 90 年代中期在计算机中大量出现的笨重连接器，如 PS/2、RS-232 和具有单独四线连接器的并行端口。四线连接器有两条电源线和一对双绞线（用于使用差分信号传输数据）。USB 重复了这种模式，现在 USB Type-C 最多可以使用 24 线，只比旧的并行端口少。

USB 并非全都是自由传输的。存在一个控制器掌管所有的端点，而非所有的端点都平等。USB 中数据传输是结构化的，不仅仅是乱放一些未解释的信息。USB 中数据传输使用一种常见的技术：数据以包（packet）的形式传输，数据包相当于邮件中发送的包。数据包包含报头（header）和可选的有效负载（payload）。报头本质上是可以在包外面找到的信息，比如它的来源、去向、邮资等级等。有效负载就是包的内容。

USB通过同步传输处理音频和视频。端点可以请求保留一定量的带宽（数据传输速率），从而保证可以传输数据。如果没有足够的带宽，控制器会拒绝端点的请求。

6.2 网络

如果不知道网络的起源，就很难对现代网络世界有一个清晰的了解。每次我女儿说“Wi-Fi坏了”或者“互联网坏了”的时候，我都感到很抓狂，因为Wi-Fi和互联网压根就不是一回事。当我尝试向她解释时，她又给我翻了个小青年特爱翻的白眼。

有两种常用的描述网络的分类方法。局域网（Local Area Network, LAN）是一种覆盖小地理区域（如家庭或办公室）的网络。广域网（Wide Area Network, WAN）则覆盖非常大的地理区域。因为对大和小没有确切的定义，所以这两个术语的界限有些模糊。

最初的网络是指电报网，后来演变成了电话网。网络并不是从计算机网络开始的，因为那时并不存在计算机。最初的电话网是电路交换网。当双方通话时，他们的电线会有效地连接在一起，形成一个电路。电路被交换是因为这种连接只在对话期间存在，当通话完成后，就会创建新的电路。

除了少数例外，如还留存着的固定电话线，现在的电话系统是一个分组交换网。上一节提到了数据包。通信内容被分成不同的数据包（包含发送方和接收方地址）。数据包可以使用时分多路复用技术（见6.1.9节）共享线路，从而可以更有效地使用电路；当通过电线发送的数据量超过了仅用于语音的数据量时，数据包就可以使用时分多路复用。

最早的计算机网络之一是半自动地面防空系统（Semi-Automatic Ground Environment, SAGE）（冷战时期的防御系统）的一部分。它使用电话网络上的调制解调器进行站点间的通信。

20世纪60年代末，许多组织开始试用局域网。例如，我曾经在的贝尔实验室开发图形终端，这些终端通过称为环（ring）的局域网连接到我们部门的霍尼韦尔DDP-516计算机。当时，磁带机和打印机等外围设备非常昂贵，大多数部门不能独立拥有这类设备。但它们安装在主计算机中心。其他计算机与一个调制解调器连接，当计算机需要一些它没有的东西时，它会“打电话”给计算机中心。这实际上就是一个广域网，不仅可以发送要打印的东西，还可以发送需要运行的程序，计算机中心会把结果返回给我们的机器。

类似的活动也发生在许多研究实验室和公司。许多不同的局域网被发明了出来。虽然局域网之间不能互相交流，但每个局域网都有一个自己的世界。调制解调器和电话线是广域通信的基础。

贝尔实验室开发的一套名为UUCP（UNIX-to-UNIX Copy）的计算机程序于1979年对外发布。UUCP允许计算机互相调用来远程传输数据或运行程序。这套计算机程序形成了早期电子邮件和新闻系统（如 USENET）的基础。这些系统就像是个有趣的黑客。如果想在全国范围内发送数据，数据会从一台机器跳到另一台机器，直到到达目的地。当时这样可以节约长途话费。

与此同时，美国国防部高级研究计划局（Advanced Research Projects Agency, ARPA）资助了分组交换广域网（ARPANET）的开发。ARPANET 在 20 世纪 90 年代发展成了互联网。如今大多数人认为互联网是理所当然存在的，就像我女儿一样，他们可能认为互联网是网络的同义词。但它真正的本质就体现在名字里。互联网（internet）是*交换*（inter）和*网络*（net）的结合。互联网是一个网络的网络，是把局域网连接在一起的广域网。

6.2.1 现代局域网

许多我们现在认为理所当然存在的东西都是 20 世纪 70 年代中期在施乐帕洛阿尔托研究中心（Xerox Palo Alto Research Center）（PARC）发明的。例如，一位名叫 Bob Metcalfe 的美国电气工程师发明了*以太网*。它是一个局域网，因为在设计之初，它的设计者并没有想覆盖很远的范围。

注意 *关于帕洛阿尔托研究中心的历史，请参阅* Adele Goldberg *的书 A History of Personal Workstations*（Addison–Wesley，1988）。

最初的以太网是半双工系统。每台计算机都连接到同一根电线上。每个计算机网络接口都有一个唯一的 48 位地址，称为*媒体访问控制*（Media Access Control, MAC）地址，一直沿用至今。数据被组织成大约 1 500 字节的包，称为*帧*。帧有一个*报头*，报头包含发送方地址、接收方地址和一些错误检验（例如 3.5 节中所述的循环冗余校验）以及数据有效负载。

正常情况下，一台计算机“说话”，其他的计算机都会听到。与接收方 MAC 地址不匹配的计算机会忽略正在说话的计算机所说的（即数据）。每台机器都会监听正在发生的事情，如果有计算机在传输信息，别的计算机不会也同时传输信息。如果有计算机同时开始传输时，两个传输会冲突，会导致数据包混乱，就像前面描述的半双工冲突一样。Metcalfe 最大的创新之一就是提出了*随机退后重试*（random back-off-and-retry）机制。每台尝试通信的计算机都会随机等待一段时间，然后尝试重新发送。

以太网至今仍在使用，尽管不再是半双工版本。现在计算机被连接到*路由器*上，路由器跟踪哪台计算机在哪个连接处，并将数据包路由到正确的位置。导致数据包混乱的冲突不再发生。Wi-Fi 本质上是使用无线电而不是电线的以太网。蓝牙则是另一种流行的局域网系统，你可以把它想象成是一个不带收音机电线的 USB。

6.2.2 因特网

正如你现在所知道的，因特网实际上不是一个物理网络，它是一组分层协议。这样的设计使得在不影响上层的情况下，指定物理网络的下层可以被替换。这种设计允许因特网可以通过电线、无线电、光纤和任何新技术来发挥作用。

TCP/IP 协议

传输控制协议/Internet 协议（Transmission Control Protocol/Internet Protocol, TCP/IP）是建立 Internet（因特网）的两个协议。IP 可以将数据包从一个地方获取到另一个地方。这些数据包称为*数据报*，就像计算机界的电报。与真实的电报一样，发送者不知道接收者何时甚至是否收到了消息。TCP 建立在 IP 之上，确保数据包能够可靠地传送。传送数据包是一项相当复杂的工作，因为大的消息通常包含许多包，而这些包很可能不是按顺序送达的（因为每个包可能走了不同的路线，就像订购某些东西并把它们分装在多个箱子中运输，这些箱子可能并非都是在同一天到达的，甚至可能都不是通过同一个快递商发送的）。

IP 地址

因特网上的每台计算机都有一个称为 IP 地址的唯一地址。不像 MAC 地址，IP 地址与硬件无关，可以更改。IP 地址系统是一个分层系统，在这个系统中，大家轮流分发地址块，直到分发到你的计算机。

因特网基本在 IPv4（IP 的第 4 版本）上运行，IPv4 使用 32 位地址。地址用八位组表示为 *xxx.xxx.xxx.xxx*，其中每个 *xxx* 是以十进制形式写入的 32 位中的 8 位。32 位的地址只有 40 亿个，但这还不够。由于每个人都有用于个人电脑、笔记本电脑、平板电脑、手机和其他电子产品的地址，因此就没有更多的地址可以使用了。因此，正在缓慢地向 IPv6 迁移，因为 IPv6 有 128 位地址。

域名系统

如果你的地址是可以更改的，怎么才能找到你呢？这个问题*域名系统*（Domain Name System, DNS）可以处理，域名系统就像一本电话簿，会记住对应什么样的地址。DNS 将名称映射到地址。DNS 知道网站 whitehouse.gov 的 IP 地址是 23.1.225.229（本书撰写时）。DNS 有点像手机里的地址簿，只是你必须保持它是最新的；无论何时地址发生了变化，DNS 都会处理好一切。

万维网

许多协议都是建立在 TCP/IP 之上的，例如用于电子邮件的*简单邮件传送协议*（Simple Mail Transfer Protocol, SMTP）。最常用的协议之一是 HTTP，它是*超文本传送协议*（HyperText Transfer Protocol）的缩写，HTTP 和 HTTPS 用于网页，其中 S 代表安全（secure）。

超文本就是带有链接的文本。美国工程师 Vannevar Bush（1890—1974）在 1945 年提出了超文本这个想法，直到欧洲核子研究组织（CERN）的科学家 Tim Berners-Lee 发明了方便物理学家们交流的*万维网*，超文本才真正让信息飞速传播。

HTTP 标准定义了 Web 浏览器与 Web 服务器交互的方式。Web 浏览器是用来查看网页的工具。Web 服务器会根据请求向你发送页面。网页由统一资源定位器（Uniform Resource Locator, URL）查找和获取，URL 就是浏览器地址栏中的网站地址。URL 是定位你想要的信息的方式，它包括因特网上一台机器的域名，以及在哪里可以找到该机器上的信息的描述。

网页通常以 HTML（HyperText Markup Language，超文本标记语言）开始，HTML 是编写网页最常用的语言。随着时间的推移，HTML 已经包含很杂乱的内容，现在它是一个相当复杂的烂摊子。第 9 章会有更多介绍 HTML 的内容。

6.3 数字世界中的模拟

从音频播放器到电视机，计算机存在于很多娱乐设备中。你可能已经注意到，当数码照片被放大超过某一比例时，它们看起来就不太清楚了。我们对声音和光的真实体验是连续的，但是计算机无法存储连续的东西。必须对数据进行采样，这意味着必须在时间和空间点上获取读数，然后必须用这些采样样本重建模拟（连续）信号以便回放。

> 注意　有个很不错的视频叫 *Episode 1: A Digital Media Primer for Geeks*（可以在网上找到），它是一个很好的介绍采样的视频。这个视频有个还不错的续集，但很误导人，虽然视频中说的一切在技术上都是正确的，但只适用于单声道，而不适用于立体声。视频作者暗示采样对立体声有好处，但事实并非如此。

采样并不是什么新鲜事物，即使在无声电影的时代，场景的采样速度也有每秒 16 帧。专门处理采样的学科叫作*离散数学*。

我们在第 2 章讨论了模拟和数字的区别。这本书是关于数字计算机的，而且许多现实世界的应用需要计算机产生模拟信号，解释模拟信号，或两者兼有。下面几节将讨论计算机是如何产生和解释模拟信号的。

6.3.1 数模转换

计算机如何根据数字产生模拟电压？正确的答案是：使用数模转换器。那么如何建造数模转换器呢？

让我们回到图 6-1，在图 6-1 中，一个 LED 连接到了一个 I/O 端口。在图 6-21 中，我们在端口 B 的 8 个引脚上各连接一个 LED。

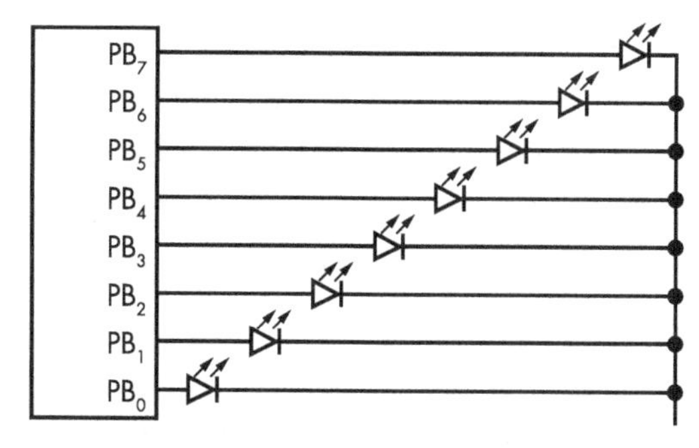

图 6-21　使用 LED 的数模转换器

现在就可以产生 9 种不同的光照水平

了，从没有发光二极管发光到8个发光二极管都发光。但是从8位产生9个光照水平并不能充分地利用位，用完8个位应该可以得到256个不同的光照水平才对。那怎样得到256个不同光照水平呢？就像处理数字一样。图6-22将1个LED连接到位0，2个LED连接到位1，4个LED连接到位2，以此类推。

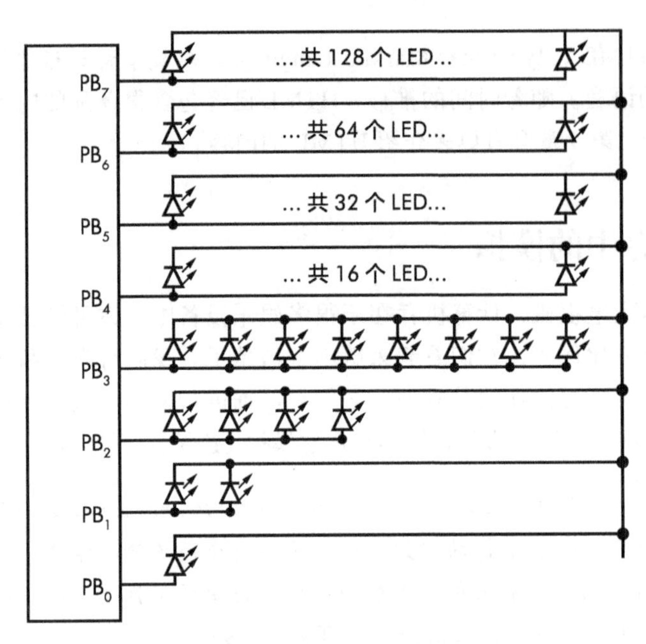

图6-22 更好的使用LED的数模转换器

继续往下看，你会发现这种处理方式反映了数字的二进制表示方式。位1产生的光强是位0的2倍，位2产生的光强是位0的4倍，以此类推。

我们以LED为例说明数模转换器的工作原理。真正的数模转换器（D/A或DAC）产生的是电压而不是光。术语*分辨率*（resolution）间接地描述DAC可以产生的“步骤”的数量。之所以说“间接”是因为通常会说DAC有10位的分辨率，但实际上意味着它的分辨率是$1/2^{10}$。为了精确，DAC的分辨率可以用产生的最大电压除以步数计算。例如，如果一个10位DAC可以产生5 V的最大值，那么它的分辨率大约为0.005 V。

图6-23显示了表示DAC的符号。

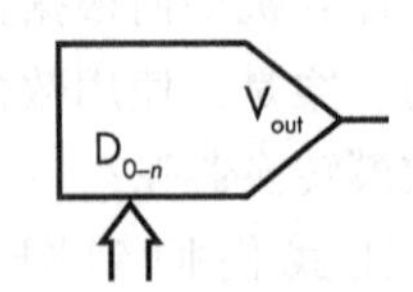

图6-23 DAC原理图符号

用DAC可以产生模拟波形。这也是音频播放器和音乐合成器的工作原理。我们需要做的就是以固定的速率改变DAC输入。例如，如果将一个8位DAC连接到端口B，可以产生如图6-24所示的锯齿波。

对于更复杂的波形，设备通常包含可以写入数据的存储器，这些数据之后会由附加电路读出。这可以确保恒定的数据速率，它独立于CPU正在做的任何事情。实现这一点的典型方法是创建一个 FIFO（先进先出）配置，如图 6-25 所示。注意 FIFO 和软件中的 FIFO 队列是一样的。

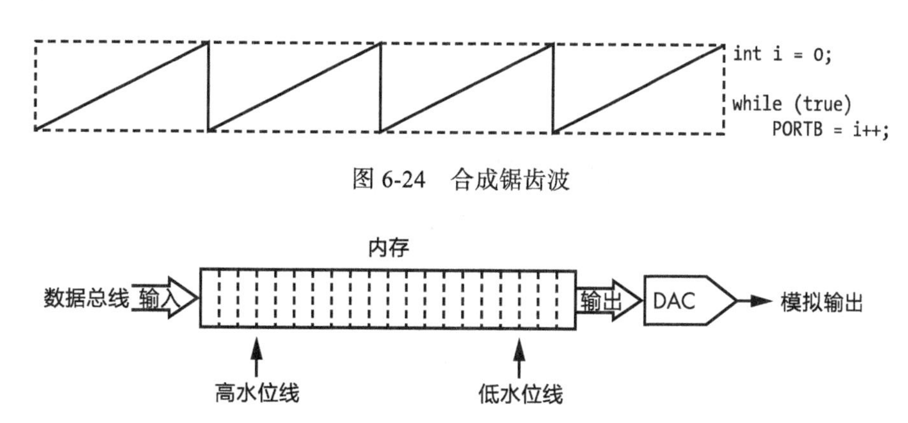

图 6-24 合成锯齿波

图 6-25 有高水位线和低水位线的 FIFO 内存

FIFO 内存有两个触发器：高水位线和低水位线（这两个术语借用了潮汐的术语）。当 FIFO 接近空时，低水位线触发中断；当 FIFO 接近饱和时，高水位线触发中断。这样，更高级别的软件可以保持内存被填满，这样输出就是连续的。虽然这不完全是 FIFO 内存，因为新加入的水会与旧的水混合，但这就是水塔的工作原理：当水低于低水位线时，水泵打开以填充水箱；当达到高水位线时，水泵关闭。FIFO 非常便于连接以不同速度运行的东西。

6.3.2 模数转换

相反，模数转换是用比数模转换器（DAC）复杂的 A/D 或 ADC 完成的。这个过程的第一个问题是如何让模拟信号保持静止，因为如果它在晃动，我们就无法测量它。（如果你曾经尝试过给小孩测量体温，你就会知道这个问题有多令人头疼。）在图 6-26 中，如果希望数字化波形与原始模拟波形相似，就需要对输入波形进行多次采样。我们使用一种称为*采样保持*的电路来实现对输入波形的多次采样，它相当于数字锁存器的模拟等效体（参见 3.1.3 节）。

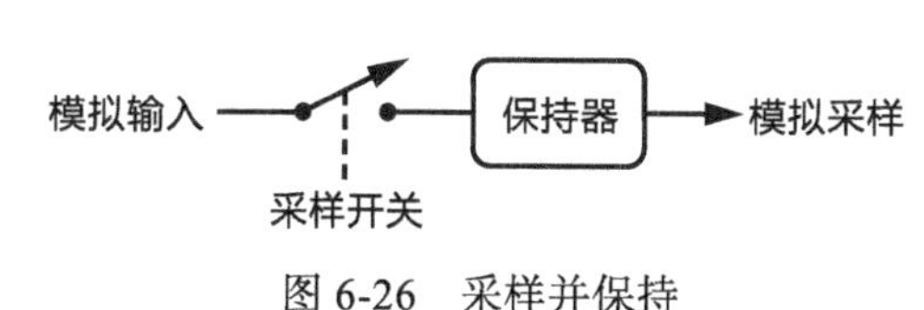

图 6-26 采样并保持

当关闭开关进行采样时，模拟信号的当前值会存储在保持器中。既然保持器中有了稳定的信号，那就需要测量这个信号，这样就可以产生一个数字值。我们需要将信号与阈值进行比较，类似于图 2-7 右半部分中看到的。幸运的是，一个叫作*比较器*的模拟电路可以比较两个电压大小。比较器就像一个逻辑门，只是可以选择阈值。

比较器的原理图符号如图 6-27 所示。

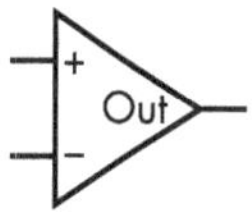

图 6-27 比较器

如果 + 输入上的信号大于或等于 – 输入上的信号，则输出为 1。

我们可以使用一堆在“–”输入上具有不同参考电压的比较器来构建一个闪速转换器，如图 6-28 所示。

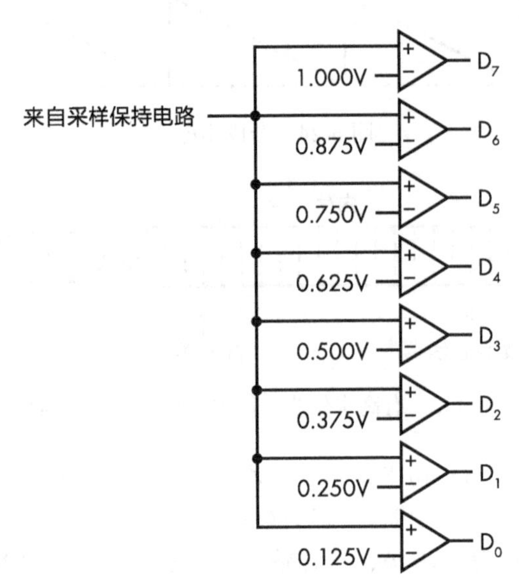

图 6-28 闪速转换器

图 6-28 之所以称为闪速转换器是因为它能在一瞬间产生结果。可以看到，当电压低于 0.125 V 时，输出是 00000000；当电压在 0.125～0.250 V 之间时，输出是 00000001；当电压在 0.250～0.375 V 之间时，输出是 00000011，以此类推。这是可行的，但闪速转换器与图 6-25 中的 DAC 有相同的问题：没有充分利用位。由于比较器的数量，闪速转换器也是相对昂贵的部件，但当需要极速时，闪速选择器不失为一种不错的选择。怎样才能构造出更便宜、能更充分利用位的 ADC 呢？

闪速转换器使用的是一组固定的参考电压，每个比较器对应一个固定的参考电压。如果能使用可调的参考电压，那么只用一个比较器即可。在哪能买到这样的器件呢？只能使用 DAC 制作一个！

从图 6-29 可以看到，可以使用一个比较器来比较保持器中的采样值与 DAC 的值。一旦计数器清零，将开始计数，直到 DAC 值达到采样值，此时计数器停止，同时也就完成了模数转换。计数器包含样本的数字化值。

从图 6-30 可以看到，它是如何工作的。模拟信号是不稳定的，但是取样时，保持器的输出是稳定的。然后将计数器清零，计数器开始计数，当 DAC 输出达到采样值时，计数停止，模数转换完成。

由于 DAC 输出产生斜坡，这种 ADC 被称为斜坡转换器。斜坡转换器的一个问题是它可能需要很长时间，因为转换时间是采样信号值的线性函数。如果采样信号处于其最大值，并且 ADC 为 n 位的，则完成转换需要 2^n 个时钟的时间。

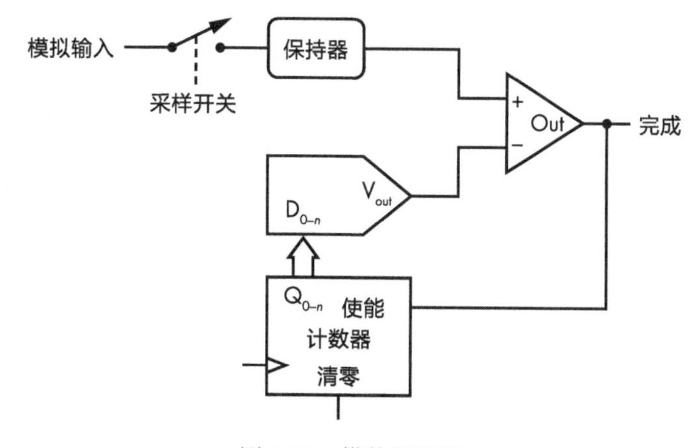

图 6-29　模数转换器

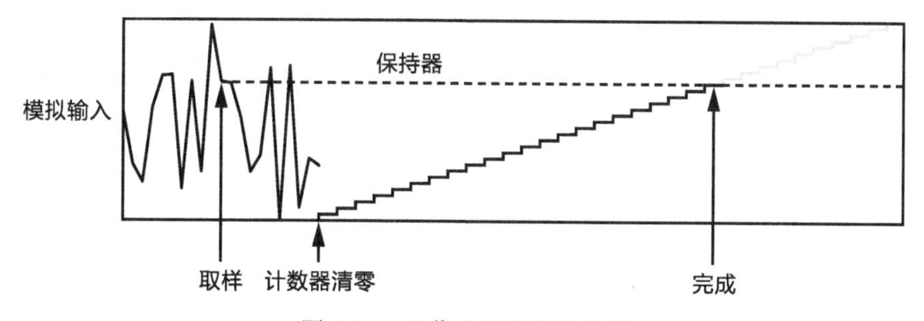

图 6-30　工作中的模数转换器

一种解决方法是使用*逐次逼近转换器*，在硬件上执行*二分搜索*，如图 6-31 所示。

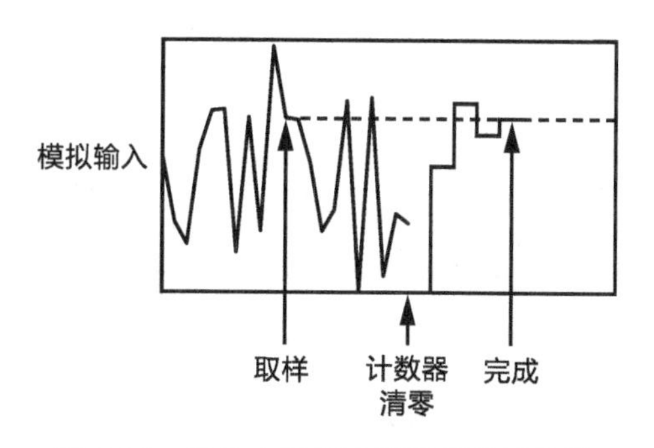

图 6-31　工作中的逐次逼近模数转换器

第一个时钟周期将 DAC 设置为全量程的一半。因为这比采样信号要小，所以再向上调整全量程的四分之一。调整后又太大了，所以下一次它会向下调整全量程的八分之一。此时又太小了，所以再向上调整全量程的十六分之一，这次调整后恰好与采样值相等。最坏的情况是，它需要耗费 $\log_2 n$ 个时钟周期。这在效率上是一个很大的进步。

ADC 的分辨率的解读方式与 DAC 的类似。原理图符号如图 6-32 所示。

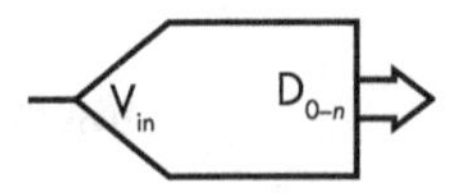

图 6-32 模数转换器原理图符号

6.3.3 数字音频

对于音频，涉及一维采样，即测量信号在时间点的振幅。以图 6-33 中的正弦波为例，假设有一个具有一定采样频率的方波，我们使用 A/D 在每个上升沿处记录信号高度。

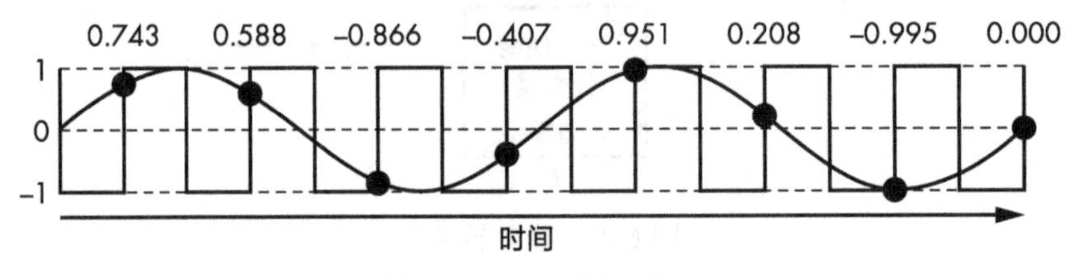

图 6-33 对正弦波采样

现在有了一组样本，将它们输入 D/A 应能够重建原始信号。我们来试一试，如图 6-34 所示。

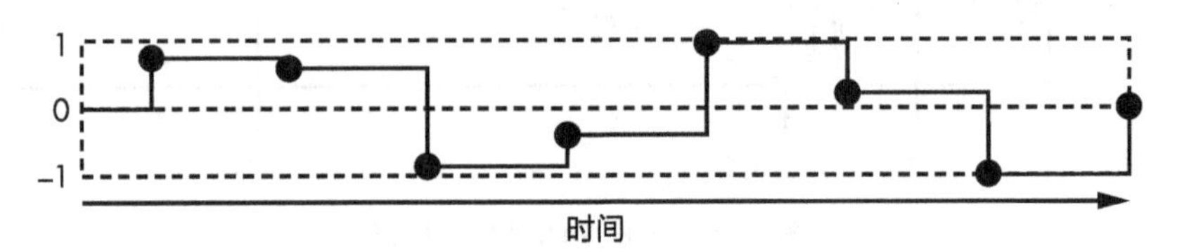

图 6-34 用采样值重建原始正弦波信号

重建的正弦波看起来扭曲得很厉害。似乎需要更多的样本来改进结果，使它看起来更像正弦波，如图 6-35 所示。

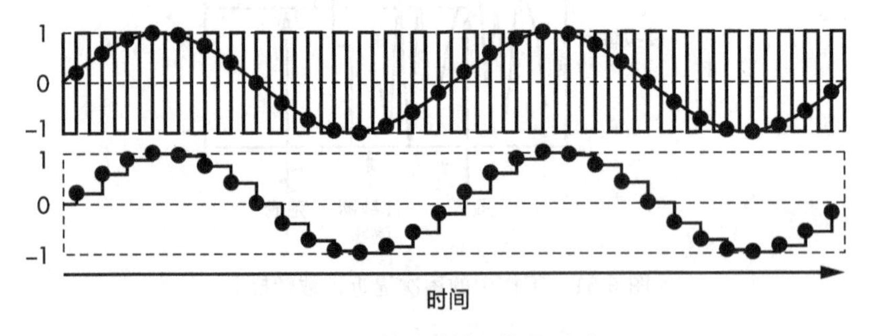

图 6-35 高频采样与信号重建

实际上不需要再改进了，图 6-33 和 6-34 中的采样和重建还是可以的。在解释原因之前，请注意：需要提前了解一些复杂的理论。

正弦波相对来说比较容易描述，见6.1.10节。但也需要一种方法能够描述如图6-31所示的更复杂的波形。

到目前为止，这些图形均描绘了振幅与时间的关系，但也可以从其他角度来看待振幅与时间的关系，比如图6-36中的乐谱。

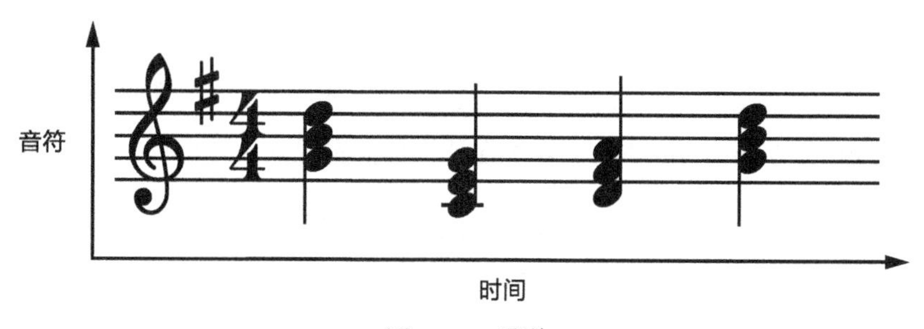

图6-36 乐谱

图6-36中可以看到音符与时间的关系。在每个时间点上不只有音符，还有和弦（由多个音符构成）。我们来看第一个和弦，它包含音符G_4（400 Hz）、B_4（494 Hz）和D_5（587 Hz）。

假设要在合成器（可以为音符产生正弦波）上弹奏和弦。从图6-37可以看到，尽管每个音符对应正弦波，但和弦本身是一个更复杂的波形（三个音符的总和）。事实证明，任何波形都可以表示为一组正弦波的加权（乘以某个比例因子）和。例如，假设图6-33中的方波频率为f，则可以用正弦波之和表示为：

$$\frac{\sin(f)}{1}+\frac{\sin(3f)}{3}+\frac{\sin(5f)}{5}+\frac{\sin(7f)}{7}+\cdots$$

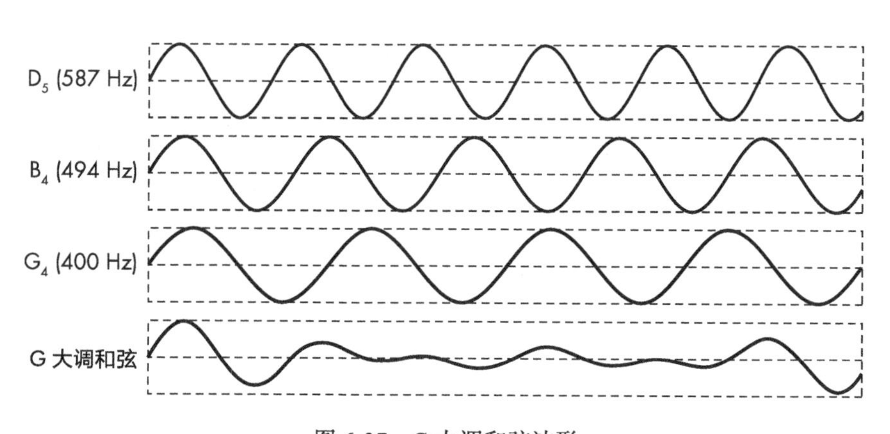

图6-37 G大调和弦波形

如果有灵敏的乐感，就可以听出和弦，并分辨出组成和弦的音符。音盲的人必须依靠一些数学技巧来辨认这样的音符，该数学技巧称为傅里叶变换，发明者是法国数学家、物理学家Jean-Baptiste Joseph Fourier（1768—1830），温室效应也是由他发现的。到目前为止，本节中的所有图形都描绘的是振幅与时间的关系。通过傅里叶变能够绘制振幅与频率的关系图，这是另一种看待事物的方式。G 大调和弦的傅里叶变换如图 6-38 所示。

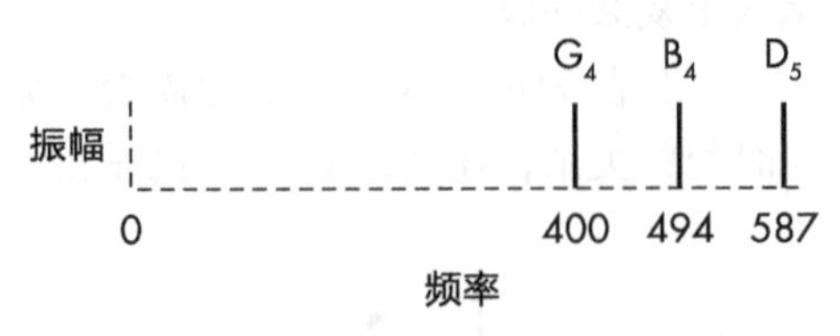

图 6-38　G 大调和弦的傅里叶变换图

你可能曾见过图 6-38 这样的图，但不一定了解。许多媒体播放器都有频谱分析仪，可以通过傅里叶变换显示不同频段的音频。频谱分析仪最初是一种复杂的电子设备。现在可以用快速傅里叶变换（Fast Fourier Transform, FFT）算法在计算机上实现频谱分析仪。傅里叶分析最酷的应用之一是哈蒙德 B-3 风琴。

哈蒙德 B-3 风琴

哈蒙德 B-3 是电磁学和傅里叶分析的一个应用。它的工作原理是由电机驱动一根安装有 91 个“音轮”的轴。每个音轮都有一个相关的拾音器，类似于电吉他上的拾音器。拾音器根据音轮上的振动产生一个特定的频率。由于所有音轮都安装在同一根轴上，所以它们彼此协调。

在 B-3 上按下一个键不仅仅只产生来自音轮的频率。它有 9 个八位“牵引杆”，用于将“基本”音调（正在播放的音符）产生的信号与来自其他音轮的信号混合。牵引杆设置了次八度：5th、基本、8th、12th、15th、17th、19th 和 22nd 的音高。

产生的声音是这 9 个信号的加权和，由牵引杆设置，其产生声音的方式类似于图 6-37 中产生 G 大调和弦的方式。

媒体播放器的另一个特点是包含图形均衡器，它可以让你根据自己的喜好调整声音。图形均衡器本质上是一组可调滤波器（一种包括或排除某些频率的设备）。它们类似于 2.1.4 节中的传递函数，不过它针对的是频率而不是电压或光。主要有两种类型的滤波器：低通滤波器（让低于某个频率的所有信号通过）和高通滤波器（让高于某个频率的所有信号通过）。低通滤波器和高通滤波器可以组合在一起形成带通滤波器，让介于低频和高频之间信号通过；也可以形成陷波滤波器，抑制特定频率的信号。从图 6-39 可以看到，滤波器的边缘并不陡峭，存在滚降。完美的过滤器并不存在。注意，图 6-7 中的防按钮弹跳器就是一个低通滤波器。

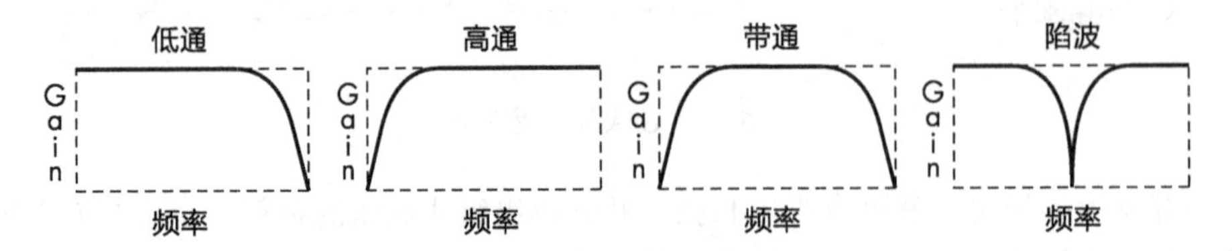

图 6-39　滤波器

例如，我们可以对 G 大调和弦应用低通滤波器，如图 6-40 所示。应用滤波器可以有效地倍增曲线，滤波器可以调整不同频率下的声级。

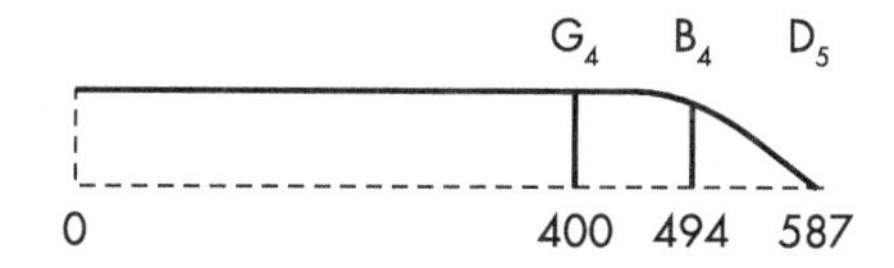

图 6-40 应用低通滤波器过滤后的 G 大调和弦傅里叶变换图

正如你想象的，调整后的声音听起来已经不一样了。音符 B_4 的声音稍微小了一点，而音符 D_5 的声音几乎消失了。

为什么这些都很重要？图 6-41 展示了从图 6-34 重构的正弦波的傅里叶变换。前面并没有完全给出图中正弦波的信息，假设它是一个采样频率为 3 kHz 的 400 Hz 正弦波。

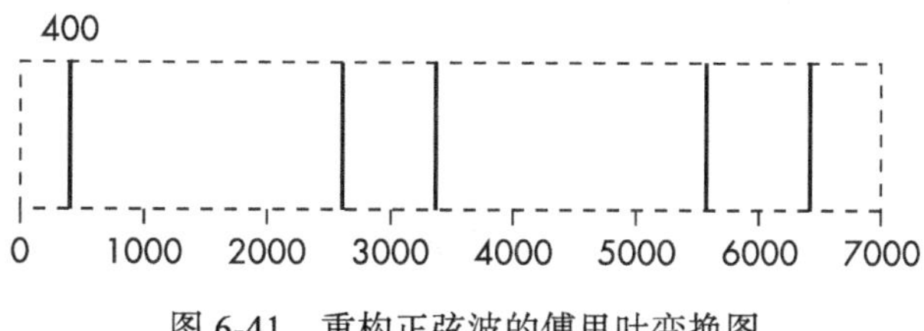

图 6-41 重构正弦波的傅里叶变换图

注意，*x* 轴一直延伸到无限远，对应的频率为采样频率的倍数加上或减去采样信号的频率。

如果对重构的正弦波应用低通滤波器，会发生什么情况，会发生如图 6-42 所示的这种情况吗？

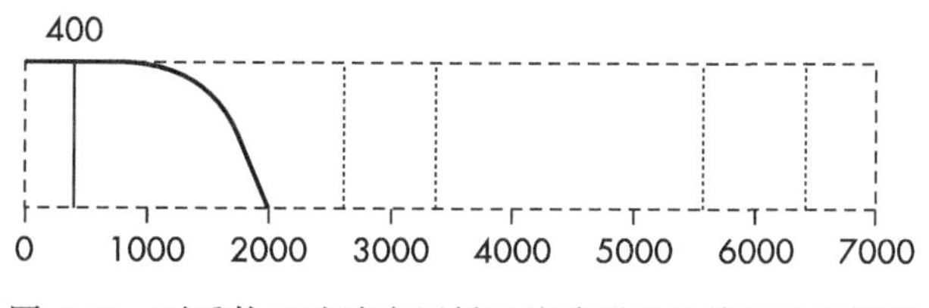

图 6-42 对重构正弦波应用低通滤波器后的傅里叶变换图

所有的失真都消失了，剩下的是 400 Hz 的正弦波。看来只要适当地过滤，采样是可行的。那如何选择采样率和滤波器呢？

瑞典电子工程师 Harry Nyquist（1889—1976）提出了一个定理（奈奎斯特定理）：如果想忠实地捕捉模拟信号，必须以信号最高频率至少两倍的速率采样。这是一个很好的理论，但是因为电子产品并不严格遵循理想的数学原理，所以为了让声音听起来不错，电子产品会以超过两倍最高频率的速度采样。人类的听力范围大约是 20～20 000 Hz。

因此，以 40 kHz 的频率采样即可捕捉到任何我们可以听到的声音。如果我们的声音信号的频率恰好是 21 kHz，根据奈奎斯特定理，这是欠采样，该怎么办呢？在欠采样下，得到的信号将有镜像或混叠。假设采样频率是一面镜子，任何大于该频率的信息都会被反射。回顾图 6-41，可以看到在采样频率加上或减去采样信号频率处存在伪影。因为采样频率远大于采样信号的频率，所以这些伪影一般距离很远。用 40 kHz 采样频率对 21 kHz 输入信号采样将在 19（40–21）kHz 处产生伪影。这个假信号称为混叠。我们无法区分出真正的输入信号。为了避免混叠，采样前必须应用低通滤波器。

当然，因为光碟是立体声的，所以光碟以 44 100 Hz（当然也是采样信号频率的 2 倍）的频率采集 16 位的样本。光碟的输出速度略高于 175 KB/s。这可是一大堆数据。标准的音频采样率有 44.1 kHz、48 kHz、96 kHz 和 192 kHz。既然以更高的速率采样会产生更多的数据而且奈奎斯特也认为没有必要，为什么还要以更高的速率采样呢？

虽然以奈奎斯特速率附近的频率采样，可以重构信号的频率和振幅，但是不能重建相位。相位是一个新术语，可以把它看作是时间上的一个小小的移动。从图 6-43 可以看到，粗线表示的信号滞后于（与超前相反）细线表示的信号 45°，在时间上稍晚。

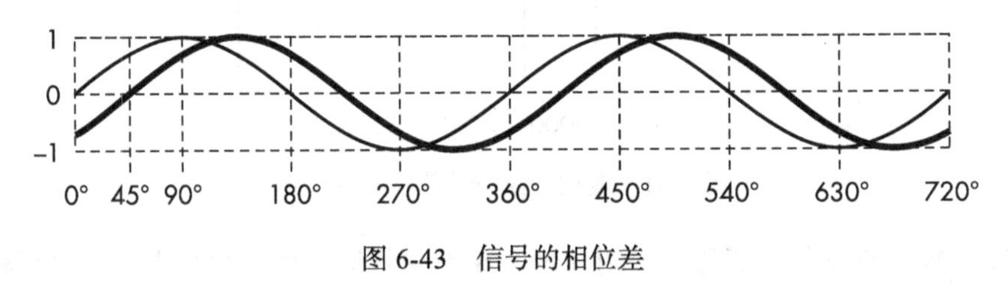

图 6-43 信号的相位差

为什么这很重要？其实，除了在立体声中之外，它并没有那么重要。相位差会在传播到左右耳的信号之间造成时间延迟，从而告诉你它在空间中的位置，如图 6-44 所示。

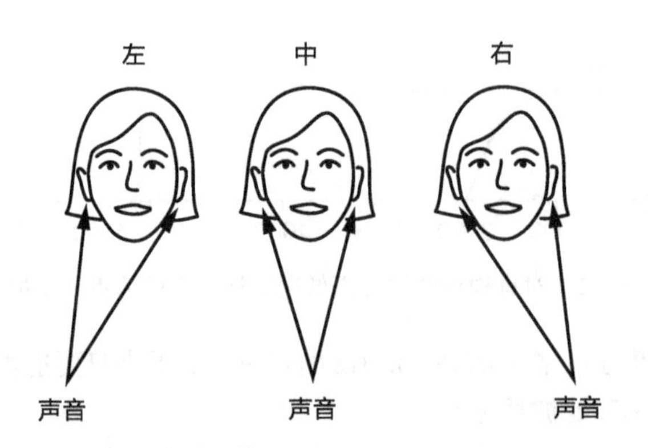

图 6-44 日常生活中的相位差

使用高频能得到更好的效果，因为相对于头部的宽度，它们的波长更短。如果你的头部很窄，耳朵都在同一个地方，那么就不会有时间延迟了。头部较宽的人能听到更好的立体音效！这就是可以只用一个低音炮的原因之一：你无法真正分辨出声音来自何处，因为与你头部的宽度相比，声音的波长太长，双耳无法检测到相位差。

当你在听立体声时，扬声器传出的声音之间的相位差会产生像，可以“看到”音源的空间位置。像是“模糊的”，没有准确的相位。因此，高采样率可以更好地再现相位和立体成像。

调频立体声的采样与滤波

调频（Frequency Modulation, FM）立体声是采样和滤波的一个有趣应用，也很好地说明了新功能是如何以向后兼容（这意味着旧系统仍然可以正常工作）的方式嵌入一个从未设计这样功能的系统中。

从图 6-20 可以看到，如何用位调制频率。调频收音机的工作原理是用模拟信号（非数字信号）来调制载波频率。

调频电台的载波频率每 100 kHz 分配一次。从图 6-41 可以看到，采样会产生无穷多的附加频率；调制也会发生同样的情况。因此，必须对调制信号应用低通滤波器，否则产生的附加频率会对其他电台产生干扰。从图 6-39 可以看到，滤波器存在滚降。滚降越陡，滤波器对相位的扰动就越大，对声音的负面影响越大。这点如图 6-45 中无线电频谱所示。

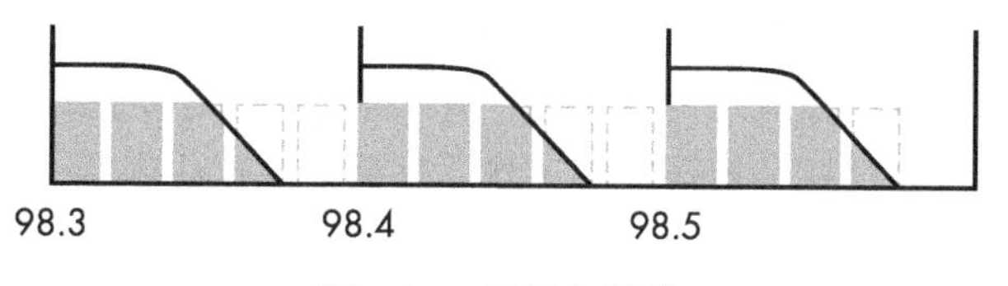

图 6-45　无线电频谱

在立体声之前，单声道调频信号中的音频信息占大约 15 kHz 的载波频率。接收器移除载波，得到了原始音频。在向立体声过渡的过程中，必须保留这一特性，否则，现有的所有接收器都将无法使用。

图 6-46 给出了立体声的工作原理。用 38 kHz 的方波对左右声道进行交替采样。产生一个与采样方波同步的 19 kHz 的导频音。导频音被混在一个很难在音乐中听到的更低频的信号中，并与样本结合，形成一个复合信号，即广播。

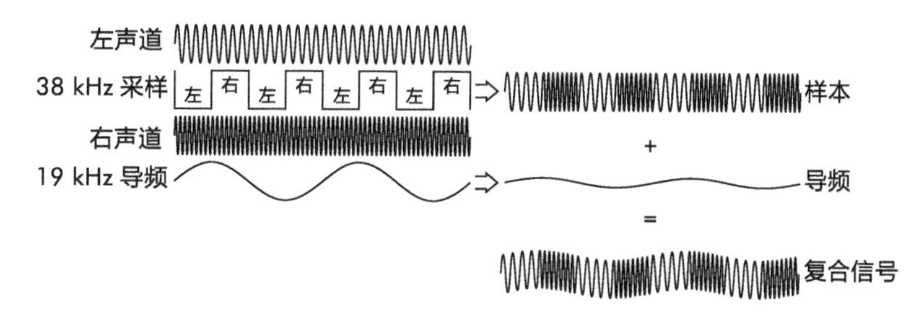

图 6-46　FM 信号的产生

有趣的是，从图 6-47 中的傅里叶分析结果可以看到，左边的第一组频率是左右声道的总和。这对于老式接收器来说不存在问题。下一组频率是左声道和右声道之间的差值，这在旧单声道接收器上不会被接收到。然而，立体声接收器可以使用一些简单的算法来分离产生立体声的左右声道。

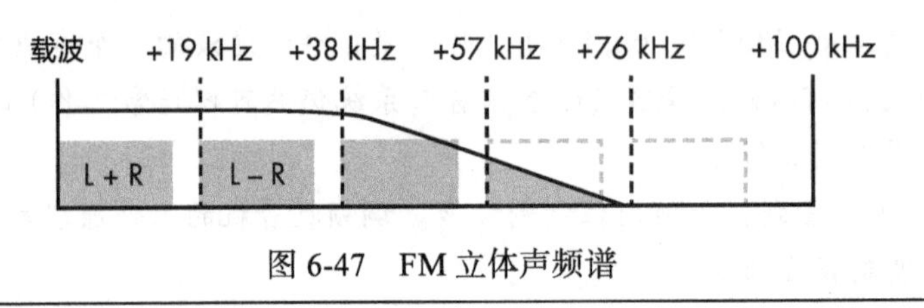

图 6-47　FM 立体声频谱

前面提到过音频涉及很多数据。如果能够压缩这些数据占用更少的空间，那就更好了。压缩有两类：*无损压缩*和*有损压缩*。无损压缩保留所有原始数据。因此，它只能压缩到原来大小的一半左右。目前最流行的无损压缩是 FLAC（Free Lossless Audio Codec，*免费无损音频编解码器*）。*编解码器*有点像调制解调器，知道如何将东西从一个编码系统转换到另一个编码系统。

MP3、AAC、Ogg 等都是有损压缩编解码器。会有些失真。它们采用了一些心理声学原理。研究过耳朵和大脑工作原理的人认为，有些东西是听不见的，比如在巨大的敲鼓声之后的一些安静的声音。这些编解码器的工作原理是去除这些声音，有比 FLAC 更好的压缩比。

6.3.4　数字图像

视觉图像比音频更复杂，因为需要进行二维空间采样。数字图像表示为图像元素（*像素*）的矩形阵列。彩色图像中的每个像素都是红、绿、蓝三位一体。现在常见的显示器有 8 位，每位都有红色、绿色和蓝色三色组成。图 1-20 中的就是一个常用的表示。

计算机显示器使用*加色法系统*，通过组合（或添加）不同数量的红、绿、蓝三原色，几乎可以产生任何颜色。这不同于用于印刷的*减色法系统*，后者通过混合不同数量的蓝绿、品红和黄色来制造颜色。

对图像进行采样类似于在图像上放置一个窗口屏幕并在每个方块中记录颜色。由于使用的是点采样（意味着不必记录整个方块，只记录每个方块中心的一个点即可），它有点复杂。图 6-48 显示了使用三个不同分辨率屏幕进行采样的图像。

可以看到，在更高分辨率的屏幕中，采样后的图像看起来更准确，当然这也极大地增加了数据量。但即使使用高分辨率的屏幕，得到的图像仍然会有锯齿状的边缘。根据奈奎斯特定理，这是由欠采样和混叠造成的。和音频一样，过滤可能会对质量有帮助。过滤的一种方法是*超采样*，即每个方块内采集多个样本并将它们平均，如图 6-49 所示。

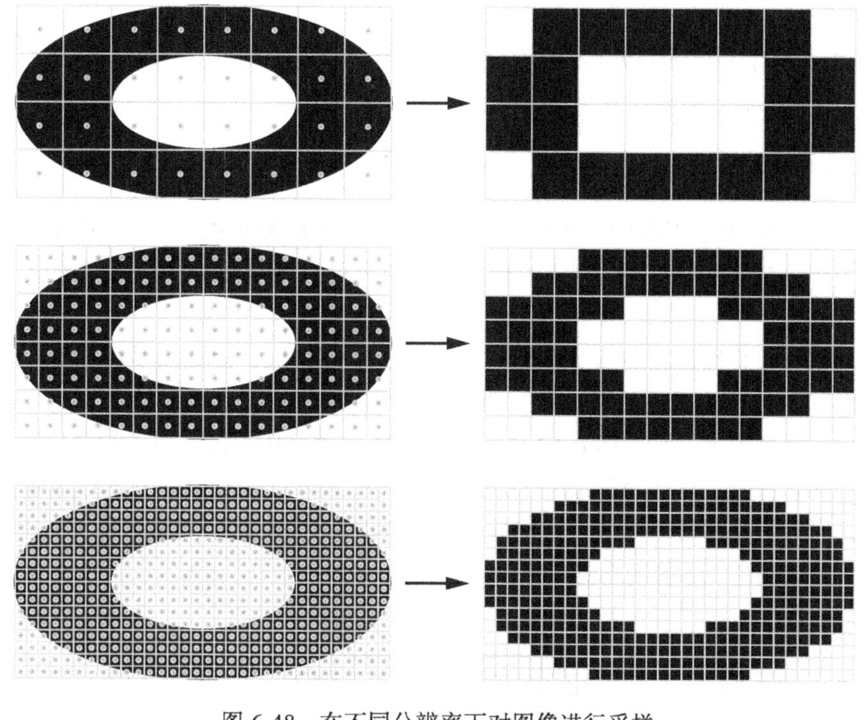

图 6-48 在不同分辨率下对图像进行采样

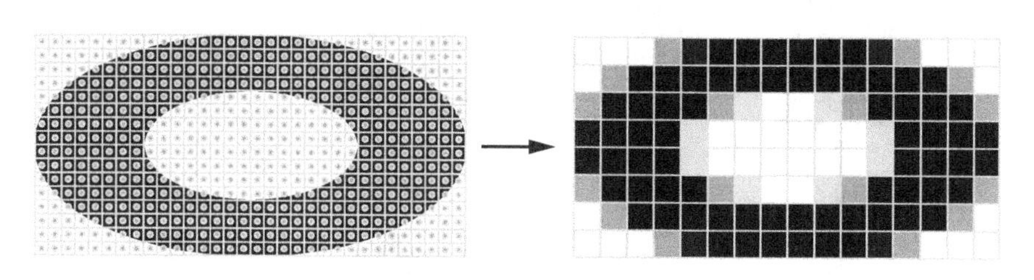

图 6-49 超采样

图 6-49 看起来不太好，但如果把它拿远一点，就会发现它看起来其实也不太差。仔细想想，超采样其实相当于提高采样率，就像图 6-35 中那样。

图像越来越大，占用了大量空间。目前还不清楚是否有足够的存储空间来存储世界上所有的萌猫图片和视频。和音频一样，我们希望图像占用更少的空间，这样就可以在相同的内存量中容纳更多的图像，这样图像就可以更快地通过网络传输。通过压缩可以再一次解决占用空间大的问题。

目前最常见的图像压缩是 JPEG，这是联合图像专家组制定的标准。这个标准涉及很多数学上繁杂的推导运算，这里就不讲了。JPEG 工作原理可以粗略地表述为：它查找非常接近同一颜色的相邻像素，然后存储该区域的描述，而不是单独储存它包含的各个像素。相机可能会带有图像质量设置功能，可以调整“非常接近”的定义，这是 5.3 节中的例子的彩色版本。

JPEG 以类似于有损音频编解码器的方式使用与人类感知有关的知识。例如，它利用了这样一个事实：大脑对亮度的变化比对颜色的变化更敏感。

6.3.5 视频

视频是以固定时间间隔采样的二维图像序列，是多维空间中的又一个进步。人类视觉系统的一个功能是保留短时段的视觉影像。老电影每秒只能拍摄 24 帧；现在的人们很喜欢 48 帧每秒的电影。

采样视频与采样图像没有太大区别，只是伪影令人讨厌，因此需要使伪影最小化。问题是，类似在图 6-48 中看到的沿边缘的伪影，在物体移动时不会静止不动。

为了更好地理解这一点，图 6-50 显示了一条随着时间从左向右移动的对角线。它每帧只移动不到一个像素，这也意味着它不会每次都得到相同的采样值。它看起来还是一条近似的直线，但每一条都是不同的。这使得边缘“游动”，在视觉上不太顺眼。使用超采样进行过滤是减少这种令人不快的视觉伪影的一种方法。

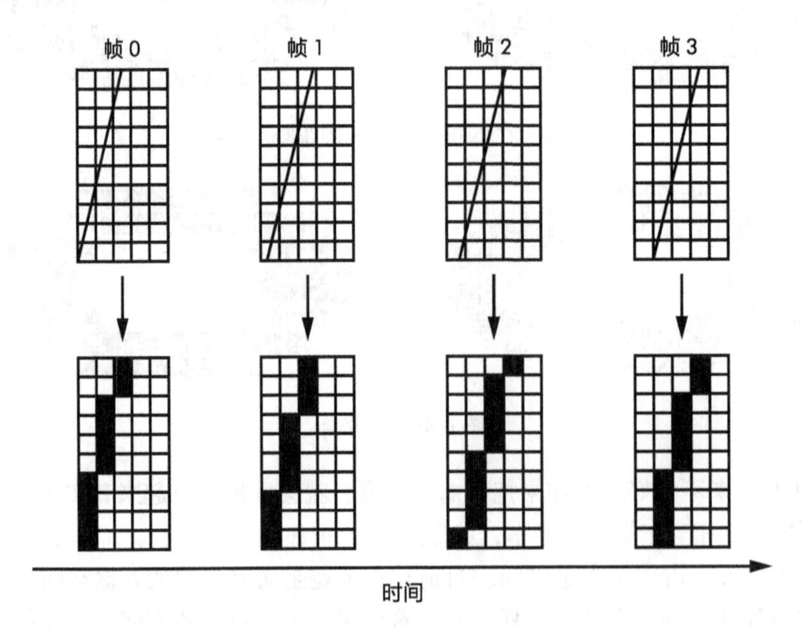

图 6-50 边缘“游动”

视频产生的数据比图像或音频要多得多。超高清视频分辨率为 3 840 × 2 160 像素，再乘以每像素 3 个字节和每秒 60 帧，则每秒需要 1 492 992 000 个字节！显然，压缩是非常必要的。

在视频压缩中，观察部分图像在帧与帧间的变化是视频压缩的关键。请看图 6-51，图中画了西格玛先生正在去拿包裹。

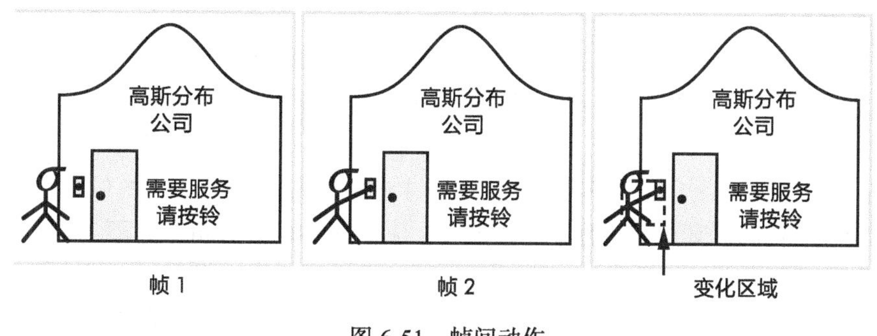

图 6-51 帧间动作

如你所见，图像在帧之间几乎没有变化。如果只需要来自变化区域的数据，则需要存储或传输的数据就要少得多。这种技术称为*运动压缩*。

将视频表示为原始图像一系列变化量的问题之一是，有时数据可能会混淆。因而在数字电视或播放损坏的视频光盘时，可能会在屏幕上看到一些块状伪影。

我们需要一些方法来恢复数据。这可以通过定期在数据中包含*关键帧*完成。关键帧是一幅完整的图像，因此即使由于更改数据的损坏累积了，当遇到下一个关键帧时，会完成定期恢复。

检测帧间差异的算法复杂且计算量大。MPEG4 等较新的压缩标准包括对*分层*的支持，充分利用了很多视频都是由计算机生成这一事实。分层就像第 1 章中讨论过的手绘动画一样，在透明胶片上绘制的物体被移动到静止的背景图像上。

6.4 人机界面设备

计算机大部分时间都在互相发信息，但偶尔也会与人交谈。本节介绍计算机如何与人交互。

6.4.1 终端

在不久以前，你习以为常的键盘、鼠标、显示器和触摸屏都是人们难以想象的奢侈品。

曾经，人类与计算机交互的方式是用特殊的编码形式把程序或数据写在纸上，然后交给专人用打孔机把它们变成一叠穿孔卡片（参见图 3-25）。再然后小心翼翼地拿着这些卡片交给计算机操作员，操作员把它们放入读卡器读入计算机，最后才能运行程序。这种被称为*批处理*的方法之所以被使用，是因为在那时计算机速度很慢而且价格昂贵，使得计算机运行时间非常宝贵。因此当你的卡片在穿孔时，别人的程序正在计算机上运行。

计算机逐渐变得速度更快、体积更小、价格更便宜了。到了 20 世纪 60 年代末，公司或部门已经有可能拥有一台小型计算机了。但彼时的小型计算机体积仍然堪比房车。计算机时间变得不那么稀缺了。显而易见的是人们开始把计算机连接到*电传打字机*上。电传打字机被称为*终端*，因为它们在线路的末端。电传打字机 ASR-33 是一种特别流行的型号，它有一个键盘、打印机、纸带（图 3-26）冲头和纸带阅读器。纸带相当于一个 USB 记忆棒。ASR-33 的速度令人大吃一惊，每秒 10 个字符！ TTY 现如今仍然表示电传打字机（Teletype）。

分时系统的发明是为了让这些小型计算机保持忙碌的状态。它们真的像分时度假租房。你可以假装这是你的计算机，当你操作的时候，它就是你的计算机，只不过在没轮到你的时候其他人也能拥有它。

分时系统有一个在计算机上运行的*操作系统*程序。操作系统程序就像分时租赁的预订代理。它的工作是将计算机的各种资源分配给每个用户。当轮到你使用这台机器时，其他用户的程序将被交换到磁盘上，而你的程序将被加载到内存中并运行。分时系统的这些步骤发生得太快，以至于你会以为自己拥有了这台机器，至少在事情变得繁忙之前是这样。在某种程度上，这一系列事情会发生*抖动*，因为操作系统在交换程序上花费的时间比运行用户程序的时间还要多。

当用户很多时，*抖动*会使分时系统速度相当慢。程序员们开始工作到深夜，因为只有在其他人回家后机器才是他们自己的。

分时系统是*多任务*的，因为计算机呈现出一种错觉，即它一次能处理不止一件事情。突然之间，许多终端连接到了同一台机器上。*用户*的概念出现了，这样机器就可以分辨出它属于哪个人。

随着时间的推移，出现了更好版本的电传打字机，每一代都变得更快、噪音更小。但它们仍然在纸上打印东西，即*硬拷贝*。电传打字机几乎只适用于文本。电传打字机型号 37 增加了希腊字符，以便科学家可以打印数学符号。IBM 电动打字机终端具有可更换的*高尔夫球形的打印头*，允许用户更改字体。其中包括一种在不同位置带有点的字体，支持绘制图形。

6.4.2 图形终端

放弃硬拷贝终端的原因有很多，包括速度慢、可靠性差和噪音大。像雷达和电视这样的产品都有屏幕，是时候让它们和计算机一起工作了。但由于电子技术的发展，这一想法实现得很慢。内存实在太贵太慢了。

图形终端最初是围绕着一种叫作*阴极射线管*（Cathode Ray Tube, CRT）的真空管（见 2.3.2 节）制造的。真空管玻璃内部涂有一层化学荧光粉，被电子击中时会发光。通过多个网格或*偏转板*，可以在荧光粉上绘制图片。

实际上有两种方法可以使图形终端这个显示器工作。偏转板版本，称为*静电偏转*，其原理与静电吸附的相同。另一个选择是电磁铁版本，称为*电磁偏转*。无论哪种情况，都需要将位转换成电压，而这是 D/A 构建块的另一个应用。

如今 CRT 已被*液晶显示器*（Liquid Crystal Display, LCD）取代。液晶是一种能在通电时改变其光传输特性的物质。典型的平板显示器很像 CRT，平板显示器在每个光栅点上有三个液晶块，有红、绿、蓝三色滤光片，还有一束光线从后面照射进来。我们仍然把 LCD 设备当作 CRT 来使用，但这只是历史的产物。液晶显示器现在无处不在，在大多数应用中已经取代了 CRT；LCD 的出现使得手机、笔记本电脑和平板电视的产生成为可能。

早期基于屏幕的终端被称为 glass tty，因为它们只能显示文本。这些终端显示 24 行，每行 80 个字符，总共 1920 个字符。因为一个字符可以容纳一个字节，所以占用内存不超过 2 KiB，这在当时是可以承受的。随着时间的推移，终端增加了更多的功能，比如屏幕编辑和光标移动，这些功能最终被标准化为 ANSI X3.64 的一部分。

6.4.3 矢量图

阴极射线管（CRT）的工作原理很像绘制一张图纸。电子束根据 x 轴和 y 轴的电压移动到某个点，由 z 轴决定亮度。最初显示器没有颜色，所以是黑白或*灰度显示器*。每英寸[⊖]坐标位置的数量称为*分辨率*。

*矢量图*是由线或*矢量*绘制的。从一个位置移动到另一个位置可以画一条线，进而可以绘制一幅图。图 6-52 中的细箭头是在亮度降低或关闭的情况下绘制的。

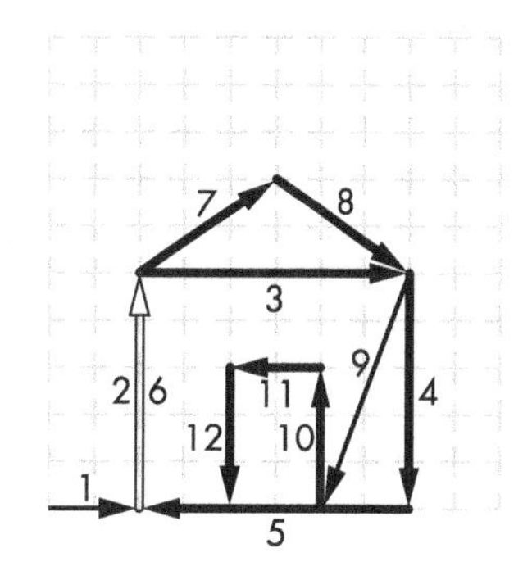

图 6-52　房子的矢量图

1. Move to (2, 0)
2. Draw to (2, 5)
3. Draw to (7, 5)
4. Draw to (7, 0)
5. Draw to (2, 0)
6. Move to (2, 5)
7. Draw to (8, 7)
8. Draw to (7, 5)
9. Move to (6, 0)
10. Draw to (5, 3)
11. Draw to (4, 3)
12. Draw to (4, 0)
13. Restart at step 1

图 6-53　显示列表

带黑色轮廓的白色箭头被画了两次，一次是有亮度，一次是黑暗中。在有亮度的情况下画两次同样的线会使它的亮度增加一倍，这不是我们想要的，因为位置发生了变化。

图 6-52 中的房子是从一个*显示列表*（绘制指令列表）中绘制的。该列表如图 6-53 所示。

注意最后一条指令。因为屏幕上的图像消失得很快，所以需要重新开始绘制。这仅仅是因为阴极射线管荧光粉的*持久性*（当光束离开后它保持点亮的时间），比人眼的反应时间更长。我们必须不断地画出这样的图形，才能保持图像显示在屏幕上。

不过，这个指令还有更多内容。人们身处很多 60 Hz 的辐射中，因为美国交流电力的频率就是 60 Hz（在其他一些国家是 50 Hz）。尽管已经尽最大努力来屏蔽辐射，但这种辐射还是会影响显示器并使其晃动。因此，贝尔实验室开发的 GLANCE G 图形终端有一个“在下一次电源线从正极到负极穿过 0 位置后，按步骤 1 重新开始”的指令。这使图形与干扰同步，所以它们的抖动频率完全一样，因此不容易被察觉到。

⊖ 1 英寸 =0.025 4 米。——编辑注

绘制图像需要时间，且存在一个糟糕的副作用：当显示列表过长时，图像无法在六十分之一秒内绘制出来。当每三十分之一秒绘制一次图像时，画面会突然变得非常闪烁。

一家名为 Tektronix 的公司提出了一个解决闪烁问题的方法，即使用*存储管*。存储管是电子版的蚀刻草图。这可以画出非常复杂的图像，但是必须得通过电子方式来改变或消除图像。很难用 GLANCE G 画出立体图像，因为它需要大量的矢量且最后会导致显示闪烁。存储管可以处理立体图像，因为存储管对于矢量的数量没有限制，但是实体区域的中心会逐渐褪色。通过在显示列表中删除某行指令可以清除 GLANCE G 上的一条线。但在存储管上就不能这么操作了，当屏幕被清除时，它会发出一道亮绿色的闪光，这道幽幽的光深深地印到了有多年经验的程序员的眼球上。

6.4.4 光栅图

*光栅图*与矢量图完全不同。光栅图就是电视机最初的工作原理。光栅是一个连续绘制的图案，如图 6-54 所示。

光栅从左上角开始，横穿整个屏幕。然后用一个*水平回程*将光栅传递到下一行的开头。画出最后一条线后，*垂直回程*会将光栅传递回起点。

它的工作原理很像之前讨论串行通信时使用的发令枪比喻。一旦光栅启动并运行，你所要做的就是在正确的时间更改亮度以获得所需的图像，如图 6-55 所示。

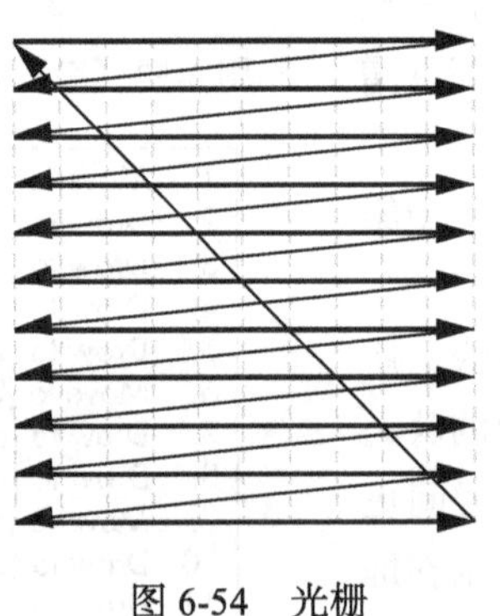

图 6-54　光栅

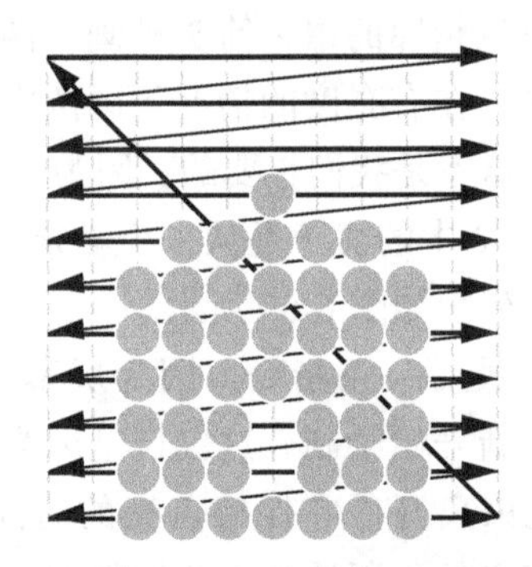

图 6-55　房子的光栅绘制图

6.3.4 节中使用了窗口屏幕的类比。光栅显示器是一个*真实*的屏幕，这意味着我们不能在光栅点与点之间进行绘制。典型光栅显示器的分辨率很低，只有每英寸⊖ 100 个点，这会导致令人不舒服的视觉伪影，例如屋顶看起来是断断续续的。低分辨率导致的欠采样和混叠与前面数字图像中的类似。但是现在已经有了足够的计算能力，因此可以使用诸如超采样之类的技术消除混叠。

光栅扫描也用于传真机、激光打印机和扫描仪等。打开扫描仪的盖子，观察它如何运

⊖ 1 英寸 =0.025 4 米。——编辑注

行。在打印机活动部件多、噪音也大的年代，人们通过仔细选择要打印的内容，就知道了如何在打印机上播放光栅音乐。

光栅显示器不使用显示列表，尽管光栅显示器中仍有显示列表。后面将看到，Web 页面是显示列表。OpenGL 图形语言包括显示列表，图形硬件中通常包含对该语言的支持。单色显示器使用一块内存，光栅上每个位置占用 1 位，这在当时是很大的内存，但现在这已不是什么大问题了。如果想让光栅显示器可以显示 256 种不同灰度等级，那么每个光栅位置需要 8 位内存。

色彩被发现后，很快就出现在了屏幕上。制作单色或灰度显示器很简单：只需在屏幕内部涂上一层荧光粉。而彩色显示器需要让光栅上的每个位置都有三个不同颜色（红、绿、蓝）的点，以及三个可以非常精确地击中这些点的电子束。这意味着彩色显示器需要三倍的显示内存。

6.4.5　键盘和鼠标

除了输出数据的显示器之外，还有一种输入数据的终端，比如键盘和鼠标、笔记本电脑上的触摸板、手机和平板电脑上的触摸屏。

键盘很简单。它们由一堆开关和一些逻辑构成。构建键盘的一种常见方法是将按键开关放在网格上，像图 6-10 那样将它们多路复用。按顺序向网格的行供电，并读取列的值即可。

众所周知的鼠标是由美国工程师 Douglas Engelbart（1925—2013）在斯坦福研究所发明的。6.1.7 节中提到过，可以用一对正交编码器制作鼠标，两个正交编码器分别用于 x 和 y 方向。

触摸板已经很普及了，触摸屏技术也很发达。触摸屏必须是透明的，这样才能看到显示屏上的内容。触摸设备是行列扫描设备，类似于键盘，但规模要小得多。

6.5　本章小结

本章介绍了允许处理器有效处理 I/O 的中断系统。讨论了各种类型的 I/O 设备是如何工作的，以及它们如何与计算机交互。还探讨了采样模拟数据这一复杂领域，以便用数字计算机处理采样后的模拟数据。目前为止，你已经对计算机的工作原理有了足够的了解，所以从下一章开始，将研究硬件和软件之间的关系，学习编写可以在硬件上运行良好的软件。

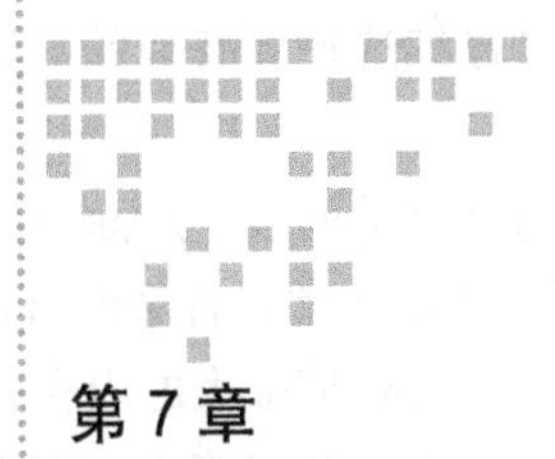

Chapter 7 第7章

组织数据

如果你一直有留意，你可能已经注意到计算机在处理内存时有点困扰。第3章介绍了内存设备（如DRAM、闪存和磁盘驱动器）的访问顺序会影响其速度。第5章介绍了所需数据是否储存在缓存中会对性能产生影响。在组织数据时，请记住内存系统的这些特性，以得到更好的性能。为了帮助你做到这一点，本章将研究一些数据结构或组织数据的标准方法。这些方法中的许多都是为了支持不同类型的内存的有效利用。这通常涉及空间/时间的权衡，即使用更多的内存来加快某些操作的速度。（请注意，高级数据结构是由编程语言提供的，而不是由计算机硬件本身提供。）

短语*访问局部性*以一种完全符合流行语的方式总结了本章所涵盖的大部分内容。或者“保持与需要的数据接近，即将需要的数据更接近。”

7.1 原始数据类型

编程语言提供了各种原始数据*类型*。这些类型有两方面内容：大小（位数）和解释（符号、无符号、浮点、字符、指针、布尔值）。图7-1显示了程序员在典型的现代计算机上通过C编程语言可以使用的数据类型。同一台计算机上不同的C实现，以及不同的语言（如Pascal或Java）可能以不同的方式呈现这些数据类型。一些语言环境包括一些工具，允许程序员查询字节顺序（参见图4-4）、每个字节的位数等。

第1章已经讲过除指针以外的类型。与之不同的是这里使用了它们在C语言中的名称。

美国工程师Harold Lawson在1964年发明了PL/I（编程语言一，Programming Language One）的指针。*指针*只是一个与计算机位数大小相关的无符号整数。其大小取决于体系结构，它被解释为内存地址。就像你家的地址，它可以用来找到你的房子。前面已经介绍过它的工作原理，即间接寻址（参见 4.4.2 节）。零值或空指针通常不会视为有效的内存地址。

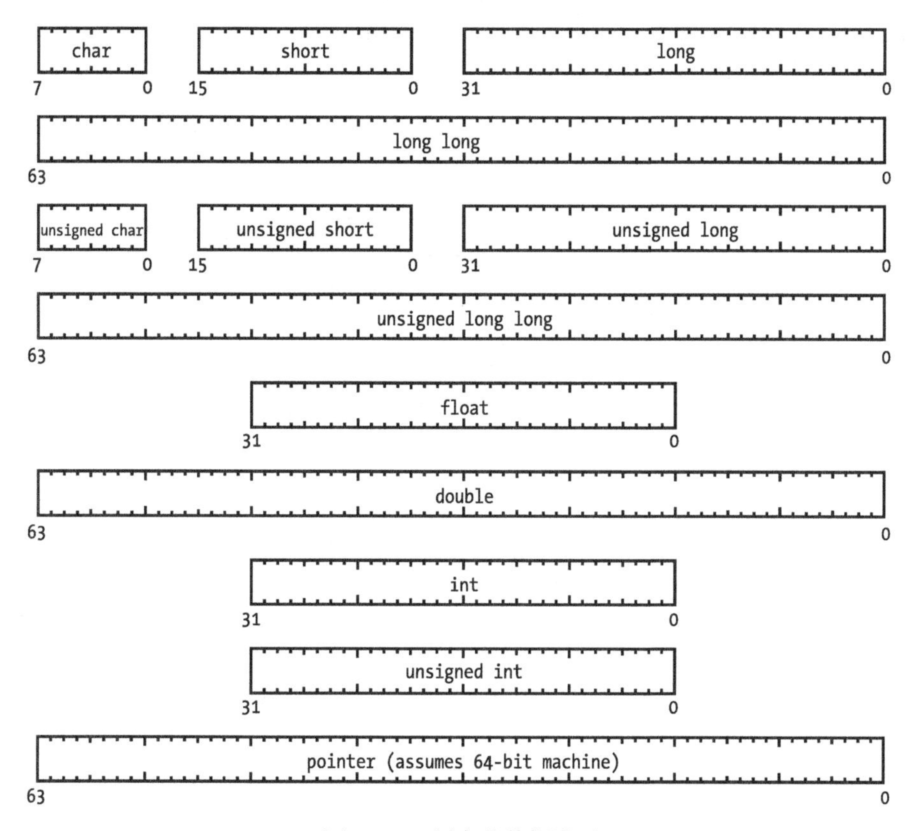

图 7-1　C 语言的数据类型

C 语言普及了指针。有些语言已经实现了更抽象的引用，以避免草率使用指针而导致问题，本章后面将讨论这个问题。指针大小往往为计算机中自然字的大小，这样就可以在一个周期内访问它们。

20 世纪 80 年代，芯片技术的进步刺激了大量新机器的开发，16 位计算机到 32 位计算机的过渡也是在这个时间段完成的。许多在 70 年代和 80 年代早期编写的代码对于指针的使用都是非常随意的：例如，它假设指针和整数的大小相同，并且可以互换使用。当移植到新机器上时，这些代码常常以难以调试的方式中断，于是工程师提出了两种独立的修复方法。首先，人们开始更加关注可移植性问题。这个解决方案相当成功，可移植性和指针问题现在已经不是什么大问题了。其次，开发了消除指针的语言，比如 Java。这种方法在某些地方有所帮助，但并不总是物有所值。

7.2 数组

在上一节中看到的数据类型很简单，你可以将它们想象成房屋。语言也支持*数组*，数组可以被比作公寓楼。公寓楼有地址，每个公寓都有单元号。程序员将单元号称为*索引*（与大多数公寓不同，索引从 0 开始），而单独的单元称为数组*元素*。典型的计算机数组代码规范要求数组中的所有元素都是相同的。图 7-2 展示了 C 语言中一个包含 10 个 16 位数元素的数组。

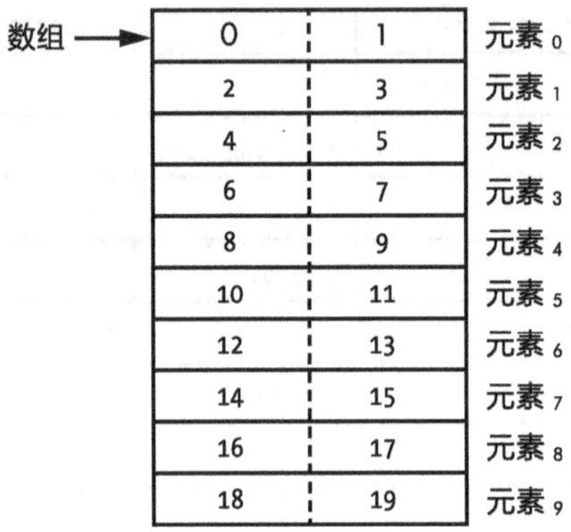

数组 →			
	0	1	元素$_0$
	2	3	元素$_1$
	4	5	元素$_2$
	6	7	元素$_3$
	8	9	元素$_4$
	10	11	元素$_5$
	12	13	元素$_6$
	14	15	元素$_7$
	16	17	元素$_8$
	18	19	元素$_9$

图 7-2　由 10 个 16 位数元素组成的数组

图 7-2 中的每个框都是一个字节。因此，在这个 16 位元素数组中，每个元素占用两个 8 位的字节。元素下标表示数组的索引。

查看数组的另一种方法是通过相对寻址的方法（参见 5.5 节）。每个元素的地址相对第 0 号元素的地址（或*基地址*）都有一定的偏移量。因此，元素$_1$与元素$_0$相差 2 个字节。

图 7-2 中的数组是一个*一维数组*，类似一个简陋的单层建筑，所有的公寓都建在一个大厅里。编程语言也支持*多维数组*，类似三个字节大小的公寓有四层。这将是一个包含两个索引的二维数组，一个索引用于楼层编号，另一个用于该楼层的公寓编号。我们甚至可以用侧楼、楼层和公寓三个索引来建造三维建筑；用四个索引来建造四维建筑，以此类推。

了解多维数组在内存中的布局是很重要的。假设我们在一栋 4 × 3 公寓楼的每个门下都贴了一张传单。我们可以采用两种方法。可以从 0 层开始，在 0 号公寓放一张传单，然后到 1 层把传单放在 0 号公寓，以此类推。也可以从 0 层开始，在该层的每个公寓门下都放一张传单，然后在 1 层同样在每个公寓放一张传单，以此类推。这是一个*访问局部性*的问题。第二种方法（在同一层楼的所有公寓都放一张传单）具有更好的参考位置，更省时省力。从图 7-3 可以看到，括号中的数字是相对于数组开头的地址。

数组			
元素 $_0$	元素 $_{0,0}$(0)	元素 $_{0,1}$(1)	元素 $_{0,2}$(2)
元素 $_1$	元素 $_{1,0}$(3)	元素 $_{1,1}$(4)	元素 $_{1,2}$(5)
元素 $_2$	元素 $_{2,0}$(6)	元素 $_{2,1}$(7)	元素 $_{2,2}$(8)
元素 $_3$	元素 $_{3,0}$(9)	元素 $_{3,1}$(10)	元素 $_{3,2}$(11)

图 7-3　二维数组布局

列索引在相邻列之间移动，而行索引在地址空间中相距较远的行之间移动。

这种方法可以扩展到更高的维度。如果有一个五栋楼的建筑群，每栋楼四层，每层楼有三套公寓，图 7-3 将被重复五次，每栋楼一次。在地址空间中，相邻栋的楼比相邻的行相距更远，而相邻行比相邻的列相距更远。

回到图 7-2，想想如果试图访问元素 $_{10}$ 会发生什么。一些编程语言，例如 Pascal，会检查数组下标是否在数组的范围内，但是许多其他的语言（包括 C 语言）并不会。如果不进行检查，元素 $_{10}$ 将使我们到达相对于数组开始的第 20 和 21 字节。如果那个地址上没有内存，可能会导致程序崩溃，或者可能成为安全漏洞允许意外访问存储在数组末尾的数据。作为一个程序员，如果语言不能自动做到这一点，将其限制在范围内就是你的工作。

7.3　位图

前面介绍了如何用原始数据类型构造数组，但有时没有足够小的原始数据类型来满足你的需要。例如，假设圣诞老人需要追踪顽皮儿童的淘气与善良。只有两个值意味着每个孩子只需要使用 1 位。我们可以很容易地让每个值使用一个字节，但效率较低。我们真正需要的是位数组或*位图*。

位图很容易创建。例如，假设我们要跟踪 35 位，一个由 5 个 8 位字节组成的数组就足够了，如图 7-4 所示。

位 $_0$	7	6	5	4	3	2	1	0
位 $_1$	15	14	13	12	11	10	9	8
位 $_2$	23	22	21	20	19	18	17	16
位 $_3$	31	30	29	28	27	26	25	24
位 $_4$						34	33	32

图 7-4　位图数组

在位图上可以进行四个基本操作：设置位、清除位（将其设置为 0）、测试位以查看它是否已设置，以及测试位以查看是否清除。

我们可以使用整数除法来查找包含特定位的字节，所要做的就是除以 8。在带有桶形移位器（参见 4.3.2 节）的机器上可以快速实现这一点，方法是将所需的位号右移 3。例如，第 17 位在第三个字节中，因为 17 ÷ 8 在整数除法中是 2，而字节 2 是从 0 开始计数的第三个字节。

下一步是为位位置制作一个掩模。与它的物理对应物类似，*掩模*是一种有孔的位型，可以“看穿”。我们首先用 0x07 掩模将所需的位数与之相加，得到较低的三个位；对于 17，这是 00010001 和 00000111，这两个值产生 00000001 或位位置 1。然后将 1 左移，得到一个 00000010 的掩模，即字节 2 中第 17 位的位置。

使用数组索引和位掩模，可以轻松地执行以下操作：

Set a bit $bits_{index}$ = $bits_{index}$ OR mask

Clear a bit $bits_{index}$ = $bits_{index}$ AND (NOT mask)

Test for set bit ($bits_{index}$ AND mask) ≠ 0

Test for clear bit ($bits_{index}$ AND mask) = 0

位图还有另一个有用的应用：指示资源是可用还是繁忙。如果一个设置位代表一个繁忙的资源，那么我们可以扫描数组，寻找不全是 1 的字节，这样就可以一次测试 8 个。当然，一旦找到包含清除位的字节，就需要找到清除位，但这比单独测试每个位要高效得多。请注意，在这种情况下，使用最大原始数据类型（如 C 语言的 `unsigned long long`）的数组比使用字节数组更有效。

7.4 字符串

1.10 节中介绍了如何编码字符。字符序列称为*字符串*。

与数组一样，通常需要知道字符串的长度才能对其进行操作。通常，仅仅为每个字符串生成一个数组是不够的，因为许多程序操作的是可变长度的字符串数据。当字符串的长度事先未知时，通常使用大数组。由于数组大小与字符串长度无关，因此我们需要一些其他方法来跟踪字符串长度。最方便的方法是将字符串长度与字符串数据捆绑在一起。

一种方法是将长度存储在字符串本身中，例如存储在第一个字节中。这种方法虽好，但将字符串的长度限制为最多 255 个字符，这对于许多应用程序来说是不够的。也可以使用更多字节来表示更长的字符串，但在某些时候，开销（记账字节）超过了许多字符串的长度。另外，由于字符串是字节式的，它们可以有任何对齐方式，但是如果需要多字节计数，则字符串必须在这些边界上对齐。

C 使用了一种不同的方法，借鉴了 PDP-11 汇编语言的 `.ASCIZ` 伪指令，它不像某些语言那样对字符串提供特殊的数据类型。它只使用一维字节数组，字符串是字符数组这一事实恰好说明了 C 中字节大小的数据类型是 `char`。但有一个问题：C 不存储字符串长度。相反，它在字符数组的末尾为 NUL 终止符添加一个额外的字节。C 使用 ASCII-NUL 字符（请参阅表 1-11，该字符的值为 0）作为*字符串终止符*。换句话说，NUL 终止符用于标记字符串的结尾。这对 ASCII 和 UTF-8 都有效，如图 7-5 所示。

0	1	2	3	4	5	6
C	h	e	e	s	e	NUL

图 7-5 C 字符串的存储和终止

如你所见，C 语言中字符串使用 7 个字节内存，尽管它只有 6 个字符长度（因为终止符需要占据一个额外的字节）。

事实证明 NUL 是一个很好的终止符，因为大多数机器都包含一条测试值是否为 0 的指令。任何其他终止符选择都需要额外的指令来加载要测试的值。

使用字符串终止符代替显式长度有其优点和缺点。一方面，存储很紧凑（这一点很重要），而且执行“打印字符串中的每个字符直到到达结尾”之类的操作基本上没什么开销。但是当需要字符串的长度时，必须扫描字符串，计算字符数。而且，使用这种方法，字符串中不能有 NUL 字符。

7.5 复合数据类型

虽然简单的房间已经能满足某些需求，但市场上通常需要更豪华的住宿条件，比如套房。大多数现代语言都包含允许你滚动自己的数据类型的工具，通常称为*结构*。每个套房里的不同房间都是它的*成员*。

假设我们正在编写一个日历程序，其中包含一个事件列表（数组），也包含事件的开始和结束的日期和时间。如果使用 C 语言，日、月、小时、分钟和秒都将以无符号字符（`unsigned char`）形式保存，而年份则需要使用无符号的短字符（`unsigned short`）。图 7-6 创建了日期和时间的结构。

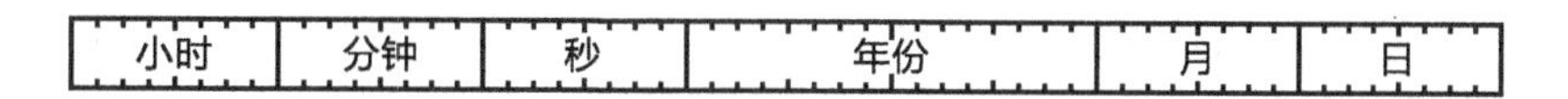

图 7-6　日期及时间的结构

请注意，并非必须这样，也可以使用小时、分钟等数组。但是，日期 – 时间结构当然更方便，而且它使程序更易于阅读和理解。英国计算机科学家 Peter Landin 在 1964 年发明了*语法糖*一词，用以描述使程序变得“更甜蜜”的结构。当然，对于某个人来说的甜味剂对于另一个人来说往往只是基本的要求，这引发了激烈的哲学争论。许多人会争辩说，语法糖分仅限于用 `a+=1` 或 `a++` 替换 `a=a+1`，很少有人会称结构数组是数组集合的语法糖。随着时间的推移，这种模糊的定义变得更加复杂：`a+=1` 和 `a++` 在引入时并不是语法糖，因为编译器不如它们好，而且这些结构生成了更好的机器语言。另一方面，在引入时，结构相对比较甜蜜，因为以前的代码使用数组；现在程序设计时考虑到了结构，所以它们更为重要。

我们可以像使用原始数据类型一样使用复合数据类型（比如日期 – 时间结构）。图 7-7 将一对日期 – 时间结构与一个保存事件名称字符串的小数组相结合，从而形成一个完整的日历事件结构。

起始	小时	分钟	秒	年份	月	日
结束	小时	分钟	秒	年份	月	日
事件名称	字符数组（字符串）					

图 7-7　日历事件结构

结构通常会占用比预期更多的内存空间。4.1 节中讨论了对齐和非对齐内存。假设我们在一个 32 位计算机的区域内构建了日期 – 时间结构，如图 4-2 所示。语言将结构成员保持为程序员指定的顺序，因为这可能很重要。但是语言也必须遵循对齐方式（见图 4-3），这意味着它不能将年份放在第四和第五个字节中，如图 7-7 所示，因为这跨越了一个边界。语言工具通过根据需要自动添加*填充*来解决这个问题。该结构的实际内存布局如图 7-8 所示。

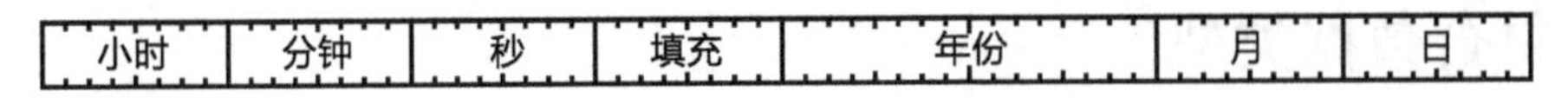

图 7-8 使用自动填充的日期 – 时间结构

你可以重新排列结构成员，以确保最终得到一个没有填充的 7 字节结构。当然，当把它们组合到日历结构中时，语言工具可能会将它们填充到 8 字节。

值得一提的是，这仅作为示例，实际中无须用这种方式处理日期和时间。许多来自 UNIX 系统的标准是使用 32 位数字来表示自 1970 年 1 月 1 日，即“UNIX 纪元”开始以来的秒数。此方案将在 2038 年用完所有的位，但许多系统已将其扩展到 64 位以备不时之需。

图 1-21 显示了一种使用四个 8 位值来表示透明颜色的方法。对于结构来说，这是一个很好的用途，但它并不总是查看数据的最佳方式。例如，如果需要复制一种颜色，那么一次复制所有 32 位比复制 4 个 8 位要高效得多。这是另一种复合数据类型。

我们不仅可以拥有套房，还可以拥有带有可移动分区的办公室，这在 C 语言中称为*联合体*。联合体允许存在同一空间或内容的多个视图。结构和联合体的区别在于，结构中的所有内容都占用内存，而联合体中的所有内容都共享内存。图 7-9 将 RGBα 结构与无符号 `long` 组合起来形成一个联合体。

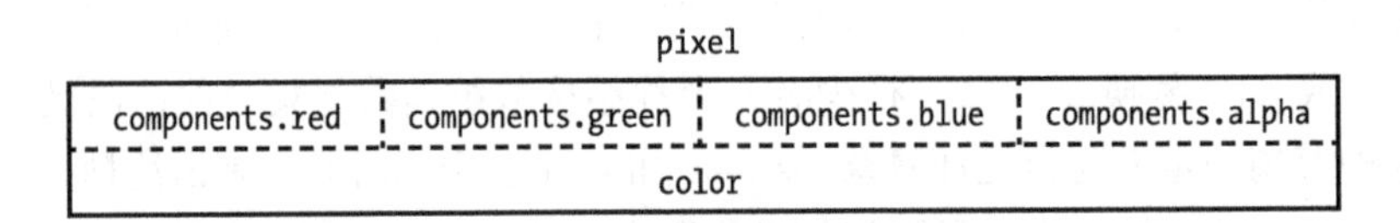

图 7-9 像素联合体

使用联合体和 C 语言语法，我们可以设置 `pixel.color` 为 `0x12345678`，然后 `pixel.components.red` 应该是 `0x12`，`pixel.components.green` 为 0x34，以此类推。

7.6 单链表

数组是保存列表的最有效方法。它们只保存实际数据，不需要任何额外的记账信息。但是对于任意数量的数据，它们并不适用，因为如果数组不是足够大，那么必须创建一个新的、更大的数组并将所有数据复制到其中。如果把数组做得比需要的大，又会浪费空间。同样，如果需要在列表中间插入元素或删除元素，也需要复制数据。

事先不知道要跟踪多少项时，**链表**的性能比数组好。使用结构实现的单链表如图 7-10 所示。

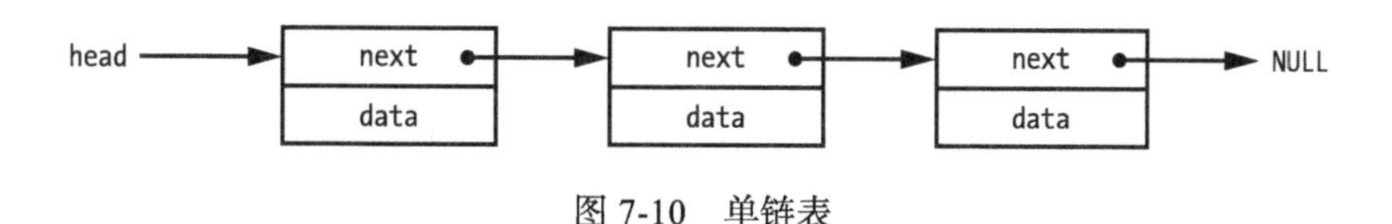

图 7-10　单链表

注意 `next` 是一个指针，它保存链表中下一个元素的地址。链表中的第一个元素是**头部**（head），最后一个元素是**尾部**（tail）。我们可以识别尾部，因为 `next` 不能是另一个链表元素的值，通常是空（`NULL`）指针。

图 7-10 所示的链表与数组之间的一个很大区别是，所有数组元素在内存中都是连续的，而链表元素可以在内存中的任何位置，如图 7-11 所示。

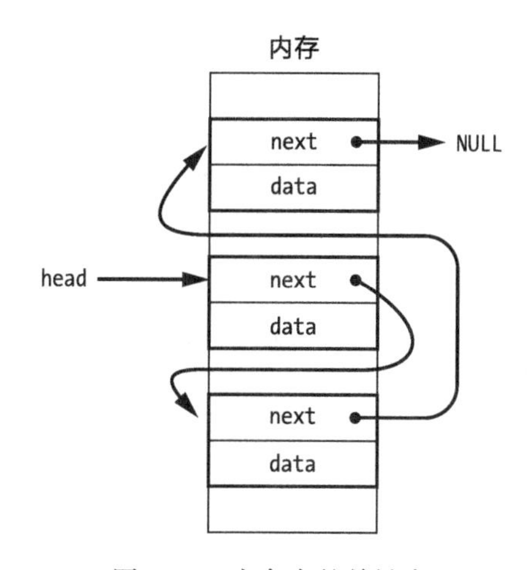

图 7-11　内存中的单链表

向链表中添加元素很容易，就像图 7-12 展示的直接在头部添加元素即可。

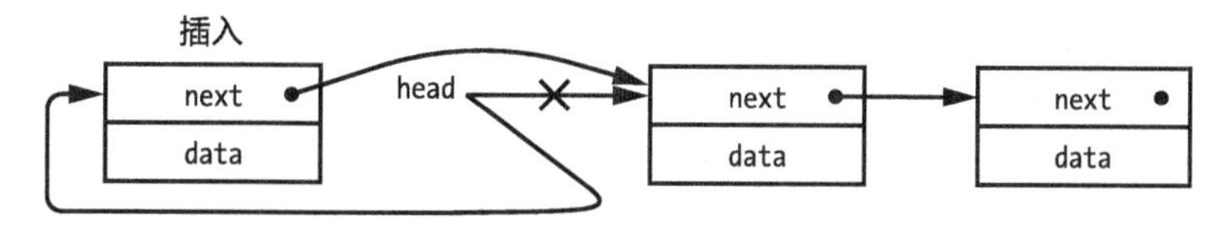

图 7-12　单链表的插入操作

删除元素有一点麻烦，因为需要让上一个元素的 `next` 指向下面的元素，如图 7-13 所示。

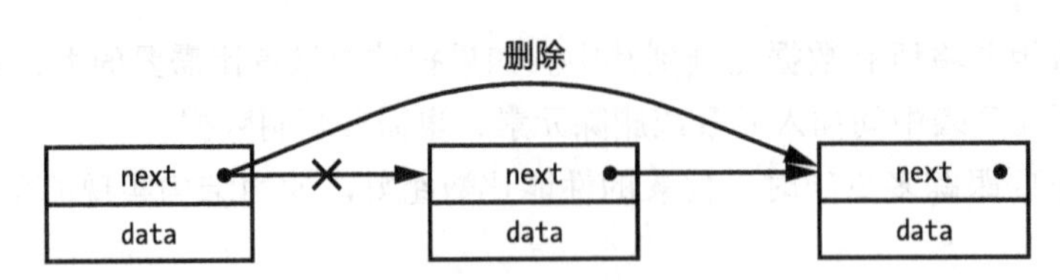

图 7-13　单链表的删除操作

删除元素的一个方法是使用一对指针，如图 7-14 所示。

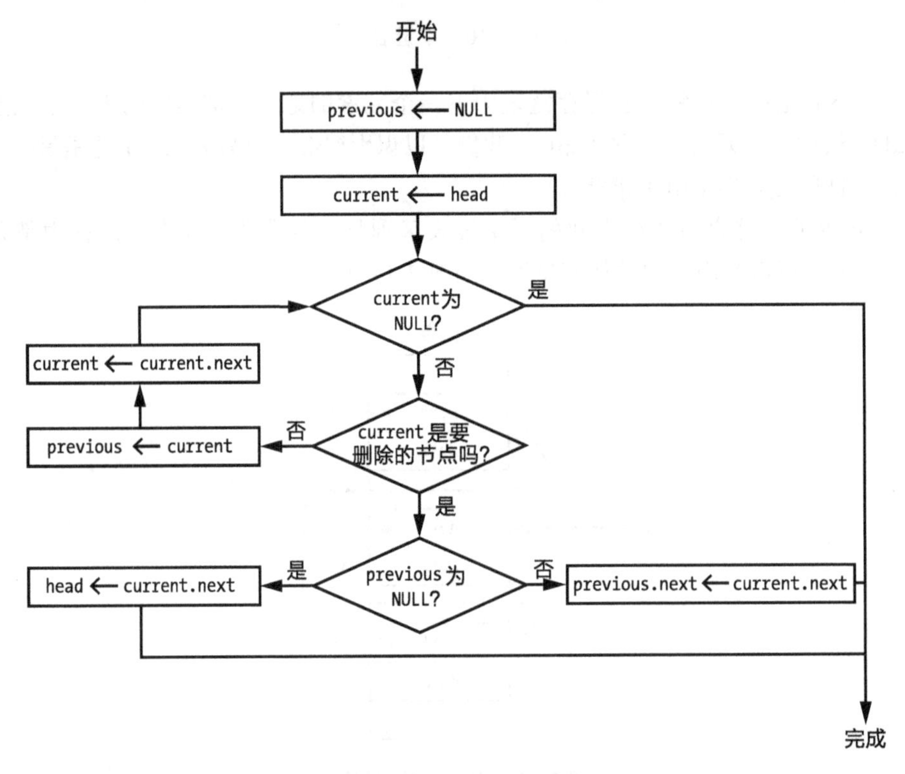

图 7-14　使用一对指针的单链表的删除操作

current（当前）指针遍历链表，查找要删除的节点。previous 指针允许我们调整要删除节点之前节点的 next。用点（.）来表示结构体的成员，所以 current.next 表示当前节点的下一个成员。

> 注意　图 7-14 并不是一个很好的例子，尽管我在写这一节的时候上网发现的算法更糟糕。本例中代码的问题是它很复杂，因为需要对列表的头部进行特殊的测试。

图 7-15 中的算法显示了双间接寻址的强大功能如何消除特殊测试需求，从而使代码更简单。

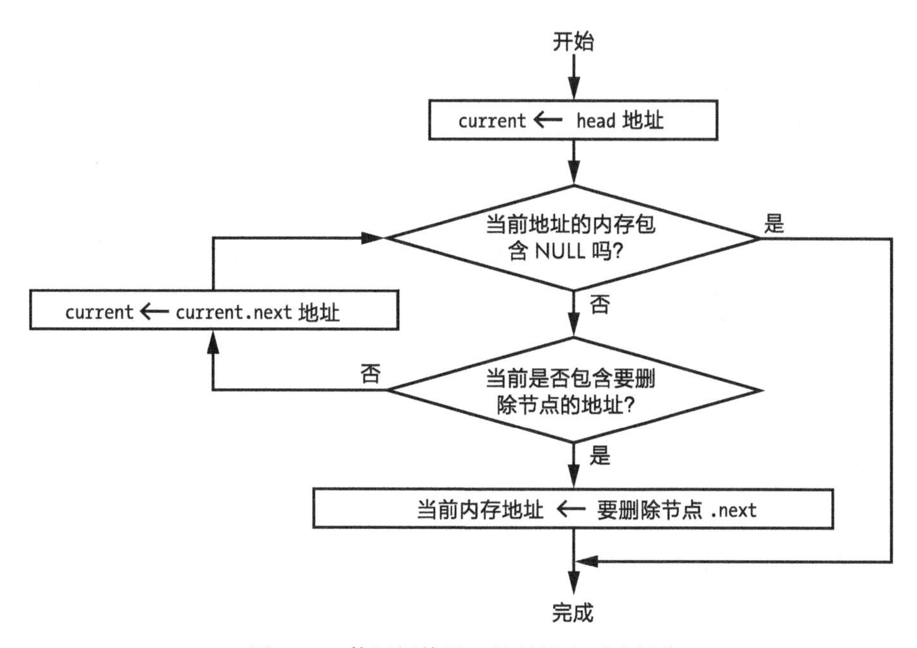

图 7-15　使用间接寻址的单链表删除操作

我们来详细研究算法的工作原理，如图 7-16 所示。下标的变化展示了在算法进程中 current 节点的改变。

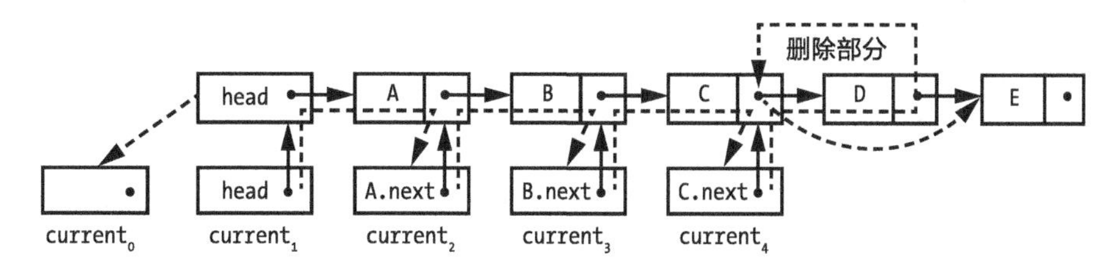

图 7-16　在执行中的单链表删除操作

图 7-16 中所示的步骤很复杂，所以我们来探讨一下。

（1）首先将 $current_0$ 设置为 head 的地址，得到 $current_1$，后者又指向 head。这意味着 current 指向 head，后者又指向表元素 A。

（2）元素 A 不是我们在找的元素，所以继续查找。

（3）如虚线箭头所示，将 current 设置为 current 指向的元素中 next 指针的地址。因为 $current_1$ 指向 head，head 指向元素 A，$current_2$ 最终指向 A.next。

（4）它仍然不是我们要删除的元素，所以继续查找一次，导致 $current_3$ 引用 B.next。

（5）它仍然不是我们要删除的元素，所以再查一次，导致 $current_4$ 引用 C.next。

（6）C.next 指向元素 D，即要删除的元素。沿着浅虚线箭头，从 current 到 D 旁边的 C.next，并用 D.next 的内容替换 C.next。由于 D.next 指向元素 E，C.next 现在指向 E，如弯曲虚线箭头所示，D 从列表中删除。

我们可以修改前面的算法，在列表中间插入链接。例如，如果希望列表按日期、名称或其他一些标准排序，那么这可能会很有用。

前面提到过第二种算法会产生更好的代码。我们比较一下用 C 语言编写的这两种代码。不必理解这些代码也可以看出列表 7-1 和列表 7-2 之间的区别。

列表 7-1　使用一对指针进行单链表删除操作的 C 语言代码

```
struct node {
    struct node *next;
    // data
};

struct node *head;
struct node *node_to_delete;
struct node *current;
struct node *previous;

previous = (struct node *)0;
current = head;

while (current != (struct node *)0) {
    if (current == node_to_delete) {
        if (previous == (struct node *)0)
            head = current->next;
        else
            previous->next = current->next;
        break;
    }
    else {
            previous = current;
            current = current->next;
    }
}
```

列表 7-2　使用间接寻址进行单链表删除操作的 C 语言代码

```
struct node {
    struct node *next;
    // data
};

struct node *head;
struct node *node_to_delete;
struct node **current;

for (current = &head; *current != (struct node *)0; current = &((*current)->next))
```

```
        if (*current == node_to_delete) {
                *current = node_to_delete->next;
                break;
        }
}
```

可以看到，列表 7-2 中使用间接寻址版的代码比列表 7-1 中使用一对指针的代码简单得多。

7.7 动态内存分配

我们对链表插入的讨论省略了一些重要的内容。我们演示了如何插入新节点，但没有说明该节点的内存来自何处。

如图 5-16 所示，程序数据空间从静态分配数据的部分开始，后跟运行时库为程序设置的堆。这是在没有内存管理单元（Memory Management Unit, MMU）的计算机上程序可用的所有数据内存（堆栈和中断向量除外）。在使用 MMU 的系统上，运行时库请求它认为需要的内存量，因为占用所有主存没有意义。*断点*是程序可用内存的末端，而且有些系统调用会增加或缩小可用内存的数量。

数组等变量的内存是静态的，也就是说，它被分配了一个不变的地址。像列表节点之类的是动态的，根据需要存取。我们从堆中为它们获取内存。

程序需要某种方法来管理堆。它需要知道哪些内存正在使用，哪些内存可用。有一些针对此的库函数，因此不必自己编写，例如 C 语言中的 `malloc` 和 `free` 函数。我们来看如何实现它们。

`malloc` 的一个实现是使用单链表数据结构实现的。堆被分成块，每个块都有一个表示大小的变量和一个指向下一个块的指针，如图 7-17 所示。

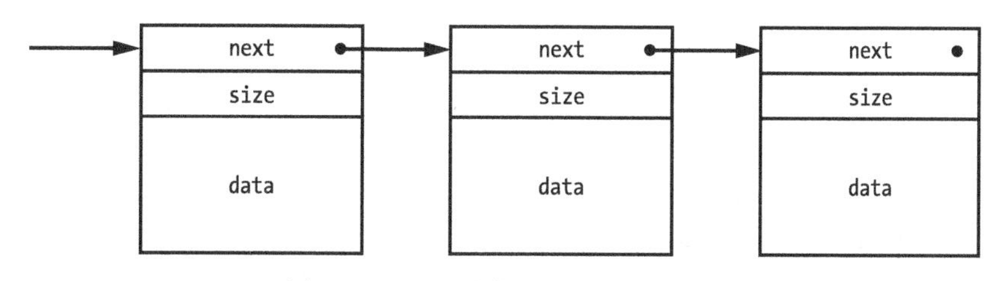

图 7-17　用于堆管理的 malloc 结构

最初整个堆只有一个块。当程序请求内存时，`malloc` 会寻找一个有足够空间的块，向调用方返回一个指向所请求空间的指针，并调整块的大小以反映它所释放的内存。当程序使用 `free` 函数释放内存时，只需将块放回列表中。

在不同的时间，`malloc` 扫描列表中的相邻空闲块，并将它们合并成一个更大的块。一种方法是在分配内存（调用 malloc）时，因为分配需要遍历列表寻找足够大的块。随着时间的推移，内存空间可能会变得支离破碎，这意味着没有足够大的可用内存块来满足请求，即使不是所有内存都已用完。在使用 MMU 的系统上，如果需要，可以调整断点以获得更多内存。

可以看到，这种方法有一定的成本：next 和 size 在 64 位计算机上为每个块上增加 16 个字节。

释放未分配的内存是没有经验的程序员常犯的错误，另一个错误是继续使用已经释放的内存。如图 7-17 所示，如果在分配的内存范围之外写入数据，则可能会损坏 size 和 next 字段。这一点尤其危险，因为在以后的操作需要使用这些字段中的信息前，它导致的问题都不会显现出来。

技术进步的一个副作用是小型机器的 RAM 往往比程序需要的更多。在这些情况下，最好是静态地分配所有内容，因为这样可以减少开销并消除内存分配错误。

7.8 更有效的内存分配

包含文本字符串的链表很常见。假设有一个链表，其中的节点包含一个指向字符串的指针，如图 7-18 所示。

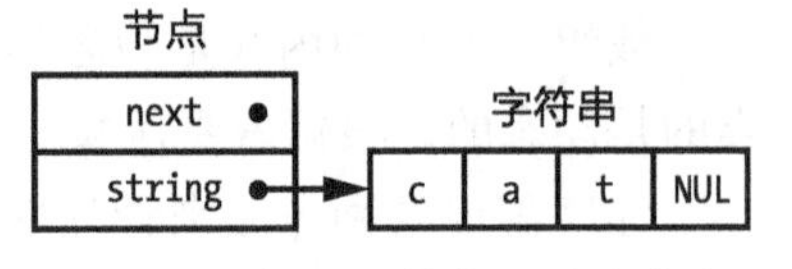

图 7-18 使用字符串的链表节点

我们不仅要为每个节点分配内存，还要为附加到节点的字符串分配内存。malloc 成本可能非常大，尤其是在 64 位机器上，16 字节节点的成本为 16 字节，而字符串（如图 7-18 中的 4 字节 cat）的成本也为 16 字节。

我们可以通过同时对节点和字符串分配内存来减少成本。与其先分配节点内存再分配字符串内存，不如为节点和字符串分配两者大小之和的空间，再加上对齐所需的填充空间。这意味着节点的大小是可变的。这个技巧可以将成本减半，如图 7-19 所示，其中包含一个 cat 字符串。

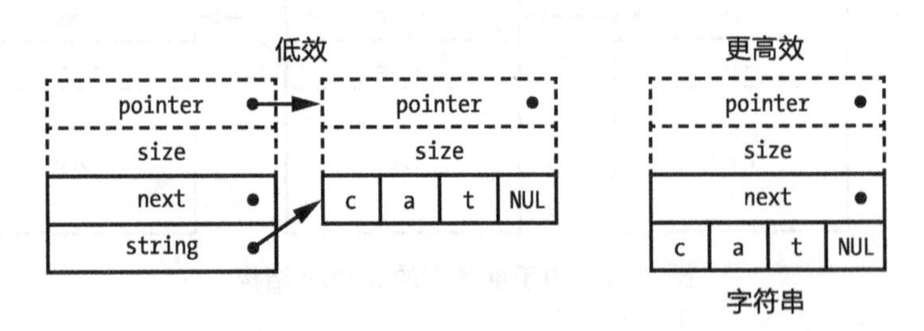

图 7-19 更加高效的内存分配

在删除节点时，这种方法也更高效。在效率较低的情况下，需要两个 free 调用，一个用于字符串，另一个用于节点。在更有效的情况下，字符串和节点都可以通过一次调用获得释放。

7.9 垃圾收集

显式动态内存管理可能会产生两个问题，这两个问题实际上是草率使用指针引起的问题。记住，指针只是一个表示内存地址的数字。但并非所有的数字都是有效的内存地址。使用指针尝试访问不存在的内存或不符合处理器对齐规则的内存可能会引发异常并导致程序崩溃。

你可能正在学习一种编程语言（如 Java 或 JavaScript），它没有指针，但支持动态内存分配，而且不需要类似 `malloc` 和 `free` 的内存分配函数。这些语言实现了*垃圾收集*功能，这是美国计算机科学家、认知科学家约翰·麦卡锡（John McCarthy，1927—2011）于 1959 年为 LISP 编程语言发明的一项技术。垃圾回收技术经历了一次复兴，这次复兴的部分作为对错误指针使用的一种规范性补救措施。

像 Java 这样的语言使用引用而不是指针。*引用*是指针的抽象，可以提供许多相同的功能，但没有实际暴露内存地址。

垃圾收集语言通常有一个 `new` 运算符，用于创建项目并分配内存（这个运算符也会出现在非垃圾收集的语言，如 C++ 中）。项目删除没有对应的运算符。相反，语言运行时环境会跟踪变量的使用，并自动删除它认为不再使用的变量。自动删除变量的方法有很多，其中之一是保持对变量的引用计数，以便在没有引用后删除这些变量。

垃圾收集是一种权衡，它不是没有问题的。有一个问题与 LSI-11 刷新问题类似（见 3.2.1 节），程序员对垃圾收集系统没有太多的控制权，即使程序需要做更重要的事情，垃圾收集系统也可能自行决定运行。此外，程序往往会占用大量内存，因为很容易留下不必要的引用，从而阻止了内存的回收。与因为指针错误而崩溃相反，占用大量的内存使得程序运行缓慢。事实证明，尽管想解决指针问题的意图是好的，但跟踪不必要的引用实际上使程序更难调试。

7.10 双链表

单链表删除操作可能相当慢，因为必须在删除元素之前找到要删除的元素，以便调整其指针。这可能需要遍历一个很长的链表。幸运的是，有一种不同类型的链表可以在牺牲一些额外内存的情况下解决这个问题。

双链表不仅包括指向下一个元素的链接，还包括指向上一个元素的链接，如图 7-20 所示。这使每个节点的成本增加了一倍，但在删除元素的情况中不需要遍历链表，所以这是一种对空间和时间的权衡。

双链表的优点是可以在任何地方插入元素或删除元素，而不必花时间遍历该链表。图 7-21 展示了如何将新节点添加到链表中元素 `A` 之后。

图 7-22 展示了删除元素的操作也很简单。

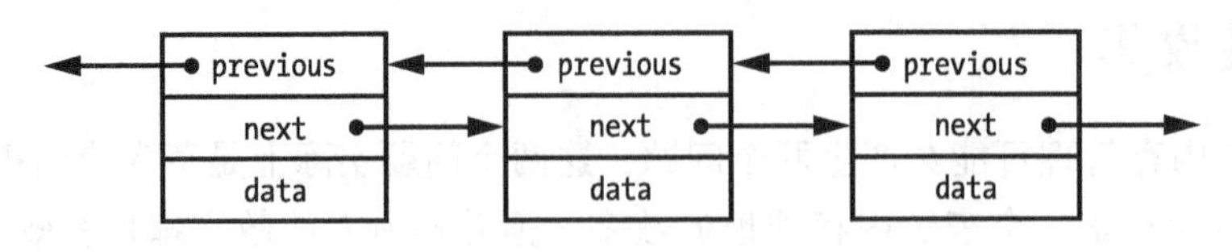

图 7-20 双链表

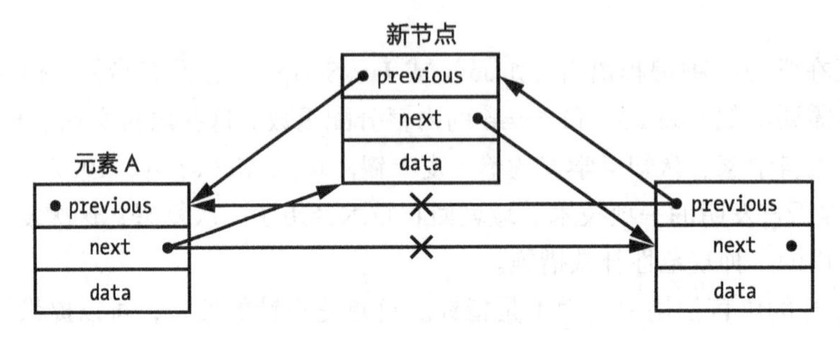

图 7-21 双链表插入操作

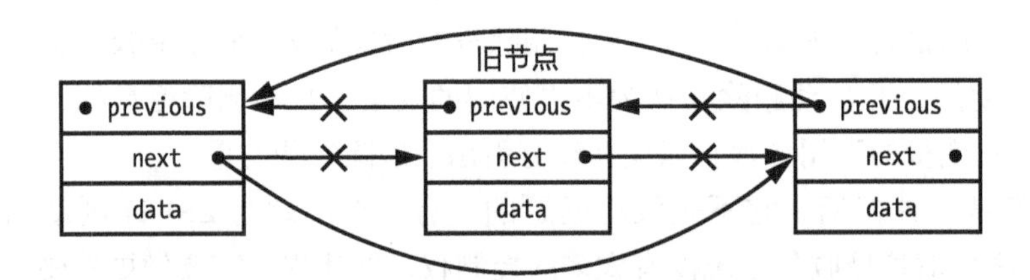

图 7-22 双链表删除操作

可以看到，对双链表元素执行插入和删除操作不需要遍历双链表。

7.11 层次数据结构

到目前为止，我们只研究了线性数据结构。它们适合很多应用程序，但在某些情况下，这种线性关系可能是个问题。这是因为对于数据，不仅仅要存储，还需要能够高效地检索。假设我们有一个存储在链表中的事物列表，可能需要遍历整个列表才能找到某个特定的事物。对于长度为 n 的列表，可能需要 n 次查找。这对于小数目的事物来说还是可以的，但是对于大的 n 值则不实际。

前面提到了如何使用指针将节点连接到链表中。我们没有限制指针的数量，因此组织数据的方式只受我们的想象力和内存空间的限制。例如，我们可以提出节点的分层排列，如图 5-4 所示。

最简单的层次数据结构是二叉树（binary tree）——“binary”并非指二进制数，而是指一个节点可以连接到另外两个节点。我们创建一个包含数字的节点，如图 7-23 所示。

二叉树中的根与链表的头部等价。

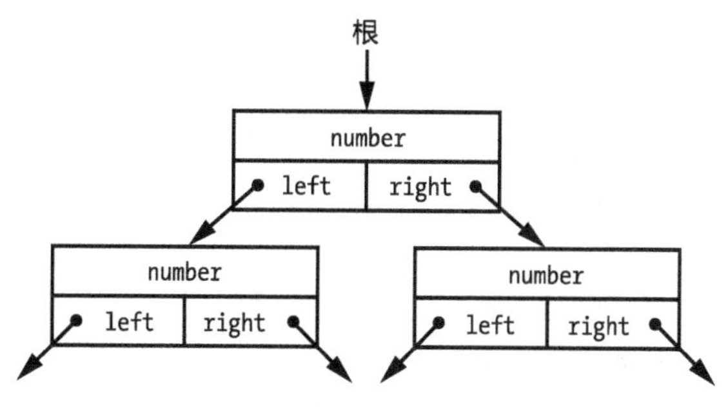

图 7-23　包含数字的二叉树节点

我们将在 bingo 游戏厅闲逛，并在一棵二叉树上记录被喊到的数字。然后就可以查一下这些数字，看看它们是否被喊过。图 7-24 展示了一个在树中插入数字的算法。它的工作方式类似于单链表删除方式，因为它依赖于间接寻址。

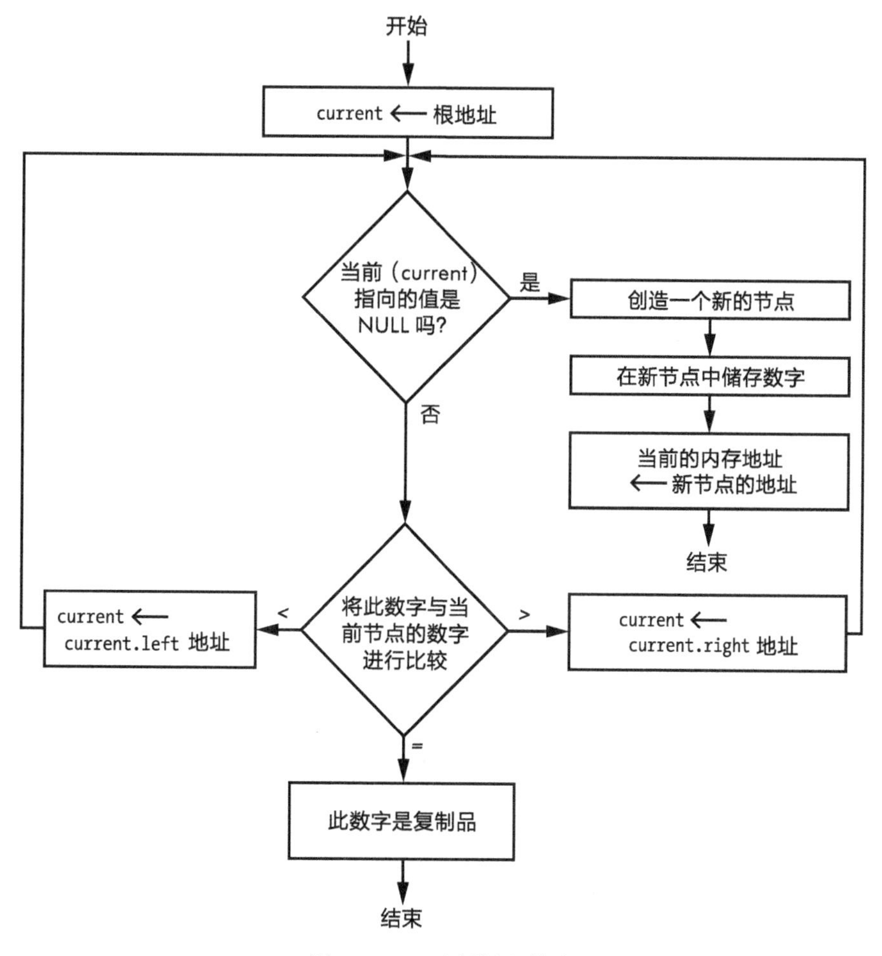

图 7-24　二叉树插入算法

我们通过插入数字 8、6、9、4 和 5 来查看一下实际情况。当插入 8 时，根节点没有附加任何内容，所以将它附加在根节点。当插入 6 时，根节点已获取，此时比较该节点，因为 6 小于 8，所以放在左边。9 位于 8 的右侧，4 位于 6 的左侧，以此类推，如图 7-25 所示。

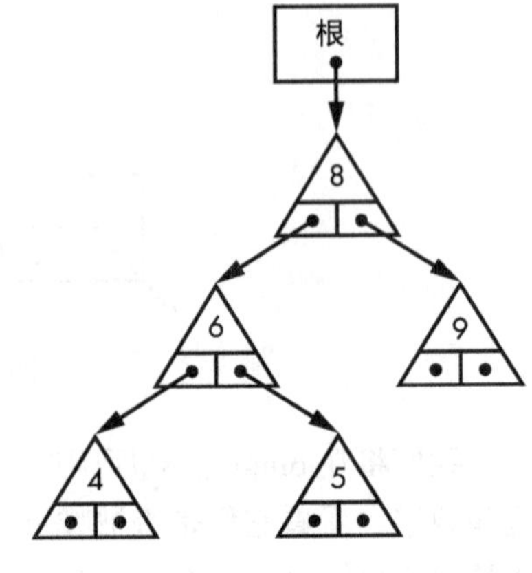

图 7-25　二叉树

可以看到，尽管在这个数据结构中有五个数，最坏的情况下我们可以通过检查三个节点来找到某个数。这比链表要好，如果是链表的话，我们可能要检查所有的节点。在二叉树中查找内容很容易，如图 7-26 所示。注意，这里不需要指向节点的指针的指针，因为我们不需要修改二叉树。

你可能已经注意到，树的排列依赖于插入顺序。图 7-27 展示了按顺序 4、5、6、8、9 插入数字的情况。

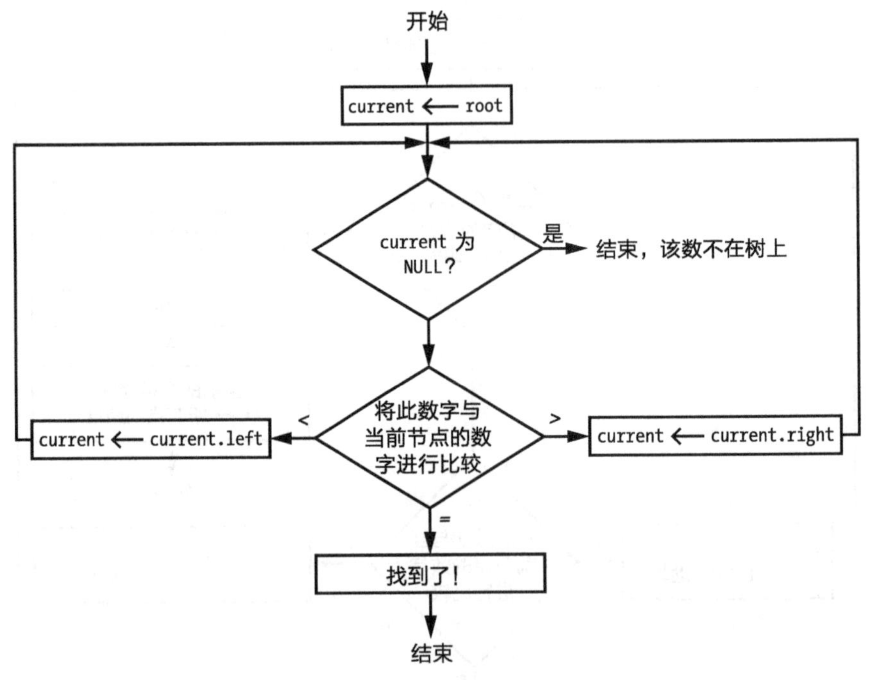

图 7-26　二叉树查找算法

这种退化了的情况看起来很像单链表，不仅失去了二叉树的优点，而且也要负担并未使用的左指针的额外成本。我们更希望二叉树最终看起来像图 7-28 中右边的那个。

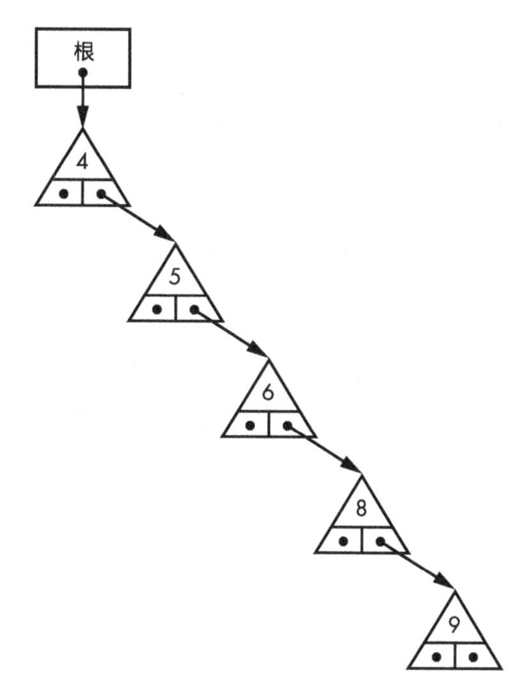

图 7-27　非常不平衡的二叉树

图 7-28　不平衡二叉树和平衡二叉树的对比

在二叉树中搜索某个元素所用时间复杂度是树的深度的函数。如果它在向下的第 n 层，则需要 n 次测试才能找到它。而在平衡二叉树中只需要 $\log_2 n$ 次，在链表中需要 n 次。从长远来看，在最坏的情况下，你必须访问包含 1024 个节点的链表中的全部节点才能找到，但在平衡二叉树中只需要访问 10 个节点即可。

有很多树平衡算法，这里不做详细介绍。重新平衡一棵树需要时间，所以需要在算法速度、插入 / 查找时间和重新平衡时间之间进行权衡。树平衡算法的计算成本更大，有些甚至需要额外的存储成本。但是，随着树不断增大，这种成本很快就被克服了，因为 $\log_2 n$ 变得比 n 小得多。

7.12　块存储

我们在 3.3 中讨论过磁盘驱动器。我们来更详细地了解一下它们，以了解它们的数据组织特点。警告：我们将要变成指针狂魔了！

前面提到过磁盘上的基本单元是*块*，连续的块称为*集群*。如果可以将数据存储在集群（集群是一条轨道上连续的扇区）中，那么会更好。尽管在某些需要非常高性能的情况下也可以这样做，但这并不是一个好的通用解决方案，而且数据量可能会超过轨道上所能容纳的数据量。实际中，数据会存储在任何可用的扇区中，但操作系统的设备驱动程序提供了一种连续存储的错觉。现在有点像是在熟悉的领域了，只不过我们现在不需要寻找存储块来存放对象，而是要找到足够的固定大小的块来存放一个对象，然后将对象分成若干块存放。

对于跟踪哪些磁盘块是空闲的、哪些磁盘块正在使用，链表并不是一个很好的解决方案，因为遍历链表花费的时间太长。一个 8 TiB 的磁盘有将近 20 亿个块，在最坏的情况下，每秒只能访问 250 个块。需要花费的时间加起来超过 15 年，遍历链表太不切实际。

在内存中管理数据时，使用指针引用它就足够了。指针是暂时的，但磁盘是用来长期存储数据的，所以我们需要一些更持久的东西。答案就是：*文件名*。我们需要将这些数据块和存储在磁盘上的文件名相关联。

管理所有这些的一种方法来自 UNIX。许多块被预留为*索引节点*（是磁盘块*索引*和*节点*的结合）。索引节点包含有关文件的各种信息，例如文件的所有者、大小和权限，还包含包含文件数据的块的索引，如图 7-29 所示。

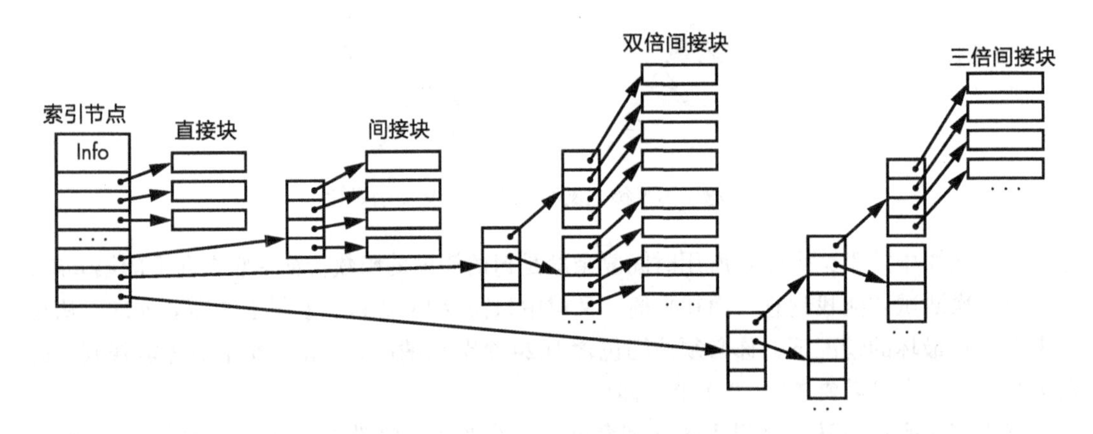

图 7-29　文件系统数据结构

图 7-29 看起来很复杂，但事实并非如此。一个索引节点通常有 12 个*直接块*指针（它们实际上不是指针，只是块索引），它们支持的文件长度高达 4 096 × 12=49 152 字节。对大多数文件来说已经足够了。如果文件较大，则使用*间接块*。假设 32 位索引（虽然很快就需要变成 64 位了），1 024 个间接块（每个块 4 个字节）可以匹配一个块，添加 4 MiB 到最大文件大小。如果这还不够的话，可以通过*双倍间接块*再获得 4 GiB，甚至通过*三倍间接块*提供另外 4 PiB。

索引节点指示的一个信息是块是否包含*目录*信息而不是其他数据。目录将文件名映射到引用文件数据的索引节点。UNIX 工作方式的一个优点是目录实际上只是另一种类型的文件。这意味着目录可以引用其他目录，这就是我们熟悉的树结构*分层文件系统*的由来。

至此，你可能会认为这一切看起来很像一棵任意树，这个观点在一段时间内是正确的。这种安排的特点之一是多个索引节点可以引用相同的块。每个引用都称为*链接*。链接允许同一个文件出现在多个目录中。事实证明，也可以链接到目录，而且非常方便，所以*符号链接*应运而生。但是符号链接允许文件系统图中出现循环，所以需要特殊的代码来检测，以防止无限循环。无论如何，我们有这个复杂的结构可以跟踪所使用的块，但是仍然缺少一个有效的方法来跟踪*空闲空间*。

实现空闲空间跟踪的一种方法是使用位图（见 7.3 节），每个磁盘块对应 1 个位。位图可能相当大：8 TB 的磁盘驱动器需要大约 20 亿个位，这将消耗大约 256 MiB。但这仍然是一种合理的方式，它只占不到总磁盘空间的 0.01%，而且不必同时存储在内存中。

使用位图非常简单和高效，尤其是如果它们存储在 64 位字中。假设 1 表示正在使用的块，0 表示空闲块，我们可以很容易地查找不全是 1 的字，然后就能查找到空闲块。

但是这种方法有一个问题：文件系统图和空闲空间位图可能不同步。例如，在将数据写入磁盘时，电源很可能会出现故障。在计算机前面板带有开关和闪烁指示灯的年代，必须通过前面板开关输入索引节点编号来修复损坏的文件系统。`fsck` 这样的程序纠正了这个问题，它遍历文件系统图并将其与空闲块数据进行比较。这是一种更好的方法，但随着磁盘的增大，这种方法越来越耗时。新的日志文件系统设计使损坏控制更加有效。

7.13 数据库

二叉树是在内存中存储数据的一种好方法，但是当涉及存储大量内存无法容纳的数据时，它就不那么有效了。部分原因是树节点往往很小，因此不能很好地映射到磁盘扇区。

数据库就是以某种方式组织的数据集合。*数据库管理系统*（Database Management System, DBMS）是一种允许在数据库中存储和检索信息的程序。DBMS 通常包括一些在底层存储机制之上的接口。

*数据库*是德国计算机科学家 Rudolf Bayer 和美国计算机科学家 Ed McCreight 于 1971 年在波音公司发明的 B 树数据结构的常见应用。B 树是平衡树，但不是二叉树。与平衡二叉树相比，它的空间效率稍低，但性能更好，尤其是当数据存储在磁盘上时。这是另一种情况，在这种情况下，理解内存体系结构可以获得更高效的代码。

假设有一个名字按字母顺序排序的平衡二叉树，如图 7-30 所示。

B 树的节点比二叉树节点有更多的分支（子节点）。分支数由磁盘块决定，如图 7-31 所示。

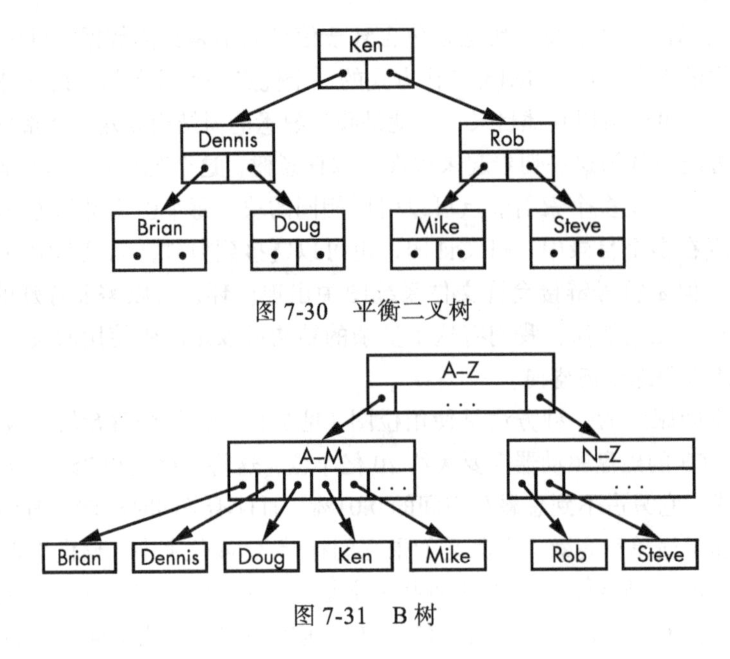

图 7-30　平衡二叉树

图 7-31　B 树

可以看到，内部节点是平衡的，因此搜索时间可预测。图 7-31 中有一些未使用的子链接占用空间。当子链接用完时，可以通过改变节点覆盖的范围轻松地重新平衡树。例如，如果 A-M 节点没有子节点了，则可以将其细分为 A-G 和 H-M 节点。这并不是一个很好的例子，因为 2 的幂次细分是最常用的，但是我们没有偶数的东西可以细分。

每个节点的键越多，节点获取的次数就越少。较大的节点不是问题，因为它们的大小相当于磁盘块，而磁盘块是作为一个单元来获取的。由于有未使用的子链接，因此会浪费一些空间，但这是一种合理的权衡。

7.14　索引

访问排序过的数据效率较高，但我们通常需要以多种方式访问排序过的数据。我们可能有名字和姓氏，或者名字和最喜欢的乐队。图 7-31 显示了按名字组织的节点。这些节点通常被称为*主索引*。但是我们也可以有多个索引，如图 7-32 所示，这样才能以不同的方式高效地搜索内容。

权衡索引时要考虑它们需要维护的事实。当数据发生变化时，每个索引都必须更新。当搜索活动比修改活动更频繁时，索引更新的成本还是需要考虑的。

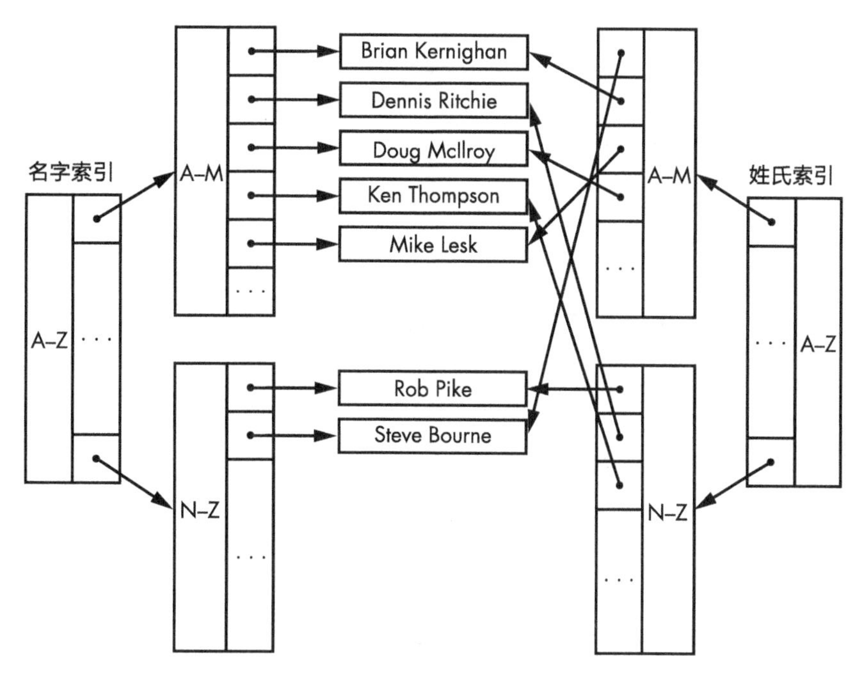

图 7-32　多重索引

7.15　移动数据

前面提到过，如果数组需要增大，使用数组（而不是链表）则需要复制数据。为了将页表移入和移出 MMU，或在磁盘上和磁盘外释放磁盘位图等，需要进行复制。程序需要花费大量的时间将数据从一个地方移动到另一个地方，因此高效地完成这项工作非常重要。

让我们从一个半度量开始：将一块长度内存字节设置为全 0，如图 7-33 所示。

这个算法能工作正常，但效率不高。假设图 7-33 中的每个框执行所需的时间相同，那么记录内存位置花费的时间比归零内存位置花费的时间要多。如图 7-34 所示，循环展开技术可以使其更高效。例如，假设 `length` 是偶数，我们可以展开循环，这样花在归零上的时间更多，而花在其他事情上的时间更少。

最好能有一个更通用的实现，幸运的是确实有一个。加拿大程序员 Tom Duff 在卢卡斯电影公司工作时发明了“达夫设备”，该设备可以加快数据的复制速度。图 7-35 为一种用于归零内存的变体方法。此方法仅在 `length` 大于零时有效。

达夫设备将循环展开 8 次，然后跳到中间处理任何剩余的字节。尽管你可能会想进一步展开循环，但这种方法必须与代码大小保持平衡，因为将它放入指令缓存的速度非常值得加快。

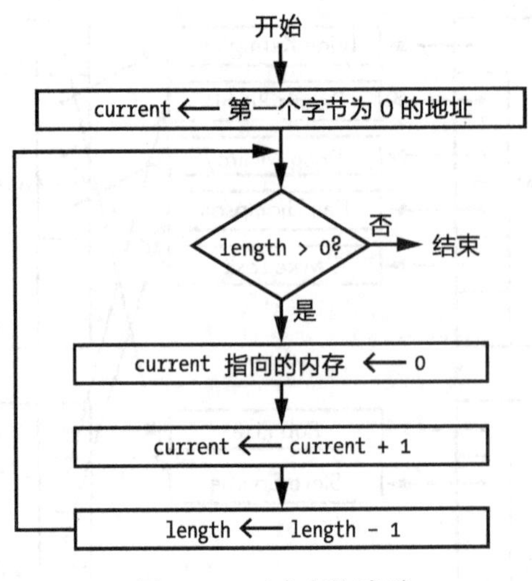

图 7-33　对内存块清零

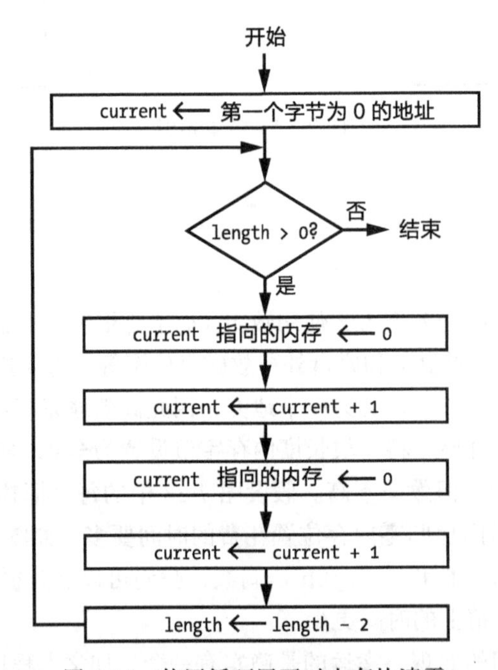

图 7-34　使用循环展开对内存块清零

从图 7-35 循环侧可以看到，内存归零时间与记录时间之比大大提高。虽然初始设置和到循环中适当位置的分支看起来很复杂，但实际上并非如此。它不需要一堆条件分支，只需要一些地址操作，如下所示：

（1）通过与 0x7 进行 AND 运算屏蔽掉长度中除低 3 位以外的所有位。

（2）用 8 减去结果。

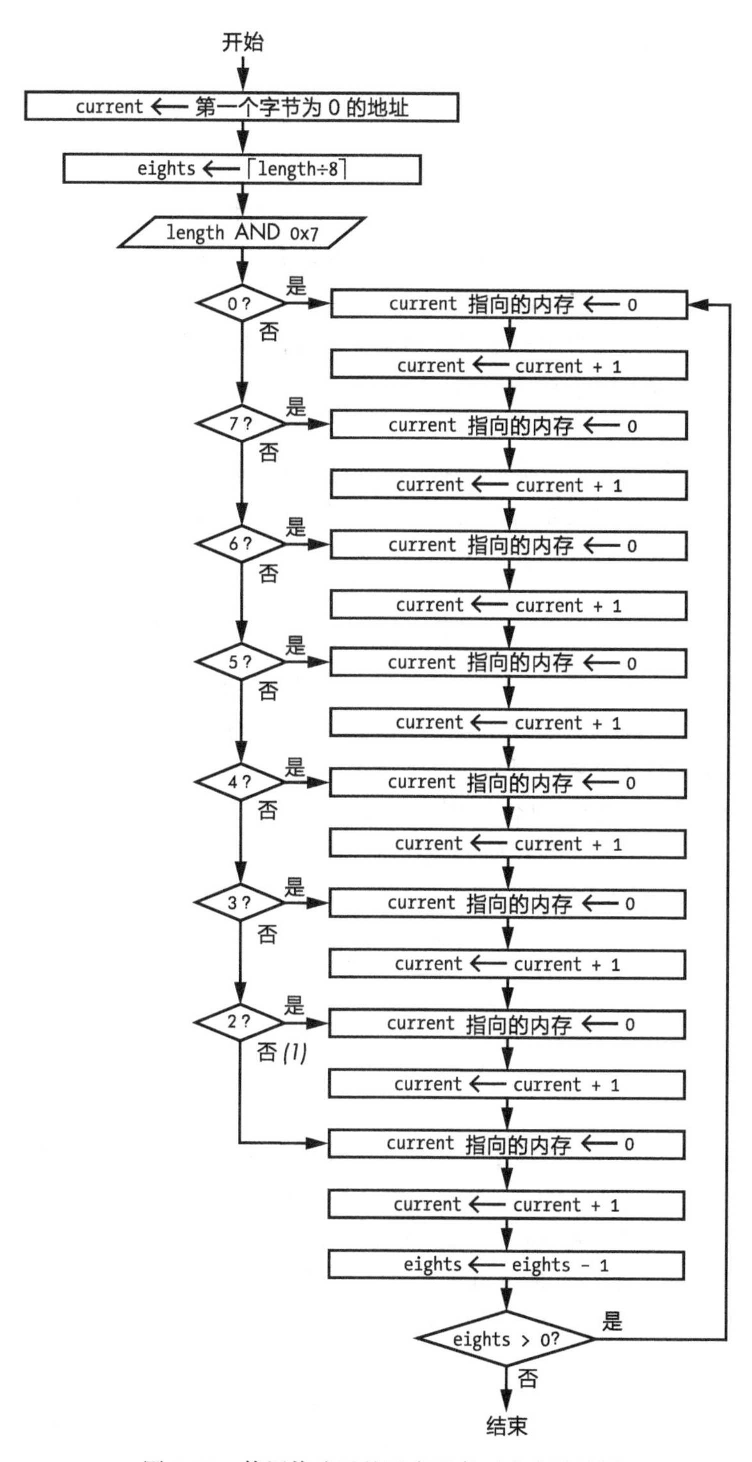

图 7-35 使用修改后的达夫设备对内存块清零

（3）通过与 0x7 进行 AND 运算屏蔽除低 3 位以外的所有位。

（4）乘以清零指令之间的字节数。

（5）添加第一条清零指令的地址。

（6）分支到那个地址。

另一种提高效率的方法是 8 个字节一次归零（在 64 位机器上）。当然，需要一些额外的代码来处理开头和结尾的剩余字节。我们需要使用图 7-36 中的算法，去掉在开头和结尾的 eights 上的循环。在中间，将尽可能多的 8 字节块归零。

当我们对数据块进行复制而不是设置为某个值时，这一切就变得更加复杂了，因为很可能源和目标没有相同的字节对齐方式。对于源和目标都是字对齐的情况，通常是值得测试的，因为这是一种非常常见的情况。

复制还有另一个复杂之处，那就是通常通过复制来移动内存中某个区域的数据。例如，假设我们有一个缓冲区，里面充满了用空格隔开的单词，我们想要从缓冲区中将第一个单词读取出来，然后将其他所有内容塞满，以便在末尾腾出更多空间。在重叠区域中复制数据时，请务必小心。有时你必须向后复制以避免覆盖数据。

一个有趣的历史案例是称为位块传递（blit）的早期光栅图终端（请参阅 6.4.4 节），它是由加拿大程序员 Rob Pike 在 20 世纪 80 年代初期在贝尔实验室设计的，这是实际制作定制集成电路前的时代。源数据和目标数据可以重叠，例如在拖动窗口的情况下，数据可以以任何位对齐。性能非常重要，因为与今天相比，处理器的速度并不快，位块传递使用的是摩托罗拉 68000。当时没有 MMU，所以 Pike 编写了查看源和目标的代码，并动态生成最佳代码以进行最快的复制。我在使用摩托罗拉 68020 的系统上进行了类似的实现。由于 68020 具有指令缓存，生成的代码可以放入其中，因此可以实现更好的性能，因此不必一直访问指令存储器。请注意，这是许多虚拟机（包括 Java）中使用的 JIT（just-in-time）技术的前身。

7.16 矢量 I/O

高效复制数据对系统性能很重要，但避免完全复制数据会有更大的帮助。有许多数据在操作系统和用户空间程序之间来回移动，而这些数据通常不在连续内存中。

例如，假设我们正在生成一些 mp3 格式的音频数据，并想将其写入音频设备。像许多文件格式一样，mp3 文件由许多帧组成，每一帧都包含一个报头，后跟一些数据。典型的音频文件包含多个帧，在许多情况下，这些帧具有相同的报头，如图 7-36 所示。

报头
CRC
边信息
主要数据
辅助数据

图 7-36　mp3 帧布局

我们可以通过将所有数据复制到缓冲区来构建每一帧，但是当将这些数据写入音频设备时，不得不再次复制它。或者，我们可以分别写入每一帧的每个部分，但这会增加上下文切换开销，并且如果只写入部分帧，可能会给音频设备带来播放问题。

如果可以给系统一组指向帧的每个部分的指针，让系统按照帧编写时各个部分的顺序将它们聚集在一起，会更有效率，如图 7-37 所示。这足以证明系统调用（readv，writev）支持的合理性。

其理念是把一个大小矢量和数据指针交给操作系统，然后操作系统按顺序组装它们。读取和写入都有不同的版本：写入被称为聚集，因为数据是从许多地方收集的；而读取被称为分散，因为数据分散到了许多地方。整个概念称为分散 / 聚集。

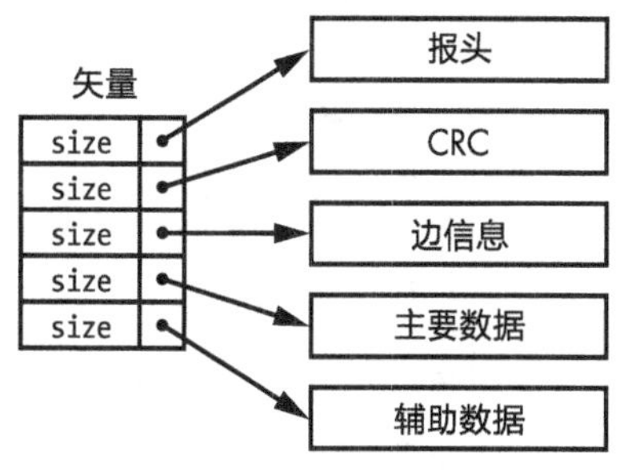

图 7-37　数据聚集

随着伯克利网络代码成为互联网的基础，分散 / 聚集成为主流。6.2.2 节中提到 IP 数据是以数据包的形式发送的，TCP 负责确保数据包到达并且顺序正确。从通信端点到达的数据包（对你来说，它可能是一个通信端点，但对我来说是一个套接字）被收集到一个连续的流中，以呈现给用户程序。

7.17　面向对象存在的问题

既然你正在学习编码，你可能正在学习一种*面向对象*的语言，比如 Java、C++、Python 或者 JavaScript。面向对象编程是一种很好的方法，但是如果使用不当可能会导致性能问题。

面向对象编程首先在 C++ 中得到了重视。C++ 是一个有趣的案例，因为它最初是在 C 语言之上构建的，这让我们有机会来了解它的工作原理。

对象具有与函数等效的*方法*和与数据等效的*属性*。对象所需的一切都可以集中到一个数据结构中。C 语言对类型转换和指针的支持，特别是指向函数的指针，在这里大获全胜。对象的 C 结构可能类似于图 7-38。

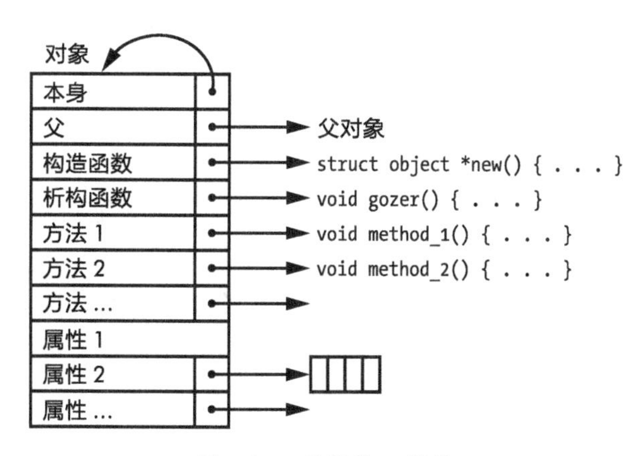

图 7-38　对象的 C 结构

一些属性，例如具有整数值的属性（属性 1），驻留在对象结构本身中，而其他属性则需要对象结构引用的额外内存分配（属性 2）。

显然，这种结构可能会变得相当大，特别是如果有很多方法的话。我们可以通过将这些方法分解成独立的结构来实现另一个空间 / 时间的平衡，如图 7-39 所示。

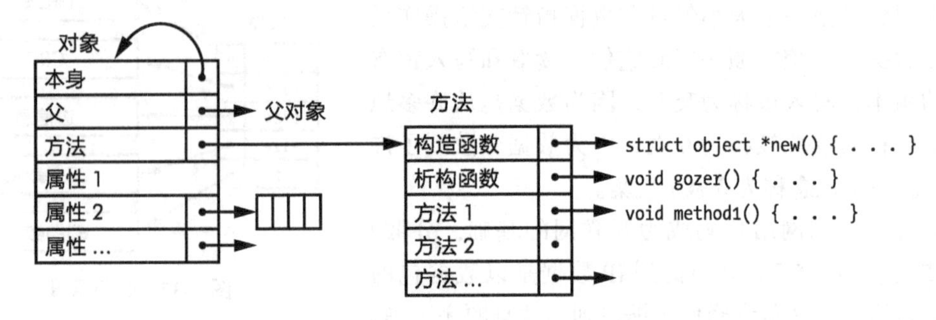

图 7-39　独立方法结构

早在丹麦程序员 Bjarne Stroustrup 发明 C++ 之前，程序员就已经使用了这种面向对象的编程方法。原来的 C++ 是围绕 C 的包装器，它可以做这样的事情。

为什么这很重要？面向对象的理论家认为对象是一切问题的答案。但是正如你在前面的图中所看到的，与对象相关的开销是存在的。对象不得不使用自己的函数，而不是使用全局可用的函数。对象不像纯数据类型那样密集，所以在性能最重要时，请坚持使用经典的数组。

7.18　排序

对数据进行排序有很多原因。有时候我们只需要排序的结果，比如把名字按字母顺序排列，这样人们就更容易找到要找的名字。很多时候我们希望以排序的形式存储数据，因为这样可以通过减少内存访问的次数来加快搜索速度。

这里不会深入讨论排序算法，因为这是一个相当成熟的主题，在很多书中都有讨论。而且已经存在很多不错的排序函数，所以除了作为家庭作业题外，你不太可能需要自己编写排序算法。但有几点需要记住。

第一点是，如果排序内容的大小大于指针的大小，则应该通过重新排列指向数据的指针来进行排序，而不是通过移动数据本身来进行排序。

此外，排序的约定也在不断发展。前面的 bingo 游戏树示例支持基于算术比较的决策，我们根据一个数是小于、等于还是大于另一个数来做出决策。这种决策方法源于 1956 年的 FORTRAN 编程语言，其中包含一条如列表 7-3 所示的语句。

列表 7-3 FORTRAN 编程语言的 IF 分支语句

```
IF (expression) branch1, branch2, branch3
```

这个 `IF` 语句对 `expression` 求值，如果结果小于零，则转到 `branch1`；如果结果为零，则转到 `branch2`；如果结果大于零，则转到 `branch3`；分支与 4.4.4 节中提到的类似。

数字排序很简单。将同样的方法应用于其他事物的排序也是很好的。从图 7-10 中可以看到，列表节点可以包含任意数据；树节点和其他数据结构也是如此。

UNIX 版本 III 引入了一个名为 `qsort` 的库函数，它对经典的*快速排序算法*进行了改进。`qsort` 实现的有趣之处在于，尽管它知道如何排序，但却不知道如何比较排序内容。因此，`qsort` 函数利用了 C 语言中指向函数的指针；当使用要排序的事物列表调用 `qsort` 时，还提供了一个比较函数，该函数返回 <0、0 或 >0，表示小于、等于或大于，就像 FORTRAN 中 `IF` 函数一样。这种方法允许调用者使用 `qsort` 来按他们想要的方式进行排序。例如，如果一个节点同时包含名称和年龄，则提供的函数可以先按年龄进行比较，然后再按名称进行比较，这样 `qsort` 将生成先按年龄再按名称组织的结果。这种方法效果很好，已经被用在了许多其他系统复制。

标准的 C 库字符串比较函数 `strcmp` 在设计时就考虑到了这一点：它返回一个小于、等于或大于零的值。这也成了实际上的处理方式。

`strcmp` 的原始 ASCII 版本只遍历字符串，从一个字符中减去另一个字符。如果值为零，则继续运行；如果到达字符串的末尾，则返回 0。否则返回减法结果。

如果你只是为了将数据分配在树中而排序，上述方法还是可行的，但是如果要将数据按字母顺序排列而排序，那么它就会崩溃。在 ASCII 时代，它也是有效的。从表 1-10 中可以看到，数字顺序和字母顺序是相同的。它的失败之处是它支持其他语言。支持其他语言的一个副作用是，只有 ASCII 字符的数字的*排序顺序*是正确的，或特定于语言的排序规则。

例如，应该给德语字母 *ß* 和 *S* 指定什么值？其 Unicode 值为 0x00DF。正因为如此，*Straße* 这个词将通过一个普通字符串比较排在 *Strasse* 之后。但它们实际上是同一个词的不同表示。*ß* 相当于 *ss*。注意到区域设置的字符串比较会认为这两个单词是相同的。

7.19 哈希算法

到目前为止，我们看到的所有搜索方法都涉及在遍历数据结构时进行重复测试。还有另一种方法在某些情况下表现更好，称为*哈希算法*。哈希算法有很多应用。我们讨论的是内存中的存储和检索，而不是大容量存储器存储和检索。一般的思路是对搜索键应用一些*哈希函数*，使它们均匀地散布到墙上。如果哈希函数很容易计算，并且可以将键转换成墙上一个独特位置的 splat，那么单步查找应该很快。当然，也需要考虑一些实际情况。

Splat 代表与键关联的对象的存储空间。哈希函数必须生成适合内存的值。而且它不应该将内容散播到太多的内存中，使用太多内存或缺少引用的位置都会使性能受到影响。我们不可能得到一个完美的哈希函数，因为没有任何关于键的先验知识。

绑定存储的一种方法是使用哈希函数将键映射到数组索引中。这个数组称为*哈希表*，如图 7-40 所示。数组元素称为桶。

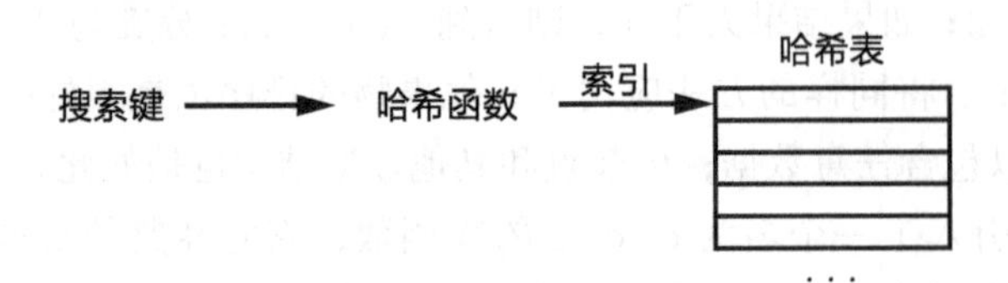

图 7-40 哈希算法

怎样的哈希函数才算好哈希函数？哈希函数需要易于计算，并且能将键均匀地分配到桶中。对于文本来说，一个简单的哈希函数就是对字符值求和的函数。这还不够，因为和可能会生成一个超出哈希表末尾索引值的索引，但我们可以让索引取哈希表大小的和的模来轻松解决这个问题。我们来看这在实践中是如何工作的。我们将使用大小为 11 的表，由于总和的倍数会出现在不同的桶中，因此可用质数来很好地表示表的大小从而改善问题。

假设有一个应用程序可以跟踪我们最喜欢的乐队在音乐会上播放的歌曲。也许这个应用程序存储了上次播放的日期。我们只取每首歌名的第一个字。

如图 7-41 所示，我们从一个桶（本例中为 4 号桶）里的 Hell 开始。接下来是 9 号桶的 Touch，再接着是 3 号桶的 Scarlet。但是到 Alligator 时，遇到了问题，因为哈希函数的值与 Scarlet 的值相同。这叫作*碰撞*。

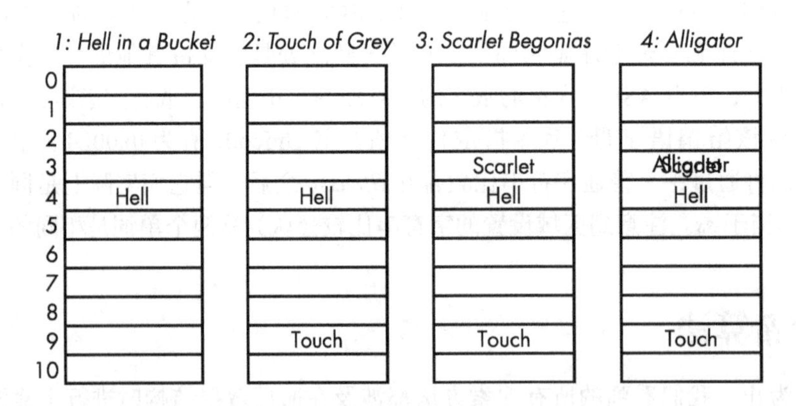

图 7-41 哈希碰撞

我们通过用*哈希链*替换桶来解决这个问题，哈希链最简单的形式是单链表，如图 7-42 所示。

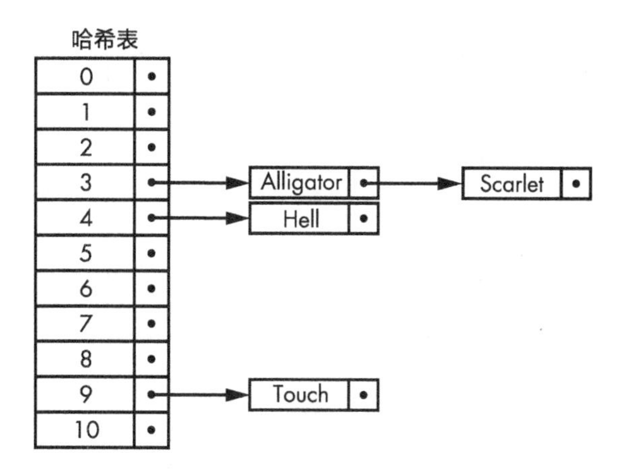

图 7-42 哈希链

在哈希链管理中有许多权衡。我们可以在链的头部插入碰撞，如图 7-42 所示，因为插入速度很快。但是随着链变长，查找速度会减慢，所以也可以进行插入排序，而这需要运行更长的时间，但也意味着我们不必遍历到链的末尾来确定某个项是否存在。还有许多不同的碰撞处理方法，例如，消除哈希链并使用某种算法在表中找一个空槽。

如果事先不知道预期的符号数量，就很难选择合适的哈希表大小。你可以跟踪链的长度，如果链太长，则可以扩展哈希表。这可能是一个成本很高的操作，但它不需要经常使用。

存在许多哈希函数的变体。哈希函数的圣杯是*完美哈希*，它将每个键映射到一个唯一的桶。除非预先知道所有的键，否则几乎不可能创建完美哈希函数，但数学家们已经想出了比本例中用的更好的函数。

7.20 效率与性能

人们在开发高效搜索算法方面已经付出了很多努力。这些大多是在计算机价格很昂贵的年代完成的。性能与效率挂钩。

电子产品的成本急剧下降，每个人生活中都包括免费蓝色 LED 的产品。性能和效率解耦了，有些情况下，在更多处理器上使用效率较低的算法比在较少处理器上使用效率较高的算法，获得的性能更好。

这种解耦的一个应用是数据库*分片*（也称为*水平分区*）。分片就是将数据库分成多个分片，每个分片都位于自己的机器上，如图 7-43 所示。

通过接口请求的数据库操作被发送到所有的分片，其结果由控制器汇编。这种技术改善了性能，因为操作被分配到多个工作者进行。

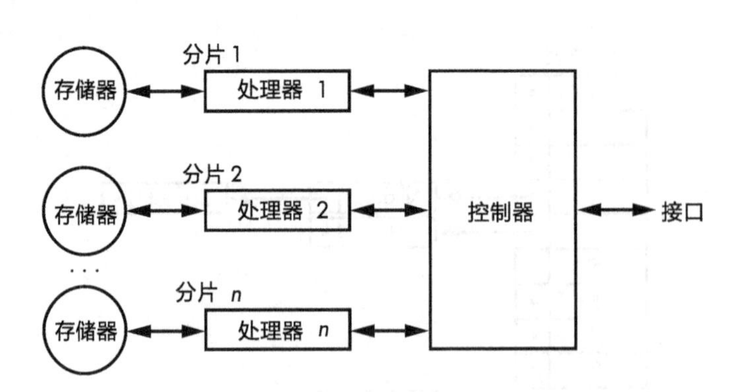

图 7-43 数据库分片

分片的一个变体称为 MapReduce，它允许向控制器提供代码以汇编中间结果。这样就可以进行诸如“统计所有数学课上的学生人数”之类的操作，而不必先请求学生名单，然后再进行计数。

数据库并不是这种多处理器方法的唯一应用。历史上一个有趣的用例是 1998 年建立的针对电子前沿基金会数据加密标准（Data Encryption Standard, DES）的破解器，参见 *Cracking DES*（O'Reilly，1998）。人们建造了一台使用 1856 个定制处理器芯片的机器，每个芯片都尝试一系列密钥以解开加密数据。任何“有趣”的结果都会被转发给控制器进行进一步分析。这台机器每秒可以测试 900 亿个密钥。

7.21 本章小结

本章介绍了一系列数据组织方法。数据可以被组织起来，以利用到目前为止所介绍的计算机硬件的优势。下一章将介绍如何将程序转换为计算机硬件可以理解的形式。

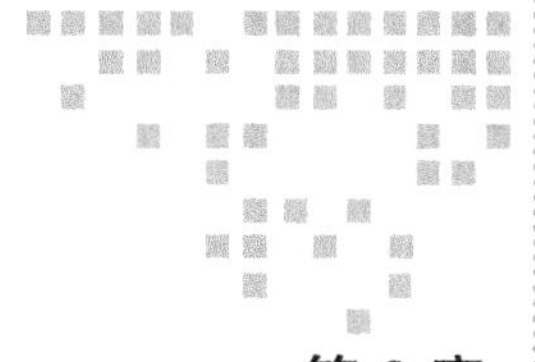

第8章 Chapter 8

语言处理

狂人才会尝试编写计算机程序，虽然这一直是真的，但至少编程语言可以让计算机程序编写更简单。

本章将探讨编程语言是如何实现的，目的是帮助你理解代码中发生的事情。还将介绍如何将编写的代码转换为可执行的形式（称为机器语言）。

8.1 汇编语言

表 4-4 给出了一个计算斐波那契数程序的机器语言实现。正如你想象的，找出指令的所有位型是相当痛苦的。以前的程序员前辈厌倦了这一点，于是想出了一种更好的编写计算机程序的语言，称为汇编语言。

汇编语言做了一些惊人的事情。它允许程序员使用助记符编写指令，这样程序员们就不必记住所有的位型。它允许他们给地址加上名字或标签，还允许加入可以帮助其他人阅读和理解程序的注解。

叫作汇编程序的程序可以读取汇编语言程序，并从中产生机器代码，在运行过程中填入标签或符号的值。这一点用处很大，因为它可以防止由于东西移动而导致的错误。

列表 8-1 显示了表 4-4 中的斐波那契数序列程序在汇编语言中的样子。

列表 8-1 计算斐波那契数序列的汇编语言程序

```
load    #0       ; zero the first number in the sequence
store   first
load    #1      ; set the second number in the sequence to 1
store   second
```

```
again:   load    first    ; add the first and second numbers to get the
         add     second   ; next number in the sequence
         store   next
                          ; do something interesting with the number
         load    second   ; move the second number to be the first number
         store   first
         load    next     ; make the next number the second number
         store   second
         cmp     #200     ; are we done yet?
         ble     again    ; nope, go around again
first:   bss     1        ; where the first number is stored
second:  bss     1        ; where the second number is stored
next:    bss     1        ; where the next number is stored
```

bss（block started by symbol，由符号启动的块）伪指令保留一块内存（在本例中为一个地址），不在该位置放置任何内容。伪指令与机器语言指令没有直接对应关系，伪指令是对汇编程序的指令。正如你所看到的，汇编语言比机器语言更容易处理，但汇编语言仍然相当乏味。

早期的程序员只能靠自己的能力提升工作效率。第一台计算机制造出来时，还没有汇编程序可供使用，所以程序员不得不手工计算出所有的位来编写第一个汇编程序。这第一个汇编程序相当原始，但一旦它运行起来，就可以制造出更好的汇编程序。

引导程序（bootstrap）这个术语一直沿用至今，尽管它通常被简称为引导（boot）。启动一台计算机通常需要加载一个程序，而这个程序加载一个还大的程序，而这个更大的程序又加载一个比它还大的程序。在早期的计算机上，人们必须使用前面板上的开关和指示灯手动进入初始引导程序。

8.2 高级语言

汇编语言对简化工作帮助很大，但用它做简单的事情仍需要大量的工作。我们真的希望能够用更少的词来描述更复杂的任务。Fred Brooks 在 1975 年的书 *The Mythical Man-Month: Essays on Software Engineering*（Addison-Wesley）中写道，程序员平均每天可以编写 3～10 行经过调试的文档化代码。因此，如果一行代码可以处理更多的事情，那么程序就可以完成更多的工作。

高级语言在比汇编语言更高的抽象层次上操作。高级语言中的源代码通过一个称为编译器的程序运行，编译器将其翻译或编译为机器语言（也称为目标代码）。

人们发明了数千种高级语言，其中有些是通用的，有些是为特定任务而设计的。最早的高级语言之一叫作 FORTRAN，即公式翻译程序（formula translator）。用它可以轻松地编写程序来求解类似 $y=m\times x+b$ 这样的公式。列表 8-2 显示了斐波那契数序列程序在 FORTRAN 中的样子。

列表 8-2 计算斐波那契数序列的 FORTRAN 程序

```
C    SET THE INITIAL TWO SEQUENCE NUMBERS IN I and J
     I=0
     J=1
C    GET NEXT SEQUENCE NUMBER
5    K=I+J
C    DO SOMETHING INTERESTING WITH THE NUMBER
C    SHIFT THE SEQUENCE NUMBERS TO I AND J
     I=J
     J=K
C    DO IT AGAIN IF THE LAST NUMBER WAS LESS THAN 200
     IF (J .LT. 200) GOTO 5
C    ALL DONE
```

高级语言是不是比汇编语言简单得多？注意，以字母 C 开头的行是注解。虽然高级语言中存在标签，但标签一定是数字。还需注意一点，我们不必明确地声明想要使用的内存，它会在使用变量（如 *I* 和 *J*）时奇迹般地出现。FORTRAN 做了一些有趣的事情（也可能是丑陋的，取决于个人观点），至今仍在发挥影响。任何以字母 *I*、*J*、*K*、*L*、*M* 或 *N* 开头的变量都是整数，这种命名方式从数学家编写证明的方式中借鉴而来。以任何其他字母开头的变量都是浮点数，或者在 FORTRAN 语言中是实数变量。几代前 FORTRAN 程序员仍然使用 *i*、*j*、*k*、*l*、*m*、*n* 或这些字母的大写字母作为整数变量的名称。

FORTRAN 是一种在当时非常大的机器上运行的烦琐语言。随着更小、更便宜的机器（也就是只占一个小房间的机器）的出现，人们发明出了其他语言。这些新语言中的大多数，例如 BASIC（Beginner's All-purpose Symbolic Instruction Code，初学者的多用途符号指令代码），都是 FORTRAN 的变体。所有这些语言都面临着同样的问题。随着程序复杂性的增加，行号和 `GOTO` 形成的网络变得难以管理。人们在编写程序时会把标签号都按顺序排列好，可在随后的工作中不得不做一些改变，于是这些顺序会被搞乱。许多程序员一开始使用间隔为 10 或 100 的标签，以便有空间进行后续填充，但即使这样也不总是有效的。

8.3 结构化程序设计

像 FORTRAN 和 BASIC 这样的语言是非结构化的，因为标签和 `GOTO` 的排列方式并没有一定结构。在现实生活中，把一堆木材扔在地上无法盖成房子，但在 FORTRAN 语言（这里指的是原始的 FORTRAN）中可以做到这点。随着时间的推移，FORTRAN 语言已经发展并融入了结构化程序设计。它仍然是最流行的科学语言。

结构化编程语言是为了解决套管程序问题而开发的，它消除了对令人讨厌的 `GOTO` 的需求。有些则太过了。例如，Pascal 完全摆脱了对讨厌的 `GOTO` 的需要，产生了一种编程语言，这种语言只对教授基本的结构化编程有用。不过，实际上它的设计初衷就是如此。C 语言（继承自 Ken Thompson 的 B 语言）最初是由贝尔实验室的 Dennis Ritchie 开发的。C

语言非常实用，已成为使用最广泛的编程语言之一。大量后来的语言（包括 C++、Java、PHP、Python 和 JavaScript）借鉴了 C 语言中的元素。

从列表 8-3 可以看出斐波那契数序列程序是如何在 JavaScript 中实现的，注意这个程序没有明确的分支。

列表 8-3 计算斐波那契数序列的 JavaScript 程序

```
var first;   // first number
var second;  // second number
var next;    // next number in sequence

first = 0;
second = 1;

while ((next = first + second) < 200) {
    // do something interesting with the number
    first = second;
    second = next;
}
```

只要圆括号中的 `while` 条件为真，就可以执行大括号内的语句。当条件变为假时，在 } 之后继续执行。这样控制流更干净清爽，使程序更易于理解。

8.4 词法分析

现在我们来看处理一种语言需要些什么。我们先从*词法分析*开始介绍，词法分析是将*符号*（字符）转换为*标记*（单词）的过程。

查看词法分析的一个简单方法是，一种语言有两种标记：单词和分隔符。例如，按照此规则，lex luthor 有两个单词（lex 和 luthor）和一个分隔符（空格）。图 8-1 显示了一个将其输入分成不同的标记的简单算法。

仅仅提取标记是不够的，我们还需要对它们进行分类，因为实际语言有许多不同类型的标记，例如名称、数字和运算符。语言通常有运算符和操作数，就像数学一样，操作数可以是变量或常量（数字）。语言自由形式的特性也使事情复杂化，例如，对照 A+B 和 A + B（注意空格），A + B 中暗含了分隔符。两种形式有相同的解释，但第一种形式没有任何明确的分隔符。

即使忽略了八进制数、十六进制数、整数和浮点数之间的区别，数字常量也很难被分类。我们用图表说明什么是合理的浮点数。有很多指定浮点数的方法，包括 `1.`、`.1`、`1.2`、`+1.2`、`-.1`、`1e5`、`1e+5`、`1e-5` 和 `1.2E5`，如图 8-2 所示。

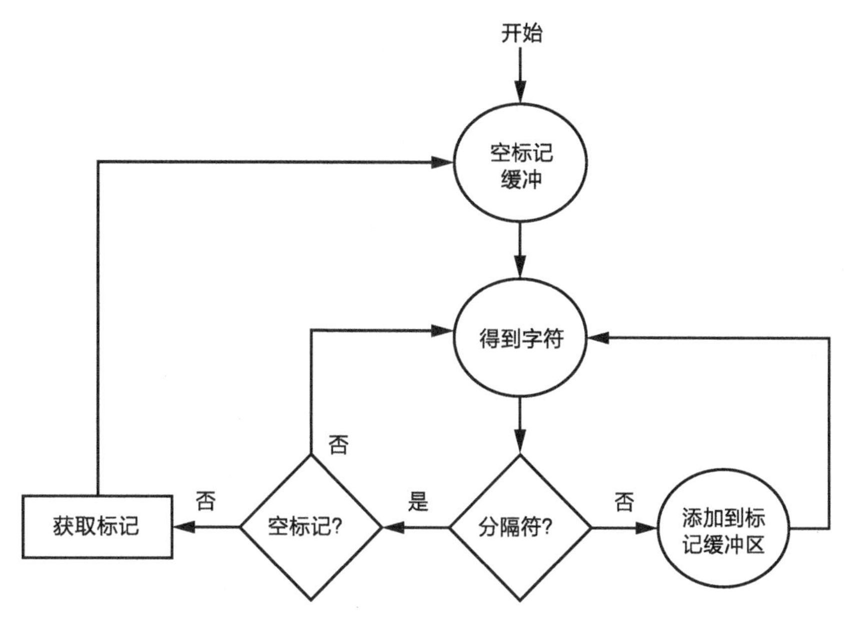

图 8-1　简单词法分析

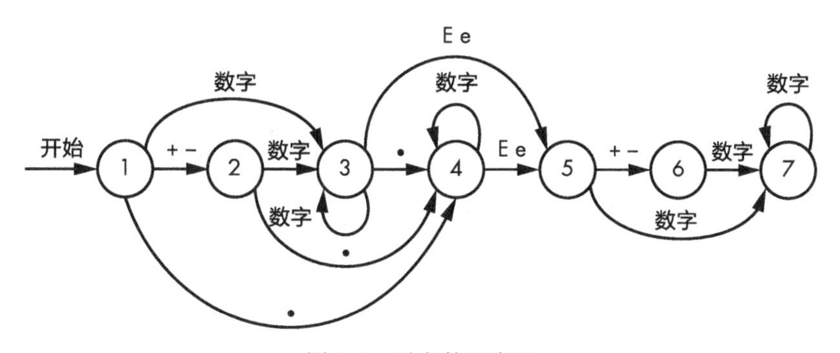

图 8-2　浮点数示意图

我们从①开始。一个“+”或“-”字符将①传送到②，一个“.”把①传送到④。当出现“.”字符，我们把②传送到④，但当出现一个数字时，②被传送到③。③和④累积数字。如果得到一个没有显示转换的字符，那就完成了。例如，如果在圆圈处得到一个指向它自身的传送，那就完成了。当然，传送没有数字或小数点的②、没有数字的⑥、没有符号或数字的⑤会出现错误，因为它不能产生完整的浮点数。为了简单起见，图中没有画出这些路径。

这很像用寻宝图寻找宝藏。只要按照指示走，就可以从一个地方到达另一个地方。如果不按指示走（比如①处有一个 Z），将脱离地图无路可走。

你可以将图 8-2 视为浮点数的规范，并编写实现它的软件。不过，还有其他更正式的方法可以编写规范，比如 Backus-Naur 形式。

Backus-Naur 形式

Backus-Naur 形式（Backus-Naur Form, BNF）起源于印度梵语学者 Pāṇini（约公元前 5 世纪）的著作。BNF 以美国计算机科学家 John Backus（1924—2007）和丹麦计算机科学家 Peter Naur（1928—2016）的名字命名，John Backus 也是 FORTRAN 的发明者。Backus-Naur 形式是指定语言的一种正式方式。这里不做详述，但是你应该熟悉它，因为它用于定义 internet 协议的征求意见（Request For Comment, RFC）文档。以下是浮点数的 BNF：

```
<digit>              ::= "0" | "1" | "2" | "3" | "4" | "5" | "6" | "7" | "8" | "9"
<digits>             ::= <digit> | <digits> <digit>

<e>                  ::= "e" | "E"
<sign>               ::= "+" | "-"
<optional-sign>      ::= <sign> | ""
<exponent>           ::= <e> <optional-sign> <digits>
<optional-exponent>  ::= <exponent> | ""

<mantissa>           ::= <digits> | <digits> "." | "." <digits> | <digits> "." <digits>
<floating-point>     ::= <optional-sign> <mantissa> <optional-exponent>
```

::= 左边的内容可以代替其右边的内容。| 表示选择，引号中的内容是字面量（意味着它们必须完全按照书面形式出现）。

8.4.1 状态机

根据数字的复杂性，可以想象从输入中提取语言标记需要大量的特殊情况代码。图 8-2 提示我们可以用另一种方法从输入中提取语言标记。我们可以构造一个状态机，它由一组状态和一个导致从一个状态转换到另一个状态的列表组成，如图 8-2 所示。这些信息可以按表 8-1 所示安排。

表 8-1 浮点数状态表

输入	状态						
	1	2	3	4	5	6	7
0	3	3	3	4	7	7	7
1	3	3	3	4	7	7	7
2	3	3	3	4	7	7	7
3	3	3	3	4	7	7	7
4	3	3	3	4	7	7	7
5	3	3	3	4	7	7	7
6	3	3	3	4	7	7	7
7	3	3	3	4	7	7	7

（续）

输入	状态						
	1	2	3	4	5	6	7
8	3	3	3	4	7	7	7
9	3	3	3	4	7	7	7
e	出错	出错	5	5	出错	出错	完成
E	出错	出错	5	5	出错	出错	完成
+	2	出错	完成	完成	6	出错	完成
–	2	出错	完成	完成	6	出错	完成
.	4	4	4	完成	出错	出错	完成
other	出错	出错	完成	完成	出错	出错	完成

从表 8-1 可以看到，当处于状态 1 时，输入为数字将移动到状态 3，输入 e 或 E 移动到状态 5，输入“+”或“–”将移动到状态 2，输入“.”将移动到状态 4，输入其他任何字符都会出现错误。

利用状态机允许我们使用一段简单的代码对输入进行分类，如列表 8-4 所示。我们将使用表 8-1，并将“完成”替换为 0，将“出错”替换为 –1。为了简单起见，在表中为每个其他字符都设置新的一行。

列表 8-4　使用状态机

```
state = 1;
while (state > 0)
    state = state_table[state][next_character];
```

这种方法可以很容易地扩展到其他类型的标记。不像为“完成”设置一个单独的值，我们可以为每种类型的标记使用不同的值。

8.4.2　正则表达式

对于复杂的语言来说，从图 8-2 这样的图中构建表 8-1 这样的表非常麻烦而且容易出错。解决方案是创建用于指定语言的语言。美国数学家 Stephen Cole Kleene（1909—1994）早在 1956 年就为这种方法提供了数学基础。Ken Thompson 在 1968 年首先将其转换为软件并将其作为文本编辑器的一部分，然后在 1974 年创建了 UNIX grep（globally search a regular expression and print，全局搜索正则表达式和打印）实用程序。这使得*正则表达式*这一术语得到了普及，现在已经无处不在。正则表达式本身就是语言，当然现在已有多种不兼容的正则表达式语言。正则表达式是*模式匹配*的支柱。图 8-3 显示了与浮点数模式匹配的正则表达式。

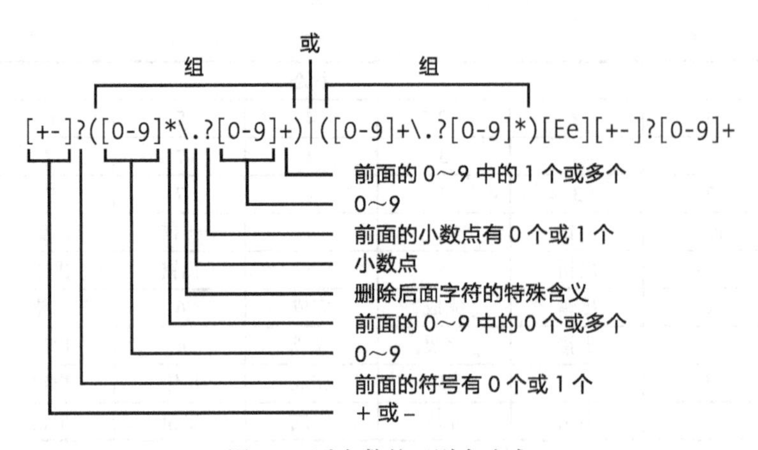

图 8-3　浮点数的正则表达式

这看起来很复杂，但实际上仅仅依赖于几个简单的规则。它按从左到右的顺序进行处理，这意味着表达式 abc 将匹配字符串“abc”。如果模式中的某个东西后面跟着 ?，它表示 0 个或 1 个这样的东西，* 表示 0 个或多个，而 + 表示 1 个或多个。方括号中的字符与该集合中的任意字符匹配，因此 [abc] 匹配 a、b 或 c。“.”匹配任何单个字符，因此需要用反斜杠（\）进行转义才能匹配“.”。| 表示它左边的东西或右边的东西。括号（ ）用于分组，就像在数学中那样。

从左向右读，首先遇到一个可选的 + 或 –。+ 或 – 后面是 0 个或多个数字、一个可选小数点和一个或多个数字（处理 1.2 和 .2 之类的情况），后面也可能是一个或多个数字、一个可选小数点和 0 个或多个数字（处理 1 和 1. 之类的情况）。这之后是以 E 或 e 开头的指数，后跟可选符号和一个或多个数字。是不是不像最初看起来那么难懂了？

如果能够自动生成状态表，那么使用正则表达式语言将输入处理为标记将更加有用。我们已经有了一个以上思路的成功实现。1975 年，美国物理学家 Mike Lesk 和实习生 Eric Schmidt 一起编写了一个名为 lex（lexical analyzer，词法分析器）的程序。正如披头士乐队在“Penny Lane”中唱道：“It's a Kleene machine.”GNU 项目后来做出了名为 flex 的开源版本。这些工具正是我们想要的。它们生成一个状态表驱动的程序，当输入与正则表达式匹配时，该程序执行用户提供的程序片段。例如，列表 8-5 中的简单 lex 程序片段在输入中遇到 ar 或 er 时输出 ah，在单词末尾遇到 a 时输出 er。

列表 8-5　波士顿 lex 程序片段

```
[ae]r        printf("ah");
a/[ .,;!?]   printf("er");
```

第二种模式中的“/”表示“如果它在右边东西的后面，那它只跟它左边的东西匹配”。没有与之相匹配的字符只能输出。你可以用这个程序把美式英语转换成波士顿方言：例如，输入文本 Park the car in Harvard yard and sit on the sofa，就会生成输出：

`Pahk the cah in Hahvahd yahd and sit on the sofer。`

对标记进行分类对于程序 `lex` 来说小菜一碟。例如，列表 8-6 显示了一些与所有的数字形式、变量名称和运算符相匹配的 `lex` 程序。不过我们不输出找到的内容，而是返回为每种类型标记在别处定义的一些值。注意，有几个字符对 `lex` 程序有特殊意义，因此需要使用反斜杠转义才能将它们视为文字。

列表 8-6　使用 lex 分类标记

```
0[0-7]*                                              return (INTEGER);
[+-]?[0-9]+                                          return (INTEGER);
[+-]?(([0-9]*\.?[0-9]+)|([0-9]+\.?[0-9]*))([Ee][+-]?[0-9]+)? return (FLOAT);
0x[0-9a-fA-F]+                                       return (INTEGER);
[A-Za-z][A-Za-z0-9]*                                 return (VARIABLE);
\+                                                   return (PLUS);
-                                                    return (MINUS);
\*                                                   return (TIMES);
\/                                                   return (DIVIDE);
=                                                    return (EQUALS);
```

列表中没有显示 lex 程序提供标记实际值的原理。当找到一个数字时，我们需要知道它的值。同样，当找到一个变量名时，我们也需要知道它的名称。

请注意，`lex` 并不适用于所有语言。正如计算机科学家 Stephen C.Johnson 所解释的那样，"可以很容易地使用 lex 生成相当复杂的词法分析器，但是还有一些语言（如 FORTRAN）不适合任何理论框架，它们的词法分析器必须由人工生成。"

8.5　从单词到句子

到目前为止，我们已经看到了如何将字符序列转换为单词。但对一门语言来说，转换为单词还不够，我们现在需要根据*语法*把这些单词变成句子。

我们使用列表 8-6 中的标记来创建一个简单的四函数计算器。像 `1 + 2` 和 `a = 5` 这样的表达式是合法的，而 `1 + + + 2` 则不合法。我们发现需要模式匹配，但这次针对标记类型进行匹配。也许已经有人想到了。

那个人就是 Stephen C.Johnson，他也在贝尔实验室工作。他在 20 世纪 70 年代早期创建了 `yacc`（yet another compiler compiler），这个名字应该能让你知道当时有多少人在研究这种东西。它至今仍在使用，GNU 项目提供了一个名为 `bison` 的开源版本。就像 `lex` 一样，`yacc` 和 `bison` 可以生成状态表和操作它们的代码。

`yacc` 生成的程序是一个使用堆栈（见 5.3 节）的移进 – 归约解析器。在这种情况下，"移进" 意味着将标记推送到堆栈上，"归约" 意味着用该组标记替换堆栈上匹配的一组标记。列表 8-7 中计算器的 BNF 使用了列表 8-6 中 `lex` 生成的标记值。

列表 8-7　简易的 BNF 计算器

```
<operator>     ::= PLUS | MINUS | TIMES | DIVIDE
<operand>      ::= INTEGER | FLOAT | VARIABLE
<expression>   ::= <operand> | <expression> PLUS <operand>
                             | <expression> MINUS <operand>
                             | <expression> TIMES <operand>
                             | <expression> DIVIDE <operand>
<assignment>   ::= <variable> EQUALS <expression>
<statement>    ::= <expression> | <assignment>
<statements>   ::= "" | <statements> <statement>
<calculator>   ::= <statements>
```

只要看一下实际运行过程，移进–归约就很容易理解。看看当简单计算器像图 8-4 那样输入 `4 + 5 - 3` 时会发生什么。回到 5.3 节中“不同的公式表示法”，可以看到，处理中缀表示法方程需要比后缀表示法（RPN）方程更深层的堆栈，因为必须先移进更多的标记（例如括号一类的标记），才能归约方程的其他内容。

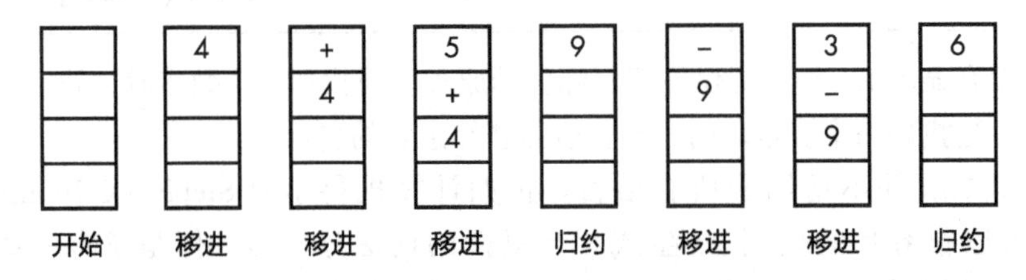

图 8-4　移进–归约

列表 8-8 显示了计算器在 yacc 中编码时的样子。注意与 BNF 的相似之处。列表 8-8 并不是完全有效的，仅作为示例，如果要让它有效，需要引入更多细枝末节。

列表 8-8　简单计算器的部分 yacc 程序

```
calculator  : statements
            ;

statements  : /* empty */
            | statement statements
            ;

operand     : INTEGER
            | FLOAT
            | VARIABLE
            ;

expression  : expression PLUS operand
            | expression MINUS operand
            | expression TIMES operand
            | expression DIVIDE operand
```

```
             | operand
             ;

assignment   : VARIABLE EQUALS expression
             ;

statement    : expression
             | assignment
             ;
```

8.6 每日语言俱乐部

语言曾经很烦琐复杂。1977 年，贝尔实验室的加拿大计算机科学家 Alfred Aho 和美国计算机科学家 Jeffrey Ullman 出版了 *Principles of Compiler Design* 一书，它是第一本使用 troff 排版语言出版的由计算机排版的书籍之一。人们把这本书概括如下："语言是很难的，最好先深入研究复杂的数学、集合论等。" 1986 年 Jeffrey Ullman 与印度计算机科学家 Ravi Sethi 一起出版的第二版则传递出完全不同的感觉。它的态度更像是"语言是现成的东西，下面告诉你该怎么做。"

第二版的书使 `lex` 和 `yacc` 流行起来。突然之间，不仅仅是编程语言，所有的东西都有了语言。我最喜欢的一种小语言是 `chem`，由贝尔实验室的加拿大计算机科学家 Brian Kernighan 设计，可以根据 `C double bond O` 之类的输入画出化学结构图。事实上，本书中的图表正是用 Brian Kernighan 的绘画语言 `pic` 绘制的。

创造新语言很有趣。当然，刚开始在不了解历史的情况下，创造新语言的同时又引入了旧的错误。例如，许多人认为 Ruby 语言中对空白（单词之间的空格）的处理是对原 C 语言中一个错误的重演，而这个错误其实早就修复了。（请注意，处理错误的经典方法之一是将其称为特性。）

所有这些历史的结果是，现在有大量的语言可用。大多数语言并没有真正增加价值，只是设计师品味的展示。值得关注的是领域特定的语言，特别是像 `pic` 和 `chem` 这样的小语言，看看如何处理特定的应用程序。美国计算机科学家 Jon Bentley 早在 1986 年就在 *Communications of the ACM* 发表了关于小语言的精彩专栏，叫作"Programming Pearls"。这些专栏在 1999 年被收集整理并以图书的形式出版，名为 *Programming Pearls*（Addison-Wesley）。

8.7 语法树

前面提到过编译高级语言，但这并不是唯一的选择。高级语言可以被编译或解释。我们要选择的并不是语言设计的功能，而是语言实现的功能。

编译语言产生机器代码，就像在表4-4中看到的那样。编译器获取源代码并将其转换为特定机器的机器语言。许多编译器允许在不同的目标计算机编译相同的程序。程序被编译后，就可以运行了。

解释语言不会产生真正机器（硬件）的机器语言。相反，解释语言运行在虚拟机上，虚拟机是用软件编写的机器。它们可能有自己的机器语言，但不是用硬件实现的计算机指令集。请注意，最近*虚拟机*这个词已经被滥用了，我用它来指抽象计算机器。有些被解释的语言直接由*解释器*执行。另一些则被编译成一种*中间语言*，以便以后进行解释。

一般来说，编译后的代码运行速度更快，因为一旦编译完成，代码就成为机器语言形式的了。就像翻译一本书，一旦翻译完成后，任何掌握这种语言的人都能阅读。解释代码是短暂存在的，就像有人以听者的语言翻译后大声地朗读这本书，如果后来有人想让人用自己的语言读这本书，那就必须再翻译一遍。然而，解释代码允许语言具有在硬件中很难构建的特性。计算机的速度足够快，常常可以承受解释器带来的速度损失。

图8-4绘出了直接执行输入的计算器。虽然直接执行输入对于计算器之类的东西来说很好，但它跳过了编译器和解释器所使用的主要步骤。对于这些情况，我们构造了一个*语法树*，采用计算器语法的DAG（有向无环图）数据结构。我们将用节点结构构建这个树，如图8-5所示。

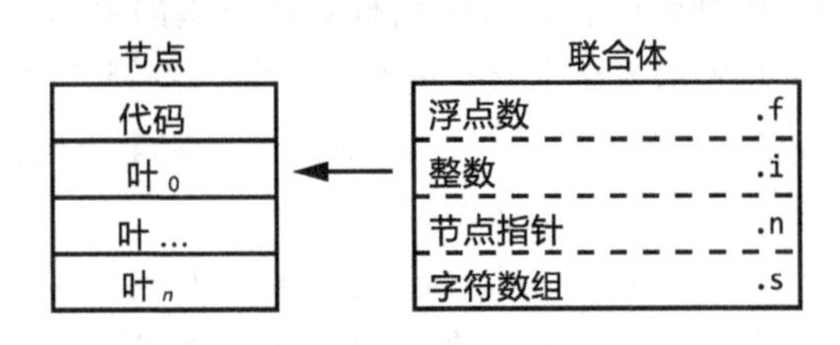

图8-5 语法树节点布局

每个节点都包含一个表示节点类型的代码。节点中还包含一个叶数组，每个叶解释由代码决定。每个叶都是一个联合体，因为它可以保存多种类型的数据。使用C语言语法来命名树中成员，例如，如果将叶解释为整数，则使用 `.i` 命名树叶。

假设存在生成新节点的 `makenode` 函数。它的第一个参数是叶计数，第二个参数是代码，以及后面每个叶结点的值。

我们来稍微充实一下列表8-8中的代码，同时省略一些细节。为了简单起见，我们只处理整数。之前缺少的是匹配语法规则时要执行的代码。在 `yacc` 计算器中，右列每个元素的值分别是\$1、\$2等，\$\$是根据规则得到的返回值。列表8-9显示了更完整的 `yacc` 计算器。

列表8-9 使用yacc构建简单的计算器语法树

```
calculator    : statements              { do_something_with($1); }
              ;
statements    : /* empty */
              | statement statements    { $$.n = makenode(2, LIST, $1, $2); }
              ;
operand       : INTEGER                 { $$ = makenode(1, INTEGER, $1); }
              | VARIABLE                { $$ = makenode(1, VARIABLE, $1); }
              ;
```

```
expression      : expression PLUS operand       { $$.n = makenode(2, PLUS, $1, $3); }
                | expression MINUS operand      { $$.n = makenode(2, MINUS, $1, $3); }
                | expression TIMES operand      { $$.n = makenode(2, TIMES, $1, $3); }
                | expression DIVIDE operand     { $$.n = makenode(2, DIVIDE, $1, $3); }
                | operand                       { $$ = $1; }
                ;
assignment      : VARIABLE EQUALS expression    { $$.n = makenode(2, EQUALS, $1, $3); }
                ;
statement       : expression                    { $$ = $1; }
                | assignment                    { $$ = $1; }
                ;
```

这里，所有的简单规则都是返回它们的值。更复杂的语句、表达式和赋值规则创建一个节点，附加子节点，并返回该节点。图 8-6 显示了一些示例输入产生的结果

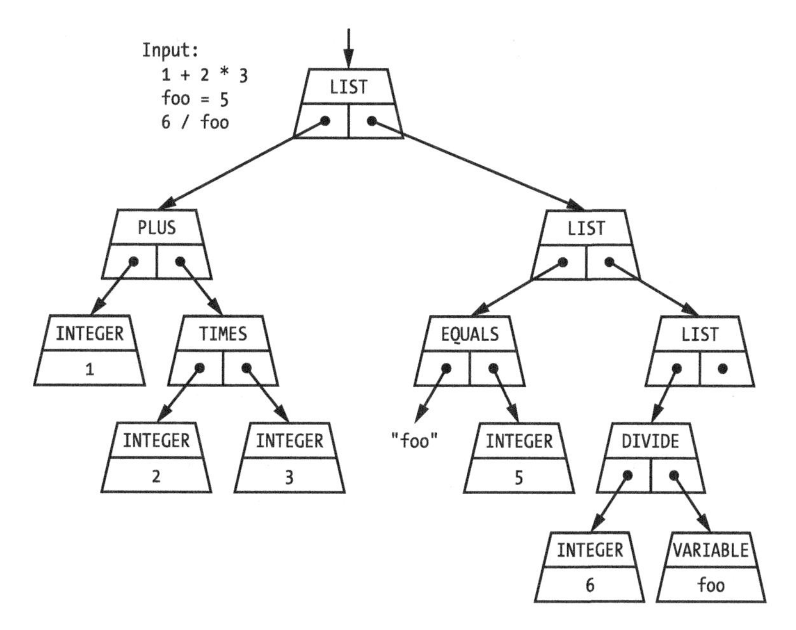

图 8-6 简单的计算器语法树

如你所见，代码生成了一棵树。在树的顶层，使用计算器规则在树节点处创建一个语句链表。树的其余部分由语句节点（包含运算符和操作数）组成。

8.8 解释器

列表 8-9 包含一个神秘的 do_something_with 函数调用，这个函数调用过语法树的根传递。该函数使解释器“执行”语法树。首先，执行链表遍历，如图 8-7 所示。

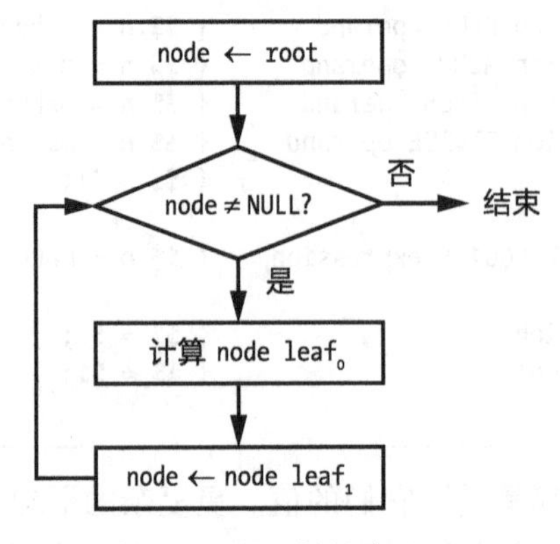

图 8-7　语法树链表遍历

其次，进行计算，按照深度优先遍历递归地完成。该函数如图 8-8 所示。

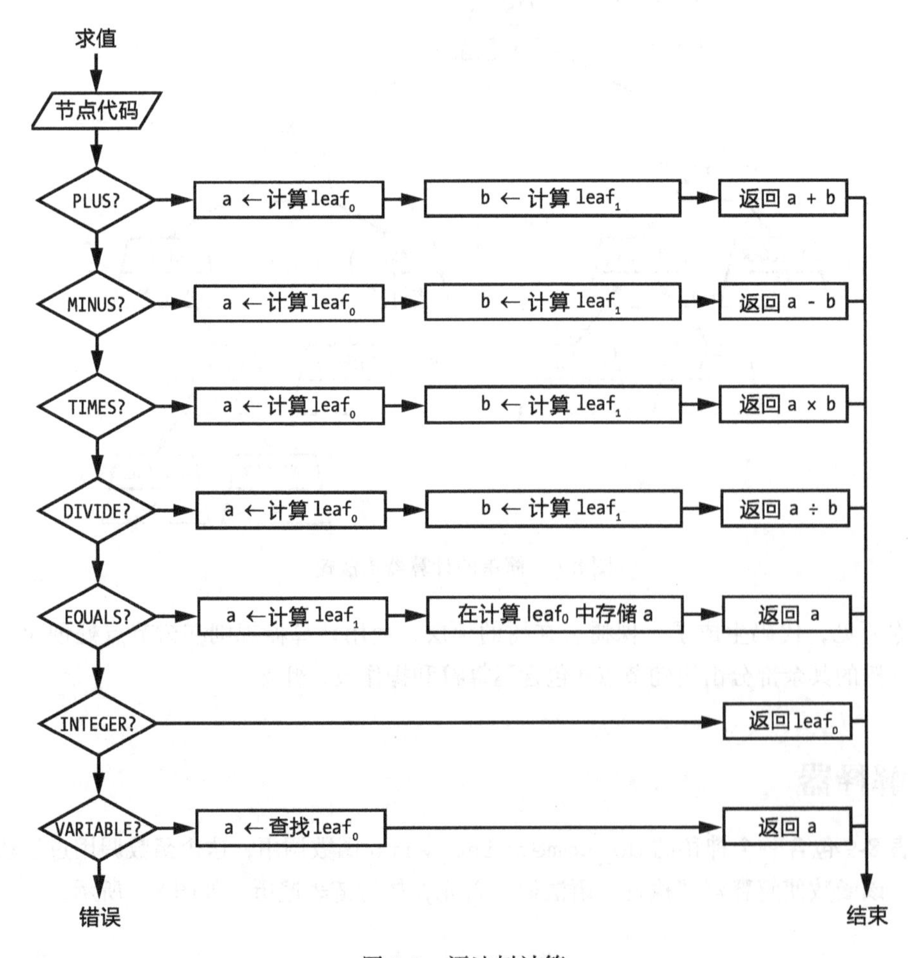

图 8-8　语法树计算

如你所见，由于节点中有一个代码，所以很容易决定接下来要做什么。请注意，我们需要一个附加函数以在符号表中存储变量（符号）名称和值，而且还需要另一个函数以查找与变量名关联的值。这些通常使用哈希表实现（参见 7.19 节）。

将列表遍历和求值代码黏合到 yacc 中，就可以立即执行语法树。或者将语法树保存在一个文件中，以便日后读取和执行。这就是 Java 和 Python 等语言的工作原理。就意图和目的而言，这就是一组机器语言指令（但是针对的是用软件实现的机器，而不是针对硬件实现的机器）。对于每台目标机器，必须有一个执行保存的语法树的程序。通常，同一个解释器源代码可以编译并用于多个目标。

解释器如图 8-9 所示。前端生成由某种中间语言表示的语法树，后端用于各机器在其目标环境中执行该语言。

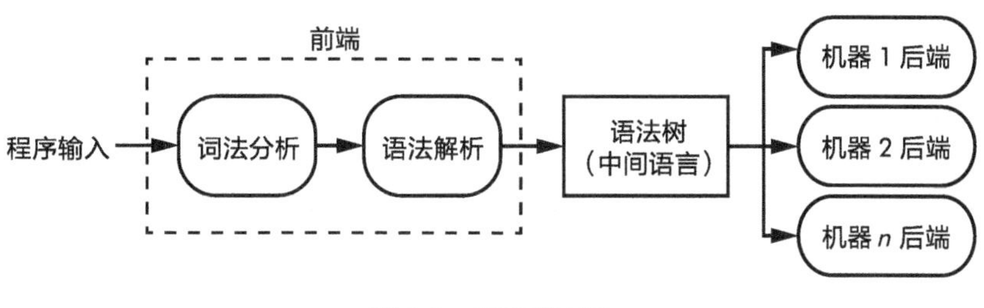

图 8-9　解释器结构

8.9　编译器

编译器看起来很像解释器，只不过将后端执行代码替换成了代码生成器，如图 8-10 所示。

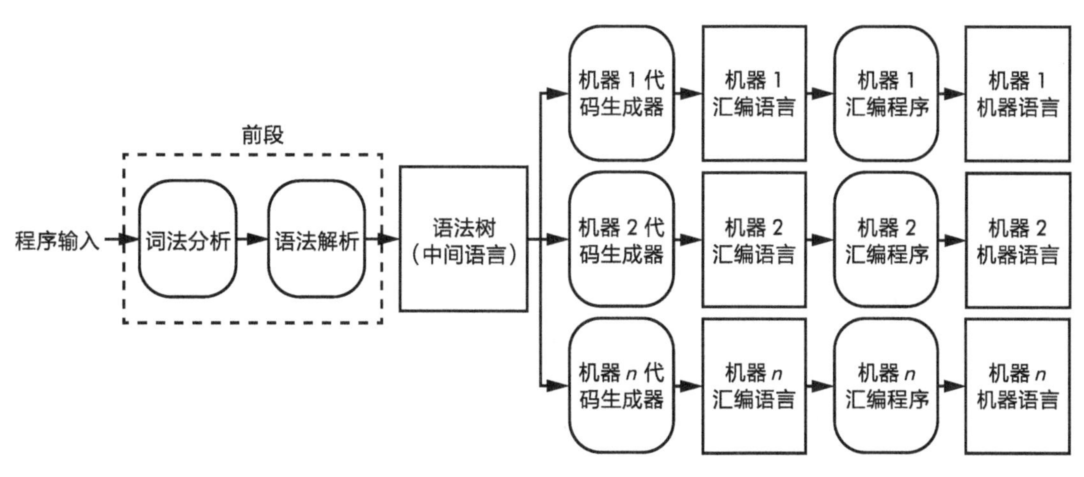

图 8-10　编译器结构

代码生成器为特定的目标机器生成机器语言。某些语言（如 C 语言）的工具可以为目标机器生成实际的汇编语言（参见 8.1 节），然后汇编语言通过机器的汇编程序来产生机器语言。

代码生成器与图 8-7 和图 8-8 中的语法树遍历、计算相似。不同的是，图 8-8 中的矩形框内容被生成汇编语言的内容代替，而非语法树执行内容。简化版代码生成器如图 8-11 所示，以粗体显示的内容（如 `add tmp`）为发出的机器语言指令（以第 4 章中玩具机器为例）。注意，这里的机器没有乘法和除法指令，但是在本例中，我们假设它有。

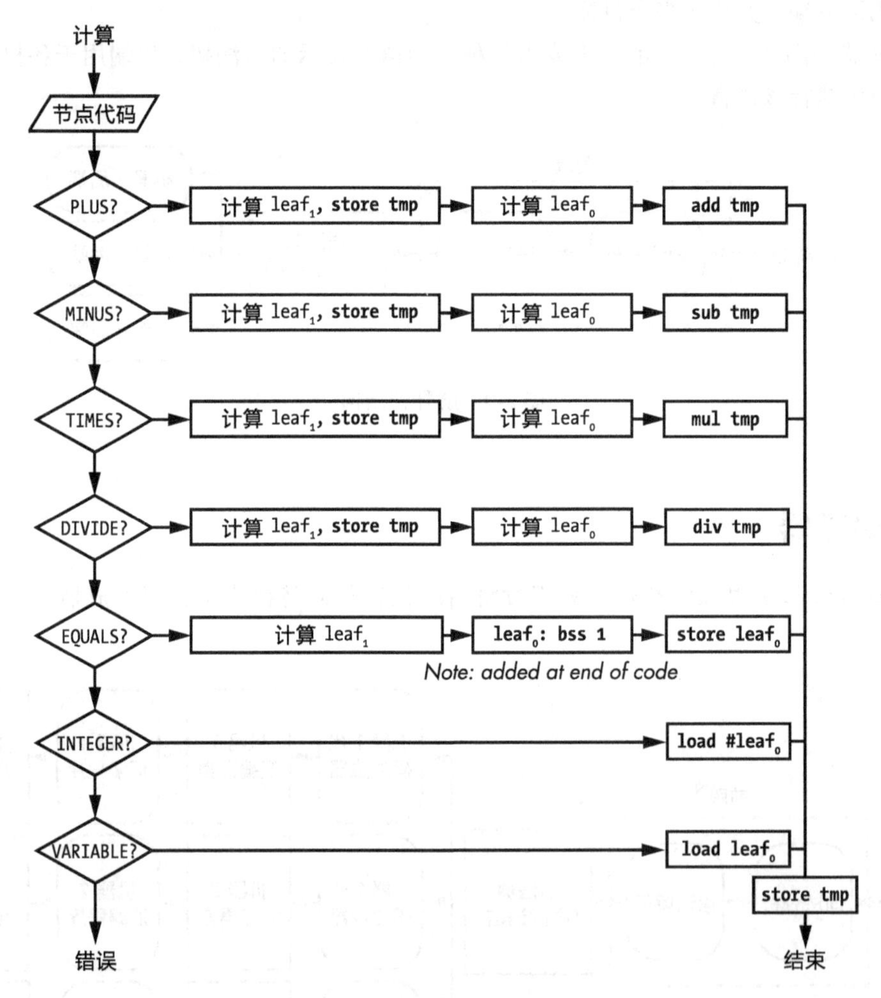

图 8-11　语法树汇编程序生成流程

将图 8-11 应用于图 8-6 中的语法树，得到如列表 8-10 所示的汇编语言程序。

列表 8-10　从代码生成器产生的机器语言输出

```
                        ; first list element
        load    #3      ; grab the integer 3
        store   tmp     ; save it away
        load    #2      ; grab the integer 2
        mul     tmp     ; multiply the values subtree nodes
        store   tmp     ; save it away
        load    #1      ; grab the integer 1
        add     tmp     ; add it to the result of 2 times 3
        store   tmp     ; save it away
                        ; second list element
        load    #5      ; grab the integer 5
        store   foo     ; save it in the space for the "foo" variable
        store   tmp     ; save it away
                        ; third list element
        load    foo     ; get contents of "foo" variable
        store   tmp     ; save it away
        load    #6      ; grab the integer 6
        div     tmp     ; divide them
        store   tmp     ; save it away
tmp:    bss     1       ; storage space for temporary variable
foo:    bss     1       ; storage space for "foo" variable
```

可以看到，生成了相当糟糕的代码，代码中有许多不必要的加载和存储代码。但你能从一个精心设计的简单例子中得到什么？通过优化可以使这段代码得到很大的改进，将在下一节中讨论。

将这段代码汇编成机器语言后就可以执行了。它将比解释器代码运行得快，因为它是一个更小、更高效的代码段。

8.10　优化

许多语言工具在语法树和代码生成器之间还有一个称为优化器的附加步骤。优化器分析语法树并执行转换，从而生成更高效的代码。例如，优化器可能会注意到图 8-12 左侧语法树中的所有操作数都是常量，然后它可以在编译时预先计算表达式的值，这样就不必在运行时进行计算了。

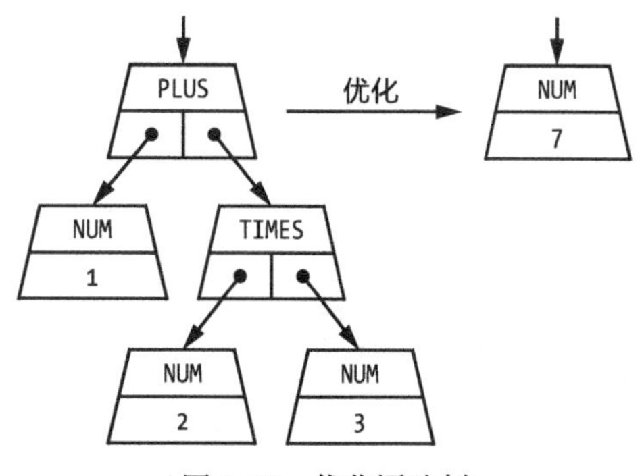

图 8-12　优化语法树

前面的例子很简单，因为示例计算器没有包含任何进行条件分支的方法。优化器有一整套小技巧。例如，考虑列表 8-11 所示的代码（碰巧在 C 语言中）。

列表 8-11　循环中带有赋值的 C 循环代码

```
for (i = 0; i < 10; i++) {
    x = a + b;
    result[i] = 4 * i + x * x;
}
```

列表 8-12 显示了优化器重构它的方式。

列表 8-12　具有循环不变式优化的循环代码

```
x = a + b;
optimizer_created_temporary_variable = x * x;
for (i = 0; i < 10; i++) {
    result[i] = 4 * i + optimizer_created_temporary_variable;
}
```

这个示例给出了与列表 8-11 相同的结果，但优化器重构后的效率更高。优化器确定 `a + b` 是循环不变式，这意味着它的值在循环中不会改变。优化器将 `a + b` 移到循环之外，因此只需要计算 1 次而不是 10 次。它还确定 `x * x` 在循环内部是常数，并将其移到了循环外。

列表 8-13 显示了另一个称为*强度削弱*的优化器技巧，即用成本更低廉的操作替换成本高昂的操作（在本例中，使用加法替换乘法）。

列表 8-13　具有循环不变式优化和强度削弱的 C 循环代码

```
x = a + b;
optimizer_created_temporary_variable = x * x;
optimizer_created_4_times_i = 0;
for (i = 0; i < 10; i++) {
    result[i] = optimizer_created_4_times_i + optimizer_created_temporary_variable;
    optimizer_created_4_times_i = optimizer_created_4_times_i + 4;
}
```

强度削弱还可以利用相对寻址，使 `result[i]` 的计算更高效。回到图 7-2，`result[i]` 是 `result` 的地址加上 `i` 乘以数组元素的大小。就像代码 `optimizer_created_4_times_i`，我们可以从 `result` 的地址开始，在每次循环迭代中加上数组元素的大小，而不是使用较慢的乘法。

8.11　小心硬件

优化器很好用，但可能会导致操作硬件的代码出现意想不到的问题。列表 8-14 显示了一个变量，这个变量实际上是一个硬件寄存器，当位 0 被设置时，它会像图 6-1 中那样打开灯。

列表 8-14 不应被优化的代码示例

```
void
lights_on()
{
    PORTB = 0x01;
    return;
}
```

这看起来不错，但是需要优化器完成哪些内容呢？它会说，“嘿，这一直在写入，但从来没有读取过，所以可以把它去掉。”同样，假设有列表 8-15 所示的代码，它打开灯，然后测试灯是否打开。优化器可能只是重写函数以返回 0x01，而不将其存储在 PORTB 中。

列表 8-15 另一个不应被优化的代码示例

```
unsigned int
lights_on()
{
    PORTB = 0x01;
    return (PORTB);
}
```

这些示例说明在某些情况下，需要关闭优化器。传统上，可以将软件拆分为常规文件和特定于硬件的文件，并只针对常规文件运行优化器。但是现在有些语言包含了一些机制，允许你告诉优化器不要处理某些代码片段。例如，在 C 语言中，`volatile` 关键字表示不要优化对变量的访问。

8.12 本章小结

到目前为止，本书已经介绍了计算机的工作原理，以及它们是如何运行程序的。本章介绍了程序如何被转换成可以在机器上运行的语言，并说明了程序可以被编译或解释。

下一章将探讨巨大的解释器——网络浏览器，以及它所解释的语言。

Chapter 9 第9章

Web 浏览器

我们每天使用的 Web 浏览器是一个*虚拟机*——一台抽象的计算机，具有完全用软件实现的极其复杂的指令集。换言之，它就是上一章介绍的解释器之一。

本章将介绍虚拟机的一些功能，包括输入语言以及浏览器解释输入语言的方式。浏览器是非常复杂的东西，所以本章无法涵盖所有的功能。

让浏览器变得有趣的是：一方面，它们是大型、复杂的应用程序；另一方面，它们是可以编程的软件实现的计算机。浏览器有一个*开发者控制台*，你可以在运行本章示例时使用它。开发者控制台可以让你实时了解浏览器的运行情况。

理解 Web 浏览器能够教会我们一些关于系统设计的知识，这些知识可能比会编程更重要（第 15 章更详细地介绍了系统设计）。网络的普及使浏览器变成了吸引新特性的磁铁。其中许多特性被添加到原始指令集中，以兼容的方式扩展了浏览器功能。其他特性以不兼容的方式复制了现有的功能，结果是浏览器现在支持多个指令集，而完整的特性集在其中任何一个指令集中都不可用。在这一章中应该能清楚地看到，我对后一类特性并不感兴趣，这些特性仅仅只是与之前的不同而已，并没有增加什么价值。

对于初学者来说，使用多种方法来完成任务意味着，作为程序员的我们需要学习的东西更多，而花时间去学习那些没有附加价值的功能并不值得。而且还需要花费精力去选择用何种方式完成代码，同时添加多种方法也会增加程序的复杂度。行业统计数据显示，程序中的代码量和 bug 数量之间存在直接关系。浏览器崩溃频率较高，而且正如第 13 章详细介绍的，复杂的代码更可能存在安全问题。

不兼容的处理方式使程序员更容易出错。就像美国人在新西兰开车：由于新西兰人是在道路的左侧行驶，因此对美国人来说车上的有些控制器并不在他们熟悉的位置上。很容易识别出来自靠右行驶的国家的人，因为他们在转弯的时候打开的会是雨刷器。我们不希望在容易出现这类可避免的错误的环境中编程。

在我看来，许多Web标准已经成为*活文档*这一情况显然是一个麻烦的信号。活文档这个术语指的是不断更新的在线文档。标准的存在是为了提供稳定性和互操作性。活文档则不然，它们充其量只是记录一个时间片。我们很难在不断变化的规范下进行编程。在这种情况下，活文档使少数文档创建者的工作更轻松（因为这些文档和它们引用的软件永远不必"完成"），但对于更多的用户来说则变得更加困难。

9.1 标记语言

如果这本书写于15年前，本章将从介绍超文本标记语言（HyperText Markup Language, HTML）开始。但是，前面已经提到过，浏览器与"太平洋垃圾补丁"有很多共同之处：它通过吸引更多的功能变大。其中有多种标记语言，下面将对它们进行一个概述。

*标记*是一种以与文本不同的方式对文本进行注释或添加标记的系统，这种方法类似于老师用红笔在家庭作业上写下严格评语。

标记语言不是新发明的，它们早在计算机之前就已存在。它们是作为印刷机的副产物发展起来的，标记语言的存在使作者和编辑可以把他们展现的东西描述给设置字体的"印刷工"，这个概念在计算机自动排字时得到发扬。今天的标记语言只是这一概念的最新体现。

目前已有大量的标记语言。例如，我最初用一种称为`troff`的标记语言编写了这本书。某段落的源代码如列表9-1所示。

列表9-1 某段落的troff表示

```
.PP
There are a large number of markup languages.
For example, I originally wrote this book in a markup language for
typesetting, called \fCtroff\fP.
The source for this paragraph is shown in Listing 9-1.
```

如你所见，列表中源代码大部分只是文本，但是其中有三个标记元素。`.PP`告诉`troff`展开一个段落。`\fC`告诉`troff`将当前字体推送到堆栈中，并替换为`C`字体，以供Courier使用。`\fP`告诉`troff`弹出字体堆栈（参见5.3节），堆栈将恢复以前的字体。

Web页面是常规的文本文件，就像troff示例一样。不需要用花哨的程序来创建Web页面，你可以在任何文本编辑器中创建它们。事实上，花哨的网页创建程序会产生多余的结果，通过编辑器自行创建的网页可以很容易地超越网页创建程序创建的网页。

当唯一可用的工具只是更多文本时，如何标记常规文本文件？通过赋予某些字符超能力，通过超人拥有超能力的方式。例如，`troff`给任何以`.`或`'`开头的行都赋予了超能力，也给任何以`\`开头的行赋予了超能力。

IBM推出了自己的标记语言，称为*通用标记语言*（Generalized Markup Language,

GML）——它实际上是以其开发人员 Goldfarb、Mosher 和 Lorie 的名字命名的，该公司将其用于 ISIL 发布工具。这项工作扩展为*标准通用标记语言*（Standard Generalized Markup Language，SGML），在 20 世纪 80 年代被国际标准组织采用。SGML 是如此的“通用化”，不清楚是否有人能够制作出一个完整的标准实施方案。

可扩展标记语言（eXtensible Markup Language，XML）是一个更实用的 SGML 子集。对可扩展标记语言的支持是后来添加到浏览器中的。

HTML 和 XML 都起源于 SGML。它们都借用了一些相同的语法，但并不遵循标准。

XHTML 是 HTML 的一种修改后的形式，它遵循 XML 规则。

9.2 统一资源定位符

第一个 Web 浏览器（名为 WorldWideWeb）由英国工程师、计算机科学家 Tim Berners-Lee 爵士在 1990 年发明，它的工作原理非常简单，如图 9-1 所示。浏览器使用*统一资源定位符*（Uniform Resource Locator，URL）从服务器请求文档，使用的协议为 6.2.2 节中讨论的 HTTP 协议。服务器将文档发送到浏览器，浏览器将显示该文档。文档以前是用 HTML 编写的，但现在可以用多种语言编写。

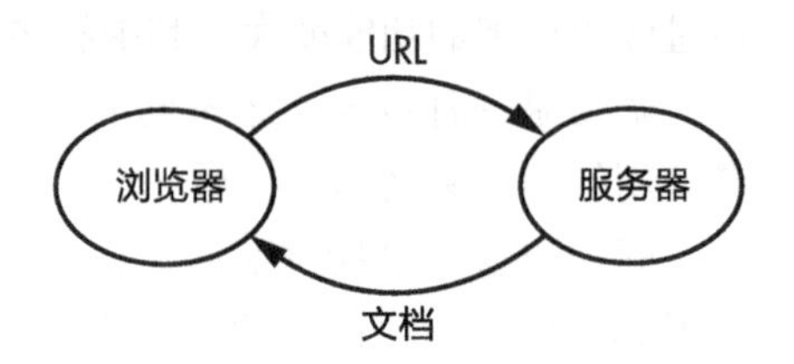

图 9-1 Web 浏览器与 Web 服务器的交互

URL 是具有某种结构的文本字符串。现在我们来看图 9-2 所示结构的三个部分。

图 9-2 URL 剖析

*方案*指出了通信机制，例如 https 选择（安全）超文本传送协议。要与之通信的服务器是*主机*。它可以是一个数字互联网地址（见 6.2.2 节），但通常被指定为域名（见 6.2.2 节）。要检索的文档位置是*路径*，看起来就像文件系统路径。

其中一个方案是 file。使用 file 方案时，URL 的主机 / 路径部分是本地文件名，即运行浏览器的同一系统上的文件名。换句话说，file 方案指向计算机上的文件。

现在已有越来越多的方案，比如 bitcoin 用于加密货币、tv 用于电视广播。这些协议与 6.2.2 节中提到的协议相似，而且在许多情况下是相同的。

9.3 HTML 文档

如前所述，第一个 Web 网页是用 HTML 编写的文档。HTML 利用*超文本*（文本链接到其他地方，如其他网页）。科幻迷们可以把它想象成将超空间与文本结合起来：点击链接，随后点击链接的人瞬移到了另一个地方。超文本已经存在了很长一段时间，是 Web 使它们引人注目了起来。

我们来看列表9-2中的简单HTML文档。

列表 9-2 简单 Web 页面

```
<html>
    <head>
        <title>
            My First Web Page
        </title>
    </head>
    <body>
        This is my first web page.
        <b>
            <big>
                Cool!
            </big>
        </b>
    </body>
</html>
```

在文件中输入列表9-2所示的HTML，并在浏览器中打开它，如图9-3所示。

图9-3 Web页面的浏览器显示

可以看到，图9-3中的显示与列表9-2中的文本不太相似。这是因为小于号（<）拥有超能力。在本例中，它从标记*元素*开始。你可能注意到元素是成对出现的，对于每个开始`<tag>`都有一个匹配的结束`</tag>`。

`tag`标记决定了浏览器如何解释标记元素。标记本质上是虚拟机指令。例如，`<title>`将开始和结束标记之间的内容放入浏览器标题栏中。`<b>`和`<big>`元素使Web网页中的单词“Cool！”字体加粗加大，是`<body>`元素中的一部分。

因为<这个字符有超能力，你可能想知道如何使用没有超能力的这个字符，例如，如何显示“`This is my first web page with a <.`”。HTML包含了一种使自己失效的形式，叫*实体引用*，是字符的另一种形式。在这种情况下，序列`<`表示不触发超能力的<字符。（当然，现在有一个新的超能力字符`&`，它本身可以用`&`序列来表示）使用实体引用，只需键入`This is my first web page with a <`即可，这样看起来就正确了。

HTML 元素没有那么简单。它有许多不需要结束标记的随机例外，也有针对空白内容的元素格式 <tag/>。XHTML 消除了这些例外。我们关心的唯一复杂情况是*属性*，它们是可选的名称 / 值对集，如列表 9-3 所示。

列表 9-3　带有属性的 HTML 元素

```
<tag name1="value1" name2="value2" ...>
    element content
</tag>
```

某些属性 name 具有预定义的行为，你可以为任何未预定义的属性添加任意的属性。属性值的处理方式相同，但类除外，类的值被视为以空格分隔的值列表。

9.4　文档对象模型

Web 浏览器根据*文档对象模型*（Document Object Model, DOM）处理文档。可以将 Web 页面看作一系列包含其他元素的元素，如列表 9-2 中的 HTML 缩进所示。

图 9-4 看起来有点像扭曲的俄罗斯套娃鸟瞰图，展示了列表 9-2 中代码的结构。

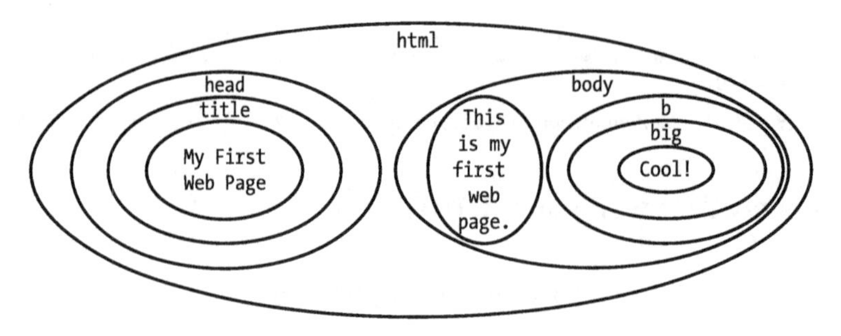

图 9-4　HTML 文档中的嵌套元素展示

我们抓住写有 html 的图片边缘，将图片倾斜，所有的内部结构都会依次挂起来，如图 9-5 所示。

图 9-5 看起来眼熟吗？它是我们熟悉的有向无环图（Directed Acyclic Graph, DAG）（见 5.3 节），是一个树结构（参见 7.11 节）。不仅如此，还可以使用第 8 章中的技术处理 HTML，处理结果是一个语法树（见 8.7 节）。

9.4.1　树结构解析

像 DOM 这样的树结构非常常见，因此围绕它们开发出了一个完整的词典。表 9-1 中的示例取自图 9-5。

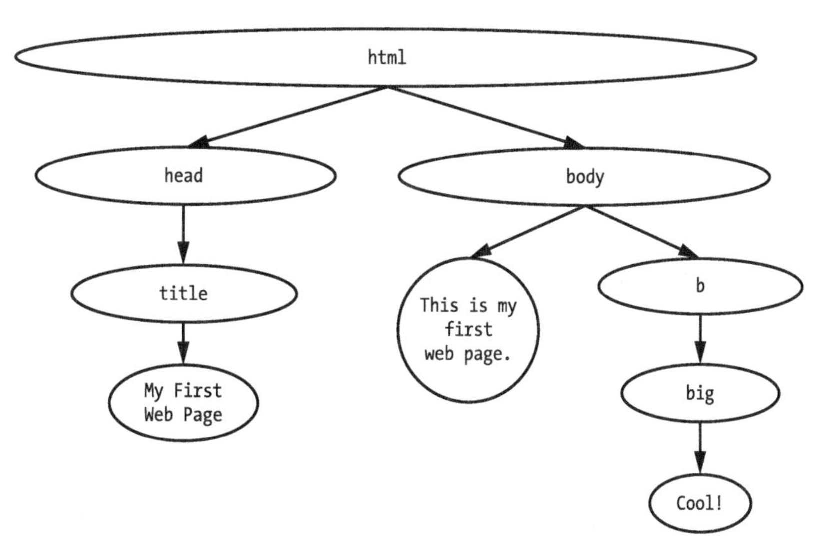

图 9-5 HTML 文档以树结构展示

表 9-1 树结构词汇

术语	定义	示例
节点	树中的一个元素	html, head, body
内部节点	树中一个有进入和离开箭头的节点	title
终端节点	没有离开箭头的节点	Cool!
根节点	树的顶端	html
父节点	箭头直接指向另一个节点的节点	html is the parent of head and body
子节点	被另一个节点直接指向的节点	head and body are children of html
后代	被另一个节点直接或间接指向的节点	title is a descendent of html
祖先	箭头直接或间接指向另一个节点的节点	body is an ancestor of big
兄弟节点	有共同父节点的节点	head is a sibling of body

树中的节点是有序的。例如，head 是 html 的第一个子节点，body 是 html 的第二个子节点，也是最后一个子节点。

9.4.2 文档对象模型解释

浏览器用文档树做什么？虽然可以使用与 HTML 元素对应的指令构建一个计算硬件，但没人这么做过。根据这点就能排除将 DOM 语法树编译成机器语言的可能性。另一种选择是使用*深度优先遍历*来解释 DOM 语法树，如图 9-6 所示。

可以看到，浏览器从根节点开始，下降到第一个子节点，然后又下降到该子节点的第一子节点，以此类推，直到它到达终端节点。然后向上延伸到最近的有两个子节点的祖先，并从那里开始执行相同的操作，以此类推，直到树中的每个节点都被访问过为止。注意，这个顺序遵循 HTML 的编写方式。深度优先遍历是堆栈的另一个应用。

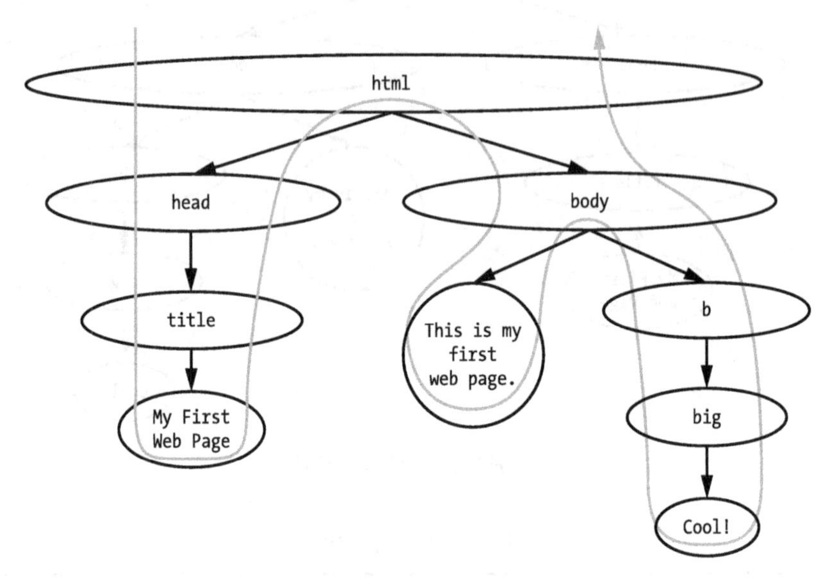

图 9-6 HTML 文档遍历顺序

9.5 串联样式表

使编写浏览器和网页的作者知道如何显示编写的网页，是 HTML 背后最初的思想。HTML 很有意义，因为作者无法知道浏览器窗口的大小、屏幕分辨率或可用颜色和字体的数量。

当 Web 流行起来时，市场营销人员就开始着手于网络。华丽的网页变得重要起来，各种各样的东西（主要是通过创建新的 CSS 规范）被添加进来，以允许作者精细地控制页面的显示方式。这与创造 HTML 的初衷恰恰相反，结果自然是一团糟。

HTML 网页最初包含样式信息。例如，选择文本字体的 `font` 元素有一个控制大小的 `size` 属性。当页面显示从台式机切换到手机等不同的设备上时，这种方法并不能很好地发挥作用。*串联样式表*（Cascading Style Sheet, CSS）将样式与 HTML 分开，这样 HTML 就可以只编写一次，然后根据目标设备应用不同的样式。图 9-7 显示了一个可以用来表示内存中 HTML 元素的数据结构。

这张图看起来很复杂，但它只是将一些你已经学过的东西组合在一起而已。元素有一个复合数据类型（见 7.5 节），属性也有一个复合数据类型。这些属性被组织成一个单链表（见 7.6 节）。元素以树形排列（见 7.11 节）。因为存在任意数量且顺序很重要的子对象，所以使用双链表来组织子对象（参见 7.10 节）。

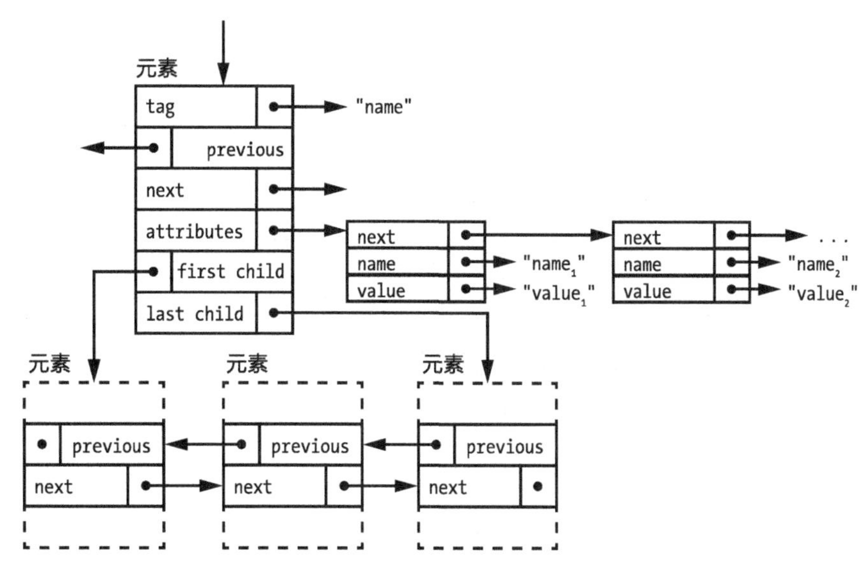

图 9-7　HTML 元素数据结构

这种组织很重要，因为 CSS 使用名为*选择器*的正则表达式变体（参见 8.4.2 节）来定位 DOM 中的元素，类似于 yacc 匹配堆栈上标记的方式。CSS 允许属性与所选元素关联。这使网页设计者能够根据目标设备更改文本大小，或在屏幕较小的设备上将边菜单折叠成下拉菜单。

CSS 混淆了术语。它定义了大量的*特性*，比如颜色、字体大小等。一旦这些特性与 DOM 元素关联，它们就被称为*属性*。

表 9-2 展示了一些 CSS 选择器。最初只存在几个 CSS 选择器，但新的选择器正在以惊人的速度增加。

表 9-2　CSS 选择器

模式	含义
*	匹配任何元素
E	匹配任何类型为 E 的元素（即 <E>…</E>）
F	匹配任何类型为 F 的元素（即 <F>…</F>）
E F	匹配 E 元素的后代元素 F
E > F	匹配 E 元素的子元素 F
E + F	将任何元素 F 与直接同级元素 E 匹配
E - F	匹配前面有任何同级元素 E 的任何元素 F
E[name]	匹配任何具有属性 name 的元素 E
E[name=value]	匹配具有属性 name 且其值是 value 的任何元素 E
E[name~="value"]	匹配 name 属性是空格分隔的单词列表的任何 E 元素，其中一个匹配 value
E#id	匹配任何具有 ID 属性且值为 id 的 E 元素
E.class	匹配任何具有 class 属性且值为 class 的 E 元素

（续）

模式	含义
E:first- child	如果 E 是其父元素的第一个子元素，则匹配该元素
E:last- child	如果 E 是其父元素的最后一个子元素，则匹配该元素
E:nth- child(*n*)	如果 E 是其父元素的第 *n* 个子元素，则匹配该元素
E:empty	如果 E 没有子元素，则匹配该元素
E:link	如果 E 是超链接锚点，例如 <a>，则匹配该元素
E:visited	如果 E 是一个访问过的超链接锚点，例如已经被访问过的 <a>，则匹配该元素
E:hover	当鼠标悬停在元素 E 上时匹配该元素
E:active	匹配鼠标按下的元素 E
E:focus	如果元素 E 有输入焦点，这意味着它正在监听键盘的输入，则匹配该元素

HTML 包含一个 <link> 元素，可用于将包含 CSS 的单独文件与网页关联。使用 <link> 元素是首选用法，因为它符合保持内容与样式分离的原则。但这对我们在这里要做的事来说太过分了。HTML 还包含一个 <style> 元素，该元素允许 CSS 直接嵌入到 HTML 文档中。这才是我们将在示例中使用的内容。

我们来修改列表 9-1 中的 Web 页面，以使 Web 页面包含一些简单的样式，如列表 9-4 中的粗体所示。

列表 9-4　带有嵌入式 CSS 的 Web 页面

```
<html>
    <head>
        <title>
            My First Web Page
        </title>
        <style>
            body {
                color:     blue;
            }
            big {
                color:     yellow;
                font-size: 200%;
            }
        </style>
    </head>
    <body>
        This is my first web page.
        <b>
            <big>
                Cool!
            </big>
        </b>
    </body>
</html>
```

可以看到，列表9-4中有两个选择器：body和big。每个选择器后面都有一个属性名称和值的列表，用冒号将每个名称与其值分隔开，值后面有分号，每个选择器的名称和值列表用大括号括起来。首先，将文档体中所有文本的颜色设置为blue（蓝色）。接下来，将<big>元素中文本的颜色设置为yellow（黄色），并将字体大小设置为普通字体的200%。

CSS是人们后来才想到的点子，在开发HTML时，没有人考虑过这个问题，结果就产生了一些奇奇怪怪的习惯。HTML有各种具有明确含义的元素。例如，有一个使文本变粗的<b>元素，以及一个使文本变斜体的<i>元素。但是列表9-5中的CSS片段将它们的含义改为了对方的含义。

列表9-5 使用CSS交换粗体和斜体元素含义

```
b {
    font-style:  italic;
    font-weight: normal;
}
i {
    font-style:  normal;
    font-weight: bold;
}
```

出于各种目的，CSS消除了许多HTML元素之间的区别。可以将HTML元素视为具有一组默认样式，但一旦这些样式通过CSS被更改了，元素名称可能不再与其原始用途有任何关系。

CSS最初只是为元素附加属性提供一种较为灵活的机制，但后来它开始添加新的属性。这些新属性没有被修改到HTML中。因此，有一些属性可以同时由HTML和CSS指定，但也有一些属性只能由CSS指定。编程社区中有一种态度认为不应该再使用旧的方法，但这种态度忽略了维护现有代码的问题

9.6 XML和它的朋友们

XML看起来很像HTML。然而，和SGML一样，XML也需要*格式良好*的元素。这意味着每个<tag>必须有一个匹配的</tag>。不允许使用隐式结束标记。HTML和XML之间最大的区别是HTML是为特定的应用程序Web页面创建的，而XML是一种通用标记语言，可用于许多不同的应用程序。

大多数XML标记没有预先指定的含义，可以赋予它们任何你想要的含义。XML提供了一种结构，你可以用它创建你自己的特定于应用程序的标记语言。例如，如果想要记录花园里的蔬菜，则可以创建一个类似于列表9-6的蔬菜标记语言（Vegetable Markup Language, VML）。

列表 9-6　基于 XML 的标记语言示例

```
<xml>
    <garden>
        <vegetable>
            <name>tomato</name>
            <variety>Cherokee Purple</variety>
            <days-until-maturity>80</days-until-maturity>
        </vegetable>
        <vegetable>
            <name>rutabaga</name>
            <variety>American Purple Top</variety>
            <days-until-maturity>90</days-until-maturity>
        </vegetable>
        <vegetable>
            <name>rutabaga</name>
            <variety>Helenor</variety>
            <days-until-maturity>100</days-until-maturity>
        </vegetable>
        <vegetable>
            <name>rutabaga</name>
            <variety>White Ball</variety>
            <days-until-maturity>75</days-until-maturity>
        </vegetable>
        <vegetable>
            <name>rutabaga</name>
            <variety>Purple Top White Globe</variety>
            <days-until-maturity>45</days-until-maturity>
            </vegetable>
    </garden>
</xml>
```

然而，允许人们创建自己的标记语言可能会引起冲突。例如，假设除了 VML 之外，还有其他人创建了一个配方标记语言（Recipe Markup Language, RML），该语言也包含一个 <name> 元素，如列表 9-7 所示。

列表 9-7　有名字冲突的基于 XML 的标记语言示例

```
<xml>
    <garden>
        <vegetable>
            <name>tomato</name>
            <variety>Cherokee Purple</variety>
            <days-until-maturity>80</days-until-maturity>
            <name>Purple Tomato Salad</name>
        </vegetable>
    </garden>
</xml>
```

无法判断 <name> 元素是蔬菜名还是食谱名。因此需要一种机制，让我们在不混淆 <name> 元素的情况下合并 VML 和 RML。这个机制就是称为*命名空间*的元素标记前缀。

正如你对浏览器相关内容期望的一样，有多种方法可以指定命名空间，但这里只介绍其中一种。每个名称空间都与一个URL相关联，尽管不要求它是一个有效的URL——它只需要区别于其他命名空间即可。元素 `<xml>` 上的 `xmlns` 属性将命名空间前缀与URL相关联。列表9-8展示了使用命名空间组合的 `garden` 和 `recipe` 标记。

列表9-8 使用命名空间的基于XML的标记语言示例

```
<xml xmlns:vml="http://www.garden.org" xmlns:rml="http://www.recipe.org">
    <vml:garden>
        <vml:vegetable>
            <vml:name>tomato</vml:name>
            <vml:variety>Cherokee Purple</vml:variety>
            <vml:days-until-maturity>80</vml:days-until-maturity>
            <rml:name>Purple Tomato Salad</rml:name>
        </vml:vegetable>
    </vml:garden>
</xml>
```

可以看到，这两种虚拟标记语言中的元素是组合在一起的，并且通过前缀区分。命名空间前缀是任意的，由将不同标记语言结合在一起的符号决定。并不要求配方标记语言的前缀必须是 `rml`——如果需要将此代码与另一个RML（如可笑的标记语言，Ridiculous Markup Language）结合，也可以选择 `recipe`。

有很多工具可以帮助你编写支持自定义标记语言（如刚刚描述的那些）的应用程序。还有许多编程语言的库，用于从XML文档中创建并操作语法树。

工具之一是*文档类型定义*（Document Type Definition, DTD），可以将其视为元标记。DTD是一个XML格式的文档（由于某种原因没有结束标记），它定义了标记语言中的合法元素。XML包含一种机制，允许XML文档引用DTD。例如，可以制作一个DTD说明在一个 `<garden>` 元素中允许一个或多个 `<vegetable>` 元素，并且一个 `<vegetable>` 只能包含 `<name>`、`<variety>` 和 `<days-until-maturity>` 元素。XML解析器可以根据DTD验证XML。虽然这很有用，但它并不是最重要的部分。例如，虽然DTD可以确保所需的 `<variety>` 存在，但它并不能测试它是否有效。

XML路径（XML Path, XPath）*语言*通过创建另一个不兼容的语法为XML文档提供选择器。XPath基本上具有与CSS选择器相同的功能，但使用的语法完全不同。XPath本身用处并不是很大，但它是*可扩展样式表语言转换*（eXtensible Stylesheet Language Transformation, XSLT）的一个重要组件。

XSLT是另一种基于XML的语言。当XSLT与XPath结合使用时，它允许你编写一段XML，通过搜索和修改语法树将XML文档转换为其他的形式。列表9-9展示了一个简单的示例，使用XPath表达式匹配花园中任意蔬菜，然后输出各蔬菜的名称和种类，且名称和种类用空格隔开。

列表 9-9　使用 XSLT 与 XPath 调用任意的蔬菜

```
<xsl:stylesheet xmlns:xsl="http://www.w3.org/1999/XSL/Transform" version="1.0">
   <xsl:template match="/garden/vegetable">
      <xsl:value-of select="variety"/>
      <xsl:text> </xsl:text>
      <xsl:value-of select="name"/>
   </xsl:template>
</xsl:stylesheet>
```

将列表 9-9 中的 XSLT 应用到列表 9-6 中的 XML 中，其结果如列表 9-10 所示。

列表 9-10　调用任意蔬菜的结果

```
Cherokee Purple tomato
American Purple Top rutabaga
Helenor rutabaga
White Ball rutabaga
Purple Top White Globe rutabaga
```

列表 9-11 显示了另一个示例，它只选择名称为 rutabaga 的蔬菜。

列表 9-11　通过名称调用

```
<xsl:stylesheet xmlns:xsl="http://www.w3.org/1999/XSL/Transform" version="1.0">
   <xsl:template match="/garden/vegetable[name/text()='rutabaga']">
      <xsl:value-of select="name"/>
      <xsl:text> </xsl:text>
   </xsl:template>
   <xsl:template match="text()"/>
</xsl:stylesheet>
```

将列表 9-11 中的 XSLT 应用到列表 9-6 中的 XML 将得到列表 9-12 所示的结果。

列表 9-12　通过名称调用的结果

```
rutabaga rutabaga rutabaga rutabaga
```

XSLT 将包含任意数据的标记转换为 HTML，以便在浏览器中显示。

9.7　JavaScript

前面的示例网页是静态的，换言之，它只显示某些格式的文本。回到图 9-1，唯一更改显示内容的方法是发送另一个 URL 到 Web 服务器以获取新文档。这个过程不仅速度很慢，而且还浪费资源。如果在表单中输入了电话号码，则必须将数据发送到服务器以确定服务器是否包含所有号码，如果不包含，那服务器不得不返回一个带有错误消息的页面。

1993 年，Mark Andreesen 创建了图形化的 Mosaic 网络浏览器，推动了消费互联网的繁荣。他创建了网景公司，该公司在 1994 年发布了网景导航者浏览器。考虑到对更多交互式网页的需求，Netscape 在 1995 年引入了 JavaScript 编程语言。JavaScript 已经被 Ecma 国际标准组织（以前的欧洲计算机制造商协会）标准化为 ECMA-262，也称为 ECMAScript。JavaScript 既借鉴了 C 编程语言，也借鉴了 Java 语言（Java 本身也借鉴了 C 语言）。

JavaScript 允许网页包含在计算机上运行的实际程序，而不是服务器上运行的实际程序。这些在计算机上运行的实际程序可以修改 DOM，而且可以直接与 Web 服务器通信，如图 9-8 所示。

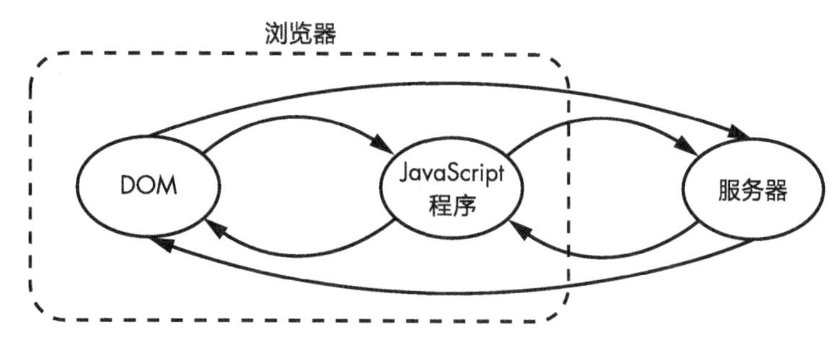

图 9-8　Web 浏览器与 JavaScript 和 Web 服务器的交互

JavaScript 程序和服务器之间的交互与图 9-1 中的浏览器与服务器通信不同。它是通过异步 JavaScript 和 XML（Asynchronous JavaScript And XML, AJAX）实现的。我们来分解一下。异步与 3.1.6 节中提到的纹波计数器有关，对于本例，它意味着浏览器无法控制服务器何时（以及是否）响应。JavaScript 部分只意味着它受 JavaScript 程序的控制。最后，从服务器到 JavaScript 程序的数据最初是用 XML 编码的，而不是用 HTML 编码的。

通过将 JavaScript 封装在 `<script>` 元素中，可以让 HTML 文档包含 JavaScript。我们在列表 9-4 中添加一些内容，同样以粗体字显示更改，如列表 9-13 所示。

列表 9-13　嵌入 JavaScript 代码的 Web 页面

```
<html>
    <head>
        <title>
            My First Web Page
        </title>
        <style>
            body {
                color: blue;
            }
            big {
                color:     yellow;
                font-size: 200%;
            }
        </style>
        <script>
```

```
            window.onload = function() {
                var big = document.getElementsByTagName('big');
                big[0].style.background = "green";
            }
        </script>
    </head>
    <body>
        This is my first web page.
        <b>
            <big>
                Cool!
            </big>
        </b>
    </body>
</html>
```

我们来看在不涉及所有吹毛求疵的细节的情况下，列表 9-13 做了些什么。浏览器定义中有 `window.onload` 变量，该变量可以被设置为函数以便在初始页完成加载后执行。定义中还有个 `document.getElementsByTagName` 函数，可以返回 DOM 中所有匹配元素的数组。这里它返回了一个 `<big>` 元素。最后，它允许我们改变各种元素的属性。在本例中，我们将背景色设置为了绿色。

Web 浏览器有大量已定义的 DOM 操作函数。它们允许我们做的不仅仅是从程序改变 CSS 样式。还有一些函数允许你重新排列 DOM 树，包括添加和删除元素。

9.8 jQuery

使用上一节中的浏览器 DOM 函数有两个问题。首先，DOM 函数在不同浏览器上的行为并不完全相同。其次，它并不是一个用户友好的界面，使用起来非常麻烦。

jQuery 是一个由美国软件工程师 John Resig 在 2006 年引入的库。它解决了刚才提到的两个问题，消除了浏览器之间的不兼容性。程序员无须做额外的工作去消除不兼容了。它还提供了一个易于使用的 DOM 操作接口。

jQuery 库将选择器与操作结合起来。列表 9-14 中的代码与列表 9-13 中的代码执行的操作完全相同，但列表 9-14 是以一种对程序员更友好的方式编码的。

列表 9-14 嵌入 JavaScript 及 jQuery 代码的 Web 页面

```
<html>
  <head>
    <title>
      My First Web Page
    </title>
    <style>
      body {
        color:      blue;
```

```
    }
    big {
      color:      yellow;
      font-size:  200%;
    }
  </style>
  <script type="text/javascript" src="https://code.jquery.com/jquery-3.2.1.min.js"> </script>
  <script>
    $(function() {
      $('big').css('background', 'green');
    });
  </script>
</head>
<body>
  This is my first web page.
    <b>
      <big>
     Cool!
    </big>
  </b>
</body>
</html>
```

第一个 <script> 元素导入 jQuery 库，第二个元素包含代码。加载页面时浏览器调用的“document ready”函数包含一个 jQuery 语句。它的第一部分 $('big') 是一个选择器，类似于表 9-2 中提到的 CSS 选择器。语句的其余部分 .css ('background', 'green') 是要对选定元素执行的操作。在本例中，css 函数修改 background 属性，将其设置为绿色。

我们将列表 9-15 中的 jQuery 片段添加到文档准备函数中，以添加一些交互性。

列表 9-15　jQuery 事件句柄

```
$('big').click(function() {
    $('big').before('<i>Very</i>');
    $('big').css('font-size', '500%');
});
```

这段简单的代码将一个*事件处理程序*附加到了单击鼠标时执行的 <big> 元素上。事件处理程序将做两件事：在 <big> 元素之前插入一个新的 <i> 元素，增加 <big> 的字体大小。

可以看到，jQuery 让使用 JavaScript 操作 DOM 变得更加容易。你可以打开浏览器的调试控制台，并在单击时观察这些更改的发生。

jQuery 开辟了一个库，并且选择此库的人越来越多，库被广泛使用。然而，正如在网络社区中普遍存在的那样，一些程序员决定创建并行的、不兼容的库。因此现在有很多 JavaScript 库可以做同样的事情。

9.9 SVG

在浏览器的添加集合中，可缩放矢量图形（Scalable Vector Graphics, SVG）有点奇怪。它是另一种完全不同的语言，允许你以一种完全不兼容的方式生成美观的图形和文本。

John Warnock 和 Chuck Geschke 在 1982 年创建了 Adobe System，并开发了 PostScript 语言。Warnock 多年来一直致力于开发具有更复杂思想的 PostScript。PostScript 的发展方式类似于将过于复杂的 SGML 简化为 HTML 的方式。在应史蒂夫·乔布斯的要求用 PostScript 驱动激光打印机时，John Warnock 和 Chuck Geschke 两人幸运地突破了。基于 PostScript 的苹果 LaserWriter 是桌面出版业形成的一个主要因素，也是 Adobe 成功的原因。

PostScript 在可移植性方面存在一些问题——在任何地方都会得到相同的结果。基于 PostScript 的可移植文档格式（Portable Document Format, PDF）就是为了解决这些问题而创建的。SVG 或多或少也是嵌入到浏览器中的 PDF。当然，SVG 和 PDF 并不完全兼容，因为并不完全兼容有一定的意义。

一般来说，SVG 比最近添加的画布（下一节将介绍）更自动化。你命令它去处理事情，它就会去处理，而对于画布，则必须要编写程序才能操作它。将列表 9-16 中的内容添加到 Web 页面的主体中，并对其进行旋转，因为每个 Web 页面都需要一个红色的脉冲圆圈。

列表 9-16 SVG 转圈动画

```
<br>
<svg xmlns="http://www.w3.org/2000/svg" width="400" height="400">
  <circle id="c" r="10" cx="200" cy="200" fill="red"/>
  <animate xlink:href="#c" attributeName="r" from="10" to="200" dur="5s" repeatCount="indefinite"/>
</svg>
```

9.10 HTML5

正如本章开头提到的，似乎在浏览器世界中，不可能只实现一次（什么）。HTML5 是 HTML 的最新体现。除此之外，它还添加了大量语义元素，包括 `<header>`、`<footer>` 和 `<section>`，如果按预期使用，这些元素将为文档添加一致的结构。

HTML5 引入了画布，可以提供与 SVG 几乎相同的功能，但它的方式与 SVG 完全不同。主要区别在于，画布只能用一组新的 JavaScript 函数来操作，而 SVG 可以使用现有的 DOM 函数。换句话说，必须编写 JavaScript 程序，才能使用画布复制列表 9-16。

HTML5 还添加了 `<audio>` 和 `<video>`，它们为音频和视频提供了某种标准的机制。

9.11 JSON

9.7 节中提到了 AJAX，并提到异步 XML 格式的数据从服务器发送到浏览器 JavaScript

程序。AJAX中的X现在改为JSON的J。尽管经常使用的是首字母缩略词AJAJ，但这种技术仍然被称为AJAX。

JSON代表JavaScript对象表示法（JavaScript Object Notation）。它本质上是JavaScript对象的可读文本格式，JavaScript对象是JavaScript的复合数据类型之一。理论上，这种格式的数据能以可互相操作的方式进行交换，尽管其规范约束问题意味着只有遵循某些未指定的规则（例如避免某些字符）才可能进行这种交换。程序员还需要解决JSON不支持所有JavaScript数据类型的问题。

列表9-17构建了一个JavaScript对象并将其转换为了JSON格式，然后显示存储在变量 `the_quest` 中的结果，结果以粗体表示。

列表9-17 JSON和阿尔戈号

```
var argonauts = {};
argonauts.goal = "Golden Fleece";
argonauts.sailors = [];
argonauts.sailors[0] = { name: "Acastus", father: "Pelias" };
argonauts.sailors[1] = { name: "Actor", father: "Hippasus" };
argonauts.sailors[2] = { name: "Admentus", father: "Pheres" };
argonauts.sailors[3] = { name: "Amphiarus", father: "Oicles" };
argonauts.sailors[4] = { name: "Ancaeus", father: "Poseidon" };

var the_quest = JSON.stringify(argonauts);

"{
    "goal": "Golden Fleece",
    "sailors": [
        { "name": "Acastus", "father": "Pelias" },
        { "name": "Actor", "father": "Hippasus" },
        { "name": "Admentus", "father": "Pheres" },
        { "name": "Amphiarus", "father": "Oicles" },
        { "name": "Ancaeus", "father": "Poseidon" }
    ]
}"
```

在使用JavaScript时，JSON比XML有优势，不仅仅是因为将JavaScript对象转换成JSON非常简单，如列表9-17所示。附带的JavaScript `eval` 函数可以直接使用JSON（因为JSON是数据），就好像它是JavaScript程序一样。JSON之所以流行，是因为它不需要额外的代码来处理数据导出和导入。

然而，JSON易于使用并不意味着你可以对它漫不经心。使用 `eval` 轻松导入JSON数据可使攻击者在浏览器中执行任意代码。最近，添加了一个 `JSON.parse` 函数，可安全地将JSON转换回JavaScript对象。

9.12 本章小结

本章介绍了许多构成 Web 浏览器的组件的基本知识。图 9-9 总结了前面讨论的内容。当然，浏览器还包含很多不是特别有趣的功能，比如书签和历史记录。

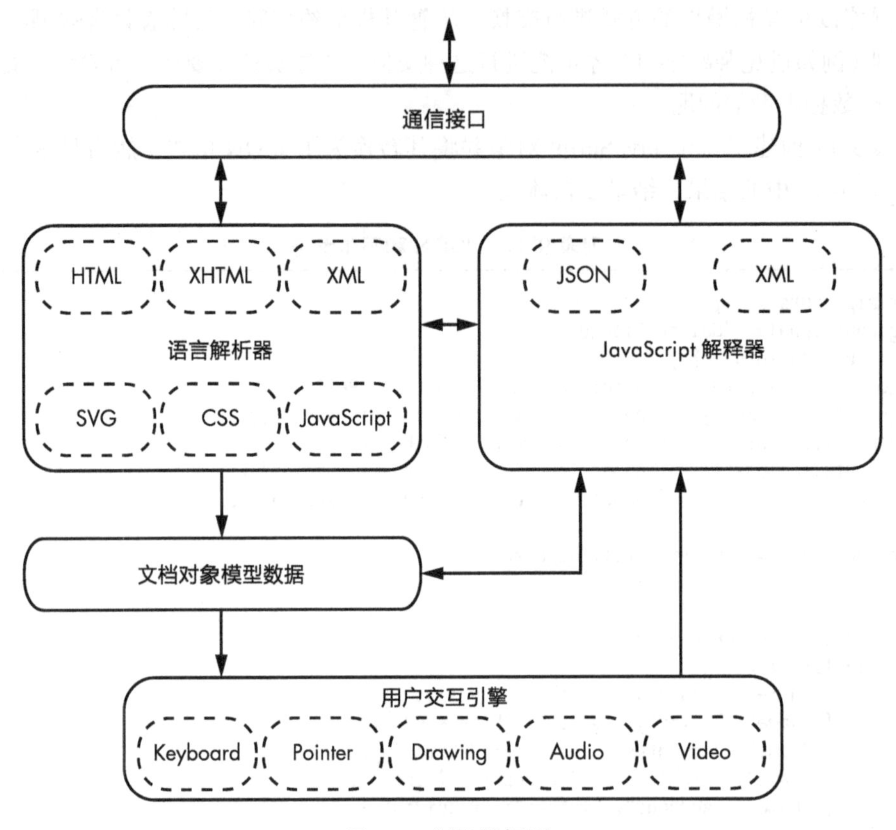

图 9-9 浏览器框图

图 9-9 看起来很复杂，但它只是前面介绍过的部分的集合，其中包括语言解析器、语法树、正则表达式、解释器、网络、输入和输出。

本章还说明了硬件和软件设计之间的区别。设计硬件比设计软件成本高。硬件设计师不太可能在一夜之间构建出一个使用六种不同的不兼容方法来完成同样事情的系统。但由于软件的前期成本并没有那么大，所以软件设计者往往不那么谨慎。因此往往会产生一个更大、更复杂的系统。这样的系统可能前期成本低，但由于存在大量必须维护的复杂互操作部分，通常在后期成本很高。

既然已经了解了复杂解释器的工作原理，下一章将为这个解释器编写一些程序。将会介绍两个分别使用 JavaScript 和 C 语言为浏览器编写的程序。这两个程序说明了一些重要的系统级注意事项，这些事项对 Web 程序员来说是隐藏的，但对系统级编程很重要。

第 10 章 Chapter 10

应用程序和系统程序设计

第 9 章介绍了 Web 浏览器的工作原理。浏览器是一种复杂的应用程序，它提供支持高级“指令”的由软件实现的“计算机”。本章将编写在浏览器中运行的程序，然后再编写一个不使用浏览器运行的类似程序，两个程序的结构如图 10-1 所示。

操作系统对用户程序隐藏了 I/O 设备的复杂性。通过类似的方式，复杂的用户程序（如浏览器）对构建在其上的应用程序隐藏了处理操作系统的复杂性。如果你只想把自己限制为高级应用程序编写者，那么不需要进一步了解这些。但是，如果你想成为一名系统程序员，那么就需要了解更多内容。

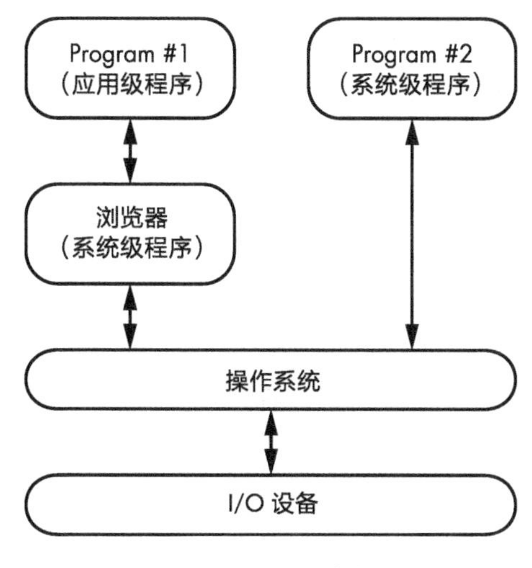

图 10-1　两个程序场景

本章中 JavaScript 和 C 代码示例比之前章节中看到的更长。即使你对这些语言不太熟悉，也不必担心，因为没必要弄清楚所有的细节。

我们来看一个游戏，在这个游戏中，计算机会通过问用户一系列问题来猜出一个动物。新的动物和辨别它们的问题会根据需要添加到程序中。程序通过构造知识的二叉树来“学习”。

计算机（正常文本）和用户（粗体文本）之间的交互如下所示：

```
Think of an animal.
Does it bark?
Yes
Is it a dog?
Yes
I knew it!
Let's play again.
Think of an animal.
Does it bark?
Yes
Is it a dog?
No
I give up. What is it?
giant purple snorklewhacker
What's a question that I could use to tell a giant purple snorklewhacker from a dog?
Does it live in an anxiety closet?
Thanks. I'll remember that.
Let's play again.
Think of an animal.
Does it bark?
Yes
Is it a dog?
No
Does it live in an anxiety closet?
Yes
Is it a giant purple snorklewhacker?
Yes
I knew it!
Let's play again.
```

图 10-2 展示了实施步骤。

可以看到，我们提出的问题引导我们沿着知识二叉树前进。猜对了就祝贺自己，否则，就要求用户提供答案和问题，将它们添加到树中，然后再重新开始。

程序沿着左侧的知识树向下走。当到达右侧路径的末尾时，它要么自夸一下，要么谦虚地扩大知识库。

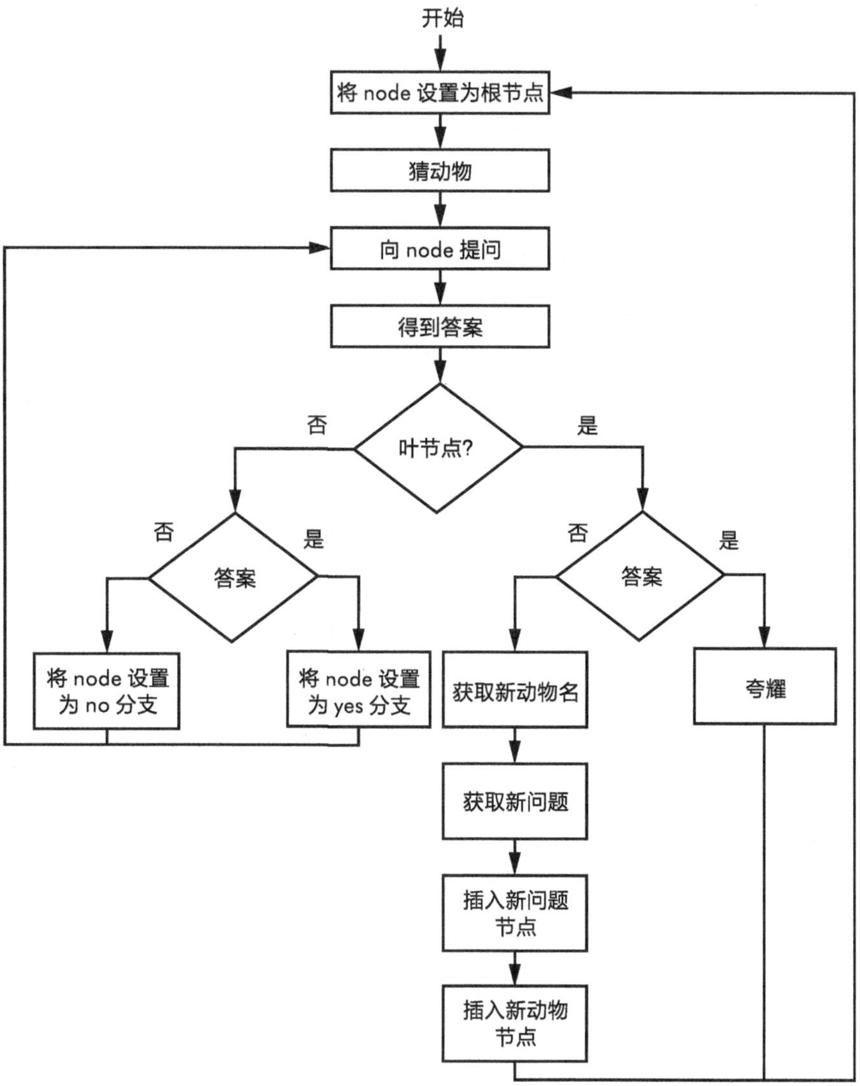

图 10-2 猜动物流程图

10.1 猜动物程序版本 1：HTML 和 JavaScript

继续这个游戏。我们将以一种虽然方便，但会让一些同事们感到不安的方式来进行这项工作。正如上一章提到的，DOM 是一棵树，它是 DAG 的子集，与二叉树相同。我们将在 DOM 中构建知识二叉树，它将是一组嵌套的、不可见的 `<div>`。我们可以用 JavaScript 创建数据结构，但是浏览器已经有了一些简单的方法。如图 10-3 所示，程序从知识二叉树中的一个初始问题和两个答案开始运行。

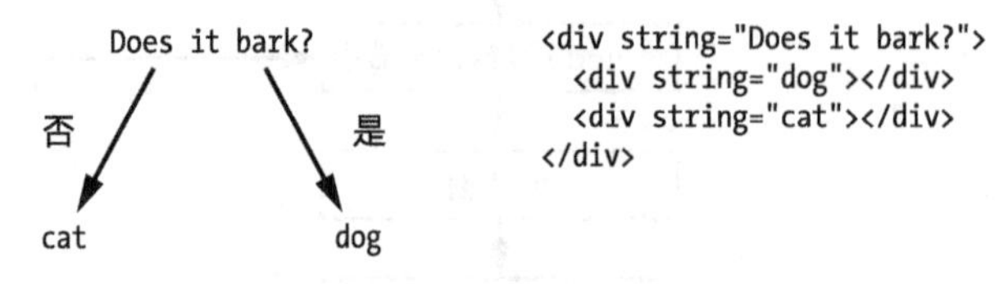

图 10-3　初始化知识二叉树

我们用“是”来回答“Does it bark？”当程序猜测“它是一只狗（dog）？”的时候，我们回答“否”。然后程序会问“它是什么？”，我们回答程序“giant purple snorklewhacker”。再然后，程序会问我们什么问题可以区分 giant purple snorklewhacker 和 dog，并使用答案“Does it live in an anxiety closet？”来修改知识树，如图 10-4 所示。

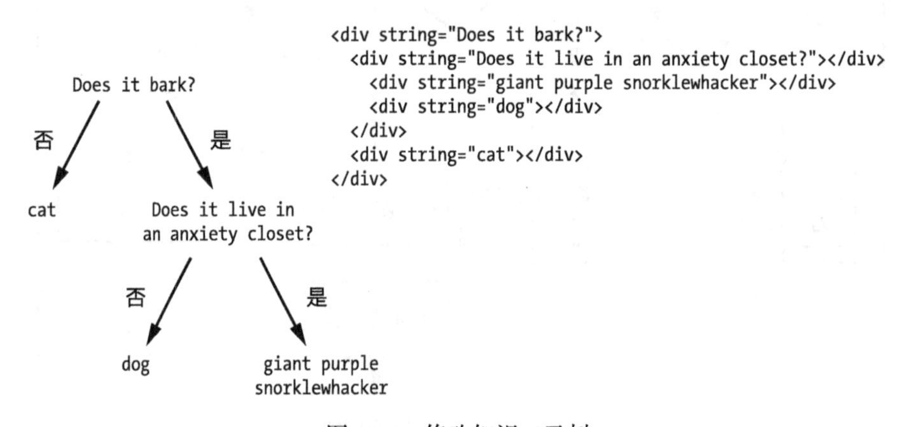

图 10-4　修改知识二叉树

10.1.1　应用程序级框架

列表 10-1 展示了需要添加代码的 Web 页面框架。纯粹主义者可能会对此不满，因为它将 HTML、CSS 和 JavaScript 组合到了一个文件中。但是我们正在构建的是一个简单程序，而不是一个网站，所以把所有的内容都放在一个地方很方便。

列表 10-1　Web 页面框架

```
1 <html>
2   <head>
3     <!-- include jQuery -->
4     <script type="text/javascript" src="https://code.jquery.com/jquery-3.1.1.min.js"> </script>
5
6     <title>Web Page Skeleton</title>
7
8     <style>
```

```
 9       <!-- CSS goes here -->
10     </style>
11
12     <script type="text/javascript">
13
14       <!-- JavaScript goes here -->
15
16       $(function() {
17         <!-- JavaScript to run when document ready -->
18       });
19
20     </script>
21   </head>
22
23   <body>
24     <!-- HTML goes here -->
25   </body>
26 </html>
```

你可以把 title 改成“动物猜猜看”。

上一章介绍了 Web 浏览器组件（见图 9-9）。现在来使用其中一些浏览器组件。

10.1.2　Web 页面主体

首先来看列表 10-2 中程序的 <body>。这将取代列表 10-1 第 24 行的 <！ --HTML goes here -->。

列表 10-2　猜动物游戏 HTML

```
 1 <!-- This is the knowledge tree that is never visible -->
 2
 3 <div id="root" class="invisible">
 4   <div string="Does it bark">
 5     <div string="dog"></div>
 6     <div string="cat"></div>
 7   </div>
 8 </div>
 9
10 <div id="dialog">
11   <!-- The conversation will go here -->
12 </div>
13
14 <!-- Get new animal name dialog -->
15
16 <div id="what-is-it" class="start-hidden">
17   <input id="what" type="text"/>
18   <button id="done-what">Done</button>
19 </div>
20
21 <!-- Get new animal question dialog -->
22
```

```
23 <div id="new-question" class="start-hidden">
24   What's a good question that I could use to tell a
25   <span id="new"></span> from a <span id="old"></span>?
26   <input id="question" type="text"/>
27   <button id="done-question">Done</button>
28 </div>
29
30 <!-- Yes and no buttons -->
31
32 <div id="yesno" class="start-hidden">
33   <button id="yes">Yes</button>
34   <button id="no">No</button>
35 </div>
```

从第3～8行可以看到，知识树预加载了一个初始问题和两个答案。string 属性代表问题，只不过在叶节点处时为动物名称。问题中还包含两个 <div>，第一个用于答案“是”，第二个用于答案“否”。树被一个 <div> 样式包装，因此它是不可见的。

第10～12行中的 dialog 表示计算机和玩家之间的对话。然后 what-is-it（第16～19行）包含一个新动物名称的文本字段和一个将被玩家在完成后按下的按钮。之后，new-question（第23～28行）包含一个用于新问题的文本字段和一个玩家完成后要按下的按钮。“是”和“否”按钮位于 yesno 中（第32～35行）。三个用户输入（第16、23和32行）都有一个 start-hidden 类，用于在游戏开始时使这些值不可见。

10.1.3 JavaScript 程序

我们来继续讨论 JavaScript。第一部分代码如列表10-3所示。

我们要做的第一件事是声明 node 变量，即列表10-1第14行框架的表达式 <!--JavaScript goes here -->。尽管它可以放在文件准备函数内部，但将其放在外部可以更方便地使用浏览器开发者控制台进行访问。我们还在文件准备函数之外声明了两个函数，因为它们并不依赖于加载的页面。

列表 10-3 猜动物游戏的 JavaScript 程序变量和函数

```
1 var node; // current position in tree of knowledge
2
3 // Append the supplied html to the dialog. Bail if the new node has
4 // no children because there is no question to ask. Otherwise, make
5 // the new node the current node and ask a question using the string
6 // attribute of the node. Turn the animal name into a question if a
7 // leaf node. Returns true if the new node is a leaf node.
8
9 function
10 question(new_node, html)
11 {
12   $('#dialog').append(html);     // add the html to the dialog
13
```

```
14    if ($(new_node).length == 0) { // no question if no children
15      return (true);
16    }
17    else {
18      node = new_node;              // descend to new node
19
20      if ($(node).children().length == 0)
21        $('#dialog').append('Is it a ' + $(node).attr('string') + '?');
22      else
23        $('#dialog').append($(node).attr('string') + '?');
24
25      return (false);
26    }
27 }
28
29 // Restarts the game. Hides all buttons and text fields, clears
30 // the text fields, sets the initial node and greeting, asks the
31 // first question, displays the yes/no buttons.
32
33 function
34 restart()
35 {
36    $('.start-hidden').hide();
37    $('#question,#what').val('');
38    question($('#root>div'), '<div><b>Think of an animal.</b></div>');
39    $('#yesno').show();
40 }
```

接下来，列表 10-1 第 17 行的`<!-- JavaScript to run when document ready -->`得到了如列表 10-4 所示的五项内容。

列表 10-4　猜动物游戏文件准备函数（Javascript）

```
 1 restart(); // Sets everything up the first time through.
 2
 3 // The user has entered a new question. Make a node with that
 4 // question and put the old no-node into it. Then, make a node
 5 // with the new animal and put it into the new question node ahead
 6 // of the old no-node so that it becomes the yes choice. Start over.
 7
 8 $('#done-question').click(function() {
 9   $(node).wrap('<div string="' + $('#question').val() + '"></div>');
10   $(node).parent().prepend('<div string="' + $(what).val() + '"></div>');
11   $('#dialog').append("<div>Thanks! I'll remember that.</div><p>");
12   restart();
13 });
14
15 // The user has entered a new animal name and clicked done. Hide
16 // those items and make the new-question text field and done button
17 // visible. Plug the old and new animal names into the query.
18
19 $('#done-what').click(function() {
```

```
20    $('#what-is-it').hide();
21    $('#new').text($('#what').val());
22    $('#old').text($(node).attr('string'));
23    $('#new-question').show();
24    $('#dialog div:last').append(' <i>' + $('#what').val() + '</i>');
25 });
26
27 // The user clicked yes in answer to a question. Descend the tree
28 // unless we hit bottom in which case we boast and start over.
29
30 $('#yes').click(function() {
31    if (question($(node).children(':first-child'), ' <i>yes</i><br>')) {
32      $('#dialog').append("<div>I knew it! I'm so smart!</div><p>");
33      restart();
34    }
35 });
36
37 // The user clicked no in answer to a question. Descend the tree
38 // unless we hit bottom, in which case we hide the yes/no buttons
39 // and make the what-is-it text field and done button visible.
40
41 $('#no').click(function() {
42    if (question($(node).children(':last-child'), ' <i>no</i><br>')) {
43      $('#yesno').hide();
44      $('#dialog').append('<div>I give up. What is it?</div>');
45      $('#what-is-it').show();
46    }
47 });
```

调用 restart 函数（第 1 行）开始游戏。另外四项内容是事件处理程序（等价于 JavaScript 中的中断处理程序，见第 5 章）。对于四个 button 元素，每个元素都有一个事件处理程序。当按下相关的按钮时，处理程序调用一个匿名函数（没有名称的内联函数）。

通过输入程序来练习你的文本编辑技能。将结果保存在一个名为 gta.html 的文件中，然后在浏览器中打开该文件，玩这个游戏。在浏览器中打开开发人员工具，找到 HTML 检查器（允许查看组成 Web 页面的 HTML）。当玩这个游戏的时候，可以看到知识树会被建立起来。

10.1.4 CSS

正如第 9 章提到的，类提供了一种标记元素的方法以便我们轻松地选择出元素。CSS 主要用于属性的静态声明，通过编程操作可以变成动态的。列表 10-2 中的 HTML 有两个 CSS 类：动态的 start-hidden 和静态的 invisible。

class 属性用于使列表 10-5 中的几个 HTML 元素成为 start-hidden 类的成员。这不仅使程序更优雅，还为我们提供了一种用简单选择器来定位所有这些元素的方法。无论何时启动或重新启动程序，这些元素都是不可见的。但在程序运行时这些元素是可见的，

start-hidden 允许我们简单地重置一切。

具有 invisible 类的元素总是不可见的，因为它是知识树。因此，列表 10-5 中显示的 CSS 替换了列表 10-1 中第 9 行的 <!--CSS goes here -->。

列表 10-5 猜动物游戏的串联样式表（CSS）

```
1 invisible {
2   display: none; /* elements with this class are not displayed */
3 }
```

请注意，你可以对简单 CSS 使用*内联样式*，因为在浏览器中必须有多个方法来执行操作。将列表 10-2 的第 3 行写为 <div id="root"style="display:none">，效果不变。

10.2 猜动物程序版本 2：C 语言

正如前面提到的，浏览器是高级虚拟机，它们的所有功能都是通过软件实现的。这使我们能够通过隐藏一些重要的基础来快速、轻松地构建程序。我们用 C 语言重写这个程序，这样浏览器隐藏的更多原始操作就会暴露出来。假设使用 UNIX 派生的操作系统。

10.2.1 终端和命令行

我们编写的 C 语言程序风格将会非常复古，因为它不会有任何花哨的按钮或图形。它将以类似于古老*冒险游戏*的方式使用命令行。这是了解输入和输出是如何工作的好机会，而不是依赖于浏览器中内置的花哨小部件。

“复古”和“命令行”是什么意思？正如第 1 章所提到的，人类的语言很可能是从声音和手势开始的，而文字的发明则要晚很多。计算机语言则恰恰相反。在计算机还有前面板时，人机互动始于按下按钮和翻转开关，但很快演变成书面语言，手势和声音识别后来才出现。人类会打字，而计算机则会在终端“打字”(见 6.4.1 节)。

你可能使用*图形用户界面*（Graphical User Interface, GUI）与计算机交流。但如果仔细想想，这其实类似石器时代的交流方式。图形用户界面大多使用手势语言，这种语言对普通计算机用户来说很好，因为它不太依赖用户的记忆，或者说至少在所有图标都变得无法识别之前，图形用户界面并没有太多的依赖性。

大多数计算机系统仍然支持花哨图形背后的命令行界面。终端现在是用软件实现的，而非计算机外部的硬件。如果在计算机上打开终端应用程序，你将得到一个*命令提示符*。你可以在里面键入某些命令，它将响应命令。

C 语言版程序不使用“是”和“否”按钮，而是希望玩家在终端程序中键入 y 或 n，然后按 <Enter>、<Return> 或 <↵> 键（取决于键盘）。玩家同样需要输入新的动物名称和问题。

输入 q 程序将退出。

10.2.2 构建程序

因为 C 语言是一种编译语言，我们不能像解释型 JavaScript 语言那样“运行”源代码，必须先把 C 语言转换成机器语言。使用命令行可以很容易实现。例如，如果源代码在名为 gta.c 的文件中，那么可以通过在终端中输入图 10-5 所示的命令来生成一个名为 gta 的机器语言文件。

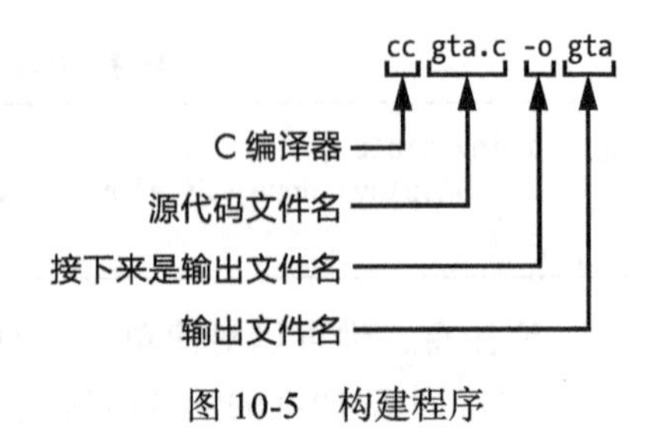

图 10-5　构建程序

一旦有了输出文件，通常只需键入其名称即可运行它。

10.2.3 终端和设备驱动程序

终端是一个 I/O 设备，如 5.8 节所述，用户程序不直接与 I/O 设备通信，操作系统在用户程序和 I/O 设备间调解，如图 10-6 所示。

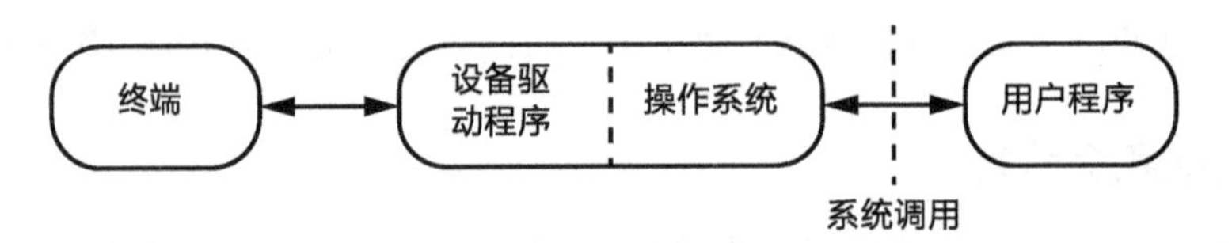

图 10-6　I/O 设备调解

当终端是独立的设备时，计算机和终端通过 RS-232 串行连接（见 6.1.9 节）。物理电线连接了终端和计算机。操作系统假装如今仍然存在这种类型的连接（在软件中模仿它），这样遗留程序就可以继续正常工作了。

10.2.4 上下文切换

设备驱动程序比看起来更复杂，因为操作系统存在的主要原因是可以同时运行多个用户程序。因为计算机只有一组寄存器，所以操作系统在用户程序之间切换时，必须能保存和恢复它们的内容。实际上，除了 CPU 寄存器之外，还有很多东西需要保存和恢复，包括 MMU 寄存器和任何 I/O 的状态。整个堆称为*进程上下文*，或者只称为*上下文*。我们并不想轻率地进行*上下文切换*，因为上下文的大小使其相对昂贵。系统调用过程如图 10-7 所示。

如你所见，当进行系统调用时，许多工作都是在幕后进行的。正如 5.5 节中提到的，有时操作系统会*休眠*一个用户程序（即使它可以满足那个用户程序的请求）以便给另一个用户程序运行的机会。

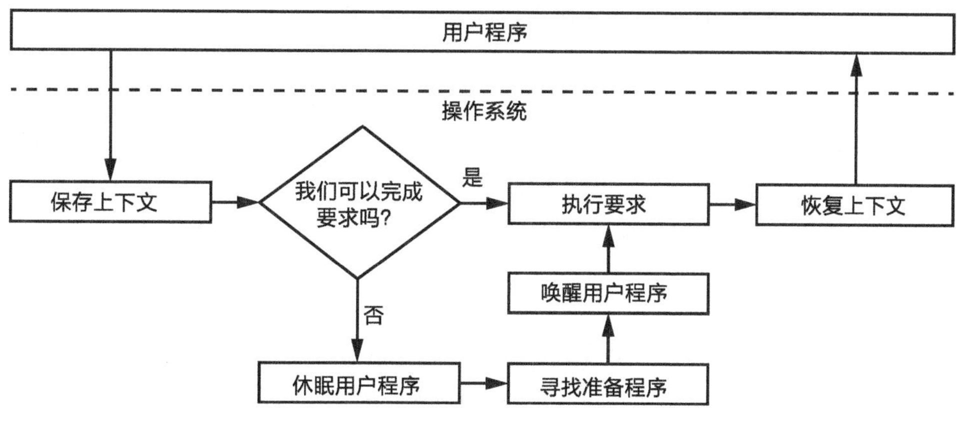

图 10-7　上下文切换

我们不希望每次在用户按下一个键时都进行上下文切换。在这种情况下，最小化上下文切换的一种方法是意识到我们通常不关心用户正在键入什么，直到他们点击 <Enter> 键。用户程序使用系统调用来指示它想从终端*读取*数据。这会使用户程序进入睡眠状态，因为用户程序在等待时无法执行任何操作，因此允许操作系统执行其他操作，例如切换到另一个程序运行。处理物理设备特性的*设备驱动程序*可以将终端中的字符保存在*缓冲区*，并且只有当用户按 <Enter> 键时才*唤醒*用户程序，而不是每次按键都会唤醒程序。

什么是缓冲区？图 6-25 中就有一个缓冲区，它是一个*先进先出*（First-In, First-Out, FIFO）数据结构，至少在软件领域是这样的。（在硬件领域，缓冲区通常是一个电路，可用来保护脆弱组件。）图 10-8 描述了一个 FIFO，也称为*队列*，类似于在杂货店门前排着的队伍。与堆栈一样，FIFO 可能因空间不足而溢出，也可能因取出元素而下溢。

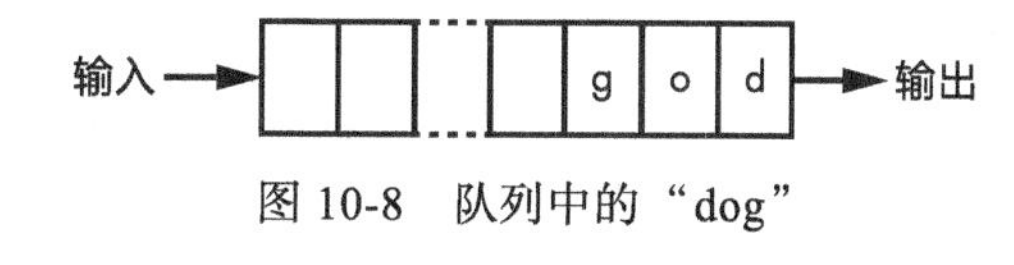

图 10-8　队列中的“dog”

终端通常以全双工模式（见 6.1.9 节）工作，这意味着键盘和显示器之间没有直接连接；键盘向计算机发送数据，显示器接收来自计算机的数据。最初，如前所述，每个方向都有单独的物理电线。因此，只用终端设备驱动程序缓冲输入是不够的，因为用户会感到困惑，除非他们键入的内容被*回送*让他们可以看到自己输入的内容。而且终端通常比写入它们的程序运行得慢，所以除了*输入缓冲区*之外还得使用*输出缓冲区*。如果一个程序试图写入一个已满的输出缓冲区，它就会进入休眠状态。驱动程序可能

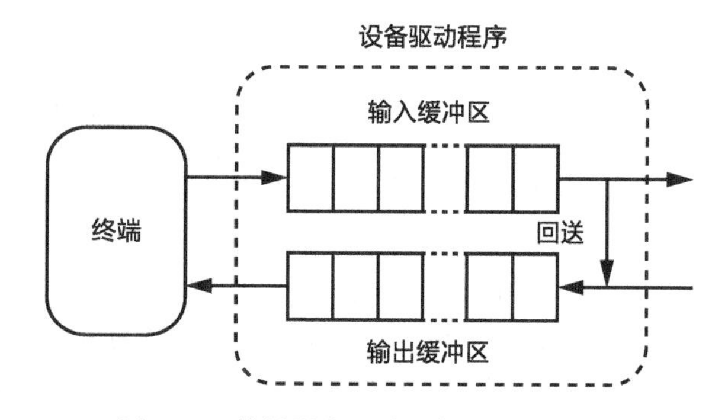

图 10-9　终端设备驱动程序的缓冲及回送

会向用户提供一些反馈，例如，如果输入缓冲区已满，则会发出哔声。讨论的驱动程序部分如图 10-9 所示。

真正的设备驱动程序更复杂，需要有额外的系统调用来修改驱动程序设置。回送功能可以被启用和禁用。缓冲可以被关闭，关闭缓冲后称为*原始模式*，而打开缓冲的则被称为*标准模式*。也可以设置唤醒用户程序的键，除此之外，还可以设置更多具有其他功能的键，例如设置可以删除字符的键（通常是退格键或删除键）。

10.2.5 标准 I/O

设备驱动程序中的缓冲只能解决部分问题。用户程序也有类似的问题。为了让用户程序对每个字符都执行系统调用而令设备驱动程序缓冲输入是没有任何好处的。如果用户程序进行系统调用以写入每个字符，则输出缓冲区没有太大帮助。这种常见的情况促使了*标准输入 / 输出库*（`stdio`）的开发，库中包含用于用户程序的缓冲 I/O 函数。

`stdio` 库支持缓冲输入，即在一次系统调用中从设备驱动程序读取尽可能多的输入，并将其放进缓冲区。用户程序从缓冲区获取字符，直到缓冲区为空，然后尝试获取更多字符。在输出端，将对字符进行缓冲，直到缓冲区已满或出现一个重要字符（如换行符）。合起来如图 10-10 所示。

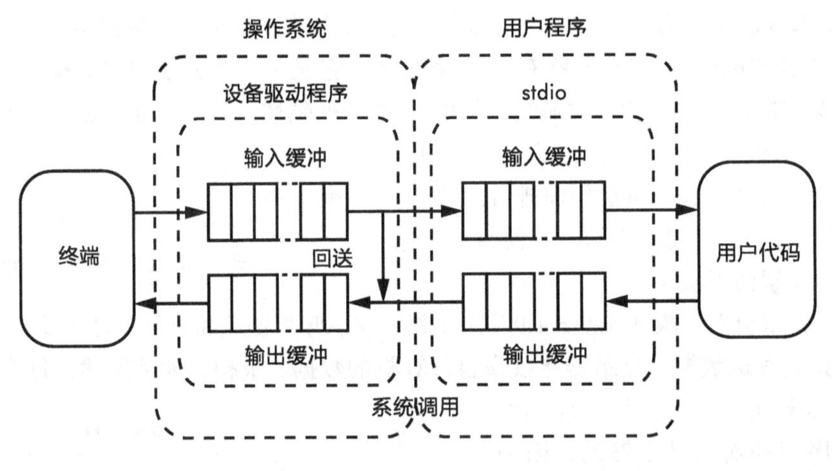

图 10-10 使用 stdio 库缓冲的用户程序

似乎要做很多工作才能让事情高效运行！这其实还没结束。用户程序如何连接到终端设备驱动程序？

引用某人的名字比提供他们的完整描述要容易得多，操作系统也采用类似的方法来访问文件。`open` 系统调用将文件名转换为*句柄*或*文件描述符*，用于引用文件，直到通过 `close` 系统调用将文件关闭。这类似于在博物馆里托管背包时得到一张认领票。`stdio` 库包括类似的 `fopen` 和 `fclose` 函数，可以使用系统调用，同时也可以建立和关闭缓冲系统。因为 UNIX 抽象地将设备视为文件，所以可以打开 /dev/tty 等特殊文件来访问终端设备。

10.2.6 循环缓冲区

前面提到过队列类似于在杂货店门前排队。尽管队列的外观确实如此，但缓冲区（如图 10-10 中的 `stdio` 输出缓冲区）实际上并非按照这种方式实现。

想想在杂货店门前排队会发生什么。前面的人购买完后，其他人必须向前移动一个位置。我们把“frog”这个单词排成一队，如图 10-11 所示。可以看到，我们需要跟踪行的末尾，以便知道在哪里插入内容

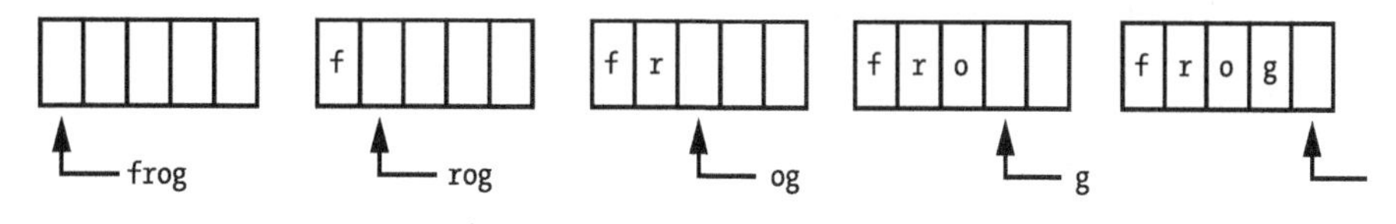

图 10-11 插入队列元素

现在来看从队列中删除“frog”时会发生什么（见图 10-12）。

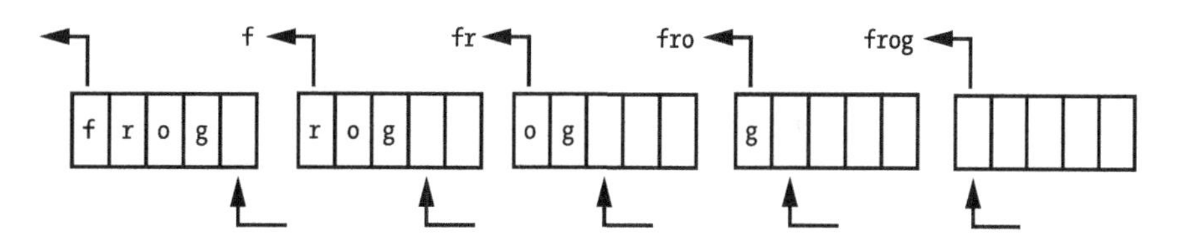

图 10-12 从队列中删除元素

如你所见，这涉及很多工作。删除 f 后，必须将 r 复制到 f 的位置，然后将 o 复制到 r 的位置，以此类推。我们来试试另一种方法。与其让队列中的每个元素都移动，不如让检查器来做，如图 10-13 所示。

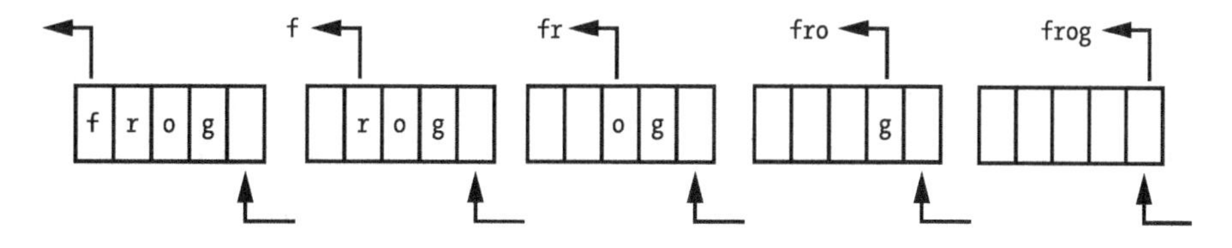

图 10-13 通过移动检查器从队列中删除元素

不包括检查器的话，这样做的工作量要少得多。但也带来了一个新问题。有时即使队列前面还有空位，排队的“人”还是会退到后面，没有“人”排到队列中。

我们需要找到一种将新成员引入队伍前面的方法。我们可以通过将队列弯曲成圆形来

实现这一点，如图 10-14 所示。

如你所见，只要 In 箭头朝向 Out 箭头顺时针旋转，就可以将数据添加到队列中。同样，只要 Out 箭头朝 In 箭头逆时针方向旋转，就可以删除队列中的数据。从缓冲区的末尾到开始需要一些算术运算。下一个位置是当前位置加 1，对缓冲区大小进行模化。

这些结构有许多名称，包括*循环缓冲区*、*循环队列*和*环形缓冲区*。无论是在 stdio 中还是在设备驱动程序中，它们都是一种非常标准的方法。

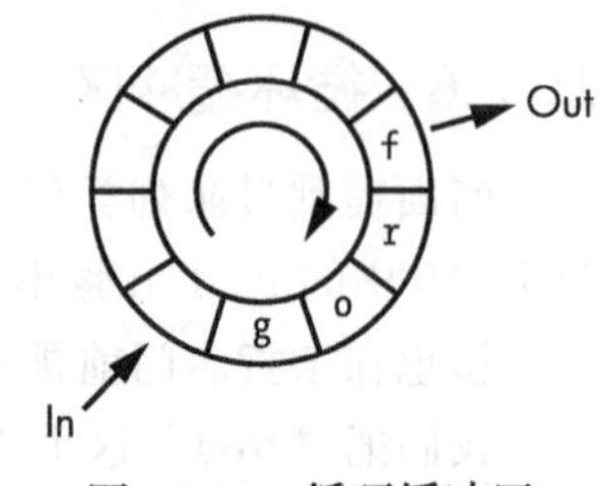

图 10-14 循环缓冲区

10.2.7 通过合适的抽象实现更好的代码

每次玩猜动物游戏时，我们都会从一个只知道猫和狗的程序开始。如果能记住游戏状态，并继续上次的游戏，那就太好了。这在 C 程序中很容易实现，是文件抽象的一个附带好处。

在 JavaScript 版本中添加这样的特性要困难得多，其原因如图 10-15 所示。

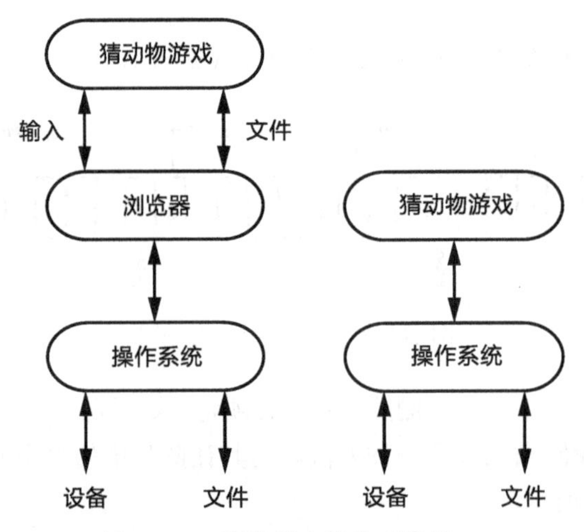

图 10-15 浏览器和操作系统接口

可以看到，操作系统有一个单一的接口，可以同时用于设备和文件。左边的浏览器版和右边的 C 语言版程序都使用这个接口。这意味着 C 语言程序和浏览器一样，可以使用与从设备读取用户输入相同的代码从文件中读取输入。但是浏览器不会将这个抽象传递给 JavaScript 程序员。相反，需要使用完全不同的接口的完全不同的代码段来添加新特性。接口的选择对编程的容易程度和结果的清晰度都有很大的影响。

10.2.8 一些技术细节

回到我们的 C 语言程序。要让 C 语言程序准备好运行，需要先编译它，然后将它与它使用的其他代码（如 stdio 库）链接到一起。5.12 节提到运行时库也包括在内，C 语言版通常被命名为 crt0。crt0 负责设置堆栈和堆等任务，以便堆栈和堆可以正常使用。它还会打开两个默认连接到终端设备驱动程序的文件，一个用于输入，一个用于输出。

stdio 库将系统文件描述符映射为文件指针，这些地址引用了用于缓冲和记账的数据结构。stdio 库有三个文件指针：stdin（标准输入）、stdout（标准输出）和 stderr（标准错误）。其目的是让重要的消息转到 stderr 而不是 stdout；它们都指向同一个地方，但是 stderr 是无缓冲的，stdout 是有缓冲的。如果使用 stdout 处理错误消息，错误消息会被缓冲，如果程序崩溃了，可能就永远看不到这些消息了。文件指针 stdout 和 stderr 共享同一个文件描述符，除非文件描述符被更改，如图 10-16 所示。

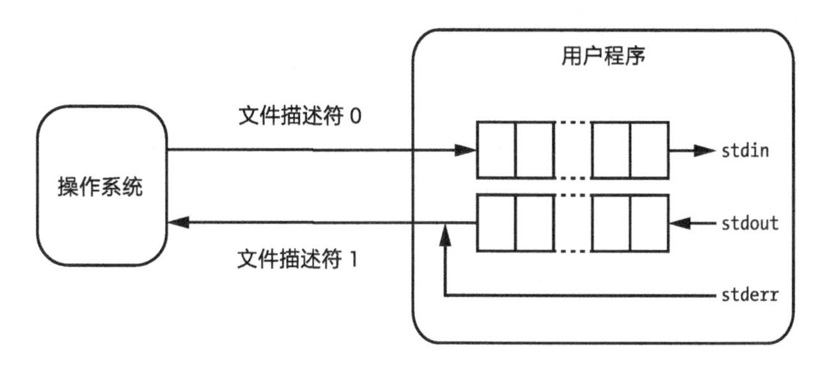

图 10-16　文件指针 stdin、stdout 和 stderr

新东西的发明往往源于奇怪事件的发生。据 Steve Johnson 回忆，最初的 stdio 库不包含 stderr，在开发第一个计算机排版软件（troff，由 Joseph Ossanna（1928—1977）编写）用于 C/A/T 照排机时，stderr 才被添加到 stdio 库。你认为激光和喷墨理所当然可以打印出东西，但其实它的原理是照排机将图像投射到银相纸上，然后冲洗银相纸。当 Hunt 兄弟垄断了白银市场后，照排机就成了非常昂贵的工具，人们只好减少照排机的使用。将任务发送给排字机，结果只返回一个包含错误消息 cannot open file 的格式优美的页面，这种情况并不少见。stderr 文件指针创造之初是为了将错误消息发送到终端而不是排字机中，这样可以节约成本。

10.2.9 缓冲区溢出

只要提到 stdio，就必须讨论一类非常严重的系统程序设计错误，称为缓冲区溢出。最初编写 stdio 时，它包含了一个名为 gets 的函数，该函数从 stdin 向用户提供的缓冲区中读取一个字符串，直到读取到下一个换行字符为止。如列表 10-6 所示，我们可以使用它来读取 y、n 或 q 响应；缓冲区中有足够的空间来容纳字符和 NUL 终止符。

列表 10-6 使用 gets 来读取输入

```
1 char buffer[2];
2
3 gets(buffer);
```

为什么会有这个问题呢？因为 gets 不会检查以确保输入不会超出缓冲区的末尾。假设我们有一个更严肃的程序，它也有一个名为 launch_missiles 的变量，这个变量恰好是内存中的下一个变量（见图 10-17）。

内存

buffer[0]
buffer[1]
launch_missiles

图 10-17 内存中缓冲区溢出

恶意用户可能会发现，回答 yyy 会在 launch_missiles 中存储一个 y，就意图和目的而言，这与不存在的 buffer[2] 是一样的。那可能会很难看。事实上，确实如此。大量已发现的安全问题正是由这种缓冲区溢出错误造成的。在 stdio 添加检查边界的 fgets 函数，即可修复这一问题。但还是要小心，因为有很多很多种方法会导致缓冲区溢出错误。永远不要认为缓冲区大小已经足够大了！第 13 章将介绍更多关于缓冲区溢出的细节。

10.2.10 C 语言程序

除了 stdio 库，还有许多 C 语言库。例如，string 库包含用于比较和复制字符串的函数，内容丰富的标准库 stdlib 包含用于内存管理的函数。

列表 10-7 展示了用于介绍游戏开场白的 C 语言程序。第一部分介绍了需要的库的信息（第 1～3 行）。接下来，声明了一个节点结构（第 5～9 行），这个节点结构包含指向两个叶的指针和问题或动物字符串的占位符。请注意，在 JavaScript 版本中不必做这样的事情，因为可以利用现有的 HTML<div>；如果没有按本段所介绍的做，就需要一个与之对应的 JavaScript 版。注意，定义节点结构使得我们可以将节点和字符串一起分配，见 7.8 节。

列表 10-7 C 语言版猜动物游戏：序幕

```
1 #include <stdio.h>  // standard I/O library
2 #include <stdlib.h> // standard library for exit and malloc
3 #include <string.h> // string library
4
5 struct node {
6   struct node *no;  // references no answer node
7   struct node *yes; // references yes answer node
8   char string[1];   // question or animal
9 };
```

接下来，我们定义一个函数来帮助内存分配（见列表 10-8）。虽然内存分配不是什么大问题，但我们需要在多个地方进行分配，每次检查错误都会很乏味。较新的语言包含了异常处理构造，使这类事情变得更简单。

由于唯一需要分配内存的时候是在创建新节点时，因此我们使用一个函数将 string 安装到 node 中。除了分配内存外，还将 string 复制到了 node 中，并初始化了 yes 和 no 指针。

列表 10-8　C 语言版猜动物游戏：内存分配

```
10 struct  node    *
11 make_node(char *string)
12 {
13     struct  node    *memory;        // newly allocated memory
14
15     if ((memory = (struct node *)malloc(sizeof (struct node) + strlen(string))) == (struct node *)0) {
16         (void)fprintf(stderr, "gta: out of memory.\n");
17         exit(-1);
18     }
19
20     (void)strcpy(memory->string, string);
21     memory->yes = memory->no = (struct node *)0;
22
23     return (memory);
24 }
```

我们将 stdio 中的 fprintf 函数用于错误消息，因为正如前面所讨论的，发送到 stderr 的内容是无缓冲的，这可使我们在程序意外失败时有机会看到消息。

注意，第 16 行用强制转换运算符将 fprintf 转换为 void。当 fprintf 返回一个我们忽略的值时，转换会告诉编译器我们是故意如此，而不是忘记检查某些内容，这样编译器就不会生成警告消息。它还会通知阅读代码的人这不是一个错误，返回值被故意忽略。某些编译器的最新更改消除了这些警告，除非被明确要求。

第 17 行的 exit 调用终止程序。当没有足够的内存来继续运行程序时，调用 exit 终止程序是唯一合理的选择。

printf 函数是 stdio 库的一部分，它已经被许多其他语言所使用。它的第一个参数是一个格式字符串，决定其余参数的解释。% 后跟代码表示“根据代码用下一个参数替换我”。在本例中，%s 表示“将下一个参数视为字符串”。

程序的其余部分如列表 10-9 所示。

列表 10-9　C 语言版猜动物游戏：主程序

```
25 int
26 main(int argc, char *argv[])
27 {
28     char            animal[50];     // new animal name buffer
29     char            buffer[3];      // user input buffer
30     int             c;              // current character from buffer
31     struct  node    **current;      // current tree traversal node
32     FILE            *in;            // input file for training data or typing
33     struct  node    *new;           // newly created node
```

```
34     FILE          *out;           // output file for saving training data
35     char          *p;             // newline removal pointer
36     char          question[100];  // new question buffer
37     struct  node  *root;          // root of the tree of knowledge
38
39     //  Process the command line arguments.
40
41     in = out = (FILE *)0;
42
43     for (argc--, argv++; argc > 1 && argc % 2 == 0; argc -= 2, argv += 2) {
44         if (strcmp(argv[0], "-i") == 0 && in == (FILE *)0) {
45             if ((in = fopen(argv[1], "r")) == (FILE *)0) {
46                 (void)fprintf(stderr, "gta: can't open input file `%s'.\n", argv[1]);
47                 exit(-1);
48             }
49         }
50
51         else if (strcmp(argv[0], "-o") == 0 && out == (FILE *)0) {
52             if ((out = fopen(argv[1], "w")) == (FILE *)0) {
53                 (void)fprintf(stderr, "gta: can't open output file `%s'.\n", argv[1]);
54                 exit(-1);
55             }
56         }
57
58         else
59             break;
60     }
61
62     if (argc > 0) {
63         (void)fprintf(stderr, "usage: gta [-i input-file-name] [-o output-file-name]\n");
64         exit(-1);
65     }
66
67     //  Read from standard input if no input file was specified on the command line.
68
69     if (in == (FILE *)0)
70         in = stdin;
71
72     //  Create the initial tree of knowledge.
73
74     root = make_node("Does it bark");
75     root->yes = make_node("dog");
76     root->no = make_node("cat");
77
78     for (;;) {      // play games until the user quits.
79
80         if (in == stdin)
81             (void)printf("Think of an animal.\n");
82
83         current = &root;    //  start at the top
84
85         for (;;) {          // play a game
```

```
 86
 87         for (;;) {      // get valid user input
 88             if (in == stdin) {
 89                 if ((*current)->yes == (struct node *)0)
 90                     (void)printf("Is it a ");
 91
 92                 (void)printf("%s?[ynq] ", (*current)->string);
 93             }
 94
 95             if (fgets(buffer, sizeof (buffer), in) == (char *)0 || strcmp(buffer, "q\n") == 0) {
 96                 if (in != stdin) {
 97                     (void)fclose(in);
 98                     in = stdin;
 99                 }
100                 else {
101                     if (in == stdin)
102                         (void)printf("\nThanks for playing.  Bye.\n");
103                     exit(0);
104                 }
105             }
106             else if (strcmp(buffer, "y\n") == 0) {
107                 if (out != (FILE *)0)
108                     fputs("y\n", out);
109
110                 current = &((*current)->yes);
111
112                 if (*current == (struct node *)0) {
113                     (void)printf("I knew it!\n");
114                     break;
115                 }
116             }
117             else if (strcmp(buffer, "n\n") == 0) {
118                 if (out != (FILE *)0)
119                     fputs("n\n", out);
120
121                 if ((*current)->no == (struct node *)0) {
122                     if (in == stdin)
123                         (void)printf("I give up.  What is it? ");
124
125                     fgets(animal, sizeof (animal), in);
126
127                     if (out != (FILE *)0)
128                         fputs(animal, out);
129
130                     if ((p = strchr(animal, '\n')) != (char *)0)
131                         *p = '\0';
132
133                     if (in == stdin)
134                         (void)printf(
135                          "What's a good question that I could use to tell a %s from a %s? ",
136                           animal, (*current)->string);
137                     fgets(question, sizeof (question), in);
```

```
138
139                         if (out != (FILE *)0)
140                             fputs(question, out);
141
142                         if ((p = strchr(question, '\n')) != (char *)0)
143                             *p = '\0';
144
145                         new = make_node(question);
146                         new->yes = make_node(animal);
147                         new->no = *current;
148                         *current = new;
149
150                         if (in == stdin)
151                             (void)printf("Thanks!  I'll remember that.\n");
152
153                         break;
154                     }
155
156                     else
157                         current = &((*current)->no);
158                 }
159                 else {
160                     if (in == stdin)
161                         (void)printf("Huh?  Please answer y for yes, n for no, or q for quit.\n");
162
163                     while ((c = getc(in)) != '\n' && c != EOF)
164                         ;
165                 }
166             }
167
168             break;
169         }
170
171         if (in == stdin)
172             (void)printf("Let's play again.\n\n");
173     }
174 }
```

除了内存管理之外，这段代码并没有什么特别有趣的地方，因为该程序所做的事情与JavaScript版本几乎相同。第28～37行声明了变量。第74～76行创建图10-18所示的初始节点。注意，所有字符串都以NULL结尾（'\0'）。

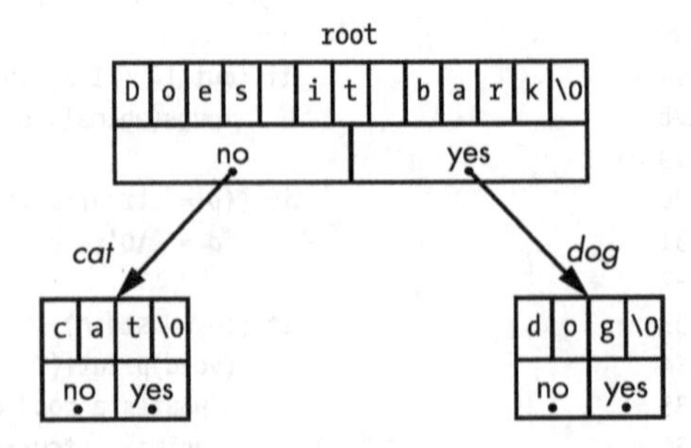

图10-18　C语言版猜动物游戏：初始化节点

我们像之前在10.1节中所做的那样来玩这个游戏。在玩家提供一个新的问题后，为它分配一个新的节点。这里有几个有趣的地方。使用strlen函数获取字符串的长度时要小心。

它返回字符串的实际长度，而不是使用的内存量，后者比实际长度多出一个解释 NUL 终止符的字节。但是请注意，我们在为字符串分配内存时并没有多加 1 个字节，因为为节点分配的内存已经包含了额外的字节。

每当沿知识二叉树向下响应“是”或“否”的答案时，我们都会保留一个 current 指针，以便于插入新的问题节点。我们需要分离 yes 或 no，通过让 current 指向要替换的节点指针分离 yes 或 no。因为 current 指向节点指针，所以它是指向指针的指针。*current=new; 表示取消了对指针的引用并“替换指针指向的任何内容”。在图 10-19 中，new 节点中的 no 指针被设置为 current（即旧的答案），current 指向 root 节点中的 yes 指针，它被替换为指向 new 节点的指针。

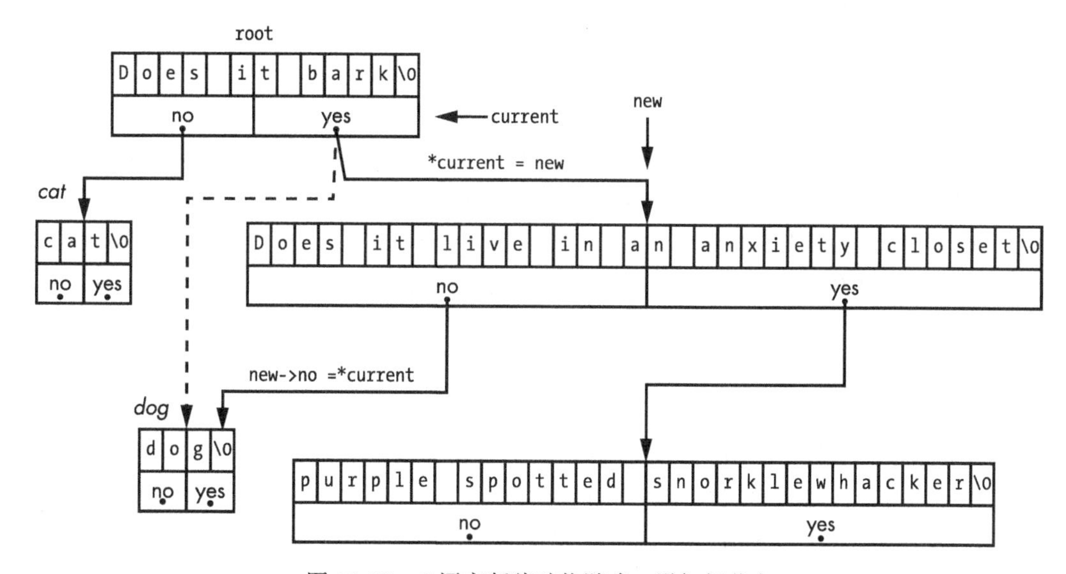

图 10-19 C 语言版猜动物游戏：增加新节点

10.2.11 训练

还记得吗，C 语言程序可以通过命令行选项来运行，以读取和写入训练数据。我们可以按如下方式运行程序：

```
prompt> gta -o training
Think of an animal.
Does it bark?
n
Is it a dog?
n
I give up. What is it?
giant purple snorklewhacker
What's a question that I could use to tell a giant purple snorklewhacker from a dog?
Does it live in an anxiety closet?
```

```
Thanks. I'll remember that.
Let's play again.
Think of an animal.
Does it bark?
q
Thanks for playing. Bye.
```

现在，如果查看 training 文件，就会看到它包含了输入的内容：

```
n
n
giant purple snorklewhacker
Does it live in an anxiety closet?
```

如果按如下方式重新运行程序：

```
prompt> gta -i training
```

将读入 training 文件的内容，这样程序将从停止的地方开始。

“引言”部分曾提到，如果想成为一个好的程序员，就必须对每件事都了解。从语法上讲，我们的程序不是很好。如果答案中的动物是狗，它可以正常运行，因为它会问“Is it a dog?”。但如果是大象呢？问“Is it a elephant?”在语法上是不正确的。所以确保语法正确的规则是什么？你能修改代码使它在语法上更正确吗？

10.3 本章小结

本章介绍了一个以两种方式编写的程序：一种作为高级应用程序，另一种作为底层的系统程序。一方面，编写高级应用程序可能更容易，因为许多小细节都是自动处理的。另一方面，一些特性（如录音和回放）在不包括统一接口的环境中实现起来要困难得多。

此外，将非常复杂的应用程序环境用于简单的应用程序，会增加出现错误的可能性。产生错误的概率是应用程序代码中错误概率与运行它的环境的代码错误概率的总和。有多少次你的浏览器由于内存管理错误，运行得非常慢，需要重新启动？你的浏览器多长时间崩溃一次？

系统程序设计需要更多地关注细节，例如字符串、内存和缓冲区的管理。编写简洁、安全的代码时，这些细节非常重要。下一章将讨论另一种类型的细节：结构化问题以使它们更容易解决。

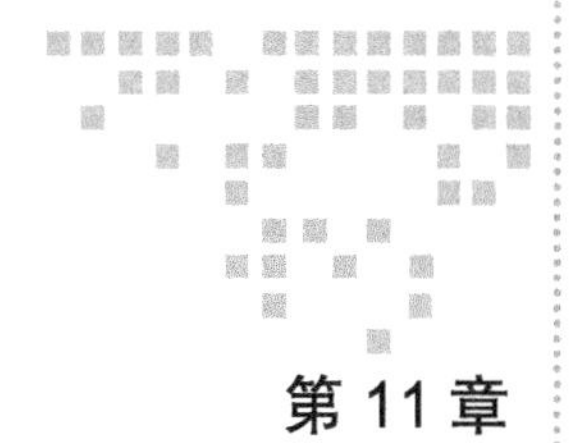

第 11 章 

捷径和近似法

到目前为止，我们已经花了很多时间研究如何高效地计算，特别是在内存使用方面。但比高效计算更高效的是不计算。本章将介绍两种避免计算的方法：走捷径和近似法。

通常我们认为计算机非常精确。但是，正如我们在 1.6 节中看到的那样，计算机实际上不是严格精确的。我们可以按照我们想要的尽可能精确地编写代码。例如，UNIX bc 实用程序是一种任意精度计算器，如果需要非常高的精度，UNIX bc 就非常适合，但它并不是一个非常有效的方法，因为计算机硬件不支持任意精度。这就引出了一个问题，对于一个特定的应用程序来说，近似值距离原值多近才足够合适？有效利用计算资源意味着不做不必要的工作。在使用 π 之前计算其所有的位数是不合理的！

11.1 表格查找

很多时候，在表中查找数据比进行计算更简单、更快。接下来的小节将介绍一些表格查找的例子。表格查找类似于第 8 章中讨论的循环不变式优化。如果经常用到某个东西，通常提前对它进行一次计算很有意义。

11.1.1 转换

假设我们需要读取温度传感器数据，并以十分之一摄氏度（℃）为单位显示结果。一位聪明的硬件设计师设计了一个电路，可以根据测量的温度产生电压。我们可以用 A/D 转换器（见 6.3.2 节）读取这个电压。曲线如图 11-1

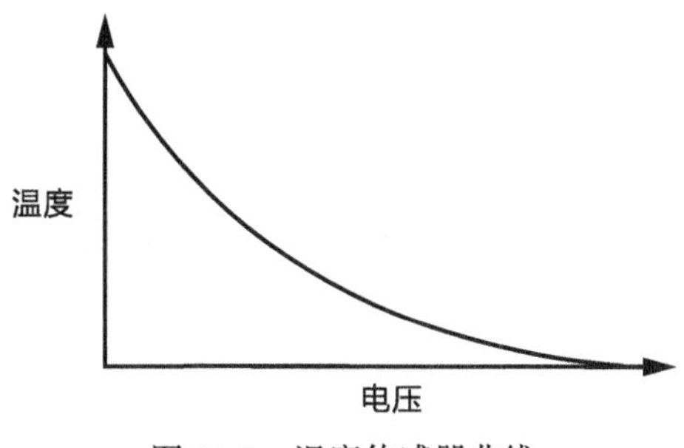

图 11-1　温度传感器曲线

所示。

可以看到曲线并非方便计算的直线。我们可以使用以下公式根据电压（v）计算温度（t），其中 A、B 和 C 是由传感器模型确定的常数：

$$t=\frac{1}{A+B\times\ln v+(C\times\ln v)^2}$$

如你所见，这个公式涉及很多浮点运算，包括自然对数，运算起来成本非常昂贵，所以我们跳过运算。相反，我们构建一个可以将电压值映射到温度值的表。假设我们有一个 10 位 A/D 转换器，而且 8 位足以保存温度值。这意味着只需要一个 1 024 字节的表就可以消除所有的计算，如图 11-2 所示。

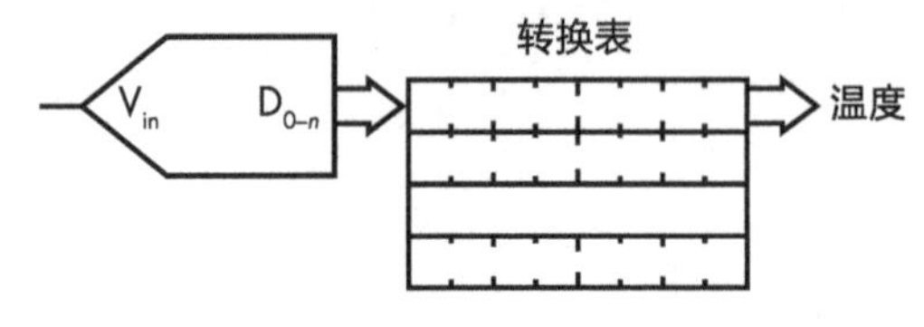

图 11-2 表格查找转换

11.1.2 纹理映射

表格查找是*纹理映射*的一个主要部分，纹理映射这项技术有助于在视频游戏和电影中提供逼真的图像。其背后的思想是，将图像贴到物体（如墙）上比用算法生成所有图像细节需要的计算量要小得多。这个思想虽然不错，但也存在问题。假设我们有一个如图 11-3 所示的砖墙纹理。

图 11-3 砖墙纹理

图 11-3 的逼真程度看起来不错。但电子游戏中的图像并不是一成不变的，在游戏中，你可能被僵尸追赶，于是只好翻过砖墙快速逃跑。砖墙的外观需要根据你与它的距离进行更改。图 11-4 显示了从远处（左侧）和近处（右侧）观察到的墙的外观。

如你所料，调整适应距离的纹理是一项烦琐的工作。当视点远离纹理时，必须对相邻的像素进行平均。重要的是要能够快速进行计算，这样图像才不会跳跃显示。

图 11-4　不同拍摄距离下的砖墙纹理

纽约理工学院图形语言实验室的 Lance Williams（1949—2017）设计了一种称为 MIP 映射的巧妙方法（MIP 来自拉丁文 multum in parvo，意思是“在一个小地方放了很多东西”）。他关于这个主题的论文“Pyramidal Parametrics”发表于 1983 年 7 月的 SIGGRAPH 论文集上。他的方法至今仍在使用，不仅在软件上，也在硬件上被使用。

正如 1.12 节提到的那样，一个像素有三个 8 位的组件，分别用于显示红色、绿色和蓝色。Williams 注意到在 32 位的系统中，当这些组件按矩形形式安排时，四分之一的空间会被剩下（见图 11-5）。

Williams 不想让这些空间浪费掉，所以他用一种不同于 Tom Duff 和 Thomas Porter 的方式利用了这些空间（见 1.12.1 节）。Williams 注意到，因为剩余四分之一的空间，所以他可以将四分之一大小的图像副本放入该空间，然后再将另一个四分之一大小的副本放入该空间的剩余空间，以此类推，如图 11-6 所示。他把这种安排称为 MIP 贴图。用砖墙纹理制作 MIP 贴图会得到如图 11-7 所示的图像（可以将其想象成颜色组件）。

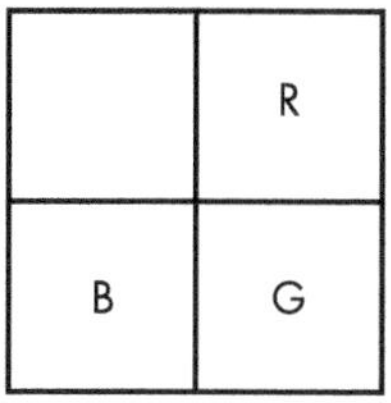

图 11-5　有剩余空间的颜色组件排列

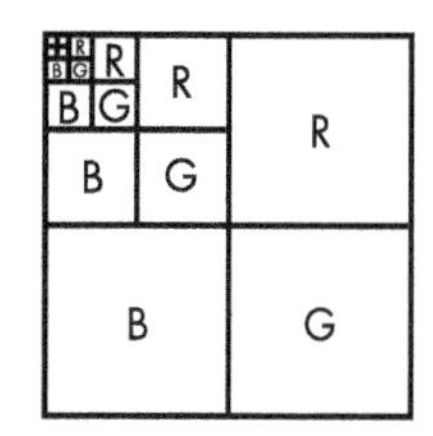

图 11-6　多重影像图布局

图 11-7　MIP 贴图纹理

可以看到，更近距离的图像中有更多的细节。这很有趣，但除了作为一个巧妙的存储机制，它还有什么用？如图 11-8 所示，它将 MIP 贴图的一种颜色展开为一个金字塔。

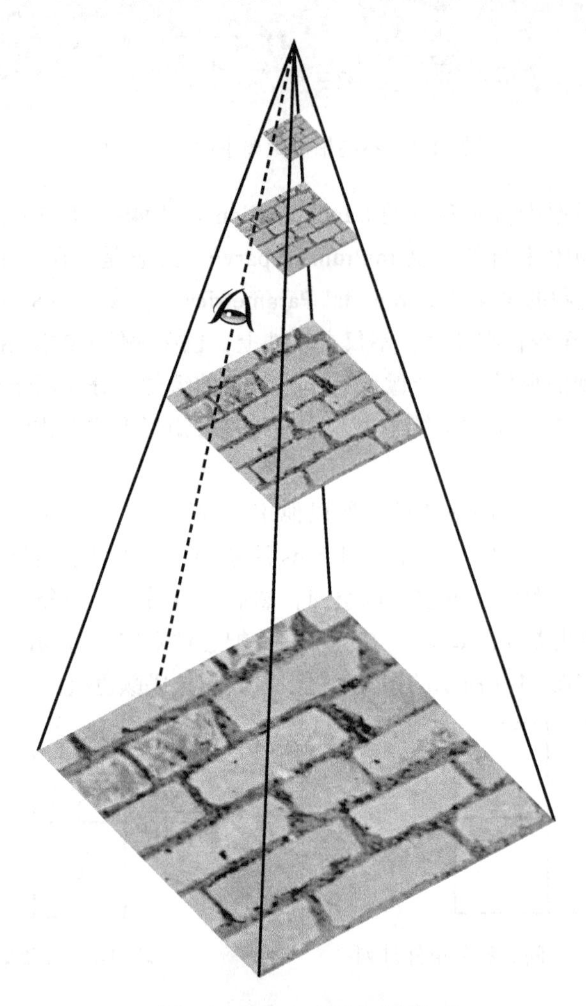

图 11-8　MIP 贴图金字塔

金字塔顶端的图像是从远处看事物的样子，当我们走向地基时，会有更多的细节。当需要计算实际纹理来确定图 11-8 中眼睛的位置时，无须将地基图像中的所有像素平均，只需使用最近层中的像素即可。这样可以节省很多时间，尤其是在有利位置较远的情况下。

常用的预计算信息（在本例中为纹理的低分辨率版本）相当于循环不变式优化。

11.1.3　字符分类

表格查找方法对向 C 语言中添加库的作用很大。第 8 章提到过决定哪些字符是字母、哪些是数字等的字符分类，字符分类是词法分析的一个重要部分。回望表 1-10 中的 ASCII

代码表，我们可以轻松地通过编写代码来实现字符分类，如列表 11-1 所示。

列表 11-1　字符分类代码

```
int
isdigit(int c)
{
  return (c >= '0' && c <= '9');
}

int
ishexdigit(int c)
{
  return (c >= '0' && c <= '9' || c >= 'A' && c <= 'F' || c >= 'a' && c <= 'f');
}

int
isalpha(int c)
{
  return (c >= 'A' && c <= 'Z' || c >= 'a' && c <= 'z');
}

int
isupper(int c)
{
  return (c >= 'A' && c <= 'Z');
}
```

贝尔实验室的一些人建议将常用的函数（如列表 11-1 中的函数）放入库中。Dennis Ritchie（1941—2011）认为人们很容易写出这些函数。但是，计算机中心的 Nils-Peter Nelson 编写了这些例程的实现，这些例程使用了一个表，而不是 `if` 语句的集合。表是用字符值索引的，表中的每个条目都有一些位，如图 11-9 所示，这些位用于大写、小写、数字等方面。

如你所见，列表 11-2 中的函数比列表 11-1 中的函数简单。列表 11-2 中的函数还有另一个很好的特性，即它们本质上都是相同的代码；列表 11-1 与列表 11-2 中函数唯一的区别是与表内容进行“与”（AND）运算的常量值。这种方法比其他任何人的方法都快 20 倍，所以 Ritchie 让步，把这些函数作为一个库添加进来，为更多的库奠定了基础。

列表 11-2　表格驱动的字符分类代码

```
unsigned char table[128] = [ ... ];

#define isdigit(c)    (table[(c) & 0x7f] & DIGIT)
#define ishexdigit(c) (table[(c) & 0x7f] & HEXADECIMAL)
#define isalpha(c)    (table[(c) & 0x7f] & (UPPER | LOWER))
#define isupper(c)    (table[(c) & 0x7f] & UPPER)
```

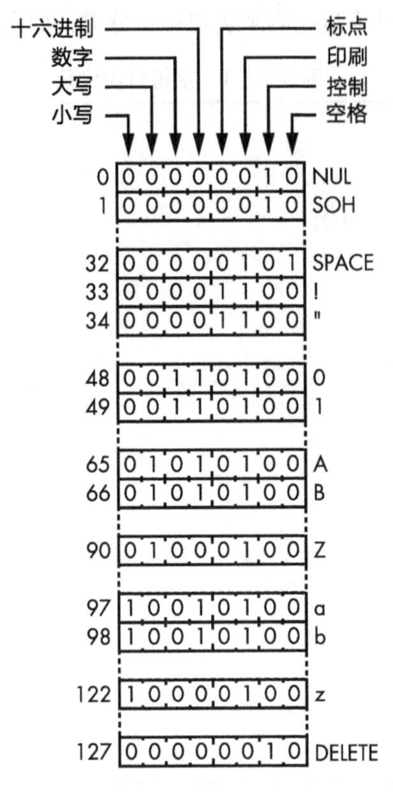

图 11-9　字符分类表

在本例中，分类涉及查找表格中的值以及检查位，如列表 11-2 所示。

注意　你将会注意到我虽然使用了列表 11-2 中的宏，但还是使用了列表 11-1 中的函数。宏是一种语言构造，它用右边的代码代替左边的代码。因此，如果源代码包含 `isupper('a')`，语言预处理器将用 `table[('a') & 0x7f] & UPPER` 替换 `isupper('a')`。这对于小代码块非常有用，因为没有函数调用开销。但是列表 11-1 中的代码不能用宏合理地实现，因为我们必须处理有人使用 `isupper(*p++)` 的情况。如果列表 11-1 中的代码是作为宏实现的，那么在 `ishexdigit` 中，`p` 将增加 6 倍，这会使调用方感到意外。列表 11-2 中的版本只引用了一次参数，因此不会发生这种情况。

11.2　整数方法

从前面对硬件的讨论中可以明显看出，有些操作在速度和功耗方面比其他操作成本低。整数加减法成本很低。乘法和除法的成本更高，但我们可以使用更节约成本的移位运算乘 2

或除 2。浮点运算的成本要高得多。复杂的浮点运算，如三角函数和对数函数的计算，成本更要高得多。为了与本章的主题保持一致，最好能找到避免使用高成本运算的方法。

我们来看一些形象的示例。列表 11-3 修改了列表 10-1 中的 Web 页面框架，使其具有 `style`、`script` 片段和 `body`。

列表 11-3 基础画布

```
1 <style>
2   canvas {
3     border: 5px solid black;
4   }
5 </style>
6 ...
7 <script>
8   $(function() {
9     var canvas = $('canvas')[0].getContext('2d');
10
11     // Get the canvas width and height.  Force them to be numbers
12     // because attr yields strings and JavaScript often produces
13     // unexpected results when using strings as numbers.
14
15     var height = Number($('canvas').attr('height'));
16     var width = Number($('canvas').attr('width'));
17
18     canvas.translate(0, height);
19     canvas.scale(1, -1);
20   });
21 </script>
22 ...
23 <body>
24   <canvas width="500" height="500"></canvas>
25 </body>
```

9.10 节简要地提到了画布。*画布*（canvas）是一个可以在其中进行自由画图的元素，可以把它看作是一张坐标纸。

“坐标纸”画布不一定是你已经习惯的，因为它默认不使用标准笛卡儿坐标系。“坐标纸”画布是电视上绘制光栅方向的人工制品（参见 6.4.4 节）。光栅开始于屏幕的左上角。x 坐标就是常规的 x 坐标，但 y 坐标方向为自顶向下。当电视监视器用于计算机图形时，该坐标系保留了下来。

现代计算机图形系统支持任意坐标系，图形硬件通常也支持任意坐标系。可以将*变换*应用于指定的每个（x，y）坐标，并使用以下公式将坐标映射到屏幕坐标（x'，y'）：

$$x' = Ax + By + C$$
$$y' = Dx + Ey + F$$

系数 C 和 F 使坐标平移，平移坐标意味着可以移动物体。系数 A 和 E 提供了*缩放*功能，意味着它们使物体变得更大或者更小。系数 B 和 D 使坐标*旋转*，意味着它们改变了坐标的方向。这些改变通常以矩阵的形式表示。

现在，我们只关心平移和缩放，以将画布坐标系转换为熟悉的坐标系。我们在第 13 行向下平移画布的高度，然后在第 14 行翻转 y 轴的方向。变换顺序很重要，如果以相反的顺序进行这些变换，那么原点将出现在画布上方。

图形可以由一张坐标纸上的三原色块创建（参见 1.12 节）。但需要怎样的一张图纸呢？需要对色块成分进行多大程度的控制？

第 19 行的 `width` 和 `height` 属性以像素为单位设置画布的大小（参见 6.3.4 节）。显示器的*分辨率*是指每英寸[1]（或每厘米）的像素数。屏幕上画布的大小取决于屏幕的分辨率。除非在真正的古董屏幕上，否则不大可能看出来单个像素。（请注意，人眼的分辨率在整个视野中并不是同一个常数，参见“A Photon Accurate Model of the Human Eye”，Michael Deering，SIGGRAPH 2005。）尽管目前的超高清显示器非常棒，但仍需要超采样等技术来使显示更高清。

我们将从一个非常低的分辨率开始绘制，这样就可以看出其中细节。通过添加一个如列表 11-4 所示的 JavaScript 函数来制作一些坐标纸，该函数可以清除画布并在画布上绘制网格。我们还将使用缩放变换来获得整数值网格交点。比例尺适用于绘制画布上的所有内容，因此必须使线条的宽度更小。

列表 11-4 绘制网格

```
 1 var grid = 25;                                   // 25 pixel grid spacing
 2
 3 canvas.scale(grid, grid);
 4 width = width / grid;
 5 height = height / grid;
 6 canvas.lineWidth = canvas.lineWidth / grid;
 7 canvas.strokeStyle = "rgb(0, 0, 0)";             // black
 8
 9 function
10 clear_and_draw_grid()
11 {
12   canvas.clearRect(0, 0, width, height);         // erase canvas
13   canvas.save(); // save canvas settings
14   canvas.setLineDash([0.1, 0.1]);                // dashed line
15   canvas.strokeStyle = "rgb(128, 128, 128)";     // gray
16   canvas.beginPath();
17
18   for (var i = 1; i < height; i++) {             // horizontal lines
19     canvas.moveTo(0, i);
20     canvas.lineTo(height, i);
21   }
22
```

[1] 1 英寸 =0.025 4 米。——编辑注

```
23    for (var i = 1; i < width; i++) {           // vertical lines
24      canvas.moveTo(i, 0);
25      canvas.lineTo(i, width);
26    }
27
28    canvas.stroke();
29    canvas.restore();                           // restore canvas settings
30  }
31
32  clear_and_draw_grid();                        // call on start-up
```

11.2.1 直线

现在我们通过在列表 11-5 中的网格上放置彩色圆圈来画两条线。一条水平线，另一条线的斜率是 45°。对角线上的斑点稍微大一点，所以我们可以在它们相交的地方看到两条线。

列表 11-5　水平线及对角线

```
 1  for (var i = 0; i <= width; i++) {
 2    canvas.beginPath();
 3    canvas.fillStyle = "rgb(255, 255, 0)";      // yellow
 4    canvas.arc(i, i, 0.25, 0, 2 * Math.PI, 0);
 5    canvas.fill();
 6
 7    canvas.beginPath();
 8    canvas.fillStyle = "rgb(255, 0, 0)";        // red
 9    canvas.arc(i, 10, 0.2, 0, 2 * Math.PI, 0);
10    canvas.fill();
11  }
```

如图 11-10 所示，通过运行程序，像素在对角线上的间距比在水平线上的间距大（根据勾股定理，相差 $\sqrt{2}-1$）。为什么这一点很重要？因为这两条线都有数量相同的发光像素，但是当像素在对角线上相距较远时，光密度就会降低，使其看起来比在水平线上暗一些。对此我们毫无办法。显示器的设计者会调整像素的形状以减弱这种影响。与桌面显示器和手机相比，价格便宜的显示器这个问题更严重。

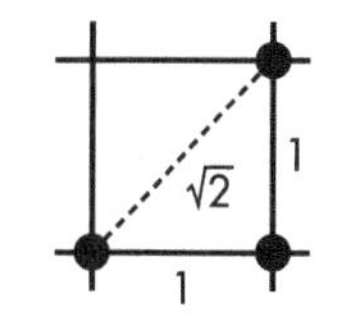

图 11-10　像素间距

水平线、垂直线和对角线的情况是最简单的。如何决定其他线条照亮哪些像素？我们来编写一个画线程序。首先在 body 中的 canvas 元素之后添加一些控制，如列表 11-6 所示。

列表 11-6　基础画线程序体

```
1  <div>
2    <label for="y">Y Coordinate: </label>
```

```
3   <input type="text" size="3" id="y"/>
4   <button id="draw">Draw</button>
5   <button id="erase">Erase</button>
6 </div>
```

然后，在列表 11-7 中，用 draw 和 erase 按钮的事件处理程序替换列表 11-5 中的代码。draw 函数使用 $y = mx + b$，本例中 b 始终是 0。实际上用到了一些数学上的东西。

列表 11-7　浮点画线及擦除函数

```
 1 $('#draw').click(function() {
 2   if ($('#y').val() < 0 || $('#y').val() > height) {
 3     alert('y value must be between 0 and ' + height);
 4   }
 5   else if (parseInt($('#y').val()) != $('#y').val()) {
 6     alert('y value must be an integer');
 7   }
 8   else {
 9     canvas.beginPath();                  // draw ideal line
10     canvas.moveTo(0, 0);
11     canvas.setLineDash([0.2, 0.2]);      // dashed line
12     canvas.lineTo(width, $('#y').val());
13     canvas.stroke();
14
15     var m = $('#y').val() / width;       // slope
16
17     canvas.fillStyle = "rgb(0, 0, 0)";
18
19     for (var x = 0; x <= width; x++) {   // draw dots on grid
20       canvas.beginPath();
21       canvas.arc(x, Math.round(x * m), 0.15, 0, 2 * Math.PI, 0);
22       canvas.fill();
23     }
24
25     $('#y').val('');                     // clear y value field
26   }
27 });
28
29 $('#erase').click(function() {
30   clear_and_draw_grid();
31 });
```

我们试一下 y 坐标为 15 的情况。结果应该如图 11-11 所示。

图 11-11 看起来很糟糕，但远距离看起来，它还是像一条线的。这不仅仅是计算机图形问题，任何一个喜欢做手工十字绣的人都可以告诉你这是怎么回事。

虽然刚刚编写的程序运行顺畅，但它效率不高。它在每个点执行浮点乘法和舍入，至少比整数运算慢一个数量级，即使在现代计算机上也是如此。我们可以通过提前计算一次斜率来改善一些性能（第 15 行）。它是一个循环不变量，所以优化器（见 8.10 节）很可能会自动为你完成这项工作。

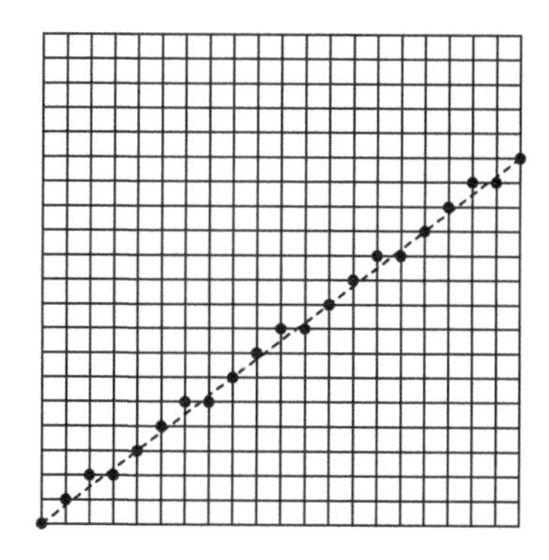

图 11-11 使用浮点算法的直线绘制

早在 1962 年，在浮点运算成本过高时，IBM 的 Jack Bresenham 就想出了一个不使用浮点运算巧妙绘制线条的方法。Bresenham 将他的创新成果带到了 IBM 专利办公室，但专利办公室并不认可其价值，因此拒绝他申请专利。不过好的方面是，他发明的方法是一种基本的计算机图形算法，而且没有申请到专利意味着每个人都可以使用它。

Bresenham 认识到画线问题可以通过增量式计算解决。因为我们在每个连续的 x 处计算 y，所以每次都只需添加斜率（列表 11-8 中的第 9 行），这样就消除了乘法运算。这是一个很难被优化器捕捉到的东西。从本质上讲，它是一种复杂的强度削弱。

列表 11-8 增量式计算 y

```
1  var y = 0;
2
3  canvas.fillStyle = "rgb(0, 0, 0)";
4
5  for (var x = 0; x <= width; x++) {          // draw dots on grid
6    canvas.beginPath();
7    canvas.arc(x, Math.round(y), 0.15, 0, 2 * Math.PI, 0);
8    canvas.fill();
9    y = y + m;
10 }
```

我们需要进行浮点运算，因为斜率 $\Delta y/\Delta x$ 是一个分数。但是除法可以用加减法代替。可以使用决策变量 d，并在每次迭代中添加 Δy。当 d ⩾ Δx 时，y 值增加，然后从 d 中减去 Δx。

还有最后一个问题：舍入。我们要选择像素中间的点，而不是像素底部的点。将 d 的初始值设置为 $m/2$ 而不是 0，就很容易处理这个问题了。但我们不想引入分数，因此只要用 $2\Delta y$ 和 $2\Delta x$ 乘以它和其他所有值，就可以去掉 1/2。

用列表 11-9 的“整数”版替换在网格上画点的代码（我们不能像 C 语言那样控制 JavaScript 是否在内部使用整数）。请注意，此代码仅适用于斜率在 0～1 之间的直线。其他斜率的直线请大家自行练习。

列表 11-9 仅整数版直线绘制代码

```
 1 var dx = width;
 2 var dy = $('#y').val();
 3 var d = 2 * dy - dx;
 4 var y = 0;
 5
 6 dx *= 2;
 7 dy *= 2;
 8
 9 canvas.fillStyle = "rgb(255, 255, 0)";
10 canvas.setLineDash([0,0]);
11
12 for (var x = 0; x <= width; x++) {
13   canvas.beginPath();
14   canvas.arc(x, y, 0.4, 0, 2 * Math.PI, 0);
15   canvas.stroke();
16
17   if (d >= 0) {
18     y++;
19     d -= dx;
20   }
21   d += dy;
22 }
```

列表 11-9 引出了一个很有趣的问题，为什么列表 11-9 不像列表 11-10 那样编写决策算法呢？

列表 11-10 备选决策代码

```
1 var dy_minus_dx = dy - dx;
2
3 if (d >= 0) {
4   y++;
5   d -= dy_minus_dx;
6 }
7 else {
8   d += dy;
9 }
```

乍一看，列表 11-10 中的方法似乎更好，因为每次迭代决策变量只有一次加法运算。列表 11-11 显示了在某些假设的汇编语言（如第 4 章中的汇编语言）中可能会出现这种情况。

列表 11-11 备选决策代码的汇编语言形式

```
load    d                  load    d
cmp     #0                 cmp     #0
blt     a                  blt     a
```

```
        load    y                     load    y
        add     #1                    add     #1
        store   y                     store   y
        load    d                     load    d
        sub     dx_plus_dy            sub     dx
        bra     b
a:      add     dy            a:      add     dy
        store   d                     store   d
b:      ...                           ...
```

请注意，备选版比原始版多一条指令。在大多数计算机中，整数加法所需的时间与分支加法所需的时间相同。因此，当需要增加 y 时，我们认为更好的代码实际上要慢一条指令的时间。

Bresenham 直线算法中使用的技术可以应用于许多其他场合。例如，可以用颜色值代替 y 来产生流畅变化的颜色梯度，如图 11-12 所示。

图 11-12　颜色梯度

图 11-12 中的梯度可以用列表 11-12 中文档准备函数的代码生成。

列表 11-12　颜色梯度代码

```
1  var canvas = $('canvas')[0].getContext('2d');
2  var width = $('canvas').attr('width');
3  var height = $('canvas').attr('height');
4
5  canvas.translate(0, height);
6  canvas.scale(1, -1);
7
8  var m = $('#y').val() / width;
9
10 var dx = width;
11 var dc = 255;
12 var d = 2 * dc - dx;
13 var color = 0;
```

```
14
15 for (var x = 0; x <= width; x++) {
16   canvas.beginPath();
17   canvas.strokeStyle = "rgb(" + color + "," + color + "," + color + ")";
18   canvas.moveTo(x, 0)
19   canvas.lineTo(x, height);
20   canvas.stroke();
21
22   if (d >= 0) {
23     color++;
24     d -= 2 * dx;
25   }
26   d += 2 * dc;
27 }
```

11.2.2 曲线

整数方法并不局限于直线算法。我们来画一个椭圆。我们将继续讨论椭圆的简单情况，即椭圆的长短轴与坐标轴对齐，且中心在原点。椭圆方程如下，其中 a 是宽度的一半，b 是高度的一半：

$$\frac{x^2}{a^2}+\frac{y^2}{b^2}=1$$

假设我们身处图 11-13 中的实心黑点处，我们需要确定下一次选择三个点中哪一个才最接近理想椭圆。

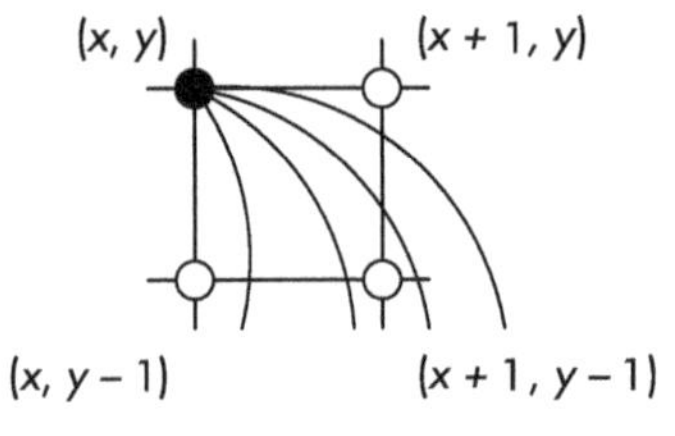

图 11-13 椭圆决策点

定义 $A = b^2$ 和 $B = a^2$，可以将椭圆方程重新排列为 $Ax^2 + By^2 - AB = 0$。大多数情况下我们无法满足这个方程，因为整数网格上绘制的点不太可能与理想椭圆上的点相同。当在（x，y）时，我们希望选择的下一个点代入 $Ax^2 + By^2 - AB$ 中，得到的值最接近 0。我们希望在不对这个方程做 7 次乘法运算的情况下，也能计算出需要的点。

我们的方法是在三个可能的点上计算方程的值，然后选择方程值最接近 0 的点。换句话说，就是使用 $d = Ax^2 + By^2 - AB$ 计算这三个点每个点的距离变量 d。

首先在不需要乘法的情况下计算点（$x + 1$，y）处的 d。把（$x + 1$）代入方程中的 x，如下：

$$d_{x+1} = A(x+1)^2 + By^2 - AB$$

数字的平方就是数字与它自身的乘积：

$$d_{x+1} = A(x+1)(x+1) + By^2 - AB$$

把它们分别展开，得到：

$$d_{x+1} = Ax^2 + 2Ax + A + By^2 - AB$$

现在，如果从原来的方程中减去它，可以看到方程在 x 和（$x + 1$）处的差值为：

$$dx = 2Ax + A$$

我们可以把 dx 加到 d 上得到 d_{x+1}。但这样并不能得到我们想要的结果，因为还需要进行一次乘法运算。求 dx 在（$x + 1$）处的值：

$$dx_{x+1} = 2A(x+1) + A$$

$$dx_{x+1} = 2Ax + 2A + A$$

和之前一样，做减法会得到：

$$d2x = 2A$$

这就得到了一个常数，使得不用中间值 dx 和 $d2x$ 相乘即可很容易计算出（$x + 1, y$）处的 d：

$$2A_{x+1} = 2Ax + d2x$$

这就得到了水平方向值，竖直方向几乎是与水平方向一样的，只不过符号不同。y 方向上将做如下计算：

$$dy = -2By + B$$

$$d2y = 2B$$

有了所有这些项，确定三个点中哪个点最接近理想曲线就很简单了。我们分别计算到点（x+1，y）的水平差 dh，到点（x，y–1）的垂直差 dv，到点（x+1，y–1）的对角线差 dd，并选择最小的。注意，尽管 dx 总是正的，dv 和 dd 可能是负的，所以在比较之前需要取它们的绝对值，如图 11-14 所示。

我们的椭圆绘制算法只能在第一象限绘制椭圆。但我们还可以用另一个诀窍：对称。椭圆在每个象限看起来都和第一个象限中的一样，只是需要水平翻转，垂直翻转，或者水平垂直翻转。我们可以通过绘制出（–x，y）、（–x，–y）和（x，–y）来绘制整个椭圆。注意，如果要画圆，可以使用八向对称特性。

该算法包含了一些可以被简化的比较运算，这些比较是绘制四分之一椭圆得到的。四分之一的椭圆可以在曲线斜率为 1 的点处被分成两个部分。这样一来，我们将得到一段代码，这段代码只需要确定是水平移动或是对角线移动，以及另一段必须确定垂直移动或对角线移动的代码。哪一段代码先执行取决于 a 和 b 的值，但是在循环内做决定要比在设置中做决定花费更多的时间，所以这是一个很好的权衡。

前面的算法有一个严重的缺陷：因为从半宽（a）和半高（b）开始，它只能绘制在宽度和高度上为奇数个像素的椭圆，因为像素个数是宽 2a+1 高 2b+1。

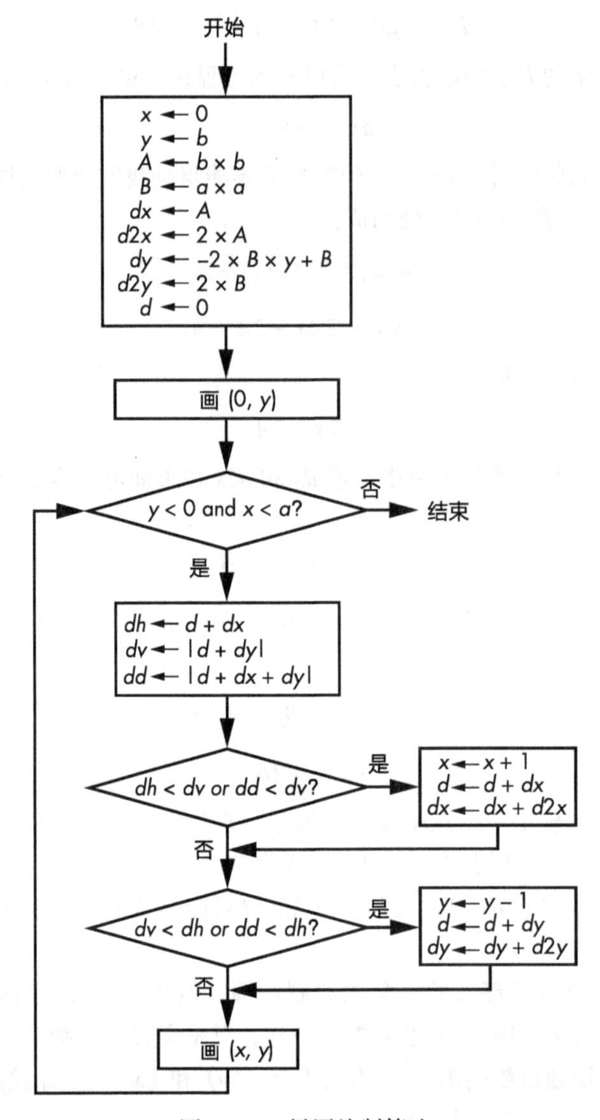

图 11-14　椭圆绘制算法

11.2.3　多项式

通过增量计算差分来绘制椭圆的方法在圆锥截面之外的扩展效果并不好。这是因为高阶方程可以做一些奇怪的事情，比如在单个像素的空间内改变好几次方向，而且这很难有效地被测试出来。

但增量计算差分可以推广到任何形如 $y=Ax^0+Bx^1+Cx^2+\cdots+Dx^n$ 的多项式中。所要做的就是生成 n 组差值，这样就可以从一个常数开始累加。这是因为与椭圆绘图代码不同，多项式只有一个独立变量。你可能还记得 2.1 节中 Charles Babbage 建造的差分机。它的设计初衷就是使用增量差分来计算方程。

11.3　递归细分

5.3 节曾简单地讨论了递归细分。这是一种有很多用途的技术。在本节中，我们将研究如何通过使用递归细分使得工作量最小化。

11.3.1　螺旋线

线条绘制代码可用于更复杂的曲线。我们可以计算出一些点，然后用线把这些点连接起来。

数学课已经介绍过了角度的测量，而且一个圆有 360°。但你可能不知道角度还有其他的测量系统。常用的角度测量单位是*弧度*。一个圆的弧度是 2π，所以 360° 就是 2π 弧度，180° 是 π 弧度，90° 是 π/2 弧度，45° 是 π/4 弧度，以此类推。你需要了解这一点，因为数学库中的许多三角函数（如 JavaScript 中的函数）都以弧度而不是度数表示角度。

我们将使用在极坐标系下绘制的曲线作为示例。*极坐标*使用半径 r 和角度 θ 来代替 x 和 y。将极坐标转换成笛卡儿坐标很容易：$x=r\cos\theta$，$y=r\sin\theta$。第一个示例使用 $r=\theta\times 10$ 绘制螺旋线；在极坐标绘制的图中，当线的角度越来越大时，绘制的点离中心越远。这里用角度作为输入的单位，因为对很多人来说，用弧度并不是那么直观。列表 11-13 展示了控制主体。

列表 11-13　螺旋线代码体

```
<canvas width="500" height="500"></canvas>
<div>
  <label for="degrees">Degrees: </label>
  <input type="text" size="3" id="degrees"/>
  <button id="draw">Draw</button>
  <button id="erase">Erase</button>
</div>
```

我们将跳过这里的网格，因为我们需要绘制更多的细节。因为使用的是极坐标，所以列表 11-14 将（0, 0）放在中心。

列表 11-14　点阵式螺旋线的 JavaScript

```
canvas.scale(1, -1);
canvas.translate(width / 2, -height / 2);

$('#erase').click(function() {
  canvas.clearRect(-width, -height, width * 2, height * 2);
});
```

```
$('#draw').click(function() {
  if (parseFloat($('#degrees').val()) == 0)
    alert('Degrees must be greater than 0');
  else {
    for (var angle = 0; angle < 4 * 360; angle += parseFloat($('#degrees').val())) {
      var theta = 2 * Math.PI * angle / 360;
      var r = theta * 10;
      canvas.beginPath();
      canvas.arc(r * Math.cos(theta), r * Math.sin(theta), 3, 0, 2 * Math.PI, 0);
      canvas.fill();
    }
  }
});
```

输入10的角度值，然后单击Draw。接下来会在显示器上看到如图11-15所示的内容。

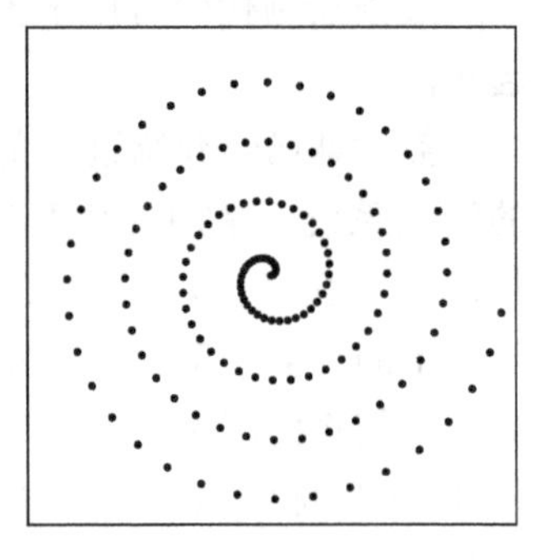

图11-15　点阵式螺旋线

注意，尽管这些点在中心附近重叠，但离原点越远，它们之间的距离就越远。我们可以让角度值足够小，从而得到一条好看的曲线，但这意味着会有很多重叠的点，会使程序慢很多，很难猜测任意函数所需的值。

我们试着在点与点之间连线。在列表11-15中交换绘图代码。

输入20的角度值，然后单击Draw。图11-16展示了会在显示器上显示的图形。

列表11-15　螺旋线的JavaScript

```
canvas.beginPath();
canvas.moveTo(0, 0);

for (var angle = 0; angle < 4 * 360; angle += parseFloat($('#degrees').val())) {
  var theta = 2 * Math.PI * angle / 360;
  var r = theta * 10;
  canvas.lineTo(r * Math.cos(theta), r * Math.sin(theta));
}

canvas.stroke();
```

这幅图并不是很漂亮。同样，该图在中心附近看起来不错，但随着程序的运行变得糟糕。我们需要一些方法来根据需要计算更多的点，这就是递归细分发挥作用的地方。在θ_1和θ_2之间用螺旋函数画线。我们要有一个*足够接近*的标准，如果一对点不够接近，就将把角度差减半，然后再试一次，直到足够接近为止。我们将使用两点之间距离表达式$d=\sqrt{(x_2-x_1)^2+(y_2-y_1)^2}$来计算两点之间的距离，如列表11-16所示。

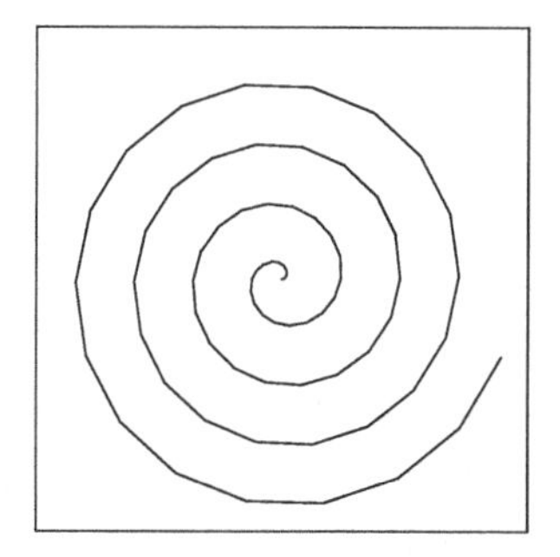

图 11-16 螺旋线

列表 11-16 递归螺旋线的 JavaScript

```
var close_enough = 10;

function
plot(theta_1, theta_2)
{
  var r;

  r = theta_1 * 10;
  var x1 = r * Math.cos(theta_1);
  var y1 = r * Math.sin(theta_1);

  r = theta_2 * 10;
  var x2 = r * Math.cos(theta_2);
  var y2 = r * Math.sin(theta_2);

  if (Math.sqrt(((x2 - x1) * (x2 - x1) + (y2 - y1) * (y2 - y1))) < close_enough) {
    canvas.moveTo(x1, y1);
    canvas.lineTo(x2, y2);
  }
  else {
    plot(theta_1, theta_1 + (theta_2 - theta_1) / 2);
    plot(theta_1 + (theta_2 - theta_1) / 2, theta_2);
  }
}

$('#draw').click(function() {
  if (parseFloat($('#degrees').val()) == 0)
    alert('Degrees must be greater than 0');
  else {
    canvas.beginPath();

    for (var angle = 0; angle < 4 * 360; angle += parseFloat($('#degrees').val())) {
      var old_theta;
      var theta = 2 * Math.PI * angle / 360;
      if (angle > 0)
        plot(old_theta, theta);
```

```
      old_theta = theta;
    }
  }

  canvas.stroke();
});
```

你会注意到，只要 close_enough 足够小，以度为单位的增量的大小并不重要，因为代码会根据需要自动生成尽可能多的中间角度。使用不同的值来处理 close_enough，也许可以添加一个输入字段，这样就很容易了。

在某些应用中，足够接近的确定是非常重要的。尽管这超出了本书的范围，但想想你在电影中看到的弯曲物体。光照在它们身上会让它们看起来更有真实感。现在想象由一些平面近似组成的镜像球，就像螺旋线由线段近似组成一样，这个球由平面组成。如果平面不够小，它就会变成一个迪斯科球，以完全不同的方式反射光线。

11.3.2 构造几何学

第 5 章简要地提到了四叉树，并展示了它们是如何用不同形状代表不同含义的。四叉树显然是递归的一种用法，因为它们是划分空间的层次结构。

我们可以对四叉树执行布尔运算。假设我们想要设计一些东西，比如图 11-17 所示的发动机垫圈。

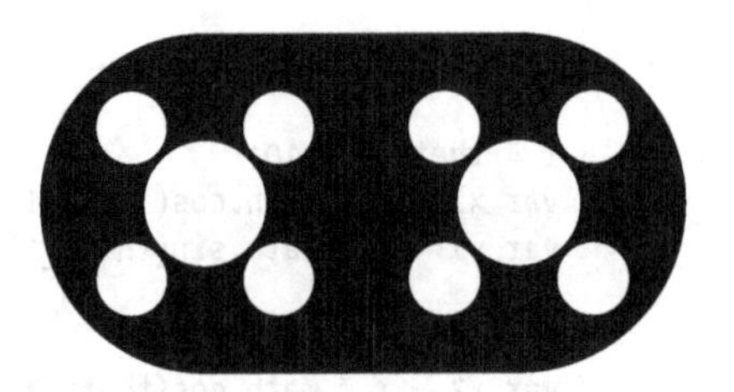

图 11-17 发动机垫圈

我们需要一个四叉树节点的数据结构，加上两个特殊的叶值，一个为 0，用白色表示，一个为 1，用黑色表示。图 11-18 显示了一个结构及其所表示的数据。每个节点可以引用其他四个节点，这对于 C 语言中的指针很有用。

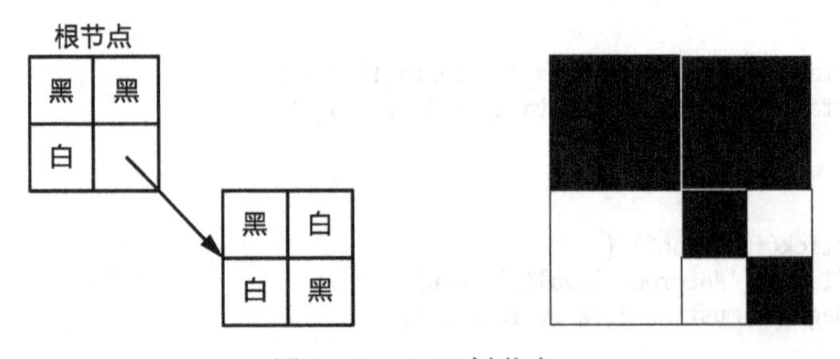

图 11-18 四叉树节点

我们不需要跟踪节点的大小。所有的操作都从根节点开始，根节点的大小已知，每个子节点的大小是其父节点的四分之一。图 11-19 展示了如何获取树中某个位置的值。

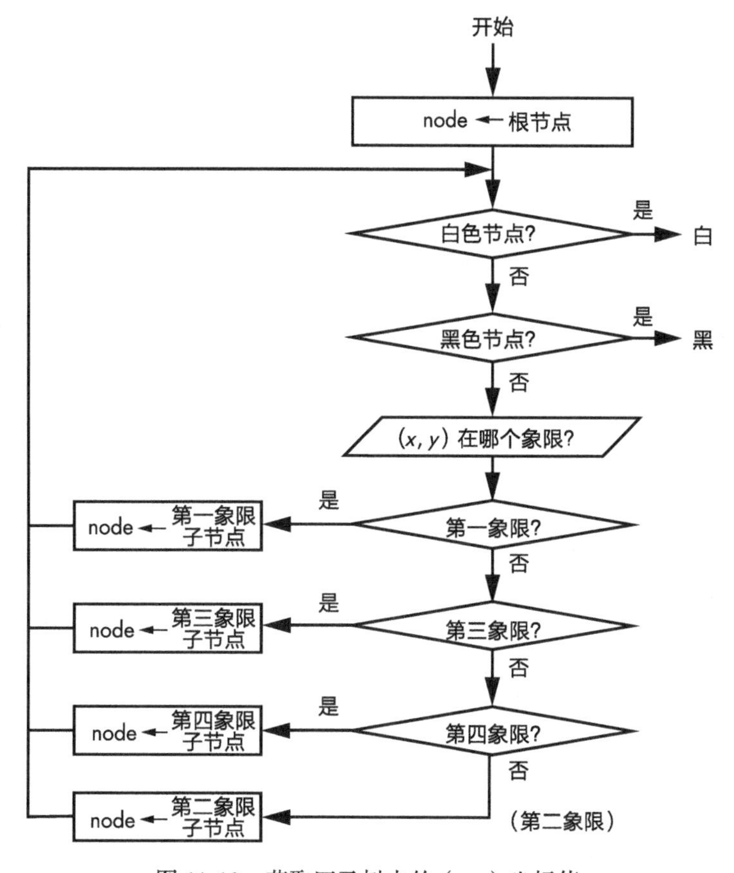

图 11-19 获取四叉树中的 (x, y) 坐标值

图 11-20 显示了如何设置四叉树中的（x, y）坐标的值（即设为黑色）。注意，“done”表示“从函数返回”，因为它是递归的。

图 11-20 中的方法与图 11-19 中获取值的代码类似。图 11-20 会从较高的层次开始，沿着树向下移动，并不断细分，直至到达（x，y）的坐标为（1，1）方形区，并将其设置为黑色。每当碰到一个白色节点，会用一个具有 4 个白色子节点的新节点替换白色节点，这样就有了一棵继续下降的树。在沿着树向上回去的过程中，所有子节点都为黑的节点将被一个黑色节点替换。当有三个黑色子节点，且第四个子节点也设置为黑色时，就会发生如图 11-21 所示的情况。

合并节点不仅可以减少树占用的内存，还可以使树上的许多操作更快，因为合并节点让树并没有那么深。

我们需要一种方法来清除四叉树中的（x，y）坐标值（也就是说使其变成白色）。该方法与设置算法非常相似。不同之处在于，划分的是黑色节点而不是白色节点，合并的是白色节点而不是黑色节点。

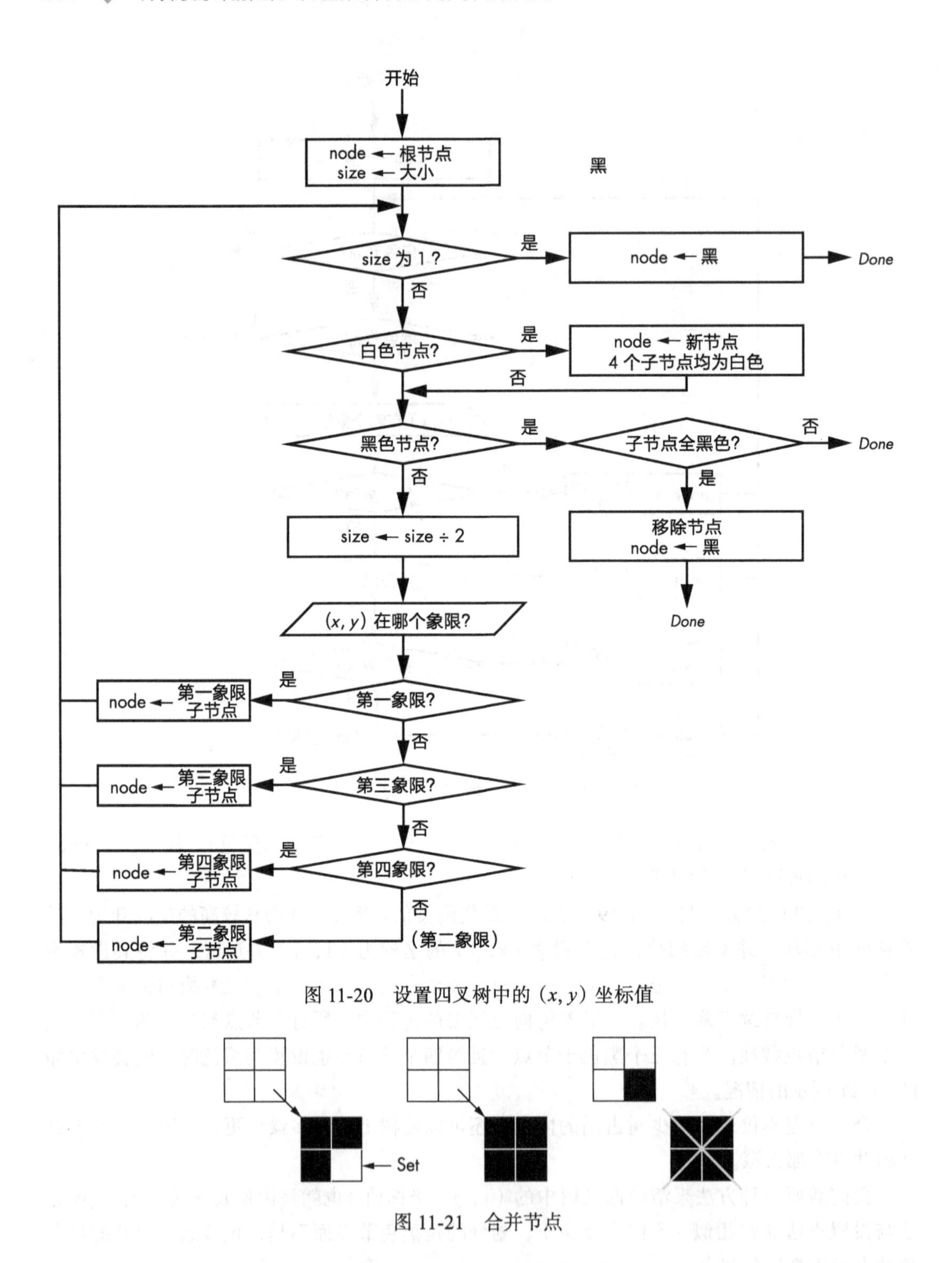

图 11-20　设置四叉树中的 (x, y) 坐标值

图 11-21　合并节点

我们可以于设置值函数上方构建一些更复杂的绘图函数。通过调用每个坐标的 set 函数

很容易绘制矩形。用 11.2.2 节中的算法和“对称”特性可以对椭圆做同样的处理。

现在来看些有趣的东西。我们为第 1 章中的一些布尔逻辑函数创建它们的四叉树版本。NOT 函数很简单，只需沿着树下降，用白色节点替换黑色节点即可，反之亦然。图 11-22 中的 AND 和 OR 函数更有趣。图 11-22 中这些算法并不是为了执行 $C=a$ AND b 和 $C=a$ OR b 这样的方程而设计的，而是像许多语言中的赋值运算符一样，实现 dst&= src 和 dst |= src。dst 操作数是修改后的操作数。

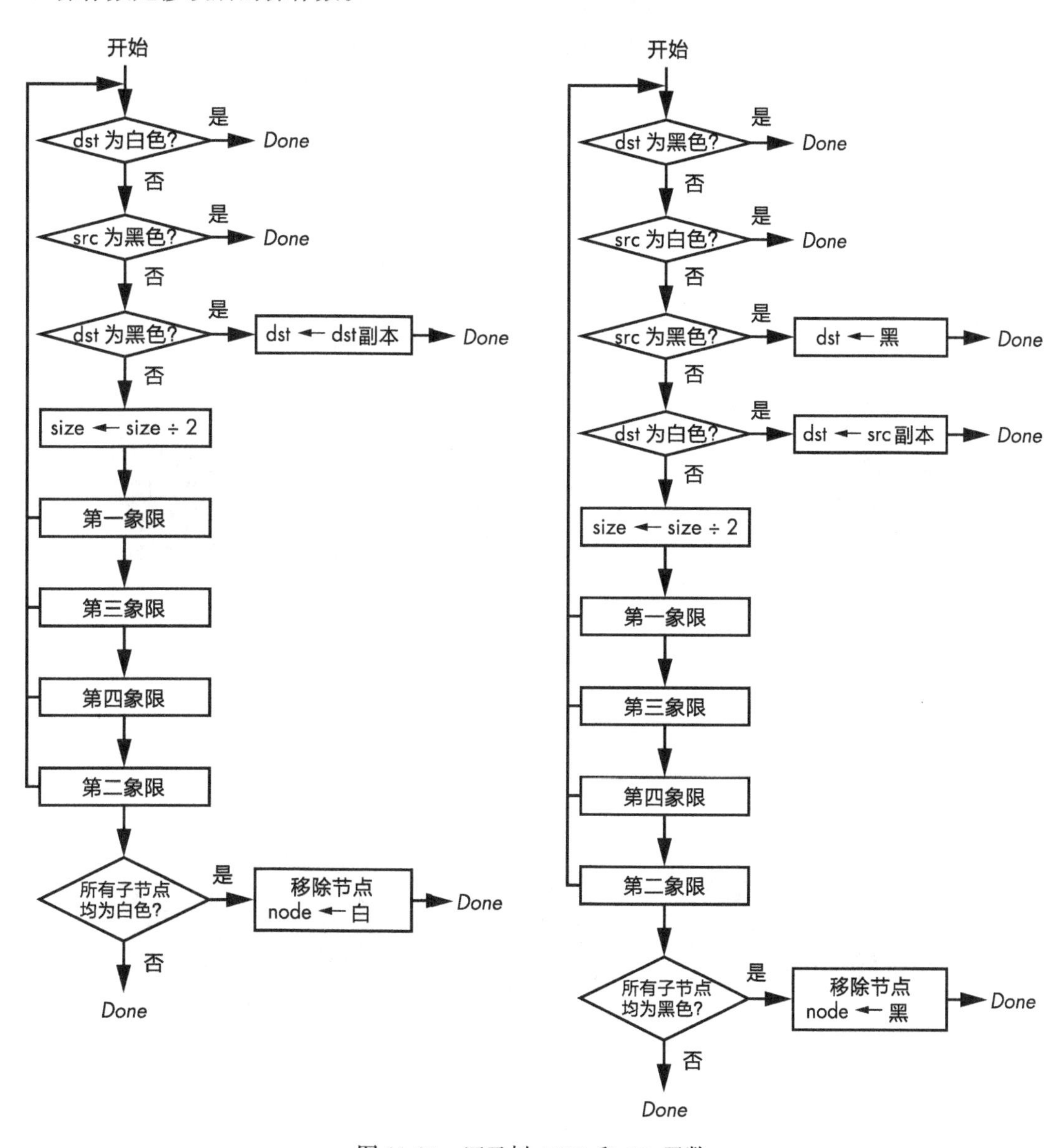

图 11-22 四叉树 AND 和 OR 函数

有了所有这些工具，我们来建造垫圈。我们将用低分辨率来做，这样就可以看到细节。我们从一个空的垫圈四叉树开始，将一个草稿四叉树放在中心，并在其中画一个大圆。草稿四叉树与垫片进行 OR 运算后的结果，如图 11-23 右侧所示。请注意合并是如何将细分的数量保持在最小数的。

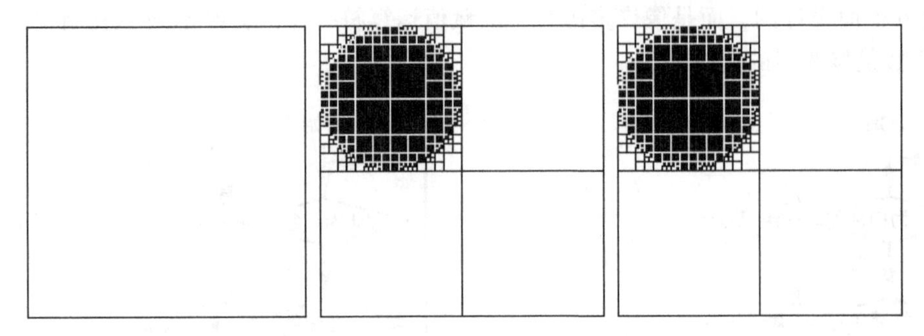

图 11-23　垫片、圆、圆 OR 垫片

接下来在不同的位置绘制另一个圆，并将其与已完成的部分垫片结合起来，如图 11-24 所示。

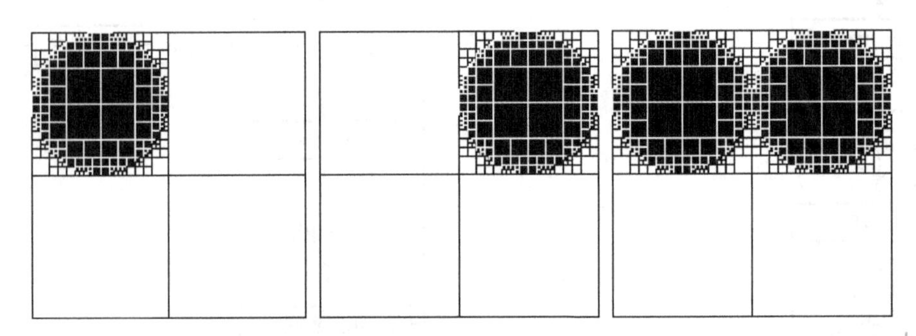

图 11-24　加到垫片上

继续，创建一个黑色的矩形，并将其与垫片组合在一起，如图 11-25 所示。

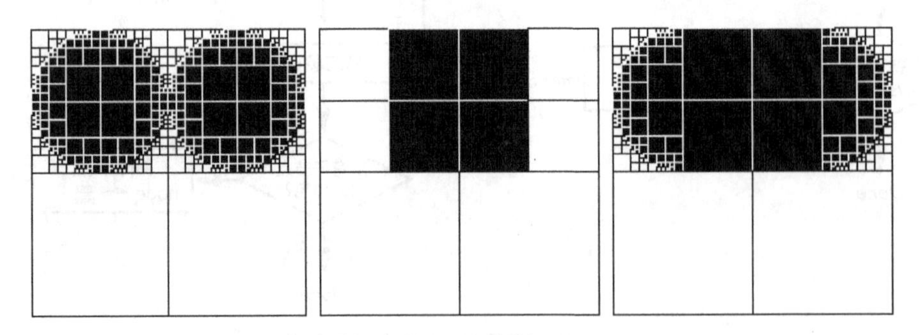

图 11-25　添加矩形

下一步是制作一个孔。通过创建一个黑色的圆，然后使用 NOT 运算将其反转为白色即可。然后与部分完成的垫片进行 AND 运算，形成如图 11-26 所示的孔。

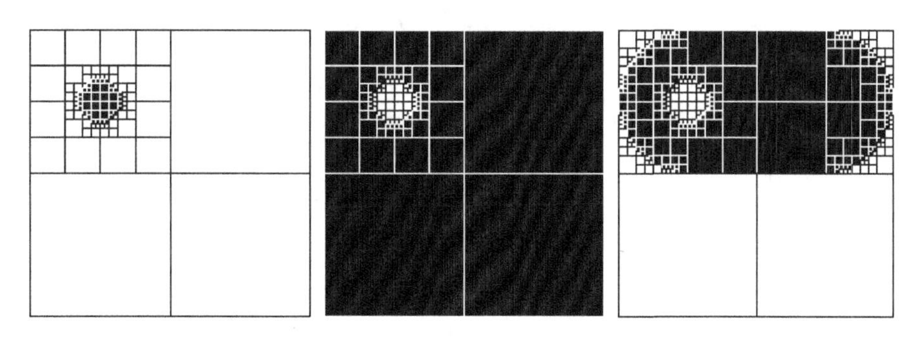

图 11-26　AND 一个 NOT 洞

同理，我们需要像图 11-26 所示的那样组合另一个孔，然后以相似的方式组合 8 个更小的孔，如图 11-27 所示。

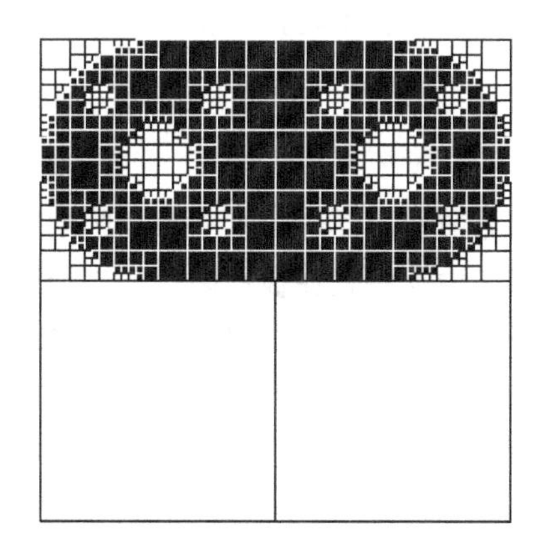

图 11-27　完成垫圈

如你所见，我们可以在四叉树上使用布尔函数，将复杂形状的对象用简单的几何块构造出来。虽然以二维垫圈为例，但实际中通常是要完成三维的垫圈。三维空间需要两倍多的节点，因此四叉树被扩展成*八叉树*，如图 11-28 所示。

使用上述技术构建三维复杂对象称为*构造立体几何*。二维像素的三维坐标称为*体素*，在某种程度上意味着“体积像素”

八叉树是 CAT 扫描和 MRI 数据的常用存储方法。这些机器生成一堆二维切片。剥离图层以获得剖视图是一件很简单的事情。

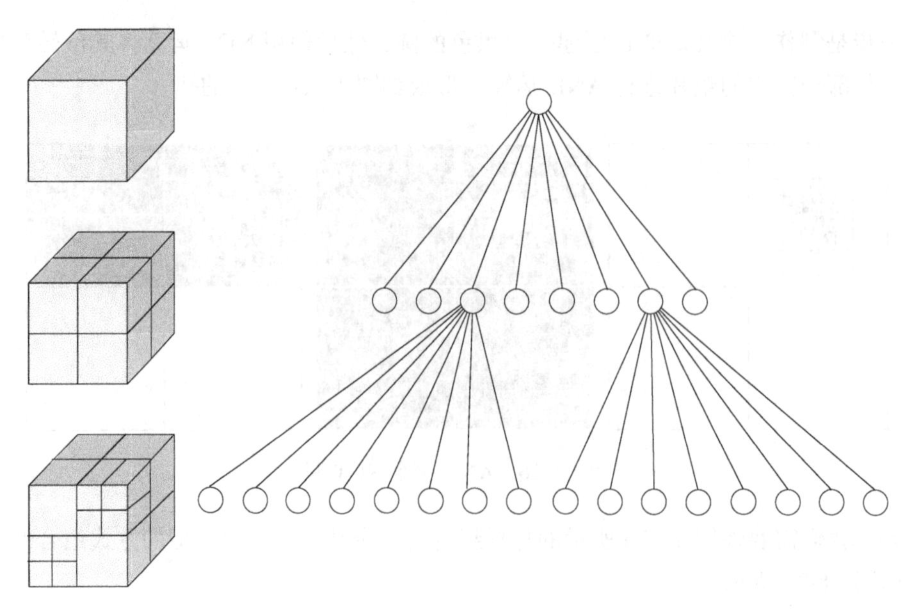

图 11-28　八叉树

11.3.3　移位和屏蔽

四叉树的一个缺点是数据分散在内存中，这些数据的引用位置很庞杂。树上的两个正方形是相邻的并不意味着它们在内存中就在彼此附近。当必须将数据从一个内存组织转换到另一个组织时，这就成了一个问题。当然也可以一次移动 1 位数据，但这将涉及大量的内存访问，而我们希望尽量减少这些访问，因为访问花费很长时间。

一个可能会出现这种情况的任务是显示数据。因为显示内存的组织是由硬件决定的。回顾 6.4.4 节，每一行光栅都按特定的顺序一次绘制。光栅行称为*扫描线*。整个扫描线的集合称为*帧缓冲区*。

假设要在显示屏上绘制图 11-27 中完成的垫圈。为了简单起见，我们将使用单色显示器，每个像素有 1 位，并使用 16 位宽的内存。这意味着最左上 16 个像素在第一个字中，紧挨着的 16 个像素在第二个字中，以此类推。

图 11-27 中左上角的方块大小为 4 × 4 像素，白色，这意味着需要清除帧缓冲区中的位。我们将使用四叉树正方形的坐标和大小来构造一个如图 11-29 所示的掩码。

0	0	0	0	1	1	1	1	1	1	1	1	1	1	1	1

图 11-29　AND 掩码

然后，我们可以将所有受影响的行与掩码 AND 运算，每行只需要两次内存访问：一次用于读取，一次用于写入。我们将做一些类似于在帧缓冲区中设置位的操作；在区域中用 1

设置掩码，将使用 OR 运算代替 AND 运算。

另一个发挥作用的地方是在绘制文本字符时。大多数文本字符存储为位图，即二维位数组，如图 11-30 所示。字符位图被打包在一起以最小化内存使用。这就是过去文本字符的提供方式，现在它们变成了几何描述。但是由于性能的原因，文本字符通常会在使用前转换成位图，而这些位图通常在字符得到重新使用的前提下才被缓存。

我们来将图 11-31 中显示的字符 B 替换为 C。

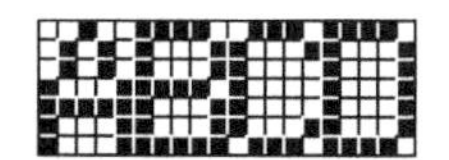

图 11-30　位图文本字符

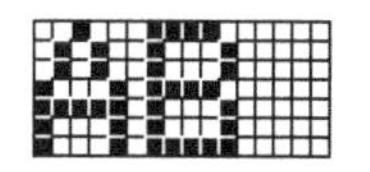

图 11-31　位图文本字符

C 位于第 10～14 位，需要进入第 6～10 位。对于每一行，我们需要抓取 C，然后屏蔽掉单词中所有其他内容。然后需要把 C 移到目标位置。在与移位的 C 相结合并被写入之前，必须读取目标地址并屏蔽要覆盖的位置，如图 11-32 所示。

图 11-32　绘制一个字符

本例中每行使用三次内存访问：一次用于获取源，一次用于获取目标，一次用于写入结果。一位一位地完成内存访问则需要五倍的时间。

请记住，当源或目标跨越单词边界时，通常会有额外的复杂情况。

11.4　更多地回避数学运算

11.2 节中，我们讨论了一些可以避免高成本数学运算的简单方法。现在有了背景知识，我们来讨论几个更复杂的回避数学运算的技巧。

11.4.1　幂级数近似

下面是另一个近似示例。假设我们需要生成正弦函数，但又没有生成它的硬件，那么一种方法是用*泰勒级数*：

$$\sin(x) = x - \frac{x^3}{3!} + \frac{x^5}{5!} - \frac{x^7}{7!} + \frac{x^9}{9!}$$

图 11-33 显示了正弦波和不同数量项的泰勒级数的近似程度。可以看出，项越多，结果越接近理想的正弦波。

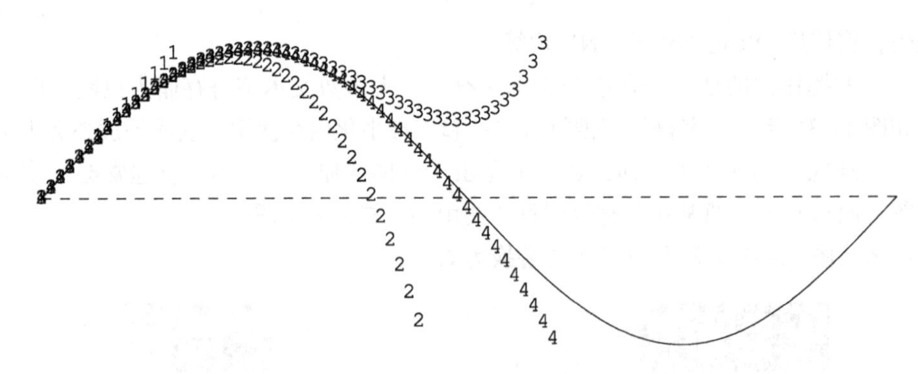

图 11-33　正弦函数的泰勒级数逼近

添加项直到得到所需的准确度是一件简单的事。同样值得注意的是，对于大于 90° 的角度，所需的项较少，因此可以通过对其他角度使用对称性来提高效率。

注意，我们可以通过将乘积初始化为 x、预先计算 $-x^2$ 并将乘积乘以 $-x^2$ 来获得每个项以减少所需的乘法次数。所有的分母都是常数，可以驻留在一个由指数索引的表中。而且，我们不需要计算所有的项。如果只需要两位数的精度，那么可以在这些数字不发生变化时停止计算更多的项。

11.4.2 CORDIC 算法

1956 年，Convair 公司的 Jack Volder 提出了坐标旋转数字计算机（Coordinate Rotation Digital Computer, CORDIC）算法。CORDIC 的提出是为了取代 B-58 轰炸机导航系统的一个模拟部分，使其更精确。CORDIC 可以使用整数算法来生成三角函数和对数函数。它被用于 1972 年发布的第一台便携式科学计算器 HP-35 中，还被用于 Intel 80x87 系列浮点协处理器中。

CORDIC 的基本思想如图 11-34 所示。因为图中是一个单位圆（半径为 1），箭头末端的 x 和 y 坐标是相应角度对应的余弦和正弦。我们希望从箭头的初始位置沿 x 轴以越来越小的角度旋转箭头，直到到达所需的角度，然后获取坐标。

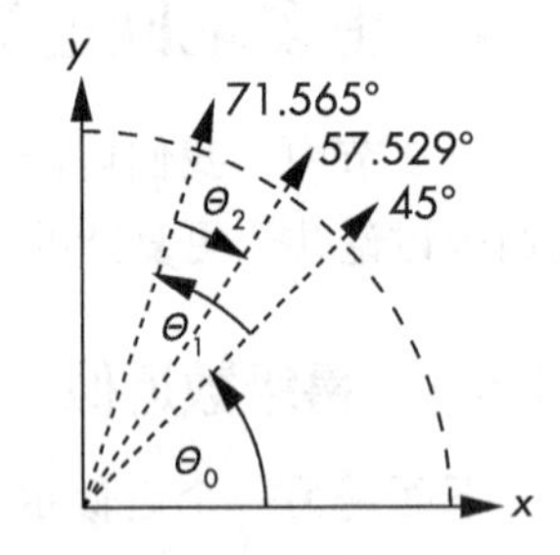

图 11-34　CORDIC 算法概述

假设想要获得 sin（57.529°）。如你所见，首先尝试 45°，但这是不够的，所以再增加 26.565°，达到 71.565°，又有点多了，然后再向后退 14.036°，于是终于达到了合适的 57.529°。我们显然在进行某种细分，但所取角度值很奇怪。

第 11.2 节中提到了方程变换，其中我们只关心平移和缩放变换。CORDIC 算法是基于旋转的。下面的方程展示了（x，y）如何通过旋转角 θ 来得到一组新的坐标（x'，y'）：

$$x' = x \times \cos(\theta) - y \times \sin(\theta)$$

$$y' = x \times \sin(\theta) + y \times \cos(\theta)$$

虽然这在数学上是正确的，但看起来毫无用处，因为我们不会讨论一个已经可用的生成正弦和余弦函数的算法。

通过改写等式让它变复杂，然后再变得更好，先用三角恒等式把方程写成切线形式：

$$\tan(\theta) = \frac{\sin(\theta)}{\cos(\theta)}$$

因为要除以 $\cos(\theta)$，所以同时需要乘以 $\cos(\theta)$：

$$x' = \cos(\theta) \times \left[x\frac{\cos(\theta)}{\cos(\theta)} - y\frac{\sin(\theta)}{\cos(\theta)} \right] = \cos(\theta) \times [x - y \times \tan(\theta)]$$

$$y' = \cos(\theta) \times \left[x\frac{\sin(\theta)}{\cos(\theta)} + y\frac{\cos(\theta)}{\cos(\theta)} \right] = \cos(\theta) \times [x \times \tan(\theta) + y]$$

这两个公式看起来不大顺眼，我们果然把情况弄得更糟了，但那是因为我们还没谈过这个可以追溯到奇怪的角度值的好方法。事实证明 tan（45°）=1，tan（26.565°）=1/2，tan（14.036°）=1/4。看起来像是简单的整数除以 2，或者像 Maxwell Smart 所说的“旧式右移技巧”，它是对角度正切进行的二进制搜索。

我们来看图 11-34 中的例子是如何实现的。从原始坐标到最终坐标需要三次旋转。请记住，根据图 11-34，$x_0=1$，$y_0=0$：

$$x_1 = \cos(45^\circ) \times [x_0 - y_0 \times \tan(45^\circ)] = \cos(45^\circ) \times \left[x_0 - \frac{y_0}{1} \right]$$

$$y_1 = \cos(45^\circ) \times [x_0 \times \tan(45^\circ) + y_0] = \cos(45^\circ) \times \left[\frac{x_0}{1} + y_0 \right]$$

$$x_2 = \cos(26.565^\circ) \times [x_1 - y_1 \times \tan(26.565^\circ)] = \cos(26.565^\circ) \times \left[x_1 - \frac{y_1}{2} \right]$$

$$y_2 = \cos(26.565^\circ) \times [x_1 \times \tan(26.565^\circ) + y_1] = \cos(26.565^\circ) \times \left[\frac{x_1}{2} + y_1 \right]$$

$$x_3 = \cos(-14.036^\circ) \times [x_2 - y_2 \times \tan(-14.036^\circ)] = \cos(-14.036^\circ) \times \left[x_2 + \frac{y_2}{4} \right]$$

$$y_3 = \cos(-14.036^\circ) \times [x_2 \times \tan(-14.036^\circ) + y_2] = \cos(-14.036^\circ) \times \left[-\frac{x_2}{4} + y_2 \right]$$

注意最后一组方程中的符号变化，它是由于变换为另一个方向（顺时针方向）引起的，当进行顺时针方向旋转时，正切的符号是负数。将（x_1，y_1）的方程代入（x_2，y_2）的方程中，并将（x_2，y_2）的方程代入（x_3，y_3）的方程中，然后将余弦分解，得到如下结果：

$$x_3 = \cos(45^\circ) \times \cos(26.565^\circ) \times \cos(-14.036^\circ) \times \left\{ (x_0 - y_0) - \frac{x_0 - y_0}{2} + \frac{\frac{x_0 - y_0}{2} + (x_0 + y_0)}{4} \right\}$$

$$y_3 = \cos(45^\circ) \times \cos(26.565^\circ) \times \cos(-14.036^\circ) \times \left\{ \frac{-(x_0 - y_0) - \frac{(x_0 + y_0)}{2}}{4} + \frac{(x_0 - y_0)}{2} + (x_0 + y_0) \right\}$$

那么余弦的结果呢？跳过数学证明，只要有足够的项就能得出它的结果：

$$\cos(45^\circ) \times \cos(26.565^\circ) \times \cos(-14.036^\circ) \times \cdots = 0.607\,252\,935\,008\,881$$

余弦的结果是常数。我们称它为 C，因此：

$$x_3 = C \times \left\{ [x_0 - y_0] - \frac{x_0 - y_0}{2} + \frac{\frac{x_0 - y_0}{2} + [x_0 + y_0]}{4} \right\}$$

$$y_3 = C \times \left\{ -\frac{[x_0 - y_0] - \frac{(x_0 + y_0)}{2}}{4} + \frac{(x_0 - y_0)}{2} + [x_0 + y_0] \right\}$$

我们可以通过用常数表示 x_0 来省去一步乘法，如下所示。我们也消去了 y_0，因为它的值为 0。因此结果如下：

$$x_3 = C - \frac{C}{2} + \frac{\frac{C}{2} + C}{4} = 0.531$$

$$y_3 = -\frac{C - \frac{C}{2}}{4} + \frac{C}{2} + C = 0.834$$

如果检查一下，你会发现 x_3 和 y_3 的值与 57.529° 的余弦值和正弦值非常接近。而且这还是只有三项，如果有更多项则会更接近。请注意，这一切都是通过加减法和除以 2 来完成的。

我们把以上运算步骤变成一个程序，这样就有机会介绍一些额外的技巧。首先，将使用一个与 CORDIC 稍微有点不同的版本，称为*矢量模式*。到目前为止，我们一直在讨论*旋转模式*，因为它更容易理解。在旋转模式下，我们从一个矢量（箭头）开始使它沿着 x 轴旋转，直到达到所需的角度。矢量模式正好相反，我们从想要的角度开始并旋转，直到得到一个沿着 x 轴的矢量（角度为 0）。我们可以用这个方法来比较两个数字的旋转方向。

其次，将使用表格查找。我们将预计算正切值为 1、1/2、1/4 等的角度表。我们只需要计算一次。最终算法如图 11-35 所示。

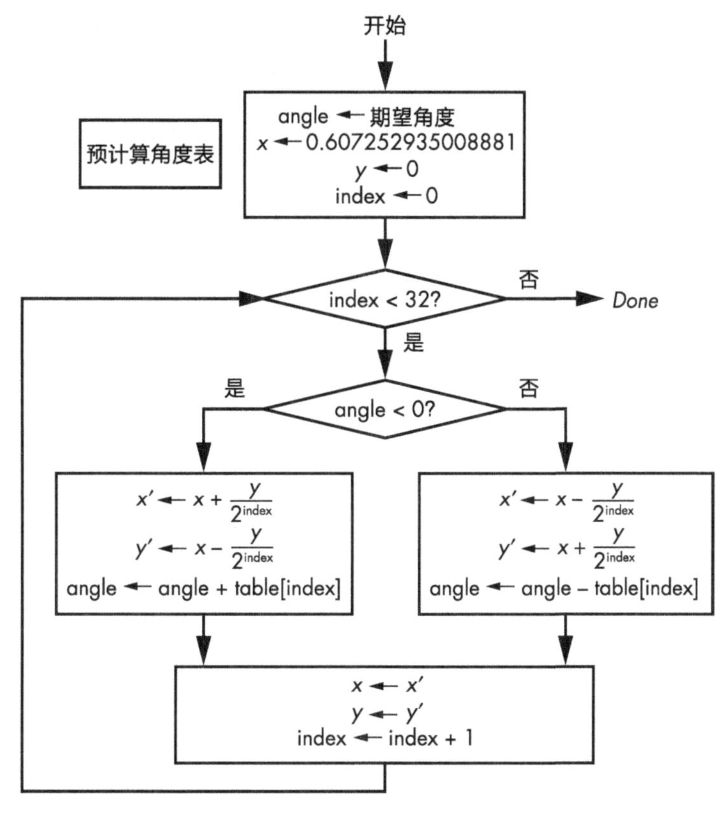

图 11-35　CORDIC 流程图

现在我们来编写一个 C 语言程序，使用更多的技巧来实现这个算法。首先，要用弧度而不是度来表示角度。

第二个技巧与第一个技巧有关。你可能已经注意到我们没有遇到任何大于 1 的数字。我们可以设计程序在第一象限（0° ～90° 之间）工作，其他象限使用对称获得。90° 为 π/2，约为 1.57。由于没有大范围的数字，因此可以使用定点整数系统而不使用浮点系统。

我们将以 32 位整数为基础实现示例。因为我们需要一个 ±1.6 的范围，所以可以将位 30 设为 1，位 29 表示一半，位 28 表示四分之一，位 27 表示八分之一，以此类推。使用 MSB（位 31）作为符号位。我们可以通过将浮点数（只要它们在范围内）乘以 1 的版本，即 0x40000000，转换为定点表示法，并将其转换为整数。同样，我们可以将结果转换成浮点数，方法是将它们转换成浮点后除以 0x40000000。

列表 11-17 显示了相应代码，这段代码比较简单。

列表 11-17 CORDIC 的 C 语言实现

```
1  const int angles[] = {
2    0x3243f6a8, 0x1dac6705, 0x0fadbafc, 0x07f56ea6, 0x03feab76, 0x01ffd55b, 0x00fffaaa, 0x007fff55,
3    0x003fffea, 0x001ffffd, 0x000fffff, 0x0007ffff, 0x0003ffff, 0x0001ffff, 0x0000ffff, 0x00007fff,
4    0x00003fff, 0x00001fff, 0x00000fff, 0x000007ff, 0x000003ff, 0x000001ff, 0x000000ff, 0x0000007f,
5    0x0000003f, 0x0000001f, 0x0000000f, 0x00000008, 0x00000004, 0x00000002, 0x00000001, 0x00000000
6  };
7
8  int angle = (desired_angle_in_degrees / 360 * 2 * 3.14159265358979323846) * 0x40000000;
9
10 int x = (int)(0.6072529350088812561694 * 0x40000000);
11 int y = 0;
12
13 for (int index = 0; index < 32; index++) {
14   int x_prime;
15   int y_prime;
16
17   if (angle < 0) {
18     x_prime = x + (y >> index);
19     y_prime = y - (x >> index);
20     angle += angles[index];
21   }
22   else {
23     x_prime = x - (y >> index);
24     y_prime = y + (x >> index);
25     angle -= angles[index];
26   }
27
28   x = x_prime;
29   y = y_prime;
30 }
```

实现 CORDIC 使用了很多技巧：递归细分、预计算、表格查找、二除幂移位、整数定点算法和对称性。

11.5 随机事物

在计算机上做完全随机的事情是非常困难的，因为计算机必须根据某种公式生成随机数，这使得它具有可重复性。这种“随机性”对于大多数计算任务来说已经足够好了，将在第 13 章讨论的密码学除外。本节中将探讨一些基于伪随机性的近似方法。我们选择可视化的例子是因为它们有趣而且可打印。

11.5.1 空间填充曲线

意大利数学家 Giuseppe Peano（1858—1932）在 1890 年提出了第一个空间填充曲线的例子。它的三次迭代如图 11-36 所示。

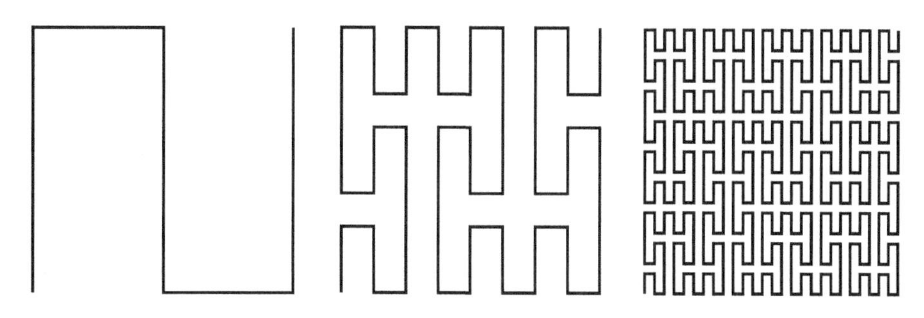

图 11-36　皮亚诺曲线

如你所见，该曲线是一个在不同的方向上收缩和重复的简单图像。每收缩和重复一次，就会占据更多的空间。

空间填充曲线表现出了*自相似性*，这意味着它们在近距离和远距离看起来几乎相同。它们是*分形*的一个子集，自 Benoit Mandelbrot（1924—2010）出版了 *The Fractal Geometry of Nature*（W.H.Freeman and Company，1977），分形理论就普及开来。许多自然现象都是自相似的，例如，从卫星和显微镜观察到的海岸线都是同样的锯齿状。

分形（fractal）这个词来自*分数*（fraction）。几何学包含许多整数关系。例如，一个正方形的边长加倍，它的面积就会变为四倍。但是在分形理论中，长度的整数变化可以使面积以分数形式变化，分形因此得名。

1904 年，瑞典数学家 Helge von Koch（1870—1924）首次提出了科赫雪花曲线，它很容易形成。它从一个等边三角形开始。每条边分成三份，每条边的中间三分之一替换为三分之一边长的三角形，并去掉三角形其中与原图的边重叠的一边，如图 11-37 所示。

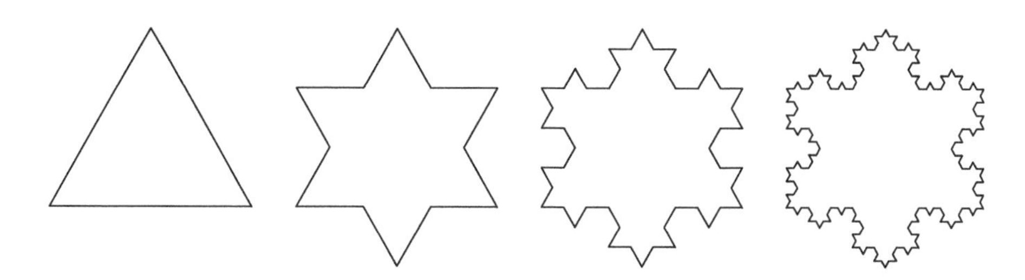

图 11-37　科赫雪花曲线的四次迭代

可以看到，只需少量代码和递归，就可以生成复杂而有趣的形状。我们来看一个稍微复杂一点的例子：希尔伯特曲线（1891 年由德国数学家 David Hilbert（1862—1943）首次提出），如图 11-38 所示。

希尔伯特曲线迭代的规则要比科赫雪花曲线迭代规则更复杂，因为希尔伯特曲线并不是在任何地方都做相同的重复。有四个不同方向的“杯”状曲线，可以被更小版本的“杯”取代，如图 11-39 所示。它有 2 种表示，一种图形表示法，以及一种使用字母表示右、上、左和下的表示法。对于每次迭代，左侧形状的每个角将被右侧的四个形状替换（按顺序），大小为左侧形状的四分之一，然后用直线连接起来。

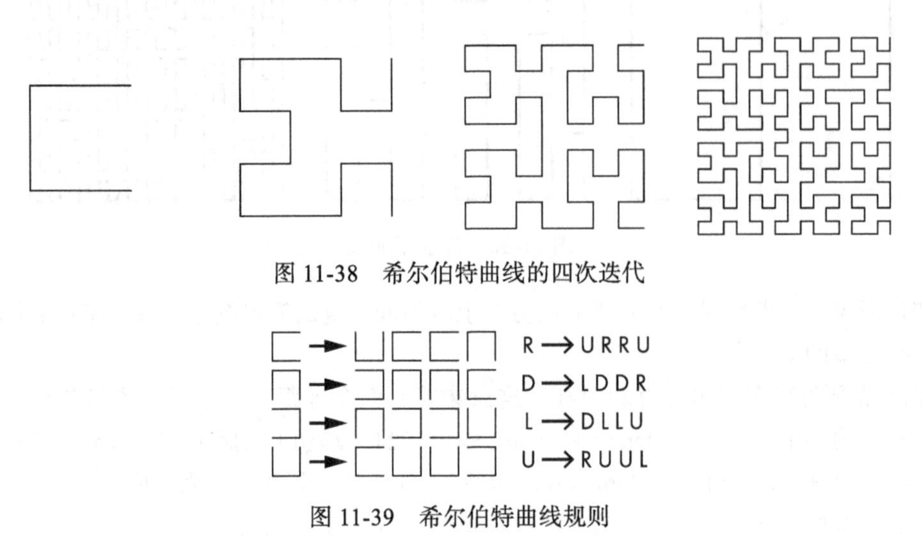

图 11-38　希尔伯特曲线的四次迭代

图 11-39　希尔伯特曲线规则

11.5.2　L 系统

图 11-39 中的规则与 8.4.2 节中的正则表达式相似，只不过是向后的。这些规则并不定义匹配的模式，而是定义可生成的模式。它们称为 L 系统，由匈牙利植物学家 Aristid Lindenmayer（1925—1989）于 1968 年提出，并因此得名。因为 L 系统定义了可以产生什么，所以也被称为产生式语法。

从图 11-39 可以看出，用序列 U R R U 替换 R，可以将图 11-38 中最左边的曲线转换成紧邻它的右侧曲线。

产生式语法的优点是紧凑，易于指定和实现，可以用来模拟许多现象。当卢卡斯电影公司的 Alvy Ray Smith 出版了“Plants, Fractals, and Formal Languages”（SIGGRAPH，1984）后，产生式语法就风靡一时了；你到外面不可能不碰到 L 系统生成的灌木丛。Lindenmayer 的成果成为现在电影中所见到的许多计算机图形学的基础。

我们来制作一些树，这样本书就是绿色的环保书啦。我们的语法中有四个符号，如列表 11-18 所示。

列表 11-18　树语法的符号

```
E draw a line ending at a leaf
B draw a branch line
L save position and angle, turn left 45°
R restore position and angle, turn right 45°
```

在列表 11-19 中，我们创建了包含两个规则的语法

列表 11-19 树语法规则

```
B → B B
E → B L E R E
```

你可以把符号和规则看作遗传密码。图 11-40 显示了从 E 开始的几个语法迭代。注意我们不必费心在分支的末端画叶。另外，除了前三个之外，定义树的符号集太长无法显示。

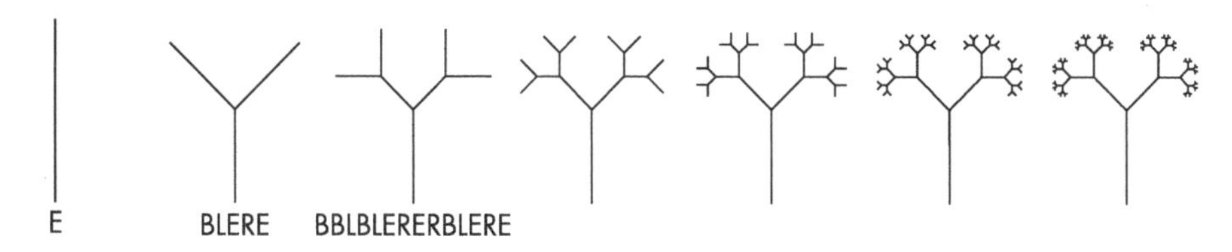

图 11-40 简易 L 系统树

如你所见，不用做很多工作也能得到好看的树。L 系统善于生成自然外观物体。

产生式语法早在计算机出现之前就被用来生成对象。例如，编织指令就是产生式语法，如列表 11-20 所示。

列表 11-20 图 11-41 中围巾的产生式语法

```
k = knit
p = purl
s = slip first stitch purl wise
row1 → s   p  k k p p k k p p  k  p p k k p p k k   p   k k p p k k p p  k  p p k k p p k k   p   k
row2 → s   k  p p k k p p k k  p  k k p p k k p p   k   p p k k p p k k  p  k k p p k k p p   k   k
row5 → s   p p k k p p k k   p p p k k p p k k   p p p k k p p k k   p p p k k p p k k   p p k
row6 → s   k k p p k k p p   k k k p p k k p p   k k k p p k k p p   k k k p p k k p p   k k k
section → row1 row2 row1 row2 row5 row6 row5 row6 row2 row2 row2 row2 row6 row5 row6 row5
scarf → section ...
```

使用编织针 I/O 设备执行列表 11-20 中某些部分的语法，将生成一个围巾，如图 11-41 所示。

图 11-41 通过产生式语法产生的围巾

11.5.3 随机

如果你想听起来复杂的话，Stochastic（随机）是一个很好的词，random 则不会。得克萨斯大学达拉斯分校的 Alan Fournier 和 Don Fussell 在 1980 年提出了在计算机图形学中增加随机性的概念。一定数量的随机性可以增加多样性。例如，图 11-42 显示了对 11.5.2 节中 L 系统树的随机修改。

如你所见，它生成了一组外观相似的树。当每棵树的外观不完全相同时，森林看起来更真实。

波音公司的 Loren Carpenter 发表了一篇论文，开创了一种生成分形的简单方法（“Computer Rendering of Fractal Curves and Surfaces”，SIGGRAPH，1980）。在 1983 年的 SIGGRAPH 会议上，Carpenter 和 Mandelbrot 就 Carpenter 的结果是否真的是分形进行了激烈的讨论。

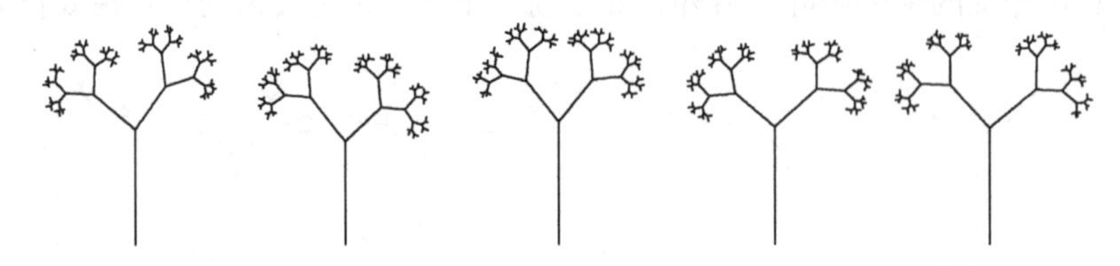

图 11-42　随机的 L 系统树

Carpenter 离开波音公司，继续在卢卡斯电影公司工作。在《星际迷航 2：可汗之怒》中，他用分形山脉创造了星球。这个星球花了大约六个月的计算机时间来生成。因为它是用随机数生成的，所以 Spock 的棺材最终在山的一侧飞了好几帧。艺术家们不得不在山上手工切割一个缺口来修复这个问题。

Carpenter 的技术很简单。他在一条线上随机选择一个点，然后随机移动该点。他递归地重复这两条线段，直到它们足够接近。这有点像在科赫曲线生成器中添加随机性。图 11-43 显示了一些随机峰值。

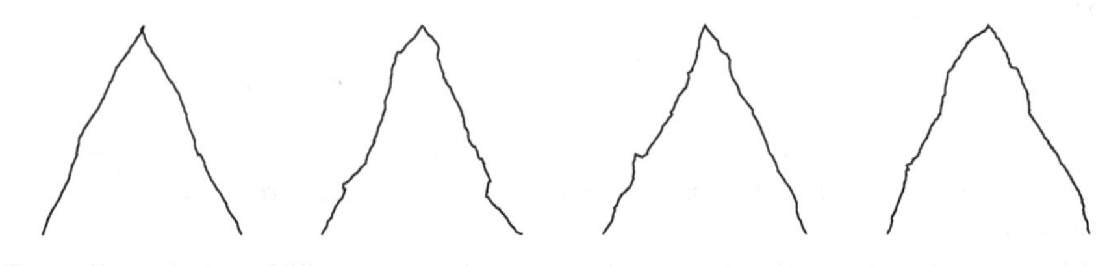

图 11-43　分形山

同样，这也不需要太多工作就能很好地实现。

11.5.4　量化

有时没有可以选择的近似法，所以必须尽我们所能完成唯一的选择方法。例如，我们可能有一张彩色照片需要打印在黑白报纸上。我们来看如何实现这种色彩的转变。因为本书不是彩色印刷的，我们将使用图 11-44 中的灰度图像。因为它是灰度图，所以红黄蓝三个颜色分量都是相同的，并且在 0～255 之间。

我们需要执行一个称为量化的过程，这意味着获取原始图像中可用的颜色，并将其分配给转换后图像中的颜色。这是另一个采样问题，因为我们必须获取一个模拟信号（在本例中有更多模拟的信号）并将其分配到一组固定的桶中。如何将 256 个值映射为 2 个值？

图 11-44　猫图像

我们从一个称为阈值的简单方法开始。选择一个阈值，将比这个值更亮的颜色指定为白色，将较暗的颜色指定为黑色。列表 11-21 将大于 127 的值设为白色，而非白色的部分设置为黑色。

列表 11-21　阈值伪代码

```
for (y = 0; y < height; y++)
  for (x = 0; x < width; x++)
    if (value_of_pixel_at(x, y) > 127)
      draw_white_pixel_at(x, y);
    else
      draw_black_pixel_at(x, y);
```

在图 11-44 中的图像上运行此伪代码将生成图 11-45 中的图像。

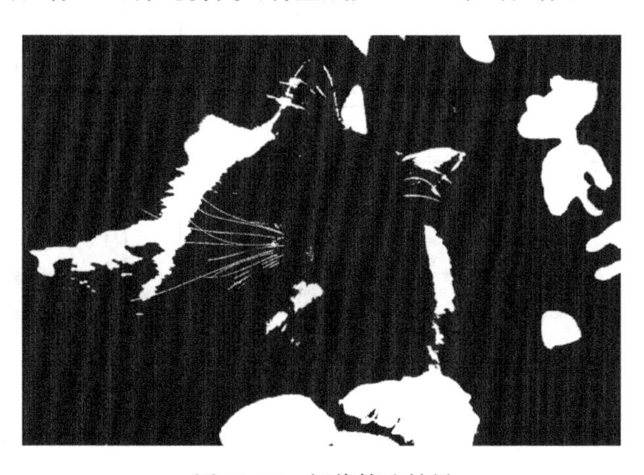

图 11-45　阈值算法结果

图 11-45 看起来效果不太好。但我们没办法改善太多，虽然可以随意调整阈值，但这样也只会产生不同的坏结果。我们将尝试使用光学错觉，以获得更好的结果。

英国科学家 Henry Talbot（1800—1877）在 19 世纪 50 年代发明了*半色调印刷术*，当时的摄影照片是灰度的，印刷图是黑白的。半色调印刷将图像分解成不同大小的点，如图 11-46 左侧的放大图所示。但这些点缩小后，正如你看到的右图，你的眼睛把它解释为灰色阴影。

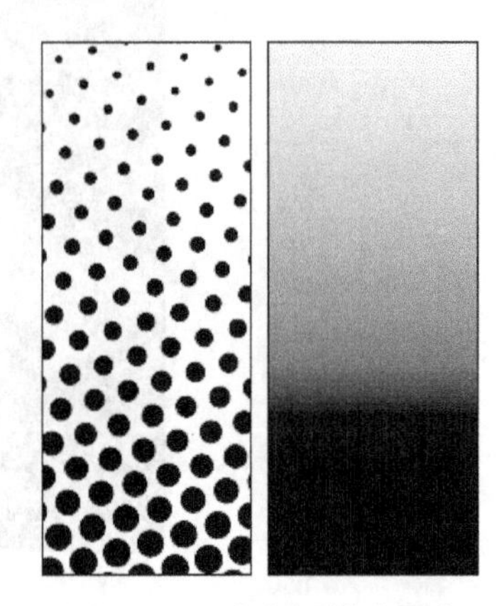

图 11-46 半色调模式图案

我们不能改变计算机屏幕上的点的大小，但我们想要类似的效果。我们来探索一些实现方法。我们不能改变单个点（黑色或白色的）的特征，所以需要调整周围的点，以使你的眼睛可以视之为灰色的阴影。我们实际上是在用图像分辨率来换取更多的阴影或颜色。

这个过程叫作*抖动*，它的起源很有趣，可以追溯到第二次世界大战的模拟计算机。有人注意到计算机在飞行的飞机上比在地面上运行得更好。结果表明，飞机发动机的随机振动使齿轮、车轮等不致互相黏着。在此之后，地面上的计算机中也加入了振动马达，通过振动使它们工作得更好。这种随机振动被称为抖动（dither，源于中古英语动词 didderen，意思是“抖动”）。有很多抖动算法，这里只讨论其中几个。

抖动的基本思想是对不同像素使用不同阈值的模式。20 世纪 70 年代中期，伊士曼柯达公司的美国科学家 Bryce Bayer（1929—2012）发明了一种应用于数码相机的关键技术：*拜尔滤色镜*。Bayer *矩阵*是拜尔滤色镜的一种变体，我们可以将其用于本文，一些例子如图 11-47 所示。

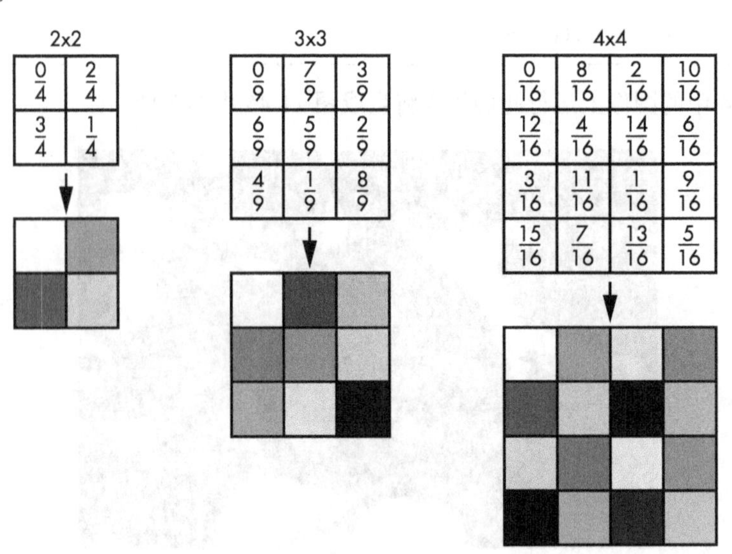

图 11-47 Bayer 矩阵

这些矩阵平铺在图像上，意味着它们在 x 和 y 方向上重复，如图 11-48 所示。使用平铺模式的抖动称为*有序抖动*，因为使用平铺模式的抖动存在一个基于图像位置的可预测模式。

图 11-48　2 × 2 Bayer 矩阵平铺模式

列表 11-22 显示了图 11-47 中 Bayer 矩阵的伪代码。

列表 11-22　Bayer 有序抖动伪代码

```
for (y = 0; y < height; y++)
 for (x = 0; x < width; x++)
  if (value_of_pixel_at(x, y) > bayer_matrix[y % matrix_size][x % matrix_size])
    draw_white_pixel_at(x, y);
  else
    draw_black_pixel_at(x, y);
```

图 11-49 至图 11-51 显示了针对猫图像使用刚才介绍的三个矩阵抖动的结果。

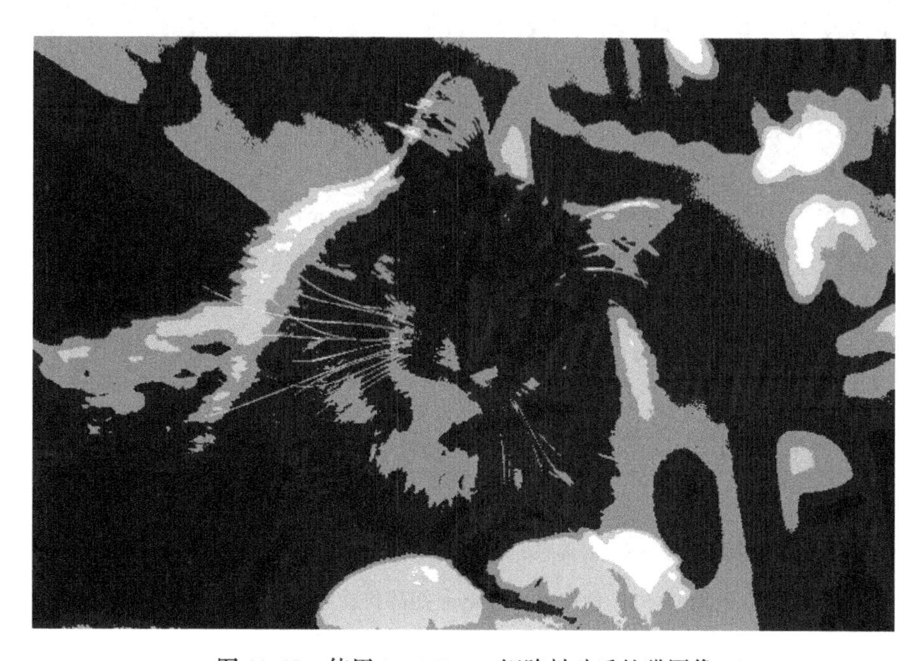

图 11-49　使用 2 × 2 Bayer 矩阵抖动后的猫图像

图 11-50　使用 3 × 3 Bayer 矩阵抖动后的猫图像

图 11-51　使用 4 × 4 Bayer 矩阵抖动后的猫图像

可以看到，如果眯着眼睛看，这几张图还是可以接受的，随着矩阵的增大，图片的质量也得以提升。通过使用更大的矩阵做更多的工作可以得到更好的结果。但镶嵌图案却清晰可见。此外，矩阵抖动可以产生真正的迷幻伪影，称为莫尔条纹。如果你观察过一堆窗纱，则很好理解。

怎样才能清除这些伪影呢？我们不使用模式，而是使用列表 11-23 中的伪代码将每个像素与随机数进行比较，结果如图 11-52 所示。

列表 11-23　随机数抖动伪代码

```
for (y = 0; y < height; y++)
  for (x = 0; x < width; x++)
    if (value_of_pixel_at(x, y) > random_number_between_0_and_255())
      draw_white_pixel_at(x, y);
    else
      draw_black_pixel_at(x, y);
```

图 11-52　使用随机数抖动的猫图像

列表 11-23 中的伪代码消除了图案的伪影，但图案变得非常模糊，这种方法不如有序抖动效果好。

所有这些方法背后的根本问题是，我们只能在逐像素的基础上做决定。考虑一下原始像素值和处理后的像素值之间的差异。原始图像中非黑或非白的任何像素都有一定的*误差*。与其像我们目前所做的那样丢弃这些误差，不如试着将其扩散到邻近的其他像素上。

先从简单的开始。我们将获取当前像素的误差，并将其应用到下一个水平像素。伪代码如列表 11-24 所示，结果如图 11-53 所示。

列表 11-24 一维误差传播伪代码

```
for (y = 0; y < height; y++)
  for (error = x = 0; x < width; x++)
    if (value_of_pixel_at(x, y) + error > 127)
      draw_white_pixel_at(x, y);
      error = -(value_of_pixel_at(x, y) + error);
    else
      draw_black_pixel_at(x, y);
      error = value_of_pixel_at(x, y) + error;
```

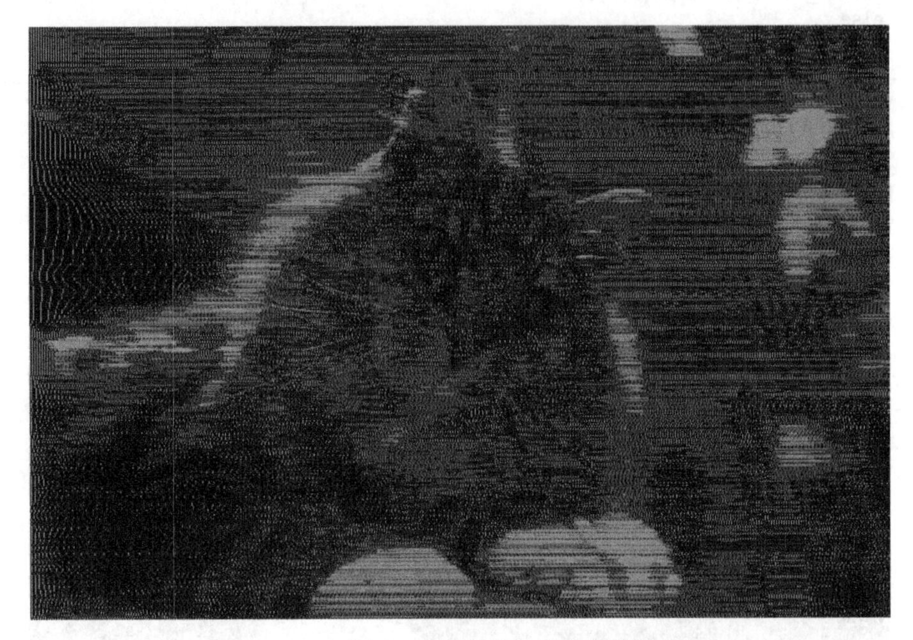

图 11-53 使用一维误差传播抖动的猫图像

图 11-53 效果不是很好，但也没有很偏颇——很容易击败阈值和随机数方法，并且在某种程度上可以与 2 × 2 矩阵方法相媲美，它们都有不同类型的优势。如果仔细想想，你会发现误差传播和之前画直线、曲线时用的决策变量技巧是一样的。

美国计算机科学家 Robert Floyd（1936—2001）和 Louis Steinberg 在 20 世纪 70 年代中期提出了一种方法，你可以把它看作是误差传播矩阵和 Bayer 矩阵的交叉。其思路是使用一组权重将误差从一个像素扩散到周围的像素，如图 11-54 所示

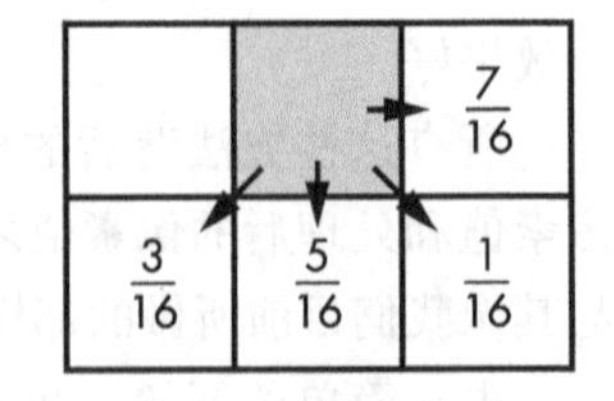

图 11-54 Floyd-Steinberg 误差分布权重

列表 11-25 显示了 Floyd-Steinberg 伪代码。注意，我们必须保留两行的误差值。我们使每一行都比所需的长 2，并将索引偏移 1，这样在处理第一或最后一列时，就不必担心耗尽结尾。

列表 11-25　Floyd-Steinberg 误差传播代码

```
for (y = 0; y < height; y++)
  errors_a = errors_b;
  errors_b = 0;
  this_error = 0;

  for (x = 0; x < width; x++)
    if (value_of_pixel_at(x, y) > bayer_matrix[y % matrix_size][x % matrix_size])
      draw_white_pixel_at(x, y);
      this_error = -(value_of_pixel_at(x, y) + this_error + errors_a[x + 1]);
    else
      draw_black_pixel_at(x, y);
      this_error = value_of_pixel_at(x, y) + this_error + errors_a[x + 1];

    this_error = this_error * 7 / 16;

    errors_b[x] += this_error * 3 / 16;
    errors_b[x + 1] += this_error * 5 / 16;
    errors_b[x + 2] += this_error * 1 / 16;
```

这需要做很多工作，结果如图 11-55 所示，效果看起来非常好。（请注意，这与 20 世纪 70 年代用来制作专辑封面的 Pink Floyd-Steinberg 算法无关。）

图 11-55　使用 Floyd-Steinberg 算法抖动的猫图像

在 Floyd-Steinberg 之后，人们提出了许多其他的分布方案，其中大多数方案都做了更多的工作，并且将误差分布在更多的相邻像素中。

我们再尝试另外一种方法，它是由荷兰软件工程师Thiadmer Riemersma在1998年提出的。他的算法实现了几件有趣的事情。首先，它回到了只影响一个相邻像素的方法。但是它可以追踪16个像素的误差。它计算一个加权平均值，以便最近访问最多的像素比最近访问最少的像素有更多的效果。图11-56为加权曲线。

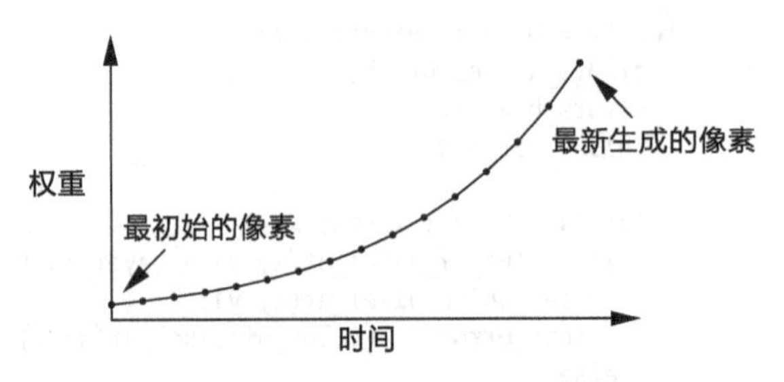

图11-56 Riemersma像素权重

Riemersma算法不使用之前提到的典型相邻像素网格（参见列表11-26）。相反，它遵循希尔伯特曲线的路径，如图11-38所示。

列表11-26 Riemersma误差传播伪代码

```
for (each pixel along the Hilbert curve)
  error = weighted average of last 16 pixels

  if (value_of_pixel_at(x, y) + error > 127)
    draw_white_pixel_at(x, y);
  else
    draw_black_pixel_at(x, y);

  remove the oldest weighted error value
  add the error value from the current pixel
```

结果如图11-57所示。仍然不是很完美，但已经能够看清楚了。在如图11-12所示的梯度上尝试示例代码。我们已经了解到有很多不同的方法可以处理现实环境中需要的近似情况。

图11-57 使用Riemersma算法抖动的猫图像

11.6　本章小结

本章研究了一些可以通过避免或最小化计算来提高性能和效率的技巧。正如计算机图形领域的巨头之一 Jim Blinn 所说，“技术只是一个可以多次使用的技巧。”就像硬件构建块一样，这些技巧也可以结合起来解决复杂的问题。

Chapter 12 第 12 章

死锁和竞态条件

我们已经讨论过多任务处理，或者计算机一次处理多件事情的情况。最初我们只是假装计算机可以做到这一点，因为曾经计算机中只有一台处理器在任务之间切换。但是现在多核处理器已经成为计算机的常态，计算机实际上一次可以做不止一件事情。多处理并不是一个特别新的概念，只是现在更普遍了；单核处理器早已被连接在一起从而获得更高的性能。多处理器系统不再是昂贵机器专有的，而是你身边的手机也含有的。

有时候做事情的顺序很重要。例如，假设你有一个联合银行账户（与其他人共享的账户），余额为 100 美元。在你去银行取 50 美元的同时，另一个户主也去自动取款机取 75 美元。这就是所谓的竞态条件。银行软件需要锁定你们中的一个，这样一次只能处理一次取款，防止账户透支。这实际上意味着关闭某些操作的多任务处理。然而，在不损失多任务处理优点的情况下，要做到这一点是很困难的，本章将说明这一点。

12.1 竞态条件是什么

当两个（或多个）程序访问相同的资源，并且结果取决于访问时间先后时，竞态条件就会出现。看一看图 12-1，两个程序试图将钱存入银行账户。

本例中的共享资源是账户余额。如你所见，结果取决于两个程序访问该资源的时间先后。

Program 1	Program 2	余额
		$100
read $100		$100
add $10		$100
write $110		$110
	read $110	$110
	add $50	$110
	write $160	$160

正确结果

Program 1	Program 2	余额
		$100
read $100		$100
add $10		$100
	read $100	$100
	add $50	$100
write $110		$110
	write $150	$150

错误结果

图 12-1　竞态条件示例

12.2　共享资源

哪些资源可以共享？差不多什么资源都可以共享。在上一节中，我们看到内存可以共享。即使共享的最终结果不是内存，但共享总是会涉及内存。这是因为必须要有一些迹象表明共享资源正在使用中。这种内存可能不是我们通常认为的内存，它可能只是某个输入/输出（I/O）设备硬件中的一个位。

共享 I/O 设备也很常见，例如共享打印机。将不同的文档混合在一起明显不太合适。5.8 节提到过，操作系统处理用户程序的 I/O。这实际上只适用于作为机器的一部分的 I/O 设备，比如 USB 控制器。虽然操作系统可以确保 USB 连接的设备能够正确地进行通信，但它通常将这些设备的控制权交给用户程序。

现场可编程门阵列（FPGA，见 3.6 节）是资源共享领域一个令人兴奋的前沿。你可能需要对 FPGA 进行编程以提供特殊的硬件功能来加速特定的软件。你需要确保没有任何东西可以代替软件所期望的硬件编程。

运行在不同计算机上彼此通信的程序也可以共享资源，不过不那么明显。

12.3　进程和线程

多个程序如何访问相同的数据？我们在 5.5 节简单地讨论了操作系统。操作系统的功能之一是管理多个任务。

操作系统管理*进程*，即在*用户空间*（请参见 5.8 节）中运行的程序。在多核处理器下，多个程序可以同时运行，但这对于竞态条件本身是不够的，程序必须具有共享资源。

资源的共享必须依照某种安排。这意味着共享资源的进程必须以某种方式进行通信，这种通信可以采取多种形式。它必须被预先安排好，要么被内置到程序中，要么通过某种配置信息。

一个进程需要关注多个方面。打印服务器就是一个很好的例子，它是一个其他程序可以与之通信以打印内容的程序。在互联网出现之前，打印机不与机器上的I/O端口连接的话，就无法使用。20世纪80年代在加州大学伯克利分校开发的网络代码，通过添加几个系统调用，使计算机之间的通信更加容易。实际上，程序可以等待来自多种来源传入的活动，并运行适当的处理程序代码。这种方法非常有效，主要是因为处理程序代码非常简单，并且会在等待下一个活动之前运行。打印服务器代码可以在等待下一个文档之前打印整个文档。

带有图形用户界面的交互式程序改变了这一切。活动处理程序不再是从头运行到尾的简单任务，它们可能必须在多个位置被暂停并等待用户输入。虽然程序可以作为一个协作进程群被实现，但相当麻烦，因为它们需要共享大量数据。

我们需要的是一种可以使处理程序中断的方法，也就是说，让它们能够停止在所在的位置，保存它们的状态，这样它们就可以在上一次停止的地方继续执行。这并不是什么新鲜事。那个状态在哪里？在堆栈上。问题是，每个进程只有一个堆栈，而且我们需要为进程中的每个处理程序分配一个堆栈。输入执行线程。5.11节介绍了操作系统如何安排进程内存。线程是共享静态数据和堆、但有自己的堆栈的程序，如图12-2所示。每个线程都认为它独立访问CPU寄存器，因此线程调度程序必须在从一个线程切换到另一个线程时进行保存和恢复，就像操作系统在从一个进程切换到另一个进程时所做的那样。线程也被称为轻量级进程，因为它们的上下文比常规进程少得多，因此线程之间的切换比进程之间的切换快。

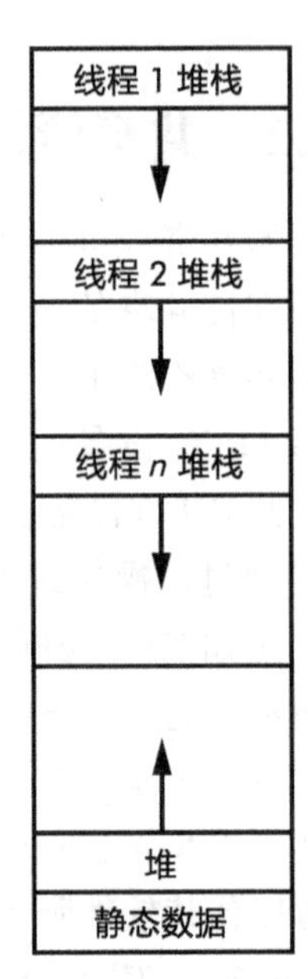

图12-2 线程的内存分布

线程的早期实现涉及一些自定义的汇编语言代码，根据定义，这些代码是特定于机器的。线程被证明是非常有用的，因此标准化了独立于机器的API。线程在这里对我们来说很有趣，因为它们使单个进程中的竞态条件成为可能。这不仅是C语言程序中的问题，而且JavaScript事件处理程序也是线程。

但是，线程的存在并不意味着线程可以解决所有的问题。线程滥用造成了许多不良用户体验。当微软首次推出Windows时，它只是一个运行在MS-DOS之上的程序，而MS-DOS当时并不是最先进的支持多任务处理的操作系统。因此，微软在每个应用程序中都构建了部分操作系统，这样用户就可以同时打开多个文档。不幸的是，有些人把这种方法带入了运行在完整操作系统上的程序中。这种方法也于选项卡式应用程序（例如LibreOffice和Firefox）和用户界面（例如GNOME）中出现。

为什么将这种方法带入运行在完整操作系统上的程序中是个坏主意呢？首先，线程共享数据，所以这个方法存在安全问题。其次，正如你可能已经体验到的，选项卡的bug或问题通常会扼杀整个流程，从而导致本不相关的任务的工作丢失。最后，你可能也经历过，一个需要很长时间才能完成的线程会阻止其他所有的线程运行，因此，一个加载缓慢的网页通常会挂起多个浏览器实例。

这个故事告诉我们要聪明地编写代码。使用操作系统编写代码，这就是它存在的原因。如果它不能按需要执行或者缺少了一个关键特性，请修复它，别把其他事情都搞砸了。

12.4　锁

目前的问题并不是真正的资源共享。当操作由一系列更小的操作组成时，如何使操作*原子化*（即不可分割、不可中断）才是真正需要关注的。

如果计算机有像调整银行余额这样的指令，我们就不会有这样的讨论了。但它们没有，因为我们需要无数条这样的指令。我们必须使用某种*互斥机制*使代码的关键部分看起来是原子化的。我们通过创建*咨询锁*来做到这一点，程序遵循这些咨询锁以避免冲突（参见图 12-3）。

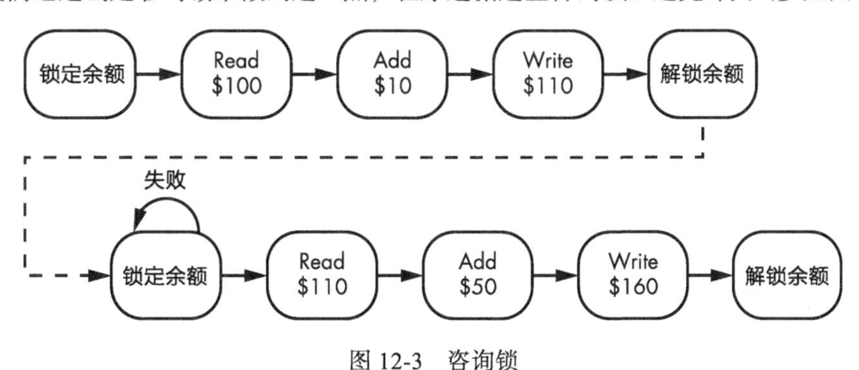

图 12-3　咨询锁

如图 12-3 所示，上层程序首先获取了锁，所以下层的程序必须等到锁被释放后才能使用锁。锁具有*咨询性*，因为它是否运行取决于程序，没有机制强制锁运行。看到这里你会感觉锁没多大用，因为它不会阻止任何人抢劫银行。但锁是否有用取决于锁存在的位置。如图 12-4 所示，锁存在于银行中，银行负责强制执行，这样就可以让锁发挥作用了。

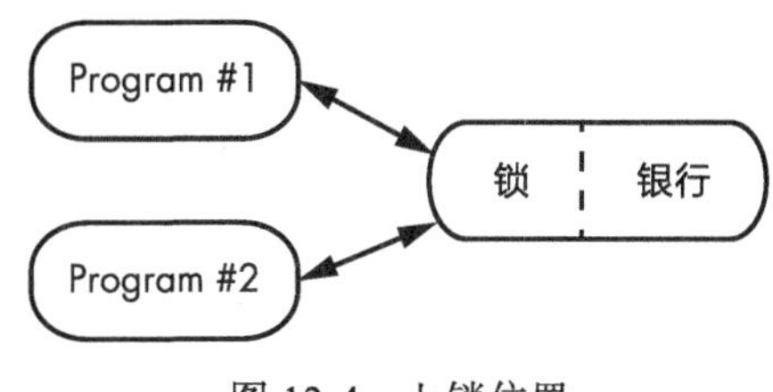

图 12-4　上锁位置

图 12-4 解决了一个问题，却引出了其他的问题。如果 Program #1 和银行之间的通信速度缓慢，会发生什么情况？显然，Program #2 需要等待一段时间，等待时间的增长将导致失去多任务处理的一些优点。如果 Program #1 终止了，或者表现很差，而且永不释放锁，会发生什么呢？ Program #2 在等待期间做什么？

我们将在接下来的几节中讨论这些问题。

12.4.1 事务和粒度

图 12-4 中 Program #1 执行每项操作都需要与银行进行某种形式的通信。而且需要双向通信，因为在进行下一个操作之前，我们需要知道之前的每个操作是否成功。提高性能的简单方法是将一组操作绑定到一个事务中，事务是一组要么全部成功要么全部失败的操作（见图 12-5），事务一词源于数据库。我们将操作捆绑，而不是分别发送每个操作。

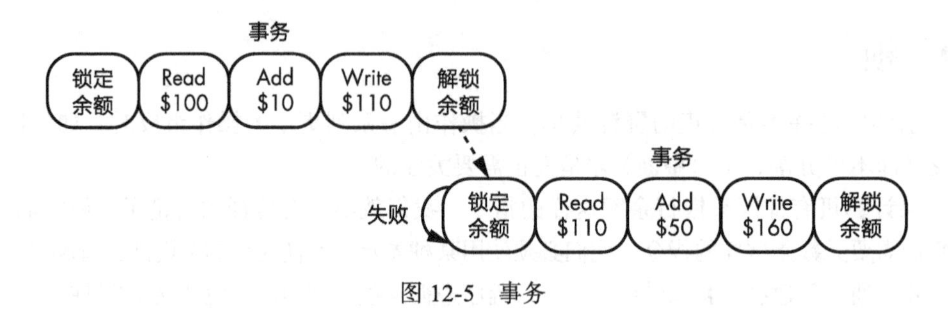

图 12-5 事务

明显的指导原则是尽量减少锁定某些东西的时间，因为减少锁定某些东西的时间会减少并发性。然而，一个并不十分明显的指导原则是最小化锁的*粒度*，即锁所覆盖的内容量。我们在示例中锁定余额，这意味着我们只锁定一个账户的余额。每次客户需要更新余额时锁定整个银行并不是个好方案。X 窗系统就是一个设计拙劣的锁止装置。尽管 X 窗系统有很多类型的锁，但在很多情况下，唯一的选择只有将所有的东西锁定，但这样会消除并发性。

覆盖系统一小部分的锁称为*细粒度锁*，覆盖较大部分的锁称为*粗粒度锁*。

> 注意　处理器中断处理包括一个锁定机制。当接收到中断时，设置一个掩码，以防止处理器在中断处理程序完成之前再接收相同类型的中断，除非在明确允许的情况下。

12.4.2 等待锁

如果等待锁的程序在等待时不能处理任何有用的事务，那么使用事务和细粒度锁并没有多少长处。毕竟，“多重”就是多任务处理的全部意义所在。

有时候程序在等待锁的时候没什么事情好做，就像我们等待自动取款机响应时也无所事事。不过，不做任何事情也是需要方法的，有两种方法可以使程序不用处理任何事情。一种方法是*旋转*，意味着我们可以反复尝试锁，直到成功获取到锁。旋转通常涉及使用计时器来间隔尝试。在机器上全速运转会消耗大量能源。在网络上全速运转就像黑色星期五一大群人试图挤进一个搞促销的商店。在某些情况下，第二种不做任何事情的方法是：请求锁的实体可以向锁授权机构*注册*该请求，并在请求被批准时得到*通知*。这允许请求者在等待时做一些更有用的事情。但这种方法不能很好地扩展，而且显然不受互联网架构的支持，尽管它可以在顶层使用。

第 6 章曾提到，以太网采用了一种有趣的等待方式。虽然以太网没有锁，但是如果多个设备在尝试访问共享资源（连线）时发生冲突，这些设备会随机等待一段时间，然后重试。

有些操作系统提供锁定功能，通常与类似于文件描述符的句柄关联。可以在阻塞或非阻塞模式下尝试锁定。*阻塞*意味着系统暂停调用程序（即停止它的执行），直到锁可用为止。*非阻塞*意味着程序可以继续运行，并接收到没有得到锁的指示。

12.4.3 死锁

当程序需要已被占用的锁时，程序必须等待。但是复杂的系统通常有多个锁，那么在图 12-6 所示的情况下会发生什么呢？

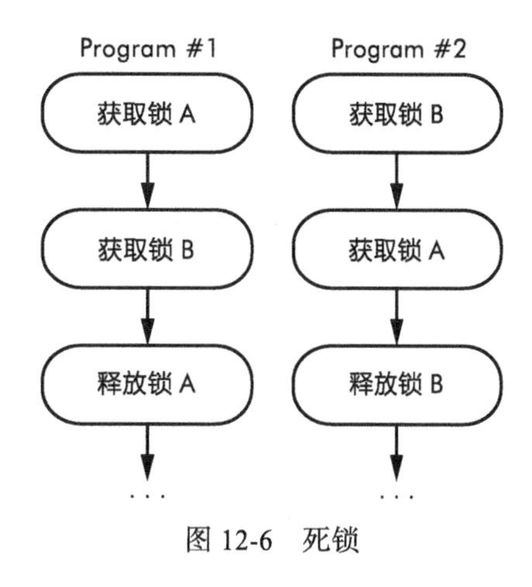

图 12-6 死锁

Program #1 成功获取锁 A，Program #2 成功获取锁 B。接下来，Program #1 试图获取锁 B，但无法成功，因为 Program #2 已占用了锁 B。同样，Program #2 试图获取锁 A，但没有成功，因为 Program #1 占用了它。两个程序都不能继续执行到释放其占用的锁的位置。这种情况称为*死锁*。

除了编写好代码，没有什么好的解决死锁的方法。在某些情况下，锁可以手动清除，而且不会造成大量损坏。你可能遇到过这样的情况：程序因为无法获得锁而拒绝运行，并提示是否要清除它。当持有锁的程序在没有释放锁的情况下意外崩溃时，就会出现这种情况。

12.4.4 短期锁的实现

实际上只有一种方法可以实现锁，但是有很多方法可以将锁呈现给程序。锁的实现需要硬件以特殊指令的形式来支持。几十年前设计的软件解决方案由于处理器技术的进步（比如无序执行和多核处理器）已不再有效。

许多处理器都显式地存在一条用于锁定的*测试和设置*指令。这是一条原子指令，用于测试内存位置是否为 0，如果不是，则将其设置为 1。如果成功更改了值，则返回 1，否则返回 0。因此，它直接实现了一个锁。

在很多程序互相争夺锁的情况下，另一种将锁呈现给程序的方法是*比较并交换*。此指令类似于测试和设置，但调用程序不只是使用单个值，而是同时提供旧值和新值。如果旧值与内存位置中的值匹配，则用新值替换旧值，并且获取锁。

这些指令通常仅限于在系统模式中使用，因此用户程序无法使用这些指令。一些较新的语言标准，如 C11，已经增加了对原子操作的用户级支持。各种锁定操作也已被标准化，并可通过库使用。

附加的代码可以附加到锁上以使锁更有效。例如，队列可以与锁相关联以注册等待锁的程序。

12.4.5 长期锁的实现

我们前面主要讨论的是如何使锁被占用的时间尽可能地短，但有时想长时间占用一个锁。这通常发生在不允许多个程序进行访问的情况下，例如用于防止多个用户同时编辑同一文档的文字处理器。

长期锁需要保存在比内存更持久的存储器中。通常通过文件实现。存在允许独占文件创建的系统调用，无论哪个程序，只要是首先到达那里，都会成功。这相当于获取一个锁。请注意，系统调用是一种高级抽象，但在底层使用了原子指令。

12.5 浏览器 JavaScript

作为一名刚入门的程序员，编写在浏览器中运行的 JavaScript 程序时，首先要注意并发性。你可能会感到惊讶，因为 JavaScript 被定义为单线程的。那并发性怎么会成为一个问题呢？

原因是 JavaScript 最初并不是为它现在的用途而设计的。它最初的设计目的之一是提供更快的用户反馈并减少互联网流量，当时互联网速度慢得很。例如，假设 Web 页面包含一个信用卡号字段。在 JavaScript 出现之前，这个号码必须被发送到 Web 服务器，该服务器将验证这个号码是否只包含数字，然后要么发送一个错误响应，要么在没有问题的情况下进一步处理该号码。而 JavaScript 允许在 Web 浏览器中检查信用卡号码的位数。这意味着用户在出现拼写错误时不必等待，也不需要互联网流量来检测和报告拼写错误。当然，仍然有很多糟糕的 JavaScript 无法处理卡号中的空格。

由于 JavaScript 是用来运行短程序以响应用户事件的，所以它是使用事件循环模型实现的，其工作原理如图 12-7 所示。

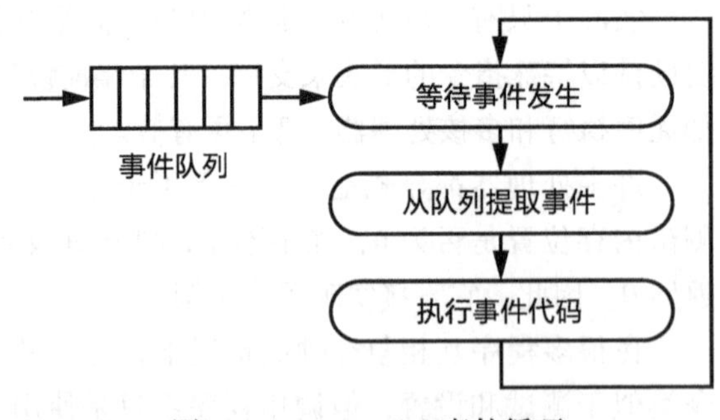

图 12-7 JavaScript 事件循环

图中发生的情况是要执行的任务被添加到事件队列中。JavaScript 每次从队列中提取一个任务并执行。这些任务是不可中断的，因为 JavaScript 是单线程的。但是你无法控制事件添加到队列的顺序。例如，假设每个鼠标按钮都有一个事件处理程序。由于无法控制鼠标的单击顺序，因此也无法控制事件的顺序。程序必须可以处理任何顺序的事件。

1995 年 JavaScript 首次出现时异步通信并没有设计到 JavaScript 中。在这之前，浏览器提交表单，服务器返回 Web 页面。有两件事改变了这一点。其一，是于 1997 年发布的文档对象模型（Document Object Model, DOM），尽管直到 2004 年左右 DOM 才稳定下来。DOM 允许修改现有的 Web 页面，而不是只能替换 Web 页面。其二，是于 2000 年面世的 XMLHttpRequest（XHR），它成了 AJAX 的基础。它提供了现有“加载页面”模式之外的后台浏览器 – 服务器通信。

这些变化引发了网页复杂性的急剧增加。JavaScript 的广泛使用，使它成为一种主流语言。Web 页面越来越依赖于与服务器的后台异步通信。但这不是 JavaScript 的设计初衷，特别是单线程模型与异步通信不一致。

我们来设计一个简单的 Web 应用程序以展示艺术家的专辑的图像。我们将使用一些假设的网站，该网站首先要求我们将专辑和艺术家名称转换为专辑标识符，然后使用该标识符获取专辑图像。你可以尝试编写如列表 12-1 所示的程序，其中斜体代码由用户提供。

列表 12-1　第一次尝试编写艺术家专辑图像程序

```
var album_id;
var album_art_url;

// Send the artist name and album name to the server and get back the album identifier.

$.post("some_web_server", { artist: artist_name, album: album_name }, function(data) {
  var decoded = JSON.parse(data);
  album_id = decoded.album_id;
});

// Send the album identifier to the server and get back the URL of the album art image.
// Add an image element to the document to display the album art.

$.post("some_web_server", { id: album_id }, function(data) {
  var decoded = JSON.parse(data);
  album_art_url = decoded.url;
});

$(body).append('<img src="' + album_art_url + '"/>');
```

jQuery `post` 函数将数据从第二个参数发送到第一个参数中的 URL，并在获得响应时调用第三个参数的函数。注意，jQuery `post` 函数并没有真正地调用函数，而是将函数添加到事件队列中，因此函数在到达队列前端时被调用。

列表 12-1 所示的程序似乎是一个很好的简单、有序的程序。但它并不可靠，为什么会这样呢？我们仔细来看发生了什么，请参见图 12-8。

如你所见，程序没有按顺序执行。`post` 操作在内部启动线程，等待服务器响应。当收到响应时，回调函数将被添加到事件队列中。程序显示第二个 `post` 首先响应，但也可能是第一个 `post` 先响应；这超出了我们的控制范围。

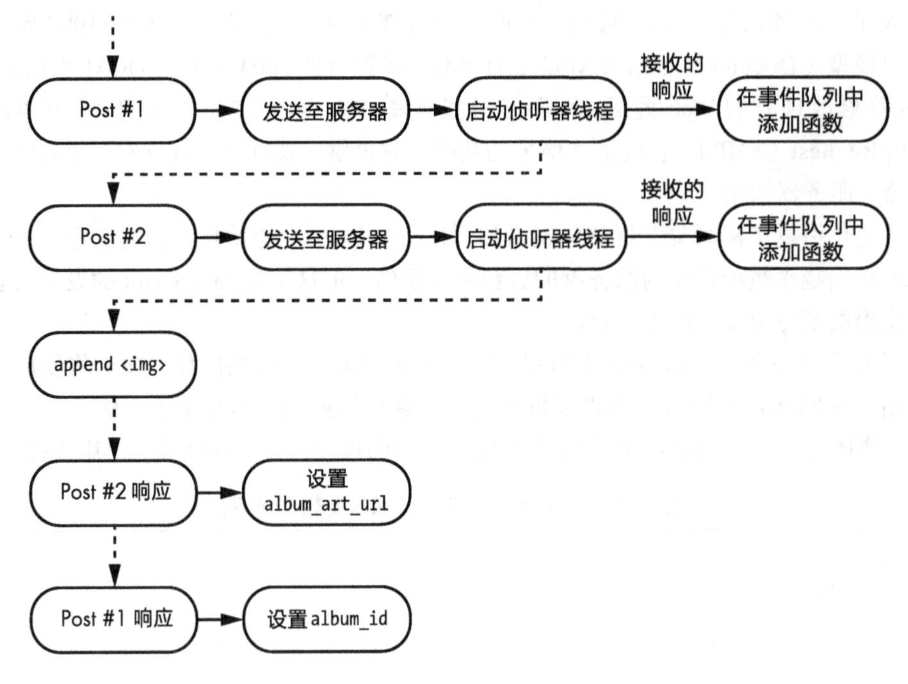

图 12-8 艺术家专辑图像程序流程

因此，程序很有可能在从第一个 post 中获得 album_id 之前请求专辑图像。几乎可以保证，它会在获得 album_art_url 之前将图像添加到 Web 页面。这是因为，尽管 JavaScript 本身是单线程的，但我们与 Web 服务器有并发交互。换句话说：尽管 JavaScript 解释器向程序员提供了一个单线程模型，但实际上它在内部是多线程的。

列表 12-2 显示了一个可以运行的版本。

列表 12-2 第二次尝试编写艺术家专辑图像程序

```
$.post("some_web_server", { artist: artist_name, album: album_name }, function(data) {
  var decoded = JSON.parse(data);

  $.post("some_web_server", { id: decoded.id }, function(data) {
    var decoded = JSON.parse(data);
    $(body).append('<img src="' + decoded.url + '"/>');
  });
});
```

现在，我们已经将图像 append 移动到第二个 post 回调的内部，并且将第二个 post 回调移动到第一个 post 回调的内部。这意味着在第一个 post 完成前，不会处理第二个 post。

如你所见，需要嵌套来确保满足依赖关系。其中的错误处理代码（本例未展示）会使它很难看。下一节将介绍处理这个问题的另一种方法。

12.6　异步函数和承诺

列表 12-2 中的程序完全没有问题。因为 jQuery 正确地实现了 `post` 函数，所以列表 12-2 中的程序可以正常工作。但 jQuery 正确地完成了 `post` 函数并不意味着其他库也能做到，尤其是在 Node.js 中，糟糕的库正以惊人的速度出现。很难调试使用不能正确实现回调的库的程序。这就成了一个问题，正如引言部分提到的，现在的很多教学中都将编程视为将库中函数黏在一起的过程。

JavaScript 最近通过添加一个名为 promise（承诺）的新结构来解决这个问题。promise 的计算概念源于 20 世纪 70 年代中期，自从加入 JavaScript 之后它便不断地复兴。promise 将异步回调机制转移到语言本身，这样库就不会把它们搞砸。当然，异步回调机制是一个移动的目标，因为你不能每次在程序出错时都把它添加到语言中。然而，这个特殊的案例似乎很常见，值得一试。

JavaScript promise 的解释可能很难理解，因为两个独立的东西被混在了一起。如果把这些组成部分分开，promise 就更容易理解。重要的一点是，如果异步操作的库使用了 promise，那么这些库就更有可能正常工作。不太重要的是，人们谈论得更多的是编程范式的改变。关于编程范例有很多“宗教信仰”，我在最后一章中会更详细地讨论。在某种程度上，promise 结构是一种*语法糖*，它可以使某些类型的编程变得更简单，而代价是使编程语言更加复杂。

极端情况下，JavaScript 异步请求的代码开头看起来像是一些人所说的*末日金字塔*，如列表 12-3 所示。我个人认为这样写代码没有什么错。如果缩进让你看着不顺眼，那请远离 Python 编程语言，它会让你头晕眼花。

列表 12-3　末日金字塔

```
$.post("server", { parameters }, function() {
  $.post("server", { parameters }, function() {
    $.post("server", { parameters }, function() {
      $.post("server", { parameters }, function() {
        ...
      });
    });
  });
});
```

当然，其中的一些是由程序的编写方式造成的。匿名函数要求所有代码都内联编写。这些缩进可以被消除，如列表 12-4 所示，它消除了末日金字塔，但代码更难以理解了。

列表 12-4　重写匿名函数

```
$.post("some_web_server", { artist: artist_name, album: album_name }, got_id);

function
```

```
got_id(data)
{
  var decoded = JSON.parse(data);
  $.post("some_web_server", { id: decoded.id }, got_album_art);
}

function
got_album_art(data)
{
  var decoded = JSON.parse(data);
  $(body).append('<img src="' + decoded.url + '"/>');
}
```

程序员真正想要的是一种更直接的代码编写方式。这在许多其他编程语言中很容易，但在 JavaScript 中很困难，因为它的单线程模型。在假设的 JavaScript 多线程版本中，只需创建一个新线程来运行列表 12-5 中的代码。这段代码假设 `post` 会一直阻塞直到完成为止，这段代码是同步的而不是异步的，代码清晰易懂。

列表 12-5　假设性阻塞的 JavaScript 示例

```
var data = $.post("some_web_server", { artist: artist_name, album: album_name } );
var decoded = JSON.parse(data);

var data = $.post("some_web_server", { id: decoded.id }, got_album_art);
var decoded = JSON.parse(data);

$(body).append('<img src="' + decoded.url + '"/>');
```

如果用 JavaScript 编写列表 12-5 这样的代码，它未必能很好地运行。JavaScript 的单线程特性会阻止其他代码在 `post` 等待时运行，这意味着鼠标点击的事件处理程序和其他用户交互的事件处理程序不能及时运行。

JavaScript 的 promise 与列表 12-4 有一些相似之处，因为 promise 的定义与函数定义类似，promise 的定义和它的执行是分开的。

创建一个 promise，如列表 12-6 所示。尽管列表 12-6 中的代码看起来与其他 JavaScript 代码（比如接受函数作为参数的 jQuery `post`）没有太大的不同，但该函数不会被执行。列表 12-6 是一个 promise 的建立阶段。

列表 12-6　promise 创建

```
var promise = new Promise(function(resolve, reject) {
  if (whatever it does is successful)
    resolve(return_value);
  else
    reject(return_value);
});
```

我们来详细地看看这个 promise。为 promise 提供一个执行一些异步操作的函数。该函数有两个仍然是函数的参数：一个（列表 12-6 中的 `resolve`）在异步操作成功完成时，被追加到 JavaScript 事件队列中；另一个（列表 12-6 中的 `reject`）在异步操作失败时，被添加到 JavaScript 事件队列。

该程序使用它的 `then` 方法执行 promise，如列表 12-7 所示。此方法接受一对函数作为参数，它们与在创建 promise 期间提供的 `resolve` 和 `reject` 函数相匹配。

列表 12-7　promise 执行

```
promise.then(
  function(value) {
    do something with the return_value from resolve
  },
  function(value) {
    do something with the return_value from reject
  }
);
```

这不是很令人兴奋。我们可以编写代码来做到这一点，而不需要使用 promise，就像以前所做的那样。所以，为什么要如此麻烦呢？ promise 附带了一种语法糖，称为*链接*。它允许用 `something().then().then().then()...` 这样的风格。这样做是因为 `then` 方法返回另一个 promise。注意，与异常类似，`then` 的第二个参数可以省略，错误可以用 `catch` 字段来捕获。列表 12-8 显示了使用 promise 链接重写的专辑图像程序。

列表 12-8　使用 promise 链接的艺术家专辑图像程序

```
function
post(host, args)
{
  return (new Promise(function(resolve, reject) {
    $.post(host, args, function(data) {
      if (success)
        resolve(JSON.parse(data));
      else
        reject('failed');
    });
  }));
}

post("some-web-server, { artist: artist_name, album: album_name } ).then(function(data) {
  if (data.id)
    return (post("some-web-server, { id: data.id });
  else
    throw ("nothing found for " + artist_name + " and " + album_name);
}).then(function(data) {
  if (data.url)
    $(body).append('<img src="' + data.url + '"/>');
  else
```

```
    throw (`nothing found for ${data.id}`);
  }).catch(alert);
```

现在，我并不觉得这段代码比末日金字塔版更容易理解，但是你可能不会这么想。列表 12-2 和列表 12-8 中的代码提出了编程的另一个要点：在代码开发和维护之间权衡。在产品生命周期的计划中，可维护性比以某种个人偏好的风格编写代码更为重要。我会在第 15 章中详谈这点。promise 链接允许以 `function().function().function()...` 风格编写代码，这样就不再是末日金字塔风格了。虽然第一种风格使跟踪括号稍微容易一些，但是 JavaScript 与 Ruby 不同，例如 JavaScript 是用第二种风格设计的，而且在同一种语言中使用两种风格可能会增加混淆，从而降低程序员的工作效率。尽管 promise 可能会减少一类编程错误的实例，但不要把它们误认为是解决糟糕代码的良药。

promise 是一种语法糖，可以减少嵌套的数量。如果想更容易的话，可以按照列表 12-5 那样来做。JavaScript 还包括另一种编写"异步"程序的方法，这种方法构建在 promise 的基础上，但反映了同步编码风格：`async` 和 `await`。

列表 12-9 显示了使用 `async` 和 `await` 实现的专辑图像程序。

列表 12-9　使用 async 和 await 实现的艺术家专辑图像程序

```
function
post(host, args)
{
  return (new Promise(function(resolve, reject) {
    $.post(host, args, function(data) {
      if (success)
        resolve(JSON.parse(data));
      else
        reject('failed');
    });
  }));
}

async function
get_album_art()
{
  var data = await post("some-web-server, { artist: artist_name, album: album_name } );

  if (data.id) {
    var data = await post("some-web-server, { id: data.id });

    if (data.url)
      $(body).append('<img src="' + data.url + '"/>');
  }
}
```

对我来说，列表 12-9 看起来比列表 12-8 更简单。当然，单线程 JavaScript 模型已经严重变形（如果没有破坏的话）。异步函数本质上是不可中断的线程。

12.7　本章小结

本章介绍了使用共享资源会导致的一些问题。介绍了竞态条件和死锁，以及进程和线程。还介绍了一些关于 JavaScript 中的并发性和处理并发性的新方法。至此，我们已经介绍完了计算机的基础知识。下一章将继续讨论两个高级主题之一——安全性，它将使用到目前为止已经介绍过的许多技术。

Chapter 13

第13章 安全性

安全是一个高级主题。尤其是密码学部分涉及许多深奥的数学。但安全是一个非常重要的话题。本章不涉及所有繁杂的细节，只是介绍基本情况。虽然了解基础还不足以使你有资格成为安全专家，但它将使你能够询问有关安全实现可行性的问题。而且，你在不成为安全专家的情况下也可以做很多事情使你的代码更加安全。

在大多数情况下，计算机安全与生活中常规的安全问题（如家庭安全）没有太大区别。在许多方面，网络计算机的出现将安全问题从保护小公寓所需的问题转变为保护大城堡所需的问题。你可以想象，一座大城堡有更多需要守卫的入口，而且存在更多可能破坏防御的居民。更大的占地面积，更多的垃圾被堆积起来，让城堡保持清洁变得更加困难，并且难免给虫子（bug）提供更多的藏身之处。

从本质上讲，安全就是根据你对安全的定义来保证你和你的东西安全。安全不仅仅是一个技术问题，也是一个社会问题。你和你的东西，以及你对安全的定义，必须与其他人、他们的东西和他们的定义相平衡。

安全和隐私是交织在一起的，部分原因是安全来自保持信息的隐私性。例如，如果每个人都有你的银行账户密码，你在银行里的财产就不安全了。考虑到我们被迫与之互动的组织中存在许多愚蠢的做法，隐私真的很难维护。比如每次我去看新的医生，他们的办公室都会让我提供所有的个人身份信息。我总是问他们，“你们为什么需要这些个人信息？”他们总是回答“为了保护你的隐私”，对此我总是问，“把我所有的个人信息都给你和其他人了，怎么保护我的隐私？”他们不悦地叹了口气说，“我们只是需要它。”不管他们是否真的需要你的个人信息，他们都不需要给你一个真实的答案。如今，由于普遍存在的数据收集，包括监控摄像头、自动车牌阅读器（ALPR）、含有IMSI捕捉器（StingRay）的手机监控、互联网监控（641A室）、面部识别等，隐私受到极大的影响（下一章将更详细地介绍这一主题)。保护自己的隐私越来越困难这点会对你的安全造成负面影响。

确保隐私安全是很难的。有句老话“一条链条的强度取决于它最薄弱的一环”，完美地诠释了这种情况。想想网上银行，有从计算机硬件、软件、通信网络到人的许多组成部分。如果你把你的密码写在计算机旁边，最好的技术也保护不了你！

13.1 安全和隐私概述

本节提供了有关安全和隐私的非技术性介绍。涉及许多术语的定义，后面的章节将更深入地介绍这些术语。

13.1.1 威胁模型

我们不会在没受到威胁的情况下谈论安全问题。如果每个人都好好地遵守规矩，就不会有安全问题。

安全不会存在于真空中，它是与*威胁模型*相关的，威胁模型列出了需要保护的东西，并列举了对任何需要保护的东西可能存在的攻击，以便设计适当的防御措施。与你从网络电视、安全摄像头、灯泡等“智能设备”的行为中推断的相反，“什么可能出问题?”不是有效的威胁模型。

例如，在撰写本书时，Fender 推出了一款支持蓝牙的吉他音响放大器。但该公司并没有费心实施蓝牙配对协议，蓝牙配对协议确保了吉他和放大器之间无线连接的安全性。这意味着一个狡猾的观众可以通过手机连接舞台放大器，使放大器播放他们想要播放的任何东西，只要他们与舞台放大器的距离在蓝牙范围之内。(这可能会成为一种新的艺术形式，但可能不是 Fender 的本意。)

了解威胁模型很重要，因为没有百分之百的安全。你必须设计适合威胁模型的防御。举个例子，上课的时候，雇武装警卫来保护你的背包，虽然挺安全的但不划算，而且这样做也不会得到校方的认可。对于这种威胁，储物柜是一种更合适的防御手段。

还有一个例子：假设我住在一个偏僻的农场，我可以把我所有昂贵的锁都装在门上，但是如果有人想用电锯或炸药把墙弄开，我还是注意不到他们的行为，因为电锯或炸药发出的声音在乡村中很普遍。虽然我有很多门锁，但在这种情况下，完备的保险才能为我提供安全保障，因为我的财产非常昂贵，无法通过物理方式来保障。

我的许多邻居并不真正理解这一点，他们的做法反而会降低财产的安全性。不幸的是，经常见人们搬到乡下后立即在他们的房子上安装路灯。我问过他们中的许多人为什么要安装这些灯，这个国家的部分居民可以在晚上看到星星，光污染反倒会干扰。答案总是“为了安全”。我试着解释那些灯只是一个大广告牌，它们告诉别人这家有东西值得偷，而且没有人在家。

弄巧成拙的安全措施在计算机世界中也很常见。例如，许多组织选择使用规则来指定密码的组成以及密码更改的频率。结果是人们要么选择容易猜到的密码，要么因为记不住密码只得把它写下来。

但如果不定义威胁模型，就无法实现有效的安全性。必须在威胁和防御之间取得平衡。我们的目标是要拥有便宜而且攻击代价很高的防御。互联网的一个副作用是它大大降低了攻击成本，但没有降低防御成本。

13.1.2 信任

在确定威胁模型时，最难做的一件事就是决定什么是你能信任的。虽然过去社会的信任来自面对面的交流，但人们仍然会被富有魅力的骗子欺骗。在现代社会，决定信任谁和信任什么要困难得多。你能通过双眼认出一个值得信任的 Wi-Fi 接入点吗？不太可能吧。

如果你曾经要求朋友保守秘密，你就知道信任有多重要了。一个朋友有 50/50 的机会会违背你对他的信任。概率学告诉我们，如果你告诉了两个朋友，你的秘密被泄露的概率是 75%。每增加一个朋友，泄露秘密的概率就会增加：三个朋友的概率是 87%，四个朋友是 94%，五个朋友是 97%，以此类推。你可以看到，信任任何你无法控制的东西或人都会降低安全性。情况一开始就很糟糕，然后变得更糟。

和朋友相处时，你可以决定谁值得你信任。在网络化的计算机世界里，做出这种正确选择的能力是非常有限的。例如，如果你是那种很少在接受条件前阅读条款和条件的人，你可能会注意到几乎所有人都会说："你的隐私对我们非常重要。因此，你要保护我们不因侵犯你的隐私而受到伤害。"这话听起来就很不值得信任。但如果你又想使用这项服务，也就别无选择了。

在计算机安全领域，*信任*是指那些你别无选择只能依赖的组件。你的安全取决于这些组件的安全。正如你在前面看到的，你希望将这些组件保持在绝对最低需要，以实现最大的安全性。

当使用计算机时，你依赖于大量的第三方硬件和软件。可你无法访问硬件或软件，只能别无选择地依赖它们，尽管它们没有做任何事来赢得你的信任。即使你可以访问它们，你真的有时间和知识来复习硬件和软件的知识吗？

信任的概念在安全领域一再出现。目前考虑三类违反信任的行为：

- **蓄意** 例子包括索尼 BMG 在客户计算机上安装的 2005 rootkit（绕过保护的软件集合），以及几年前联想笔记本电脑上弹出的广告传递*恶意软件*（malware）。这些不是用户意外安装的程序，而是由计算机供应商安装的。
- **不合格** 例子包括未加密的无线胎压传感器，它使你的汽车有可能成为攻击目标，新版美国护照中的未加密 RFID 标签可以很容易地检测出携带者身份，或者正在讨论的拟议车辆对车辆通信标准将使车辆成为不良信息的目标。攻击者已经找到了一种无须知道管理员密码就可以访问和更改大量 Wi-Fi 路由器中的设置的方法。在极其危险的类别中，西门子在其一些工业控制系统中加入了一个硬编码密码，这意味着任何拥有该密码的人都可以访问被认为安全的设备。在思科的一些产品中也发现了一个硬编码密码。迄今为止，最大的 DDoS 攻击（稍后讨论）是杭州雄迈公司的物联网设备的默认密码。这些可悲的事件都让人回想起与“模糊安全”思维模式相结合的“什么可能出问题?”威胁模型（稍后将详细介绍）。

- **不真诚** 就是人们直截了当地撒谎。我将在 13.1.7 节中更多地讨论这个问题。一个很好的例子是，美国国家标准与技术研究所（NIST）在美国国家安全局（NSA）“专家”的协助下制定加密标准。事实证明，NSA 的专家故意削弱了标准，而不是加强了标准。这让他们更容易暗中监视，同时也让别人更容易破解你的银行账户。违反信任的案例是如此普遍，以至于*盗用*（kleptography）一词被创造出来用于描述对手秘密而安全地窃取信息这类侵犯。

短语 security by obscurity（隐匿的安全）是用来分类声称事物是安全的，因为秘密武器就是秘密。事实一再证明不是这样。事实上，更好的安全性来自*透明性*（transparency）和*开放性*（openness）。当尽可能多的人了解所使用的安全方法时，就会促进对缺陷的讨论和发现。历史告诉我们，没有人是完美的，也没有人会想到一切。在计算机程序设计中，我们有时称之为“*千里眼原理*”。行业统计数据表明，Windows 的严重漏洞是 Linux 的 100 倍。

这不是一件容易的事。即使是聪明人来寻找漏洞，有时也需要几年甚至几十年才能发现安全问题。例如，最近的“幽灵”和“崩溃”的攻击源于 20 世纪 60 年代所做的 CPU 架构设计决策。

13.1.3 物理安全

来想一想学校储物柜，你把你的东西放进去是为了不让别人看见你那些值钱的东西。储物柜是由相当重的钢制成的，被设计成很难撬开的结构。安全人员会称储物柜门为*攻击面*，因为当有人试图打开你的储物柜时可能会攻击储物柜门。这是一个相当好的盗窃威胁响应，因为任何人都不能在不发出噪音的情况下打破它。当你把东西放在储物柜时，如果有很多人在附近，他们可能会注意到。虽然有人可能会在下班后强行打开你的储物柜，但有价值的东西在下班后依然放在储物柜里的可能性不大。

门上的组合锁只有在密码正确的情况下才能被打开。当学校给你密码的时候，学校*授权*你打开那个特定的储物柜。锁是另一个攻击面。这把锁的设计是这样的：打破拨片并不会使它打开，这样在储物柜关闭的情况下很难进入锁的内部。当然，现在出现了一些新问题。你需要保存密码。可以把它写在某张纸上，但没准别人会找到它。你必须确保别人没有通过观察你打开储物柜知道了你的密码。而且，正如你从电影中所知道的，安全钳可以打开组合锁，让学校花钱买真正好的锁是不现实的。*自动拨号器*这种设备可以附加到组合锁上，尝试所有可能的组合。它们曾经是专用设备，但人们已经用小型廉价的微型计算机（如 Arduino）和廉价的步进电机相结合来制造替代设备。但就像门一样，如果有足够多的人在大厅里闲逛，有人闯入就很容易被发现了。它需要一个天才的安全破解器或者一个糟糕的锁设计（因为存在很多“看起来很坚固”的锁）。请注意，有一个流行品牌的组合锁，不到一分钟内就可以被人打开。

第三个攻击面可能没被你注意到。锁中间有个锁孔。这是安全人员所说的*后门*，尽管在这种情况下，锁孔是在前门上。这是另一种不受你控制的进入储物柜的方法。为什么在那里？显然，学校知道你储物柜的密码，否则，他们怎么能把密码给你？这个后门是为了方便他们，这样他们可以迅速打开每个人的储物柜。但是这样会降低每个人的安全感。带锁孔的锁很容易在几秒内被打开。因为一把钥匙可以打开每个人的储物柜，所以如果有人拿到备用钥匙，所有人的储物柜都很容易受到攻击。

当学校给你储物柜密码时，他们授予你一种*权限*，即打开储物柜的权力。有钥匙的人有更高的*权限级别*，因为他们有权打开所有的储物柜，而不仅仅是一个储物柜。获取密钥的复制版将提高你的权限级别。许多初学的工程师，包括本文作者，发现了“锁匠”，并找到了在年轻人中成为“特权者”的方法。

13.1.4 通信安全

既然我们已经学习了一些关于保护东西安全的知识，让我们来解决一个更难的问题。你怎么把你的东西转给别人？让我们从一个简单的案例开始。你有一个关于猎户座的家庭作业该交了，但是你必须去看医生。你在大厅里看到你的朋友 Edgar，你想让他帮你交作业。这听起来很简单。

这个过程的第一步是*身份验证*。你觉得你的作业要交给的那个人是 Edgar，但在匆忙中，你可能忘了 Edgar 有一个痞痞坏坏的孪生兄弟。或者“ Edgar”可能只是穿着 Edgar 的衣服，比如 Edgar 的西装。你真的不想意外地验证出某个有缺陷的东西（参见 1997 年的电影 *Men in Black*）！

Edgar 模仿者并不是唯一的攻击面。一旦你的家庭作业交出去，就世事难料了；你相信 Edgar 会为你的最大利益而行动。但 Edgar 可能交作业那天犯了困，忘了把它交上来。痞坏的 Edgar 兄弟可能涂改你的家庭作业，这样一些答案就错了，或者更糟的是，他会让你看起来像是抄袭了别人的作业。无法证明*真实性*——Edgar 把你交给他的作业上交了。如果你事先计划好了，你本可以把作业放进一个用蜡封封好的信封里。不过，即使是蜡封也可以不留痕迹地打开和重新密封。

当没有一个经过验证的、*值得信赖*的快递员送你的作业时，这个问题就变得更加困难了。也许你意外地缺了一次课，你的老师说你可以邮寄作业给他。许多不认识的人可能会处理你的信，使它容易受到*中间人攻击*，也就是攻击者介入双方之间并截获和或修改他们的通信。你不知道谁在处理你的邮件，而且，不像交给 Edgar，你甚至没有机会进行身份验证。

解决这些问题的方法是*加密*技术。你可以使用一个只有你和接收者知道的秘密代码来加密通信，这个秘密代码可以用来解密它。当然，就像你的组合锁一样，密码必须保密。代码可能会被破坏，而你无法知道是否有人知道或破坏了你的代码。一个设计得当的密码系统会减少双方之间信任组件的需要，因为无法读取的通信被泄露的风险不大。

当用户发现代码被破坏时，代码就会被更改。第二次世界大战中密码破译的一个有趣的方面是各种各样的诡计，用以伪装因密码被破坏而采取的行动。例如，派遣一架飞机“意外”发现舰队的动向，使得舰队受到攻击，其中隐藏了一个事实，即破译代码是如何确定舰队位置的。Neal Stephenson 的小说 *Cryptonomicon* 就是一本关于这种信息安全的非常有趣的读物。

13.1.5　现代社会

“联网计算机”时代将物理安全问题和通信安全问题结合在一起。迷幻牛仔、诗人、词人和未来主义者 John Perry Barlow（1947—2018）在 1990 年的一次 SIGGRAPH 专题讨论会上说过“网络空间就是你的金钱所在地”。不仅仅是你的钱。人们过去常常购买唱片或 CD 上的音乐和录像带或 DVD 上的电影。现在，这种视听娱乐的载体大多是手机和计算机。当然，银行业务也已经向线上转移。

如果这些东西只是储存在各种计算机上，那是一回事。但是你的计算机，包括你的手机，都与全球互联网相连。这是一个巨大的攻击面，你必须假设信任至少会在一个地方遭到破坏。攻击者基本上是隐形的。

在古代，如果有人想惹恼你，可以敲响你的门然后逃跑。如果你在正确的时间和正确的地点看到这些人，你很有可能抓住他们。一个人一天可以抓住他们的次数是有限的。在互联网上，即使你看到了恼人的攻击者，也无能为力。攻击者几乎不再是人了，一般都是程序。因为它们是程序，所以它们可以试图以每秒数千次的速度侵入你的机器。那是完全不同的游戏。

攻击者不需要侵入机器就能造成问题。如果门铃铃声持续得足够久，它们就会把其他人挡在门外。这称为*拒绝服务*（DoS）攻击，因为这个攻击把合法的人拒在门外。如果你在经营一家商店，这种攻击可能会让你破产。如今，这种性质的攻击大多是*分布式拒绝服务*（DDoS），大量的“敲门者”协调他们的行动。

攻击者经常使用*代理*，是使跟踪攻击者失效的一个主要原因。攻击者如果从自己的计算机上发动数百万次攻击，会留下一条很容易追踪的线索。相反，攻击者侵入几台计算机，安装他们的软件（通常称为恶意软件），让这些计算机为他们做肮脏的工作。其中通常包含数百万台以多级树形式分布的受损计算机。*命令和控制消息*很难被捕捉到，这些消息会告诉其他受损计算机该怎么做。而且，攻击结果不必返回给攻击者，它们可以以加密的形式发布在一些公共网站上，攻击者可以在那里方便地获取它们。

这一切怎么可能呢？主要是因为世界上很多计算机运行的是微软的软件，微软为有缺陷和不安全的软件设定了标准。在 1995 年 10 月 *Focus* 杂志的一次采访中，比尔·盖茨说：

“我的意思是我们不会用新版本来修复 bug。我们不打算出新版本，没有足够的人会为新版本买单。”微软最近在不安全软件领域做了一些改进，微软在不安全软件领域的市场主导地位也正在被物联网设备取代，许多物联网设备的处理能力比不久前的台式计算机还要强大。

存在两大类窃取隐私攻击。第一类，破坏一个加密系统，这在一个设计良好的系统中是相当罕见和困难的。更常见的是“社交”攻击，用户被诱骗在系统上安装软件。如果你安装的一些恶意代码正在监视你输入密码，那么最好的加密技术也无法保护你的密码不被知道。一些常见的社交攻击机制代表了所谓的聪明人所做过的一些最愚蠢的事情——例如，运行通过电子邮件发送的任意程序，或者运行包含在你在地面上找到的任何 USB 驱动器中的任意程序，或者将你的手机插入任意的 USB 端口。可能出什么问题？这些可避免的机制正在被通过 Web 浏览器的攻击所取代。还记得第 9 章中介绍的这些内容是多么复杂吗？

2009 年的网上银行漏洞就是一个非常聪明和危险的攻击例子。当一些人登录他们自己的银行账户时，黑客会从他们的账户中转出一部分钱，然后会重写从银行返回的网页，这样账户所有者就不会发现转账。这使得偷窃成为一件难以被注意到的事情，除非你收到了短信通知。

另一个现代问题是，搞乱位可能会产生物理影响。以进步或方便的名义，各种重要的基础设施现在都连接到了互联网上。黑客让发电厂发生故障，或者在冬天关掉你家的暖气让管道结冰都成了可能。而且，随着机器人和物联网技术的兴起，黑客可能会对你的吸尘器进行编程，让它恐吓你的猫，或者在你不在的时候触发防盗警报。

现代技术使判断某物是否真品的能力变得非常复杂。创造出逼真的*深度伪造*照片、音频和视频是非常简单的。有一种理论认为，目前的许多机器人只是采集语音样本，以便可以在其他地方使用这些样本。语音搜索数据要多久才能转换成类似电话中你朋友的声音？

13.1.6 元数据和监控

元数据和监控是现代技术带来的另一个巨大变化。即使密码学可以对通信内容保密，但通过观察通信模式，也可以学到很多东西。正如已故 Yogi Berra 所说，“你仅通过看就可以观察到很多东西。”例如，即使不打开信，有的人也可以通过检查你正在给谁写信以及谁正在给你写信来收集很多信息，更不用说信封的大小和重量以及它们被寄出的频率。在美国，检查收信人和寄信人的信息是不可避免的，因为邮局会对每一封邮件进行拍照。

信封外部的信息称为*元数据*。它是关于数据的数据，而不是数据本身。有人可以利用这些信息推断出你的朋友网络。如果你生活在现代西方社会，这听起来可能没那么糟糕。但是想象一下，如果你和你的朋友生活在一个压抑的社会，你的这些信息会危及你的朋友。

当然，几乎没有人需要通过跟踪邮件来做这些事情。他们可以看看你的社交媒体朋友。这样工作就更容易了，而且不再需要大量的人力。当你离开家的时候，没有人会跟着你，因为你的在线活动可以被远程跟踪，你在现实世界中的行动可以通过越来越多的间谍摄像机来追踪。如果你随身携带手机，就会一直被跟踪，因为用来使手机系统发挥作用的信息也是元数据。

13.1.7 社会背景

在不涉及政治的情况下很难谈论安全问题。这是因为安全问题确实包含两个方面。一个是构建鲁棒安全性的技术。另一种是权衡个人安全与整个社会的安全。这就是问题变得复杂的地方，因为在没有社会目标的情况下很难讨论技术措施。

安全问题不仅是一个社会问题，而且由于不同的法律和规范，每个国家的安全问题也不同。在这样一个通讯容易跨越国界并受到不同规则监管的时代，这一点尤其复杂。这里并没有任何政治争论的意图，只是你不能仅仅从技术角度来讨论安全问题。本章的政治部分主要是从美国人的角度来写的。

认为"国家安全"庄严载入美国宪法是一种常见的误解。这是可以理解的，因为当政府官员提出"国家安全"和"国家机密"的担忧时，法院通常会驳回有关宪法权利的案件。美国宪法第四条修正案对国家安全有明确表述，"人民在其人身、房屋、文件和财物中不受无理搜查和扣押的权利不应受到侵犯。"不幸的是，宪法没有对不合理给出定义，可能是因为当时理智的人理解它。请注意，这项修正案赋予人民安全，而不是整个"民治、民享"的国家。

问题的核心是，政府保护人民的责任是否比这些人的权利更强大。

大多数人在知道有人保护自己安全的情况下都会放松下来。我们可以把它看作一种社会契约。不幸的是，这种社会契约已经被违反信任的行为破坏了。

有一种偏见，完全没有事实根据，即执政者比其他人"更好"或"更诚实"。执政者充其量像外面随处可见的人，有的是好人，有的是坏人。执法人员犯罪的证据已经够多了。一个使这种情况加重的原因是保密性。缺乏监督和问责的职位往往会坏人聚集，这就是为什么透明和开放的理念是良好信任模型的基础。例如，作为 20 世纪 60 年代精神控制实验的一部分，美国中情局非法给一些男子服用 LSD 并观察他们的反应。这个被称为 MKUltra 的项目没有受到任何监督，导致至少一名不知情的受试者死亡。" MKUltra"被关停后，特工 George White 说："除了这里，还有什么地方能让一个热血沸腾的美国男孩在上帝的准许和祝福下撒谎、杀人、欺骗、偷窃、强奸和抢劫呢？"在 J. Edgar Hoover 领导下的联邦调查局（FBI），有过相当多的滥用政治职权的历史——不仅是出于政治目的进行间谍活动，还积极破坏感知到的敌方活动。

最近曝光了越来越多的滥用信任行为，考虑到保密和缺乏监督，被曝出的可能只是实际上滥用信任事件的一小部分。与本章最相关的是爱德华·斯诺登（Edward Snowden）曾揭露的非法政府监视。

没有监督，很难判断政府的保密到底是在掩盖非法活动，还是仅仅是无能。早在 1998 年，美国政府就鼓励使用一种称为数据加密标准（DES）的加密方案。电子前沿基金会（Electronic Frontier Foundation, EFF）花了大约 25 万美元（远低于美国国家安全局的预算）

建造了一台名为“深裂”的机器，破译了 DES 代码。他们这样做的部分原因是为了指出要么机构专家不称职，要么这些专家在算法的安全性上撒了谎。EFF 试图揭露为方便美国间谍而犯下的违反信任的行为。EFF 在某种程度上起了作用，虽然并没有改变那些机构专家的行为，但它确实促进了取代 DES 的高级加密标准的发展。

违反信任有国际影响。人们不愿购买会使安全性受损的产品。外包这一商业模式也带来了威胁。你的国家可能有法律保护你的信息，但其他地方的人可能有权访问这些数据。曾经有过出售外包数据的案例。最近有迹象表明，外界获取的个人数据已被用于干预政治进程，这可能意味着“威斯特伐利亚主权”的终结。

违反信任也会影响自由。当人们在线上开会或交流时会害怕被跟踪，或进行自我审查时，就会产生“寒蝉效应”。有大量的历史证据表明，寒蝉效应会对政治运动产生影响。

现在的手机有几种不同的解锁方式：密码或图案、指纹读取器、面部识别。应该用哪个？至少在美国，我建议使用密码或图案，尽管它们稍微有点不方便。这有三个原因。第一，一些法院解释第五修正案中“任何人……在任何刑事案件中，都会被强迫做一个对自己不利的证人”意味着你不能被命令提供你脑海中的“证词”信息。换句话说，你不能被迫泄露密码、图案等。但有些法院裁定，你可以被迫提供你的指纹或脸。第二，存在信任问题。即使你不介意按要求解锁你的手机，你怎么知道你的手机在用你的指纹或面部数据做什么呢？它到底是仅仅解锁你的手机，还是上传到数据库，以备将来不为人知的用途？当你走在能认出你脸的商店前时，你会不会开始收到有针对性的广告？第三，塑料指纹和假视网膜，这些是在科幻电影中出现过的，已经在现实生活中被证实：生物特征数据比密码更容易伪造。

13.1.8 身份验证与授权

我已经提到了身份验证和授权。*身份验证*是证明某人或某物是它所声称的那样。*授权*是限制对某些东西的访问，除非提供了适当的“凭证”。

授权可以说是两者中比较容易实现的一种功能；它需要正确设计和实现的硬件与软件。身份验证要复杂得多。一个软件怎么能分辨出是你输入了密码还是别人输入的？

双因素身份验证（2FA）现在可用于许多系统。一个*因素*是一个独立的核查手段。这些因素包括你特有的东西（比如指纹）、你拥有的东西（比如手机），以及你知道的东西（比如密码或个人识别码）。因此，双因素身份验证使用其中两个因素。例如，使用带有 PIN 码的银行卡或输入一个手机验证码提供一次性代码验证服务。其中一些系统比其他系统工作得更好。显然，向其他人可以访问的手机发送消息是不安全的。部分手机基础设施使得依赖 2FA 很危险。攻击者可以使用你的电子邮件地址和其他容易获得的信息将你的电话号码移植到他们控制的手机 SIM 卡上。这不仅让他们可以访问你的数据，而且还让你不能访问你的账户。

13.2　密码学

正如我前面提到的，密码学允许发送者对通信进行加密，以便只有指定的接收者才能解密它。当你从银行账户取钱时，这一点就非常重要了，你不希望别人也能这么做。

然而，加密技术不仅仅对隐私和安全很重要。加密签名允许人们证明数据的真实性。过去，如果对信息来源有疑问，可以查阅实物原件。文档、音频、视频等通常不存在这些实物原件，因为这些都是在计算机上创建的，从未被简化为物理形式。加密技术可以用来防止和检测伪造。

不过，光靠加密技术并不能把你的城堡变成一座强大的堡垒。密码只是安全系统的一部分，所有部分都很重要。

13.2.1　隐写术

把一件事藏在另一件事里的技术叫作*隐写术*。隐写术是交流秘密的好方法，因为发送者和接收者之间没有可追踪的联系。隐写术以前是通过报纸分类广告来实现的，但现在通过网络实现更便捷，因为几乎有无限多的位置可以发布信息。

隐写术在技术上不是密码学，但它对我们的目的来说已经足够了。请看图 13-1。左边是鸭子先生和托尼猫的照片。中间是同一张照片，里面有一条隐藏的秘密信息。你能这将这两张照片区分开吗？右边是秘密信息。

救命啊！外星人入侵 Mister Duck 了，外星人在汤姆猫睡着的时候吃掉它的脑子啦！

图 13-1　藏在图片中的秘密信息

图 13-1 是如何实现的？图 13-1 左侧是 8 位灰度图。将图像中每个像素上的最低有效位替换为右侧秘密信息对应的最低有效位，得到中心图像。恢复隐藏信息，就从中心图像中分离出最重要的 7 个位。

使用秘密信息不是隐藏消息的最佳方法。如果隐藏信息是以 ASCII 字符代码而不是以字符图像给出的，那么隐藏信息就会更加不明显。而且如果秘密信息是分散在图像中或者是加密的，就更不可能被发现了。最近哥伦比亚大学的研究人员 Chang Xiao、Cheng Zhang 和 Changxi Zheng 发表了另一种隐藏消息的方法，通过稍微改变文本字符的形状来编码信息。这并不是一个新颖的想法，美国第一位女密码分析员 Elizebeth Smith Friedman（1892—1980）早就用了类似的技术在她丈夫墓碑上隐藏了一条秘密信息。

隐写术被广告商用来跟踪你访问过的网页，因为当你阻止广告弹出时，他们不会得到

“不看就意味着不看”。许多网站都包含一个单像素图像，隐藏在与标识 URL 连接的网页中。这些并不总是无害的，这种跟踪软件在 2016 年土耳其被滥用，指控数千人的叛国罪。

这种技术不仅限于图像领域。甚至博客文章或网页中的空行数也可以编码秘密信息。信息可以分散在视频中的帧之间，或者以与前一个像素示例类似的方式隐藏在数字音频中。数字音频一个很疯狂的例子是*狗哨营销*，在这种营销中，网页和广告播放的是高于人类听觉范围的超声波。这些声音可以被你手机上的麦克风接收，广告商在你的各种设备之间建立联系，确定你看了什么广告。

隐写术还有其他用途。例如，制片厂可能会在未发行的电影中嵌入唯一的识别标记，然后发送给审查人员。如果这部电影被泄露，他们就可以追查出处。这种用法类似于纸张上的水印。

几乎每台计算机打印机都使用隐写术。EFF 收到了一份回应美国《信息自由法》要求的文件，该文件表明政府和制造商之间存在一项秘密协议，以确保所有印刷文件都是可追踪的。例如，彩色打印机会在每一页上添加一些黄色的小点来编码打印机的序列号。EFF 分发了特殊的 LED 手电筒，可以用来找到这些黄色的小点。以上的行为可能被认为是对隐私的侵犯。

13.2.2 替代密码

如果你有一个秘密解码器环，它可能实现了*替代密码*。秘密解码环的思想非常简单：构建一个将每个字符映射到另一个字符的表，如图 13-2 所示。通过将每个原始字符替换为表中的对应字符来加密消息，并通过相反的操作进行解密。原始消息称为*明文*，加密版本称为*密文*。

a	b	c	d	e	f	g	h	i	j	k	l	m	n	o	p	q	r	s	t	u	v	w	x	y	z
q	s	a	o	z	w	e	n	y	d	p	f	c	x	k	g	u	t	m	v	l	b	r	h	j	i

图 13-2 替代密码

这些密码将 c 映射到 a，r 映射到 t，y 映射到 j，以此类推，因此单词 cryptography 将被加密为 atjgvketqgnj。反向映射（a 到 c，t 到 r，等等）解密密文。这些密码被称为*对称码*，因为使用同一个密码用于对消息进行编码和解码。

为什么使用对称码不是个好主意？因为利用统计学的知识就很容易破解替代密码。人们分析了字母在语言中的使用频率。例如，在英语中，最常见的五个字母是 e、t、a、o、n。破解一个替代密码需要找到密文中最常见的字母，并且猜测这个字母为 e。一旦猜对了几个字母，就很容易破译出一些单词。让我们以列表 13-1 中的明文段落为例，我们将使其全部小写，并删除标点符号以保持简洁。

列表 13-1 明文示例

```
theyre going to open the gate at azone at any moment
amazing deep untracked powder meet me at the top of the lift
```

下面是使用图 13-2 的密码表加密后的密文：

```
vnzjtz ekyxe vk kgzx vnz eqvz qv qikxz qv qxj ckczxv
qcqiyxe ozzg lxvtqapzo gkrozt czzv cz qv vnz vkg kw vnz fywv
```

列表 13-2 显示了经过加密后的段落中字母的分布情况。列表 13-2 按字母频率排序，最常出现的字母在最上面。

列表 13-2 词频分析

```
zzzzzzzzzzzzzzzz
vvvvvvvvvvvvvv
qqqqqqqqq
kkkkkkkk
xxxxxxx
ccccc
eeee
gggg
nnnn
ooo
ttt
yyy
ii
jj
ww
a
f
l
p
r
```

密码破译者可以利用如上分析猜测出密文中的字母 z 对应于明文中的字母 e，因为密文中的字母 z 比任何其他字母出现频率都多。继续沿着这个思路，我们还可以猜测 v 代表 t，q 代表 a，k 代表 o，x 代表 n。让我们用大写字母来替换猜测出的字母，这样就可以把它们分开了。

```
TnEjtE eOyNe TO OgEN TnE eATE AT AiONE AT ANj cOcENT
AcAiyNe oEEg lNTtAapEo gOroEt cEET cE AT TnE TOg Ow TnE fywT
```

我们可以根据英语常识做一些简单的猜测。很少有三个字母的单词以 t 开头以 e 结尾，the 是符合这个条件的单词里最常见的，所以让我们猜测 n 代表 h。Linux 系统很容易查找出这样条件的单词，因为 linux 有一个单词字典和一个模式匹配工具；grep'^t.e$'/usr/share/dict/words 查找所有以 t 开头、以 e 结尾的三个字母的单词。而且，cEET cE 中的 c 只有一个能使语法正确的选择，即 m。

```
THEjtE eOyNe TO OgEN THE eATE AT AiONE AT ANj MOMENT
AMAiyNe oEEg lNTtAapEo gOroEt  MEET ME AT THE TOg Ow THE fywT
```

只有四个单词与 o □ en 相匹配：omen、open、oven 和 oxen；只有 open 在上下

文中有意义，所以 g 必须是 p。同样，使 open □ ate 唯一有意义的单词是 gate，所以 e 必须是 g。以 o 开头的两字母的单词只有 of 一个，所以 w 必须是 f。j 必须是 y，因为 and 和 ant 放到文中无意义，any 才有意义。

```
THEYtE GOyNG TO OPEN THE GATE AT AiONE AT ANY MOMENT
AMAiyNG oEEP lNTtAapEo POroEt MEET ME AT THE TOP OF THE fyFT
```

我们不需要解码全部信息，统计学和语言知识就可以帮我们轻松解码。到目前为止，我们只使用了简单的方法。我们也可以使用普通字母对的知识，如 th、er、on 和 an，称为有向图。有针对 ss 这种最常见的双字母的统计学方法，还有很多技巧。

如你所见，简单的替代密码很有趣，但它并不十分安全。

13.2.3 换位密码

另一种加密的方法是对字符的位置进行编码。据说希腊人使用过一种古老的换位密码系统是 scytale。换位密码系统听起来高大上，但其实它只利用了一根缠着丝带的木棍。信息沿着木棍写在缠绕在木棍的丝带上。额外增加的虚拟消息另起一行写在丝带上。于是这根木棍包含了一组随机出现的字符。解码信息需要收件人将丝带缠绕在一根直径与编码棍相同的棍子上。

我们可以通过在一个特定大小的网格中写一条消息来轻松生成一个换位密码，网格的大小就是密码。例如，让我们把列表 13-1 中的明文去掉空格写在 11 列的网格上，如图 13-3 所示。我们将用斜体字填充在下面的空白处。为了生成底部显示的密文，我们向下读取列而不是跨行读取。

t	h	e	y	r	e	g	o	i	n	g
t	o	o	p	e	n	t	h	e	g	a
t	e	a	t	a	z	o	n	e	a	t
a	n	y	m	o	m	e	n	t	a	m
a	z	i	n	g	d	e	e	p	u	n
t	r	a	c	k	e	d	p	o	w	d
e	r	m	e	e	t	m	e	a	t	t
h	e	t	o	p	o	f	t	h	e	l
i	f	t	a	s	d	f	g	h	i	j
tttaatehihoenzrrefeoayiamttyptmnceoareaogkepsenzmdetodgtoeedmffohnnepetgieetpoahhngaauwteigatmndtlj										

图 13-3 换位密码格

换位密码中的字母出现的频率与明文中字母出现的频率相同，但这点在这里并没有多大帮助，因为单词中字母的顺序也是乱序的。然而，像这样的密码仍然很容易被破译，特别是现在计算机可以尝试不同的网格大小。

13.2.4　更复杂的密码

有无数种更复杂的密码，它们是替代密码、换位密码或两者的组合。常见的做法是将字母转换成数字值，然后在对数字执行一些数学运算后将数字转换回字母。添加了一些代码包括额外的数字表，以使字母频率分析失去效果。

在第二次世界大战期间与破译密码有关的历史令人着迷。当时破译密码的方法之一是监听无线电传送的信息。这些截获的情报在被详尽地统计分析后，最终被破译。人类识别模式的能力是能否破译密码的一个关键因素，一些巧妙的诡计也是一个关键因素。

从已知事件的信息中也能找到线索。美国在中途岛海战中取得了重大胜利，因为他们知道日本人将要发动进攻，只是不知道日本人将对哪里进攻。美国人破译了密码，但日本人使用代号 AF 作为进攻目标。美国人安排了从中途岛发出一条信息，他们知道会被日本人拦截，信息说岛上缺乏淡水。很快，日本人用他们的密码重新发送了这条信息，于是美方确认了 AF 代表中途岛。

密码的复杂性受限于人类速度。虽然在美国有一些穿孔卡片制表机来帮助破译代码，但这是在计算机时代之前的情况。那时代码必须是简单的，以便消息能很快被编码和解码。

13.2.5　一次一密

最安全的加密方法被称为一次一密，可以追溯到美国密码学家 Frank Miller（1842—1925）在 1882 年的研究成果。一次一密是一组唯一的替代密码，每个密码只使用一次。一次一密这个名字来源于密码印在纸上的方式，一旦上面的密码用完就可以被移除。

假设我们想对之前的消息进行编码。我们从笔记本上获取一个类似于列表 13-3 的页面。

列表 13-3　一次一密

```
FGDDXEFEZOUZGBQJTKVAZGNYYYSMWGRBKRATDSMKMKAHBFGRYHUPNAFJQDOJ
IPTVWQWZKHJLDUWITRQGJYGMZNVIFDHOLAFEREOZKBYAMCXCVNOUROWPBFNA
```

它的工作原理是将原始消息中的每个字母转换为 1 到 26 之间的一个数字，就像一次一密中每个对应的字母一样。这些值是用 26 进制算术相加的。例如，消息中的第一个字母是 T，它的值为 20。它与一次一密中的第一个字母配对，即与 F 配对，值为 6。T 和 F 加在一起，值为 26，因此编码字母为 Z。同样，第二个字母 H 的值为 8，与 G 配对，G 的值为 7，因此编码字母为 O。消息中的第四个字母为 Y，值为 24，与值为 4 的 D 配对，结果为 28。然后，减去 26，余 2，得到编码字母 B。解密使用的是减法而不是加法。

一次一密是完全安全的，只要使用得当，但存在几个问题。首先，通信双方必须有相同的 pad。其次，双方的 pad 必须是同步的，它们都需要使用相同的密码。如果有人忘记撕下一页或不小心撕下不止一页，通信就变得不可能了。最后，pad 的长度必须至少与信息一样长，以防出现任何重复。

一次一密的一个有趣的应用是二战时期 SIGSALY 语音加密系统，该系统于 1943 年投入使用。它使用存储在留声机记录上的一次一密来紧急处理和解密音频。这些都不是便携式设备，每个都有 50 多吨重！

13.2.6 密钥交换问题

对称加密系统存在一个问题，通信的两端都需要使用相同的密钥。你可以把一个一次一密寄给某人，或者通过一个值得信赖的通讯员，但你不知道它是否在途中被截获并被复制了一份。如果丢了或损坏了，密码也会失去作用。就像把房子的钥匙寄给朋友一样，无法知道是否有人在这一过程中又配了一把钥匙。换句话说，密码很容易受到中间人的攻击。

13.2.7 公钥密码

*公钥密码*解决了我们迄今为止讨论过的许多问题。它使用一对*相关的*密钥。它就像一座前门有邮筒的房子。第一个密钥称为*公钥*，可以给任何人，任何人都可以使用公钥将邮件放入邮筒中。但是只有你能用第二把钥匙或称为*私钥*的钥匙打开前门，读到那封信。

公钥密码体制是一种编码和解码密钥不同的*非对称*系统。公钥密码体制解决了密钥交换问题，因为人们是否拥有公钥并不重要了，它不能用于解码消息。

公钥密码依赖于*陷门函数*，这种数学函数在一个方向上很容易计算，但在另一个方向上如果没有一些秘密信息的话就不容易计算。这个词源于这样一个事实：从活板门上摔下来很容易，不过在没有梯子的情况下爬出来是很困难的。以下是一个非常简单的例子，假设我们有一个函数 $y=x^2$。用 x 计算 y 相当容易，但是通过 $x=\sqrt{y}$ 用 y 计算 x 就比较困难了。并不是非常难，因为这是一个简单的例子，但你可能已经发现乘法比求平方根容易。这个函数在数学上没有计算的捷径，但是你可以考虑使用计算器，因为这使得求解 x 和求解 y 一样容易。

公钥密码的思想是将公钥和私钥通过某种复杂的数学函数联系起来，以公钥为陷门，私钥为梯子，使得消息易于加密，但又难以解密。从较高层次看，这是使得密钥成为一个真正大的随机数的因子。

非对称加密在计算上很昂贵。因此，它通常只用于秘密地生成用于实际消息内容的对称*会话*密钥。一种常见的方法是使用 Diffie-Hellman 密钥交换，它以美国密码学家 Whitfield Diffie 和 Martin Hellman 的名字命名。

Diffie 和 Hellman 在 1976 年发表了一篇关于公钥密码的论文。但直到 1977 年，非对称加密才实现，尽管陷门函数的概念相对简单，但真正发明出一个这样的函数却非常困难。

1977 年，密码学家 Ronald Rivest 在 Manischewitz 的一次豪饮之后解开了这个谜，这点倒是证明了数学能力与味蕾无关。Rivest 与以色列密码学家 Adi Shamir 和美国科学家 Leonard Adleman 一起发明了 RSA 算法，其名称来源于每位发明人姓氏的第一个字母。不幸的是，在爱德华·斯诺登揭露的违反信任行为中，RSA Security 公司从美国国家安全局那里攫取利益，在默认的随机数生成器中安装了一个盗贼后门。这使得国家安全局和任何知道它的人更容易破解 RSA 编码的信息。

13.2.8　前向加密

在实际通信中使用对称密码会话密钥存在一个问题，如果该密钥被发现，就可以读取所有信息。许多国家的政府都有记录和储存来往通信的技术能力。例如，如果你是一个人权活动家，那么你的安全取决于你的通信安全，你不想冒着密钥匙被发现和你所有的密码被解码的风险。

避免发生所有信息都被读取的情况的方法是使用*前向加密*，这种方法为每个信息创建一个新的会话密钥。这样，就算密钥被发现了，也只能解码出单个消息。

13.2.9　加密哈希函数

我们在第 7 章中讨论了哈希函数，一种用于快速搜索的技术。哈希函数也应用于密码学中，但只有具有某些属性的函数才适合运用到密码学中。与常规哈希函数一样，加密哈希函数将任意输入映射为固定的数字。用于搜索的哈希函数将其输入映射到比其密码同族小得多的输出范围，因为前者用作内存位置，后者仅用作数字。

加密哈希函数的一个关键特性是它为*单向函数*。这意味着尽管从输入生成哈希很容易，但是从哈希生成输入是不实际的。

另一个关键的特性是，对输入数据的微小更改会生成不相关的哈希值。回到第 7 章，我们使用了一个对某个素数模的字符值求和的哈希函数。使用这样的函数，字符串 `b` 的哈希值将比字符串 `a` 的哈希值大 1。加密的目的很容易被预测到。表 13-1 显示了三个字符串（只有一个字母不同）的 SHA-1（安全哈希算法 #1）哈希。如你所见，输入和哈希值之间没有明显的关系。

表 13-1　腌制牛肉哈希码

输入	SHA-1 哈希值
Corned Beef	005f5a5954e7eadabbbf3189ccc65af6b8035320
Corned Beeg	527a7b63eb7b92f0ecf91a770aa12b1a88557ab8
Corned Beeh	34bc20e4c7b9ca8c3069b4e23e5086fba9118e6c

加密哈希函数一定很难被欺骗，给定一个哈希值，应该很难得到生成它的输入。换言之，很难产生碰撞。使用第 7 章中的哈希算法（质数为 13），我们可以得到一个值为 4 的哈

希值，作为`Corned Beef`的输入。但是对于`Tofu Jerky Tastes Weird`的输入我们也会得到相同的哈希值。

长期以来，MD5 哈希函数是应用最广泛的算法。但是在 20 世纪 90 年代末，人们发现了一种产生*碰撞*的方法，你可以在 7.19 节中看到这一点。不幸的是，该算法的 SHA-0 和 SHA-1 变体是由 NSA 开发的，这使人们觉得它们不可信。

13.2.10 数字签名

密码学可以通过*数字签名*来验证数据的真实性，它提供了完整性、不可否认性和身份验证。

*完整性*验证意味着我们可以确定消息是否被更改过。例如，成绩单是列有班级和成绩的纸质卡片，孩子们需要把成绩单交给父母。我记得四年级时一个成绩不好的同学给成绩单上 F 的右边加了竖线，变成了 A。他的父母没办法判断成绩信息是否被篡改了。

完整性验证是通过附加数据的加密哈希来完成的。但是，当然，任何人都可以将哈希值附加到消息中。为了防止这种情况发生，发送方使用其私钥加密哈希，接收方可以使用相应的公钥对其进行解密。请注意，对于签名，公钥和私钥的角色是相反的。

私钥的使用提供了不可否认性和身份验证。*不可否认性*意味着发送方很难对用其私钥签名的消息否认他们的签名。*身份验证*意味着收件人知道谁签署了消息，因为他们的公钥会与签名者的私钥成对出现。

13.2.11 公钥基础设施

公钥加密存在一个大漏洞。假设你使用安全（HTTPS）连接将 Web 浏览器与银行账户相连接。银行将其公钥发到你的浏览器，这样你的浏览器就可以加密你的数据，使得银行可以用私钥进行解密。但是你怎么知道这个公钥是来自银行，而不是来自某个窃听你通信的第三方？你的浏览器如何验证该密钥？如果浏览器不能信任钥匙，它还能相信谁？

不幸的是，这并没有一个很好的解决方案，但今天使用的是*公钥基础设施*（PKI）。这种基础设施的一部分是一个可信的第三方，称为*证书颁发机构*（CA），保证密钥的真实性。从理论上讲，CA 确保一方是他们所说的，并发布一个加密签名的文档，称为*证书*，可以用来验证他们的密钥。这些证书的格式称为 X.509，这是由国际电信联盟（ITU）定义的标准。

虽然 PKI 通常是有效的，但又回到了信任问题。CA 曾被黑客入侵过。CA 中的错误导致了它们的私钥被意外发布，使得任何人都有可能签署伪造的证书（幸运的是，有一种机制可以*撤销*证书）。一些 CA 被发现是不安全的，因为它们没有对请求证书的各方进行身份验证。人们可以合理地假设，政府相信他们有权强迫 CA 生成伪造的证书。

13.2.12 区块链

*区块链*是密码学的另一个应用。区块链的思想非常简单，但背后有很多复杂的数学支

持。与比特币和其他加密货币有关的区块链讨论大多讨论的是区块链的应用，而不是它的工作原理。

你可以把区块链看作一种管理分类账的机制，就像银行账户对账单一样。账单存在的一个问题是，它们很容易被修改，甚至通过电子的方式更容易被修改，因为计算机不会留下橡皮擦过的痕迹。

分类账通常由一组记录组成，每一条记录都在随后的几行上。分类账行的等价区块链是一个区块。区块链将上一区块（行）的加密哈希和块创建时间戳添加到下一个区块。这就形成了一个由哈希和时间戳链接的块链（因此而得名），如图 13-4 所示。

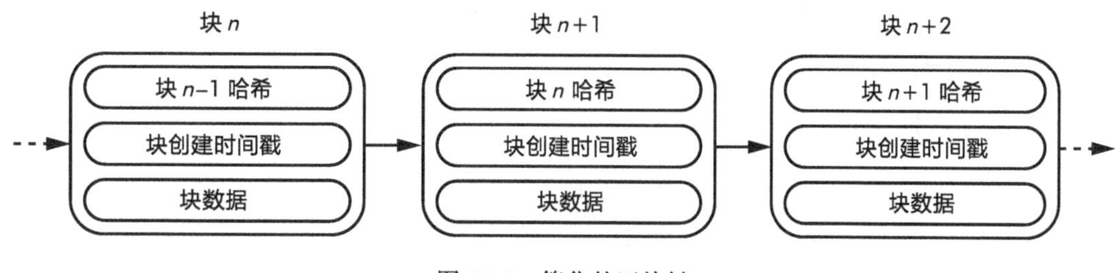

图 13-4　简化的区块链

如你所见，如果块 *n* 的内容被修改，将改变它的哈希值，使其与块 *n*+1 中存储的内容不匹配。加密哈希的特性使得块不可能被修改后仍然具有与之前相同的哈希值。每个块有效包含前一块的数字签名。

攻击区块链的唯一有效方法是破坏管理区块链的软件，一种缓解方法是将区块链数据公开并且在多个系统上复制。攻击这样一个分布式系统需要许多人合作。

13.2.13　密码管理

密码学的另一个应用是*密码管理*。在过去的日子里，计算机以*明文*形式保存密码文件。当有人登录时，他们输入的密码将与存储在文件中的密码进行比较。

以明文形式保存密码不是好方法，主要是因为任何有权访问该文件的人都可以知道每个人的密码。请记住，这并不一定是计算机受到攻击的结果。正如你所看到的，许多组织将他们的备份发送给第三方存储（至少有三个异地备份是一个好主意，最好是在不同的构造板块上）。我们再次回到信任，因为有人可以访问密码文件或这些备份的任何其他数据。你可以加密备份，但加密备份很脆弱，因为小的存储介质缺陷（例如坏的磁盘驱动器块）就会使整个备份无法恢复。在保护数据和恢复数据之间需要权衡。

这个问题的一个简单解决方案是以加密格式（如加密哈希）存储密码。当用户登录时，他们的密码被转换成加密哈希，然后与文件中的密码进行比较。加密哈希的属性使得密码不太可能被猜到。作为额外的预防措施，大多数系统都会阻止普通用户访问密码文件。

尽管应用了这些方法，密码还是有问题。在共享计算的早期，可能只需要几个系统的密码。但现在，银行账户、学校网站、许多不同的网店等都需要无数的密码。许多人在各种系统使用相同的密码，结果发现最常见的密码是`password`，其次是`password123`，因为密码中需要有数字。重复使用密码等同于不使用前向加密，如果一个网站或应用的密码安全受到威胁，可能就是有人在其他站点上使用你的密码。你可以为每个站点设置不同的密码，但是必须得记住它们。可以使用一个*密码管理器*，该管理器将所有不同的密码存储在一个受单个密码保护的位置，但如果该密码或密码管理器本身受到危害，其他所有密码也会受到影响。最有效但仍存在问题的方法是前面提到的双因素身份验证。但这通常依赖于手机之类的东西，当你在某个没有手机服务的地方时，它会阻止你访问你的账户。而且，它很麻烦，会导致人们在许多网站一直保持登录状态。

13.3 软件卫生

既然你对安全性和密码学有了一点了解，那么作为一个程序员，你能做些什么呢？你不需要成为密码学专家或安全向导就可以避免许多常见的陷阱。野生环境中的绝大多数安全漏洞都是由容易避免的情况造成的，其中许多可以在 Henry Spencer 的 *The Ten Commandments for C Programmers* 中找到。我们将在本节介绍其中的一些。

13.3.1 保护好正确的东西

设计一个保证安全的系统时，人们往往会希望它能保证一切安全，但这并不总是个好主意。例如，如果用户查看不需要安全保护的内容时也需要登录，则会让用户成功登录并且保持登录状态。由于登录的用户可以访问“安全”内容，这就增加了其他人访问的机会，例如，在用户短暂离开自己计算机的时间内，信息就可能被窃取。

手机的工作方式就说明了这一点。大部分情况下，一切应用都被锁起来了，可能除了相机。有些应用就应该被锁定，如果你丢了手机，你可不希望有人以你的名义发送信息。但是假设你和你的朋友想听音乐，你必须把你解锁了的手机交给别人，他们在选曲子时可以访问所有的东西。在双因素身份验证中，向手机发送代码是一个常见的第二个因素，而将该因素交给第三方则会破坏身份验证。

13.3.2 仔细检查你的逻辑

编写一个你认为有点用但事实上却什么都没做的程序是相当容易的。逻辑中的错误也可以被利用，特别是当黑客访问你的源代码并发现你没有发现的 bug 时。和别人一起大声朗读你的代码是一个有帮助的方法。大声朗读迫使你比默读时速度慢得多，你会发现一些令你惊奇的东西。

13.3.3 检查错误

你编写的代码将使用系统调用和调用库函数。如果出现问题，大多数调用都会返回错误代码。别忽视这些错误代码！例如，如果你尝试分配内存，但分配失败，那就请先不要使用内存。如果读取用户输入失败，那么请不要假定输入是有效的。这样的情况有很多，处理每一个错误很乏味，但无论如何都要这样做。

如果不使用库函数，可能会导致失败或溢出边界。确保在语言工具上启用了错误和警告报告。请将内存分配错误视为致命错误，因为许多库函数依赖于已分配的内存，并且在其他地方分配失败后，库函数可能会以神秘的方式失败。

13.3.4 最小化攻击面

本节转述了 2016 年 4 月 19 日，密码学研究者 Matt Blaze 在圣贝纳迪诺枪击案发生后向美国众议院下属委员会作证的部分内容，值得一读。

我们必须假设所有的软件都有 bug，因为软件是复杂的东西。研究人员试图提出类似于数学证明的“形式化方法”，可以用来证明计算机程序是“正确的”。不幸的是，到目前为止，这仍是一个尚未解决的问题。

添加到软件中的每个功能都会呈现出新的攻击界面。我们甚至不能证明一个攻击界面是 100% 安全的。但我们知道，每一个新的攻击界面都会增加新的漏洞。

这就是真正的安全专业人士而不是政客，反对为执法部门安装软件后门的根本原因。它不仅因为添加了另一个攻击面使软件更加复杂，而且就像本章前面的锁柜示例一样，未授权方很有可能会发现访问软件后门的办法。

Matt Blaze 知道他自己在说什么。美国国家安全局在 1993 年发布了其开发的 Clipper 芯片。美国国家安全局的意图是强制将其用于加密。Clipper 芯片里面有政府的软件后门。售卖 Clipper 芯片是个艰难的政治推销，因为其他国家不愿意使用美国的产品监视他们。Clipper 芯片的销声匿迹既因为政治上的反对，也因为 Blaze 在 1994 年发表了一篇题为“ Protocol Failure in the Escrowed Encryption Standard”的论文，这篇论文展示了利用软件后门是多么容易。顺便说一句，Blaze 发现自己一开始完全没有准备好就被拉到国会去作证，但现在他已经非常擅长了。考虑学习在公共场合发言，因为可能有一天会派上用场。

好的安全实践是使代码尽可能简单，从而最小化攻击界面数量。

13.3.5 待在界内

第 10 章介绍了缓冲区溢出的概念。它们是黑客可以利用的一类 bug 的一个例子，这些 bug 可以在程序中长时间不被发现。

总而言之，当软件不检查边界并最终覆盖其他数据时，就会发生缓冲区溢出。例如，如果一个“ you’re authorized”变量存在于密码缓冲区的末尾，那么一个长的口令可能导致授权，即使它不是正确的。堆栈上的缓冲区溢出特别麻烦，因为它们允许黑客更改函数调用的返回地址，从而使程序的其他部分不能以正常的方式执行。

缓冲区溢出不仅仅限于字符串，你还必须确保数组索引在边界内。

另一个边界问题是变量的大小。例如，不要只假设一个整数是 32 位的，它可能是 16 位的，设置第 17 位可能会导致一些意想不到的事情。注意用户输入，并确保任何用户提供的数字都适合你的变量。大多数系统都包含定义文件，你的代码可以使用这些文件来确保你使用的是正确的大小。在最坏的情况下，你应该使用这些定义文件，防止代码在数字大小错误时生成。在最好的情况下，可以使用这些定义自动选择正确的数字大小。定义更多的是为数字的大小存在的，甚至是字节中的位数。不要做假设。

保持在内存边界内也很重要。如果使用动态分配的内存并分配 *n* 个字节，那么确保访问范围在 0 到 *n*–1 之间。我不得不调试分配内存的代码，然后增加内存地址，因为算法很方便引用 `memory[-1]`。之后，代码释放了 `memory` 而不是 `memory[-1]`，从而导致问题。

许多设计用于嵌入式的微型计算机都包含比运行程序所需要的内存大得多的内存。在这些情况下避免动态分配，只使用静态数据，这样可以避免很多潜在的问题。当然，要确保代码保持在数据存储的边界内。

另一个界限是时间。确保你的程序能够处理输入比中断处理程序响应更快的情况。避免中断处理程序被中断，这样就不会破坏堆栈的尾部。

有一种测试技术称为*模糊化*，有一些工具可以帮助捕捉这类 bug。但它是一种统计技术，不能代替编写好的代码。模糊化涉及在合法输入上使用大量变化的代码。

13.3.6 生成合适的随机数是有难度的

合适的随机数对密码学很重要。但我们怎么得到合适的随机数呢？

最常见的随机数生成器实际上生成*伪随机数*。这是因为逻辑电路不能产生真正的随机数。如果每个逻辑电路都从同一个地方开始，那么它们会生成相同的数字序列。一个叫作*线性反馈移位寄存器*（LFSR）的简单电路，如图 13-5 所示，可以用作伪随机数发生器（PRNG）。

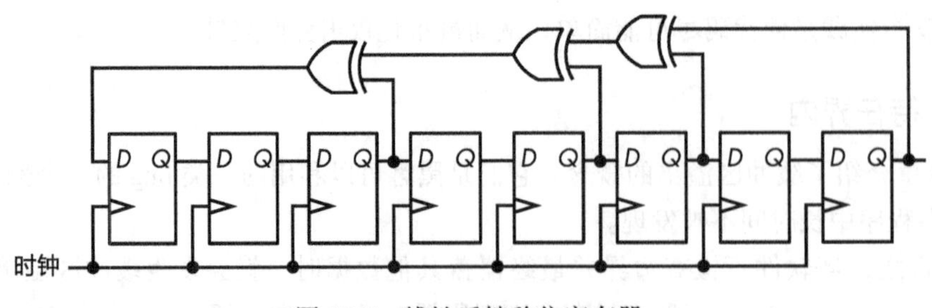

图 13-5　线性反馈移位寄存器

你可以看到，当数字右移时，一个新的位从左边移进，这个位是由其他位产生的。图中的版本只生成 8 位数字，但可以构造出更大的版本。这里有两个问题。第一个问题，这些数字是周期性重复的。第二个问题，如果知道最近的随机数，则始终会知道下一个随机数；如果它只是生成 0xa4，则下一个总是 0x52。请注意，尽管这是加密技术的问题，但在调试程序时它还是很有用的。

寄存器中的初始值称为种子。许多软件实现允许设定种子。在 LFSR 上已经有了很多改进，比如梅森旋转算法，但它们都有我提到的两个问题，没有真正的随机性。

现代软件通过从各种来源获取熵来解决这个问题。熵这个名称借鉴了热力学术语，在热力学中它指的是普遍的随机性倾向。

最早的熵源之一，称为 LavaRand，是 1997 年 SGI 发明的。它的工作原理是用网络摄像头对准几盏熔岩灯。它每秒可以产生大约 200Kb 的随机数据。熵源的性能很重要。一个为许多客户生成大量会话标识符的网站，需要快速地获得大量合适的随机数。

在每台计算机上都装一对熔岩灯是不现实的。一些芯片制造商在其硬件中添加了随机数生成器。英特尔在 2012 年增加了一个片上热噪声生成器随机数生成器，每秒产生 500MB 随机数。但人们拒绝使用它，因为它是在斯诺登事件曝光后发布的，人们不再认为它是值得信任的。

还有另一个因素能使我们信任片上随机数生成器。制造商会公布芯片设计，这样人们就可以对芯片审查。你甚至可以去掉芯片的盖子，用电子显微镜检查它是否符合设计。但在制造过程中生产商有可能悄悄地改变它。我们在第 2 章中提到了掺杂剂。掺杂剂是用来制造 P 和 N 区域的令人讨厌的化学物质。电路的行为可以通过巧妙地调整掺杂剂的水平而被改变，即使通过显微镜也无法检测到做没做手脚。

安全专家已经意识到他们不能信任硬件随机数生成器。熵是从与计算机程序无关的随机事件中获取的，例如，鼠标移动、键盘单击间隔时间、磁盘访问速度等。这种方法非常有效，但是很难快速生成大量的随机数。

熵的获取遇到了一些主要的 bug，特别是在基于 Linux 的 Android 操作系统中。事实证明，Android 手机不会很快产生熵，所以在启动后不久使用的随机数就不是那么随机了。事实证明，一些早期的实现复制了从磁盘访问时间中获取熵的代码。当然，手机没有磁盘，取而代之的是访问时间可预测的闪存，从而产生可预测的熵。

如果你的安全性依赖于良好的随机数，请确保你了解生成这些随机数的系统。

13.3.7 了解代码

大型项目通常包括第三方代码，这些代码不是由项目团队成员编写的。在许多情况下，你的团队甚至无法访问源代码，你必须接受供应商的说法，即他们的代码可以正常工作并且是安全的。这可能会导致出现什么问题呢？

首先，你怎么知道这些代码是真的能发挥作用并且是安全的？你怎么知道有人在写那个代码的时候没有安装秘密后门？这不是一个假设性的问题。2015 年，人们在一家主要网络供应商的产品中发现了一个秘密后门。2016 年，人们在另一家供应商的产品中发现了一个带有硬编码密码的额外账户。名单还在继续增加，只要人们持续容忍这种行为，名单就会继续增加。

Ken Thompson 1984 年图灵奖的演讲题目为“ Reflections on Trusting Trust”，给出了关于一个恶意行为者能造成多大破坏的观点。

使用第三方代码会导致另一个更微妙的问题，它在物理基础设施软件中出现的频率非常高，而这些软件正是发电厂和此类工作的原材料。你可能会认为像这样的关键软件是由工程师设计的，但这种情况很少见。工程师可能会指定软件，但软件通常是由“系统集成商”建造的。这些人的训练与你在“学习代码”的指导下得到的训练相似，系统集成基本上可以归结为导入别人编写的代码并将函数调用粘在一起。产品代码最终如图 13-6 所示。

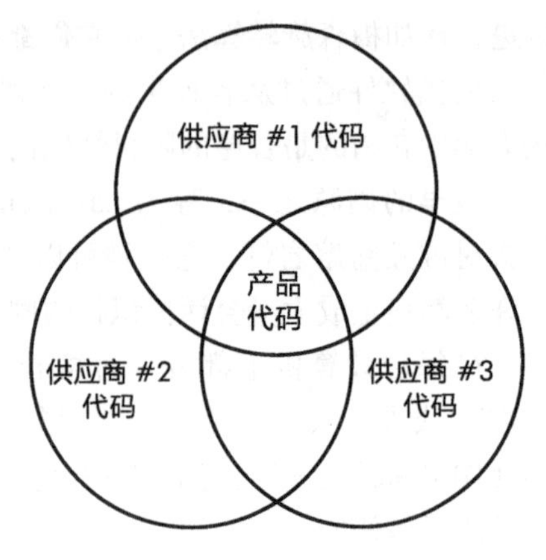

图 13-6　未使用的供应商代码和产品代码

图 13-6 意味着产品中包含了大量未使用的代码，在图中，非产品代码多于产品代码。我曾经做过一系列关于这种情况的演讲，我把它称为“数字疱疹”，因为产品的中枢神经系统都感染了这些代码，等待合适的机会爆发，就像人感染了病毒一样。

这使程序员陷入困境。如何决定哪些第三方代码是可以安全使用的？并非所有在发电厂工作的人都是密码学或网络协议方面的专家。

首先，这是一个开放源代码具有优势的领域。你可以看看开源代码，其他人很有可能也在看。这个“更多的眼球”原则意味着，比起只有少数人看到的封闭源代码，至少有更好的机会发现 bug。当然，这不是万能药。2014 年，在流行的 OpenSSL 加密库中发现了一个主要缺陷。好的一面是，这个 bug 的发现让很多人都把代码和其他安全关键包放在了一起。

另一个好的做法是密切关注你在第三方软件包中实际使用的代码占整个包大小的比例。我曾经参与过一个医疗器械项目，管理层说：“让我们用这个很酷的操作系统，我们可以花个好价钱买到它。”但是这个操作系统包含了我们不打算使用的各种功能。我驳回了这个建议，我们只是为我们需要的东西编写了自己的代码。这是几十年前的事了，只在这个操作系统的部署中发现了一些 bug。

另一个需要注意的方面是调试代码。通常在产品开发过程中包含额外的调试代码，确保它在装运前被移除！包括密码。如果包含默认密码或其他快捷方式使你的代码更易于调试，请确保它们已消失。

13.3.8 极端聪明是你的敌人

如果你使用的是第三方代码，请避免使用方便但小众的工具。因为供应商经常停止支持没有被客户广泛使用的功能。当这种情况发生时，你的代码通常被排除在升级路径之外。供应商通常只为其产品的最新版本提供修复程序，因此，如果代码依赖于不再受支持的功能，则可能无法安装关键的安全修复程序。

13.3.9 明白什么是可见的

想一想除你的程序以外的程序访问敏感数据的方式，不仅仅是数据，还有元数据。还有谁能看到你的程序数据？这个问题是定义威胁模式的一个重要部分。如果有人带着你原本完全安全的系统潜逃，会有什么危害？攻击者是否可以通过从设备中取出内存芯片从而直接访问它们来绕过防御？

除了使代码安全外，你还需要注意*旁道攻击*——基于元数据的利用。例如，假设你有检查密码的代码，如果在接近正确的密码上运行的时间比在不正确的密码上运行的时间长，则会给攻击者提供线索。这叫作*定时攻击*。

指向 ATM 机键盘的摄像头是一种旁道攻击。

基于电磁辐射的攻击已经被记录在案。一个很酷的方法叫作*屏幕辐射窃密*。这种方法使用一个天线从监视器接收辐射，生成显示图像的远程副本。事实证明，某些电子投票系统中的选票保密性会受到屏幕辐射窃密的破坏。

旁道攻击是非常隐蔽的，需要认真的系统思考来改进，仅仅知道如何编写代码是不够的。这样的例子比比皆是，尤其是在二战时期，现代密码学开始的时期。德国人之所以能够确定洛斯阿拉莫斯国家实验室的存在，是因为几百份西尔斯记录都被邮寄到同一个邮箱。并且德国人根据当地报纸上刊登的工厂足球队比赛的分数确定了英国化工厂的位置。

一般来说，请确保关键安全代码的外部可见行为独立于它的实际操作。避免通过旁道泄露信息。

13.3.10 不要过度收集

这点如此显而易见，我不需要说什么。但经验表明，很少有人明白这一点。保证东西安全的最好方法就是根本不保存它们。除非你真的需要，否则不要收集敏感信息。

一个经典的例子出现在很多医疗表格上。当表格同时需要我填写生日和年龄时，我总是感到不解，一个连年龄都分辨不出的医生是我真正需要的吗？如果你同时收集了很多数据，必须保护好它们，所以只收集你需要的那一个，不要囤积大量信息。

13.3.11 不要一直存储

仅仅因为你收集了敏感信息，并不意味着你应该永远保留这些信息。尽快把这些敏感信息处理掉。例如，你可能需要密码才能登录某个系统，登录后就把密码清理干净。你把信息存放的越久，被人发现的机会就越大。

全世界都越来越支持欧盟的通用数据保护条例（GDPR），清理工作在法律上变得越来越重要，该条例增加了泄露个人信息的法律后果。

13.3.12 动态内存分配不是你的朋友

第 7 章讨论了使用堆的动态内存分配。在本节中，我们将研究 C 标准库函数 `malloc`、`realloc` 和 `free`，它们可能会导致许多不同的问题。

让我们先看看动态分配的内存被释放时会发生什么，见图 13-7。

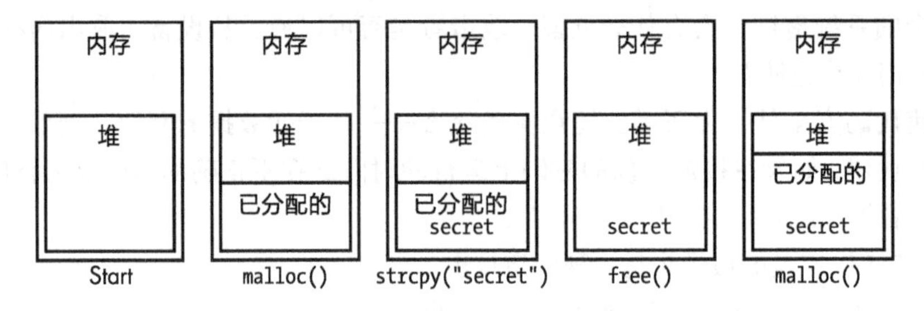

图 13-7 释放内存

在图 13-8 的左侧，你可以看到堆位于内存中，右边的图表示堆中的一块内存被分配给程序使用。继续向右看，一条秘密信息被复制到分配的内存中。在某个时候，这个内存不再被需要了，所以它被释放并回到堆中。最后，在最右边，从堆中分配内存用于其他用途。但秘密仍在那片内存里，它可以被阅读。使用动态内存的规则 1 是确保在释放之前清除内存中的所有敏感信息。

`realloc` 函数允许增长或收缩分配内存的大小。13-8 给出了一个内存收缩实例。

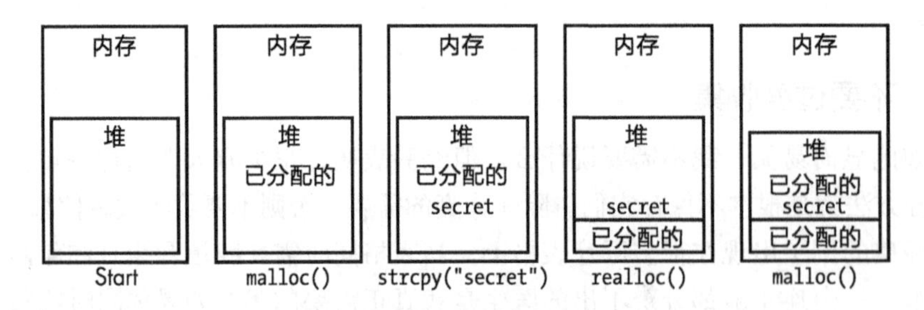

图 13-8 内存收缩

第一步与前面的示例相同。但分配的内存量会减少。秘密信息在多余的内存中，所以它会回到堆中。然后，稍后的内存分配会得到一个包含秘密的块。使用动态内存的规则 2 是确保由于收缩而返回堆中的任何内存都被清除。这与规则 1 相似。

当使用 realloc 函数来增加已分配内存块的大小时，需要考虑两种情况。第一种情况很简单，不是安全问题。如图 13-9 所示，如果堆上已经分配的块上面有空间，那么块的大小就会增加。

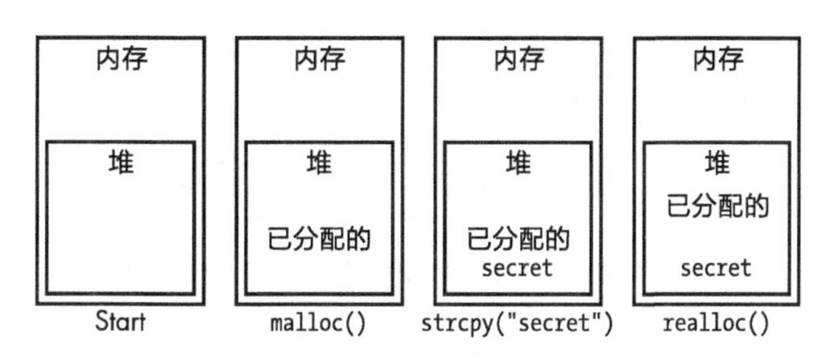

图 13-9 好的内存增长

图 13-10 展示了可以导致安全问题的情况。

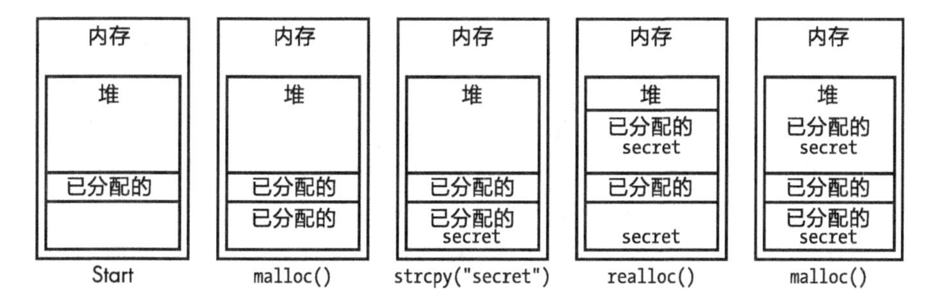

图 13-10 坏的内存增长

在这个例子中，还有一块内存已经被分配用于其他用途。当我们试图增加已分配内存块的大小时，由于另一个内存块而没有足够的空间，因此会在堆中搜索足够大的连续内存块。内存被分配，旧块中的数据被复制进来，旧块被释放。现在在内存中有两个秘密信息的副本，一个在可以分配的未分配内存中。这里的一个大问题是，realloc 调用者无法看到正在发生的事情。判断内存块是否被移动的唯一方法是将其地址与原始地址进行比较。不过即使内存块移动了，这时才发现也太晚了，因为旧区域不再在你的控制之下。于是产生了规则 3：当安全性很重要时，不要使用 realloc。使用 malloc 分配新内存，将旧内存复制到新内存，擦除旧内存，然后调用 free。虽然效率不高，但更安全。

13.3.13 内存垃圾回收也不是你的朋友

我已经说过，一旦有不再需要的关键数据，就将其删除。上一节表明这并不像显式内存管理那样容易实现。垃圾回收系统有自己独特的问题。假设我们有一个 C 语言的程序，它包含一些“敏感”的内容，如图 13-11 所示。

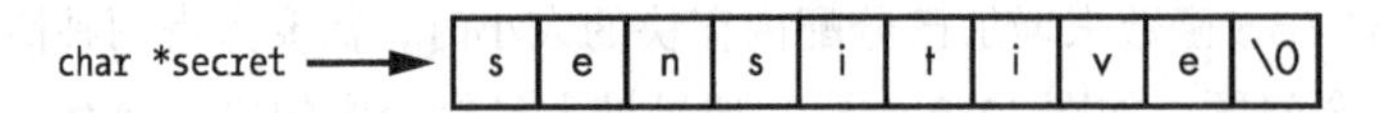

图 13-11 包含敏感数据的 C 语言字符串

在完成后，我们如何将它清除呢？因为 C 语言字符串是以 NUL 结束，所以我们可通过将第一个字符设置为 NUL，将它变为空字符串，如图 13-12 所示。

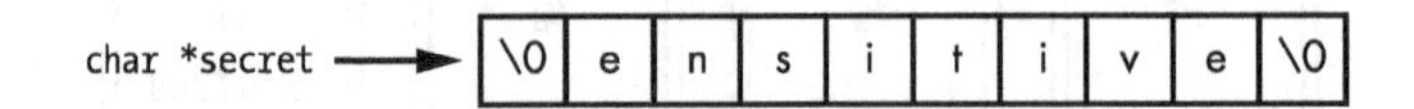

图 13-12 弱擦除后的包含敏感数据的 C 语言字符串

对一个邪恶的人来说，猜测内容并不难。所以我们真的需要重写整个字符串了。

这个字符串可以存在于内存数组中，也可以在内存中使用 `malloc` 动态获取。确保将字符串设置为 NUL 或某个可识别的值，以便在调试时容易发现，在调用 `free` 之前清除每个字符；否则，敏感数据最终会返回堆中，并可能在稍后的 `malloc` 调用中发出。

如果我们使用的是一种使用垃圾回收而不是显式内存管理的语言呢？在 JavaScript、PHP 和 Java 等语言中，类似 `secret="xxxxxxxxxxxxx"` 的代码并不能实现你所想的效果。这些语言可能只是为你生成一个新的字符串，并将敏感数据字符串添加到要垃圾收集的内容列表中，而不是覆盖敏感数据。敏感数据不会被擦除，而且你无法强制将其擦除。

如果这类问题仅涉及编程语言和环境就好了，但事实并非如此。闪存在越来越多的地方被使用。其中一个地方是固态磁盘驱动器（SSD）。由于闪存磨损，这些驱动器使用负载均衡来均衡不同闪存芯片之间的使用。这意味着在这些设备上写一些东西并不能保证旧版本被删除。这就像释放分配的内存并将其放入堆中一样。

正如你所看到的，即使是确保安全删除某些东西的行为，也比你在“学习代码”时所学的东西复杂。你需要对环境的各个方面有一个透彻的了解才能把工作做好，这也是正在阅读这本书的你读本书的原因。

13.3.14 数据作为代码

你现在应该知道“代码”只是一种计算机能理解的特定格式的数据。这最初意味着计算机硬件，但现在许多程序，如 Web 浏览器，以 JavaScript 程序的形式执行数据。JavaScript 也可以执行数据，它的 `eval` 语句将视任何字符串为程序并运行它。

在第 5 章中，我们研究了一些防止计算机将数据当作代码处理的硬件。内存管理单元或哈佛体系结构机器将代码和数据分开，防止数据被执行。可以执行数据的程序没有这种保护，所以必须自己提供这种保护。

一个典型的例子是 SQL 注入。SQL 是结构化查询语言（Structured Query Language）的缩写，是许多数据库系统的接口。结构化部分允许将数据组织到例如人事记录中。查询部分允许访问该数据。当然，语言是它被做到的方法。

SQL 数据库将数据组织为一组表，这些表是由行和列组成的矩形数组。程序员可以创建表并指定列。查询在表中插入、删除、修改或返回行。

你不需要了解 SQL 的所有细节就可以理解下面的示例。你需要知道的是，SQL 语句以分号（;）结尾，注释以数字或哈希符号（#）开头。

你的学校可能有一个学生可以查看成绩的网站。我们的示例使用一个 SQL 数据库，其中包含一个名为 students 的表，如表 13-2 所示。

表 13-2 数据库中的学生表

学生	班级	成绩
David Lightman	Biology 2	F
David Lightman	English 11B	D
David Lightman	World History 11B	C
David Lightman	Trig 2	B
Jennifer Mack	Biology 2	F
Jennifer Mack	English 11B	A
Jennifer Mack	World History 11B	B
Jennifer Mack	Geometry 2	D

该网站提供了一个 HTML 文本字段，学生可以在其中输入班级的名称。JavaScript 和 jQuery 将班级名发送到 Web 服务器并显示返回的成绩。Web 服务器有一些 PHP 代码，在数据库中查找成绩并将其发送回 Web 页面。当学生登录时，`$student` 变量被设置为他们的名字，所以他们只能访问自己的成绩。列表 13-4 显示了代码。

列表 13-4 学生网站部分代码片段

```
HTML
<input type="text" id="class"></input>

JavaScript
$('#class').change(function() {
 $.post('school.php', { class: $('#class').val() }, function(data) {
  // show grades
 });
});

PHP
$grade = $db->queryAll("SELECT * FROM students
 WHERE class='{$_REQUEST['class']}' && student='$student'");

header('Content-Type: application/json');
echo json_encode($grade);
```

数据库查询很简单。它从 `students` 表中的所有行中选择所有（*）列，其中 `class` 列与网页中的 `class` 字段匹配，`student` 列与包含登录学生名的变量匹配。可能出什么问题？

有一个学生 David，他可能不太在意生物学，但他很擅长计算机。他登录他的账户，他没有将班级输入为 Biology 2，而是输入 Biology2'| | 1=1 | |'; #。这将 select 语句转换为列表 13-5 所示的语句。

列表 13-5 SQL 注入

```
SELECT * FROM students WHERE class='Biology 2' || 1=1 || ''; # && student='David Lightman'
```

这是“从学生中选择班级为 Biology 2 或 1 等于 1 或空字符串的所有列”。分号提前结束查询，行的其余部分变成注释。因为 1 总是等于 1，David 刚刚拿到了学生的全部成绩。我可以继续向你展示 David 如何通过改变 Jennifer 的生物学成绩而给她留下深刻的印象。你也可以看看 1983 年的电影 *WarGames*。作为一个提示，他可以在字段中输入带分号的内容，然后使用数据库更新命令。

这些不仅仅是理论上的科幻电影场景，请参见 xkcd 卡通 #327。就在 2017 年，WordPress 网站软件中发现了一个重大的 SQL 注入漏洞，被大量网站使用。这将进一步说明依赖第三方代码时可能出现的问题。

另一个例子是，许多网站允许用户评论。网站必须小心清理每个注释，以确保它不包含 JavaScript 代码。否则，查看这些注释的用户将不经意地运行该代码。如果不阻止用户以 HTML 格式提交评论，就会发现这些评论充斥着广告和其他网站的链接。确保用户输入不能被解释为代码。

13.4 本章小结

本章对安全原则进行了一些基本介绍。介绍了一些密码学（一种关键的计算机安全技术）知识。还介绍了一些可以使代码更安全的方法。

另外，希望你已经了解到确保安全是非常困难的，而且不是业余爱好者的工作。请一直咨询专家问题直到你成为专家，别独自求索。

与安全一样，机器智能是另一个值得了解的高级主题。我们将在下一章把注意力转向机器智能。

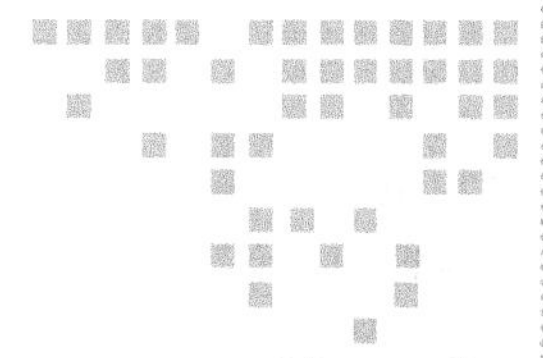

第14章 Chapter 14

机器智能

你有没有过在搜索引擎中搜索“猫和 meatloaf”，结果显示的是有关“猫和肉饼”的内容？你可能认为得到正确结果是理所当然的，不会停下来考虑搜索引擎是怎样知道输入中有错误，并且还知道怎样修复这个错误。有人编写了一个程序来修正所有可能的错误，这是不太可能的，一定是*机器智能*在其中发挥作用。

机器智能是一个涉及*机器学习*、*人工智能*、*大数据*等相关领域的前沿课题。这些概念都是我们作为程序员可能会遇到的，所以本章做了一个高层次的概述。

1956年，*人工智能*这个概念在达特茅斯学院的一个研讨会上被提出，与此同时，人工智能第一次走向了世界。*机器学习*与创造于1957年的*感知器*（perceptron）相当接近，我们稍后将对此进行讨论。今天，机器学习在很大程度上领先于感知器，要归功于两个趋势。第一，技术进步极大地增加了存储容量，同时降低了其价格，而且还带来了更快的处理器和网络。第二，互联网促进了大数据的收集。例如，我们可以使用一家大公司的图书扫描和翻译项目的数据，显著地改进一个语言翻译项目。另一个例子是一个映射项目，它被用于开发自动驾驶汽车。这些应用机器学习的项目结果非常引人注目，以至于机器学习现在被应用到大量的应用程序中。最近，人们也意识到这两个趋势——更便宜的存储和更强的计算能力，以及大量数据的收集——支持了人工智能的振兴，使得机器学习这一领域中产生了许多新的工作。

然而，机器智能热潮，模仿了已经渗透到计算机安全领域的哲学：“什么可能出错？”我们还没有足够的知识来避免出现像1968年电影 *2001: A Space Odyssey* 中 HAL 那样的精神病系统。

14.1 概述

现在你应该知道编程是个繁重的工作，需要提供问题的解决方案。定义问题及其解决方案是有趣又困难的。许多人宁愿花费整个职业生涯让计算机替代他们来完成这项工作（5.2 节提到的“特殊的工程懒惰”的另一个例子）。

如前所述，计算机自主解决问题是从人工智能开始的，机器学习和大数据后来才出现。虽然人工智能这个词直到 1956 年达特茅斯研讨会才被提出，但人工智能的概念可以追溯到希腊神话。许多哲学家和数学家致力于发展规范人类思想的形式系统。虽然这没有带来真正的人工智能，但已经打下了很多基础。例如，George Boole，在第 1 章中我们介绍了他提出的代数，他在 1854 年发表的一篇关于思维规律的调查报告，是建立逻辑和概率数学理论的基础。

我们积累了很多关于人类决策的信息，但仍然不知道人类是如何思考的。例如，你和你的朋友可以区分猫和肉饼，但你们可能会用不同的方法来辨别二者区别。相同的数据产生相同的结果并不意味着我们都以同样的方式处理数据。我们知道输入和输出，我们了解“硬件”，但我们对将一个转换成另一个的“编程”知之甚少。因此，计算机用来识别猫和肉饼的路径也会有所不同。

关于人类的思维处理，我们确实知道一点，就是我们真的很擅长无意识统计，这和有意识地忍受“虐待狂”课程是不一样的。例如，语言学家研究人类如何习得语言，需要对婴儿进行大量的统计分析，从人类生活环境中挑出重要的声音，把它们分成音素，然后把音素组合成单词和句子。人们持续地争论，人脑中是否有专门的机制来处理这类事情，还是我们只是在使用通用的处理方法处理它。

通过统计分析进行婴儿学习是可能的，至少在一定程度上是可能的，有大量的数据可供分析。除非特殊情况，婴儿经常接触声音。同样，视觉信息和其他感官信息也不断输入。婴儿通过处理大量数据或仅仅处理*大数据*来学习。

计算能力、存储容量和各种网络连接传感器（包括手机）的快速增长使得大数据的收集成为可能。这些数据中有些是组织好的，有些不是。有组织的数据可能是一组来自海上浮标的波高测量数据。无组织的数据可能是环境声音。我们怎么处理这些数据？

统计学是明确定义的数学分支之一，这意味着我们可以编写执行统计分析的程序。我们还可以编写能用数据训练的程序。例如，实现垃圾信息过滤器的一种方法（稍后我们将更详细地介绍这一点）是将收集到的大量垃圾邮件和非垃圾邮件输入统计分析器，同时告诉分析程序什么是垃圾邮件，什么不是垃圾邮件。换句话说，我们把有组织的训练数据输入到一个程序中，告诉程序这些数据意味着什么（也就是说，什么是垃圾邮件，什么不是垃圾邮件）。我们称之为*机器学习*（ML）。有点像 Huckleberry Finn，我们要“学那台机器”，而不是“教”它。

在许多方面，机器学习系统类似于人类的自主神经系统功能。对人类来说，意识并不积极参与许多低层次的过程，比如呼吸，意识是为更高层次的功能保留的，比如弄清楚晚餐吃什么。低层次的功能是由自主神经系统来处理的，只有当有事情需要注意时，才会干扰大脑。机器学习目前在识别方面做得很好，但这与采取行动是两码事。

无组织数据是另一种怪兽。我们说的是大数据，也就是说，人类无法在没有帮助的情况下理解这些数据。在这种情况下，各种统计技术被用来寻找模式和关系。例如，被称为**数据挖掘**的方法可以用来从周围的声音中提取音乐（毕竟，正如法国作曲家 Edgard Varèse 所说，音乐是有组织的声音）。

所有这些基本上都是想办法把复杂的数据转换成更简单的数据。例如，可以训练一个机器学习系统来识别猫和肉饼，它将把非常复杂的图像数据转换成简单的猫和肉饼，这就是一个分类过程。

回到第 5 章，我们讨论了指令和数据的分离。在第 13 章中，我警告说，出于安全考虑，不要将数据作为指令处理。但有时将数据作为指令处理是有意义的，因为数据驱动的分类只能让我们得到目前的成就。

举例来说，我们不能仅仅只根据分类创建一辆自动驾驶汽车。必须编写一组作用于分类器输出的复杂程序来实现类似于“不要撞到猫，但压到肉饼是可以的”这样的行为。实现这种行为的方法有很多种，包括转向和变速的组合。有大量的变量需要考虑，如其他交通，障碍物的相对位置，等等。

人们不会按照刻板的指令驾驶，比如说：“将方向盘向左转动一度，然后在刹车踏板上施加 1 克的压力，持续施加 3 秒钟，避开猫”，没有人根据这样复杂而详细的指令学习驾驶。相反，人们驾驶时的行为是由“别撞到猫”这一目标驱动的，人们自己“编程”自己，而且，如前所述，我们还没有办法检查程序如何决策来实现目标。如果你观察路上的交通，你会发现人们在完成相同的基本任务时会有采取很多不同的做法。

在这种情况下，人们不仅仅是在改进分类器，他们还在编写新的程序。当计算机这样做时，我们称之为**人工智能**（AI）。人工智能系统编写自己的程序来完成目标。一个不拿真实的猫做实验的方法是，提供一个带有模拟输入的 AI 系统。当然，哲学上的热恒星装置，如 1974 年电影 *Dark Star* 中的炸弹 20，并非总是有效。

机器学习和人工智能之间一个很大的区别是检查系统和“理解”“思维过程”的能力。这种能力在机器学习系统中是不可能的，但是在人工智能中是可能实现的。目前还不清楚，当人工智能系统变得巨大时，这种能力是否会继续保持下去，尤其是这些过程可能不太像人类的思维。

14.2 机器学习

让我们看看能否想出一种区分开猫和肉饼的照片的方法。图 14-1 中原始图像的信息比人在真正的猫和肉饼上能得到的信息少得多。我们将尝试创建一个过程，当展示一张照片时，这个过程将告诉我们“它看到”的是一只猫、一个肉饼，还是两者都不是。图 14-1 显示了一个卧成肉饼状的 Tony 猫和一个真正的肉饼的原始图像。

图 14-1　原始的 Tony 猫和肉饼

在各个级别的机器智能中，你都很可能会遇到统计学，因此我们将回顾一些统计学基本知识。

14.2.1　贝叶斯

英国牧师 Thomas Bayes（1701—1761）一直很担心他的教众是否有进入天堂的机会，因为他考虑了很多可能性。特别地，贝叶斯感兴趣的是不同事件的概率如何结合在一起。例如，如果你玩过双陆棋，你可能就很清楚掷一对骰子得到的点数的概率分布了。Thomas Bayes 提出了贝叶斯定理。

他的研究成果中与我们的讨论相关的部分就是*朴素贝叶斯分类器*。把肉饼先留给猫咪吃吧，让我们尝试解决新的问题：把垃圾信息和不是垃圾信息的信息分开。某些单词更可能出现在垃圾信息中，由此我们推断没有这些单词的信息可能就不是垃圾信息。

我们先收集一些简单的统计数据。假设我们有一个有代表性的信息样本，其中 100 条是垃圾信息，另外 100 条不是垃圾信息。我们将把这些信息按单词分解，并统计每个单词出现的数量。我们使用了 100 条信息，因此很方便得出百分比。部分结果见表 14-1。

表 14-1　一条消息中的词统计

单词	垃圾信息（%）	非垃圾信息（%）
meatloaf	80	0
hamburger	75	5
catnip	0	70
onion	68	0
mousies	1	67
the	99	98
and	97	99

你可以看到一些单词在垃圾信息和非垃圾信息中都是通用的。让我们将此表应用于包含“ hamburger and onion:”的未知信息，垃圾信息百分比分别为 75%、97% 和 68%，非垃

圾信息百分比分别为 5%、97% 和 0。这条信息是或不是垃圾信息的概率分别是多少？

贝叶斯定理告诉我们如何组合概率（p），p_0 是含有单词 meatloaf 的信息是垃圾信息的概率，p_1 是含有单词 hamburger 的信息是垃圾信息的概率，以此类推：

$$p_{\text{combined}} = \frac{p_0 p_1 p_2 \cdots p_n}{p_0 p_1 p_2 \cdots p_n + (1-p_0)(1-p_1)(1-p_2)\cdots(1-p_n)}$$

这个公式可以用图 14-2 表示。事件和概率（如表 14-1 中的事件）被输入到分类器中，分类器生成事件描述我们想要的内容的概率。

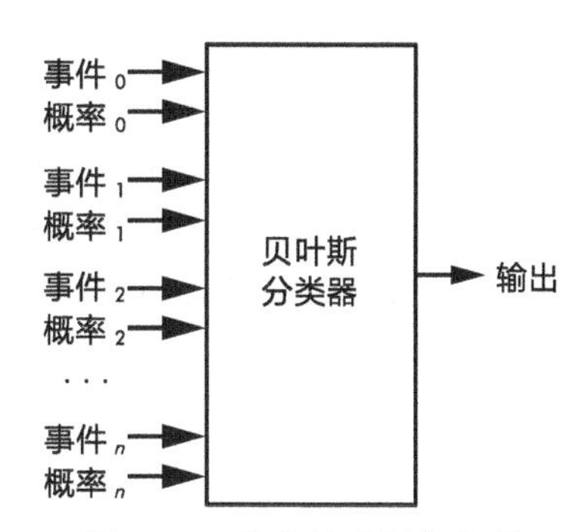

图 14-2 朴素贝叶斯分类器

我们可以构建一对分类器，一个用于垃圾信息，另一个用于非垃圾信息。加上上面例子中的数字，我们有 99.64% 的可能性认为信息是垃圾信息，0% 的可能性认为信息不是垃圾信息。

你可以看到这个技术很有效果。当然，要制作一个像样的垃圾信息过滤器，还需要很多其他技巧。例如，理解“朴素”的含义。朴素并不意味着贝叶斯不知道自己在做什么。这意味着就像掷骰子一样，会发生的所有事件之间都是无关的。我们可以通过观察单词之间的关系来改进垃圾信息过滤程序，比如“ and and”只出现在与布尔代数有关的信息中。许多垃圾信息发送者试图通过在他们的信息中包含大量的“词的杂拌”来躲避过滤器，这种单词杂拌在语法上很少是正确的。

14.2.2 高斯

德国数学家 Johann Carl Friedrich Gauss（1777—1855）是另一个统计学上的重要人物。他提出了钟形曲线，也称为正态分布或高斯分布，如图 14-3 所示。

钟形曲线很有趣，因为观察到的现象样本会与曲线吻合。例如，如果我们测量一个校队篮球运动员的身高并确定他们的平均身高 μ，那么有些运动员会高一些，有些运动员会矮一些。在这些运动员中，68% 的人在一个标准差（或 σ）内，95% 在两个标准差之内。更准确地说，随着样本数量的增加，高度的分布在钟形曲线上收敛，因为单个运动员的身高不会告诉我们太多信息。从一个定义明确的总体中仔细取样得到的数据可以用来对更大的总体做出假设。

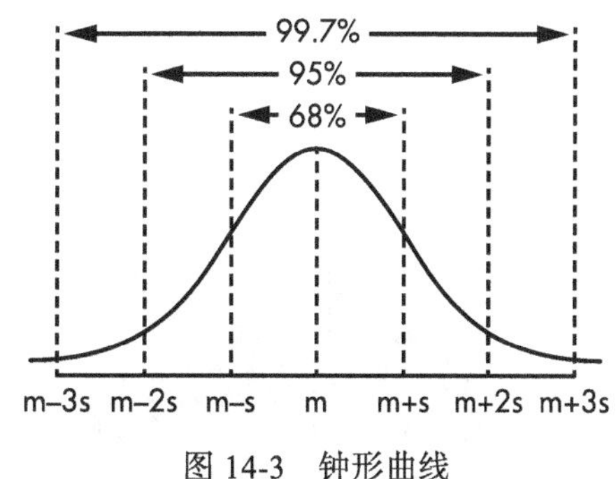

图 14-3 钟形曲线

钟形曲线还有很多其他的应用，其中一些可以应用到我们的猫和肉饼问题中。美国漫画家 Bernard Kliban（1935—1990）告诉我们，猫本质上就是一个有着耳朵和尾巴的大肉饼。因此，如果我们能够从照片中提取出耳朵、尾巴和肉饼等特征，我们就可以将它们输入到分类器中，从而识别主题。

我们可以通过追踪物体的轮廓使其更容易识别。不过我们不能这样做，除非我们能找到它们的边缘。找到物体的边缘很困难，因为猫和肉饼的轮廓都是模糊的。猫有很多的毛发，它们的边缘是毛发，不是我们想要的清晰的边缘。我们的第一步是使图像稍微模糊一些，虽然这一步似乎有违直觉，但可以消除其中一些不需要的方面。模糊图像意味着应用低通滤波器，就像我们在第 6 章中看到的音频一样。图像中的细节是“高频”的。当你扫描图像时，如果你认为细节变化得更快，这是很直观的。

让我们看看高斯分布能为我们做些什么。让我们把图 14-3 中的曲线绕 μ 旋转，得到一个三维的版本，如图 14-4 所示。

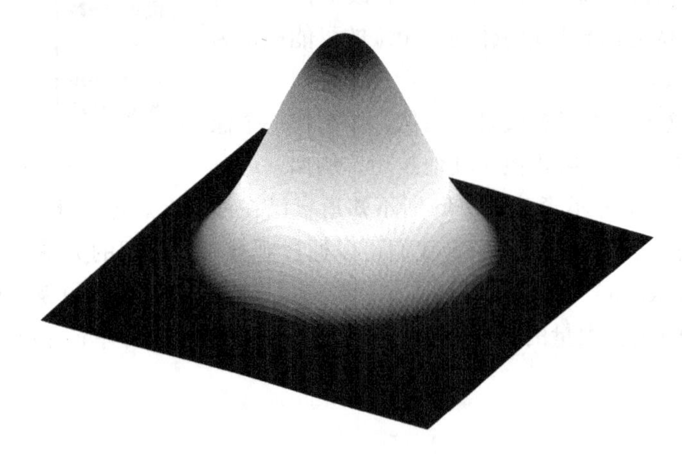

图 14-4　三维高斯分布

我们将在图像上拖动光标，依次将 μ 置于每个像素的中心。可以想象曲线的一部分覆盖了中心像素周围的其他像素。我们将为每个像素生成一个新值，方法是将曲线的像素值乘以曲线的值，然后将结果相加。这叫作*高斯模糊*。图 14-5 展示了高斯模糊的工作原理。中间的图像是左侧图像中正方形的放大副本。在右侧图像中，你可以看到高斯模糊如何从中心图像开始对一组像素加权。

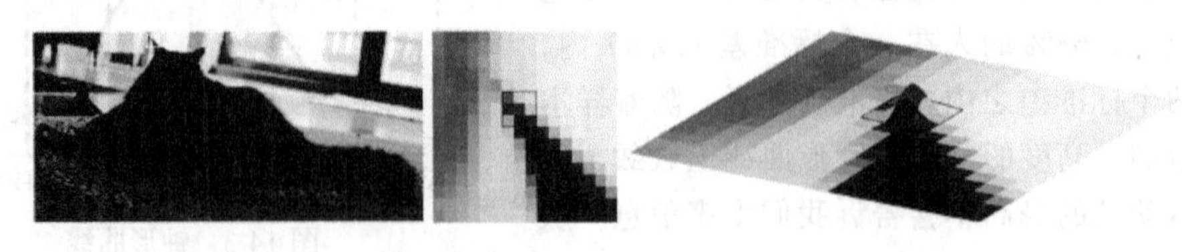

图 14-5　高斯模糊

将一个像素的值与其近邻值相结合的过程看起来很复杂，这个过程在数学上称为*卷积*。权重数组称为*核*或*卷积核*。让我们看一些例子。

图 14-6 显示了一个 3×3 和一个 5×5 的核。请注意，权重相加为 1 以保持亮度。

3×3		
$\frac{1}{16}$	$\frac{2}{16}$	$\frac{1}{16}$
$\frac{2}{16}$	$\frac{4}{16}$	$\frac{2}{16}$
$\frac{1}{16}$	$\frac{2}{16}$	$\frac{1}{16}$

5×5				
$\frac{1}{256}$	$\frac{4}{256}$	$\frac{6}{256}$	$\frac{4}{256}$	$\frac{1}{256}$
$\frac{4}{256}$	$\frac{16}{256}$	$\frac{24}{256}$	$\frac{16}{256}$	$\frac{4}{256}$
$\frac{6}{256}$	$\frac{24}{256}$	$\frac{36}{256}$	$\frac{24}{256}$	$\frac{6}{256}$
$\frac{4}{256}$	$\frac{16}{256}$	$\frac{24}{256}$	$\frac{16}{256}$	$\frac{4}{256}$
$\frac{1}{256}$	$\frac{4}{256}$	$\frac{6}{256}$	$\frac{4}{256}$	$\frac{1}{256}$

图 14-6 高斯卷积核

图 14-7 左侧为原始图像。即使图形中有很多缝隙，也可以分辨出树干的轮廓。中心图像显示了 3×3 核的显示结果。虽然中心的图像比较模糊，但边缘更容易识别。右侧图显示了 5×5 核的结果。

你可以把图像想象成一个数学函数，*亮度* $=f(x, y)$。函数的值是每个坐标位置的像素亮度。注意，这是一个*离散*函数，x 和 y 的值必须是整数。当然，x 和 y 的取值必须在图像边界内。以类似的方式，可以将卷积核看作一个小图像，其值为*权重* $=g(x, y)$。因此，执行卷积的过程包括迭代核覆盖的相邻像素，将像素值乘以权重，然后将它们相加。

图 14-7 高斯模糊实例

图 14-8 显示了使用 5×5 高斯核对原始图像进行模糊处理的结果。

请注意，由于卷积核大于 1 像素，它们会挂起图像的边缘。有很多方法可以处理这个问题，比如，不要在太靠近边缘的位置取值（使结果变小），或通过在图像周围画一个新的边界使图像变大。

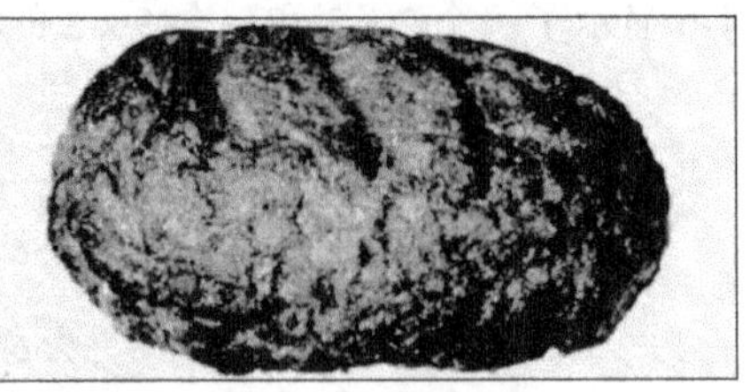

图 14-8 模糊后的猫和肉饼

14.2.3 索贝尔

图 14-1 中有很多信息对我们来说并不需要确定主题，比如颜色。例如，在 *Understanding Comics: The Invisible Art*（Tundra）一书中，Scott McCloud 指出，我们可以从一个圆、两个点和一条线间识别出一张脸，其余的细节是不必要的，可以忽略不计。因此，我们将简化图像。

现在让我们试着找出边缘，因为我们已经通过模糊使边缘更容易被看出。边缘有很多定义。我们的眼睛对亮度的变化最敏感，所以我们使用亮度来定义边缘。亮度的变化只是像素与其相邻像素之间亮度的差异。

微积分中一半的内容是对变化的讨论，所以我们可以在这里应用它。函数的导数就是函数生成的曲线的斜率。如果我们想要亮度从一个像素到下一个像素发生变化，那么公式就是亮度 $=f(x+1, y)-f(x, y)$。

看看图 14-9 中的水平像素行。亮度水平标绘在下方，再下方标绘亮度变化。你可以看到它看起来很尖锐。这是因为它只有一个非零值。

用这种方法测量亮度变化存在一个问题——变化发生在像素之间的缝隙中。我们希望在像素的中间发生改变。让我们看看高斯曲线能不能帮我们。当我们模糊处理图像的时候，我们将亮度集中在一个像素上。我们将采用相同的方法，但不是使用钟形曲线，而是使用它的一阶导数，如图 14-10 所示，它绘制了从图 14-3 得到的曲线的斜率。

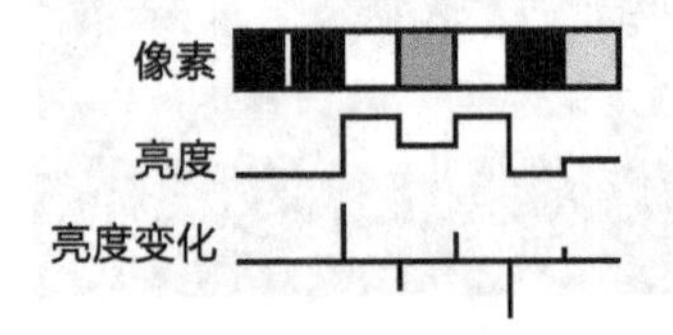

图 14-9 边缘在亮度上发生变化

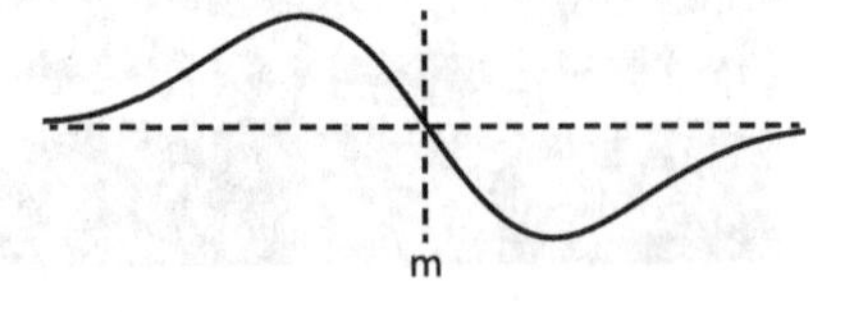

图 14-10 图 14-3 的高斯曲线的斜率

如果我们将曲线的正负峰称为 +1 和 –1，并将其居中于相邻像素上，则 1 像素的亮度变化为 Δ 亮度$_{n}$=1× 像素$_{n-1}$–1× 像素$_{n+1}$，如图 14-11 所示。

当然，这与我们在上一节中看到的图像边缘有相同的问题，所以我们没有末端像素的值。目前，我们不关心变化的方向，只关心数量，所以我们用绝对值来计算*幅度*。

用这种方法检测边缘效果很好，但是仍有很多人试图改进它。美国科学家 Irwin Sobel 和 Gary Feldman 在 1968 年的一篇论文中宣布了其中一种获胜方法，即*索贝尔算子*。

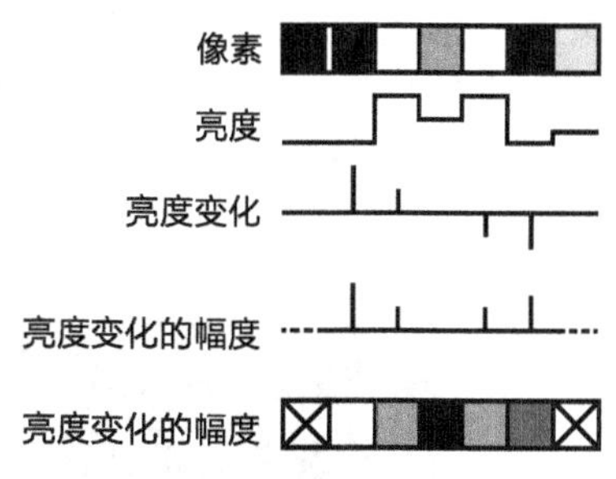

图 14-11　像素的亮度变化

与我们对高斯模糊核的处理类似，我们使用高斯曲线斜率的值生成索贝尔边缘检测核。图 14-10 中显示了二维版本，图 14-12 显示了三维版本。

由于这两个轴不是对称的，所以索贝尔使用了两个版本——一个版本用于水平方向，另一个版本用于垂直方向。图 14-13 显示了两个核。

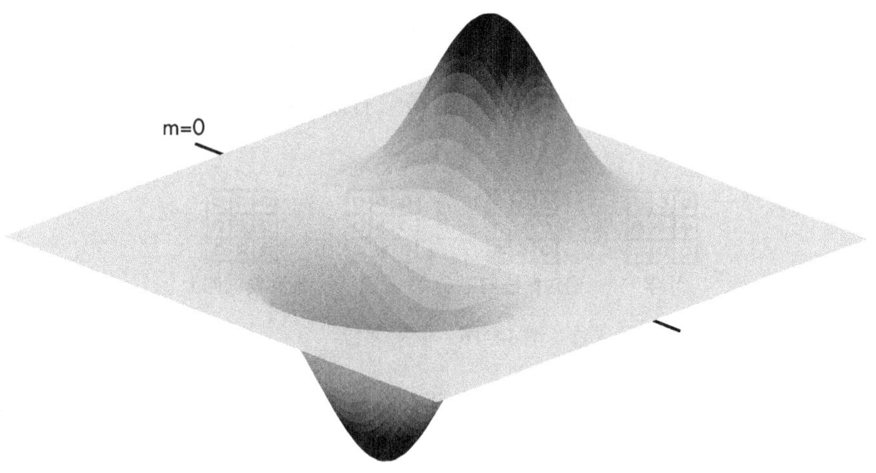

图 14-12　图 14-10 中高斯曲线的三维斜率

应用这些核对每个像素产生一对*梯度*：G_x 和 G_y。你可以把梯度看成斜率。由于我们在每个笛卡儿方向上都有一个梯度，因此可以使用三角法将它们转换为极坐标，得到一个*幅度* G 和一个*方向* θ，如图 14-14 所示。

$Sobel_x$			$Sobel_y$		
+1	0	−1	+1	+2	+1
+2	0	−2	0	0	0
+1	0	−1	−1	−2	−1

图 14-13　索贝尔核

G　G_y　U　G_x

$$G = \sqrt{G_x^2 + G_y^2}$$

$$U = \tan^{-1}\frac{G_y}{G_x}$$

图 14-14　梯度幅度及方向

梯度幅度告诉我们有的那条边有多“强”，而方向告诉我们它的方向。请记住，方向垂直于对象；水平边具有垂直的梯度。

我们在第 11 章中了解过，幅度和方向的计算实际上是从笛卡儿坐标到极坐标的转换。改变坐标系是一个方便的技巧。在这种情况下，一旦进入极坐标系，我们就不必担心被零除，或分母变小产生大数的情况。大多数学库都有一个形式为 `atan2(y, x)` 的函数，该函数计算不含有除法的反正切。

图 14-15 显示了两个图像的梯度幅度。

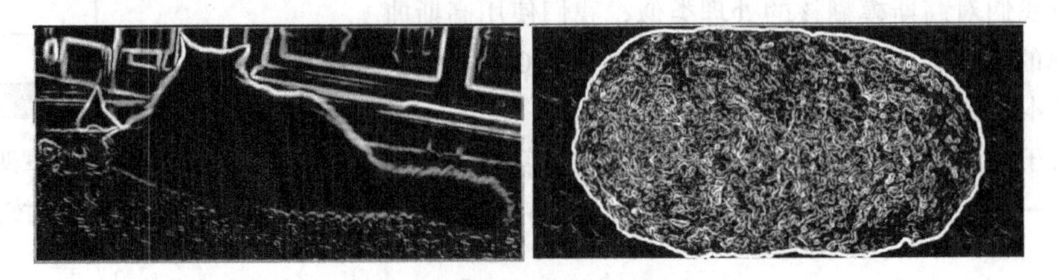

图 14-15 模糊的猫及肉饼的索贝尔幅度

关于这个方向还有一个额外的问题，那就是它有超出我们能使用的更多的信息，请看图 14-16。

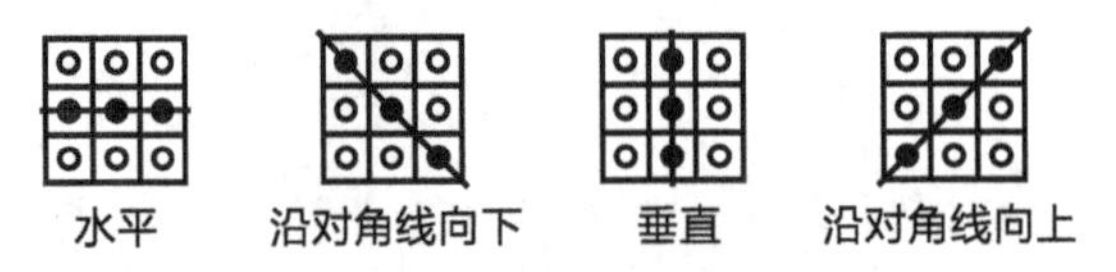

图 14-16 像素邻位

如你所见，因为一个像素仅仅只有 8 个邻位，所以我们只需关心 4 个方向。图 14-17 显示了方向是如何量化到 4 个“箱子”中。

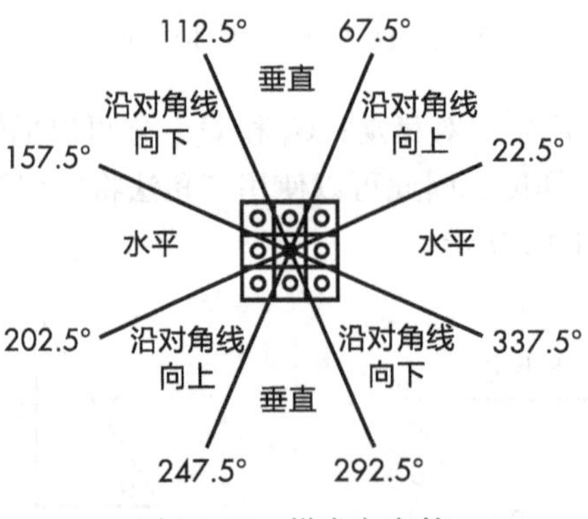

图 14-17 梯度方向箱

图 14-18 显示了模糊图像叠加索贝尔方向。你可以看到方向和幅度之间的对应关系。第一行是水平的箱子，然后是对角向上的箱子、垂直的箱子和对角向下的箱子。

如你所见，索贝尔算子正在查找边缘，但图中的边缘并不是很合适。这些边缘很宽，使得人们有可能把它们误认为是物体的特征。细边可以消除这个问题，我们可以使用索贝尔方向来帮助找到它们。

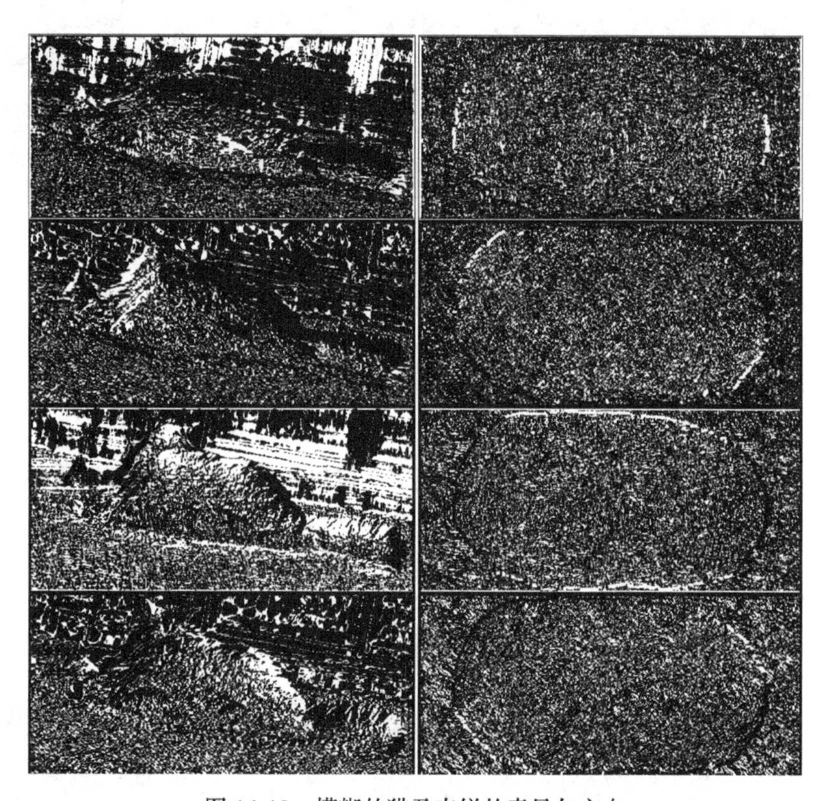

图 14-18 模糊的猫及肉饼的索贝尔方向

14.2.4 Canny

1986 年澳大利亚计算机科学家 John Canny，通过在索贝尔结果中增加一些额外的步骤，改进了边缘检测。第一个步骤是*非最大值抑制*。回顾图 14-15，你可以看到一些边缘是宽的、模糊的，如果边缘是细的，后续更容易找出图像中的特征。非最大值抑制是一种*边缘细化技术*。

以下是我们的计划。我们比较每个像素在与它梯度方向上相邻的像素的梯度幅度。如果这个像素的梯度幅度大于邻值的梯度幅度，则保留该值；否则，将该值设置为 0，抑制该值（见图 14-19）。

保持 抑制

图 14-19 非最大值抑制

可以在图 14-19 中看到，左边图的中心像素被保留了，因为它比它相邻的像素的梯度值更大（也就是说，它更轻），而右边图的中心像素被抑制了，因为它相邻的像素有更大的幅度。

图 14-20 显示了非最大值抑制如何使索贝尔算子产生的边变窄。

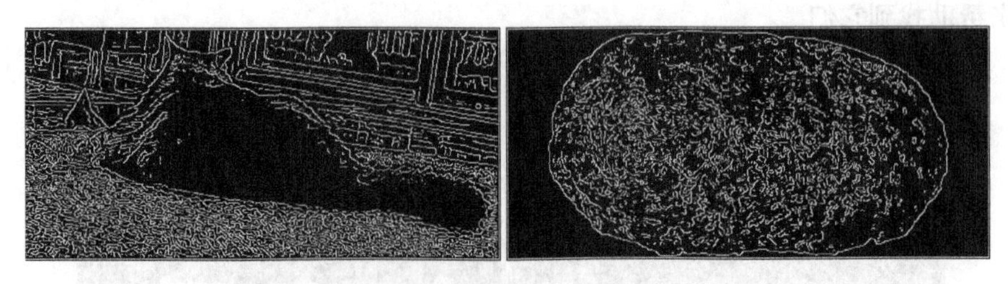

图 14-20　猫和肉饼被非最大值抑制后的结果

图 14-20 看起来相当不错，尽管这是避免肉饼的好理由。非最大值抑制发现了大量图像的边缘。如果回头看图 14-15，你会发现有许多边具有较低的梯度值。Canny 处理的最后一步是用迟滞进行边缘跟踪，去除“弱边”，只留下“强边”

回顾第 2 章，你了解到迟滞涉及一对阈值的比较。我们将扫描非最大值抑制结果，寻找梯度幅度大于高阈值的边缘像素（图 14-20 中为白色）。我们找到这样的像素后，让它成为最终的边缘像素。我们再看看它的相邻值。梯度幅度大于低阈值的邻位也被标记为最终的边缘像素。我们使用递归来跟踪每一条路径，直到达到一个小于低阈值的梯度幅度。也可以认为递归是从一个清晰的边缘开始，追踪它的连接，直到它们逐渐消失。你可以在图 14-21 中看到结果。强边是白色的，被拒绝的弱边是灰色的。

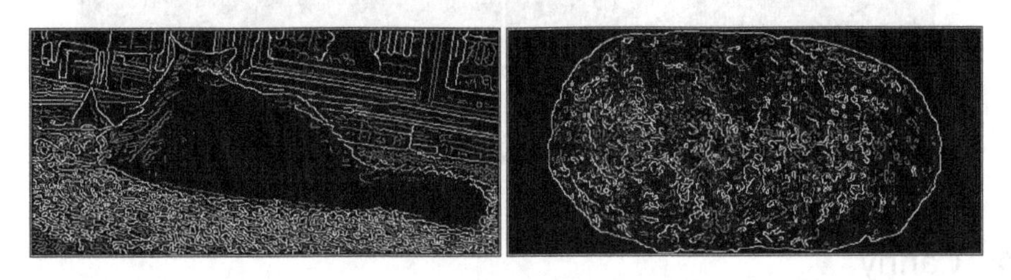

图 14-21　带有迟滞的边缘追踪

你可以看到，非最大值抑制中的许多边都消失了，物体的边缘相当明显。

OpenCV 是一个很棒的开源计算机视觉库，可以实现各种各样的图像处理，包括我们在本章中讨论的内容。

14.2.5　特征提取

对人类来说，提取图像特征很容易，但对计算机来说很难。我们想从图 14-21 中的图像中提取特征。我不打算详细介绍特征提取，因为它涉及很多我们可能还没有遇到过的数学问题，但还是会讨论一些基础知识。

有大量的特征提取算法。有些方法，如 Hough 变换，可以很好地提取几何图形，例如直线和圆。Hough 变换对我们的问题没什么用，因为我们不是在寻找几何形状。让我们做一些简单的事情。我们将扫描图像的边缘，并通过边缘来提取对象。如果找到交叉的边缘，我们将取最短路径。

图 14-22 绘出了斑点、耳朵、猫玩具和蠕虫。图中只展示了一个代表性样本。

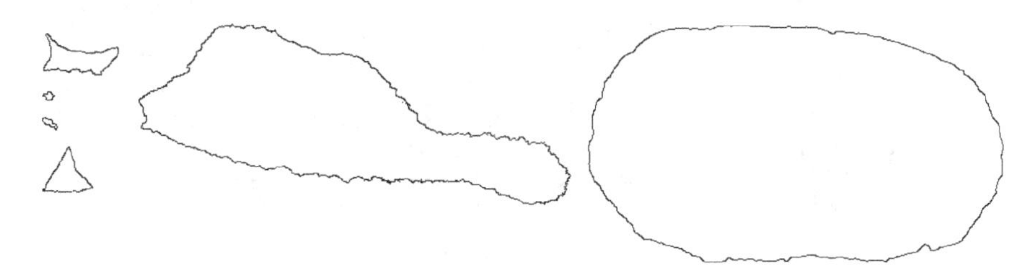

图 14-22　提取到的特征

既然我们有了这些特征，我们就可以像前面的垃圾信息检测示例那样做了：将这些特征输入分类器（如图 14-23 所示）中。标记为 + 的分类器输入表示该特征有可能指示了我们想要的结果，而 – 表示它是反指示的，0 表示这个特征没有作用。

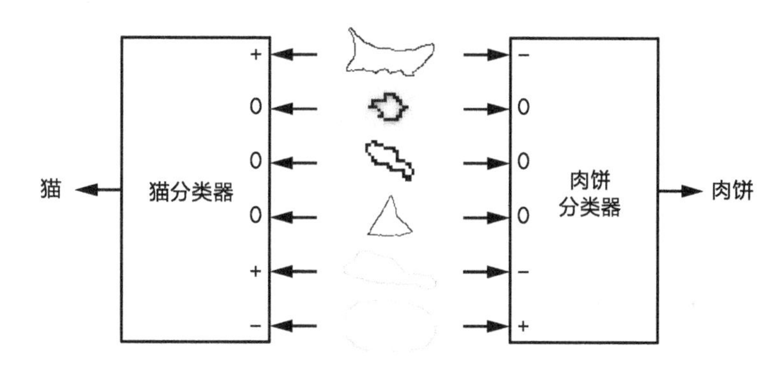

图 14-23　特征分类

注意，我们的图像中有一些信息可以用来改进朴素分类，比如猫玩具。它们通常和猫在一起，但很少和肉饼联系在一起。

图 14-24 总结了特征分类的步骤。

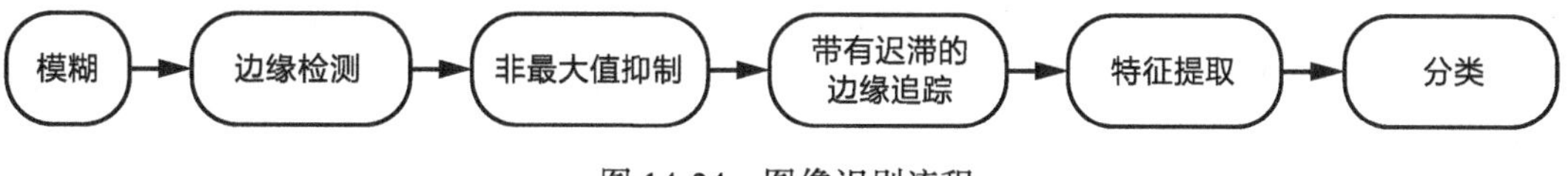

图 14-24　图像识别流程

肉饼是静止的，猫却经常四处走动，还摆出各种可爱的姿势。我们的示例将只对样本图像中的对象有效，分类器不会辨认出图 11-44 中的图像是一只猫。而且由于图片内容问题，它几乎不可能识别出图 14-25 中的猫其实是肉饼。

图 14-25 是猫还是肉饼

14.2.6 神经网络

在某种程度上，我们用什么数据来表示对象并不重要，我们需要能处理世界中大量的变化。就像人一样，计算机无法改变输入。我们需要更好的分类器来处理这些变化。

人工智能领域中使用的方法之一是模仿人类行为。我们很确定*神经元*在人脑中发挥了很大作用。人类身体中大约有 860 亿个神经元，它们并不都在“大脑”中——神经细胞也是神经元。

你可以把神经元看成是第 2 章的逻辑门和第 6 章的模拟比较器的交叉。图 14-26 所示的是神经元的简化图。

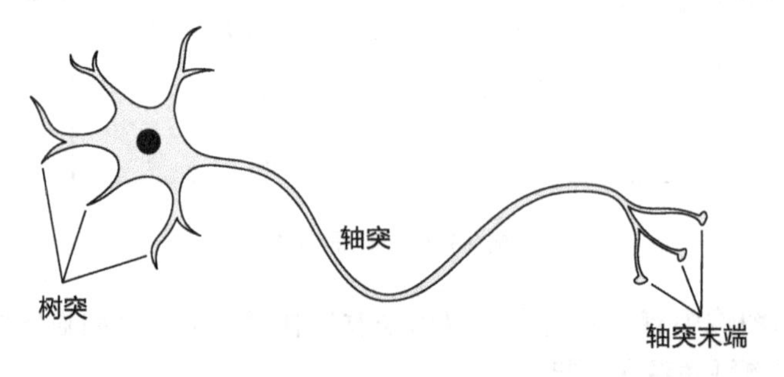

图 14-26 神经元

*树突*是输入，*轴突*是输出。*轴突末端*只是轴突与其他神经元的连接，神经元只有一个输出。神经元和 AND 门之类的不同之处在于，并不是所有神经元的输入都被平等地对待。请看图 14-27。

将每个树突输入值乘以一定的权重，然后将所有的加权值加在一起。这类似于贝叶斯分类器。如果这些值小于*动作电位*，比较器输出为 `false`；否则，输出为 `true`，通过将触发器输出设置为 `true`，使神经元激活。轴突输出是一个*脉冲*，只要它的输出为 `True`，翻转开关就会被复位，输出又会回到 `false` 状态。神经科学家会对比较器有滞后性的描述提出质疑，生物体内的神经元是有滞后性的，但是滞后是时间依赖性的，而这个模型不是。

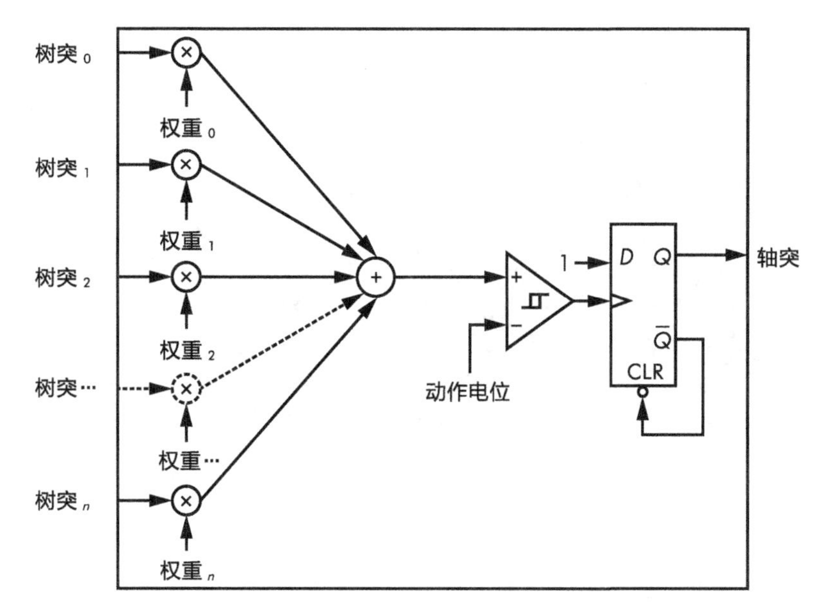

图 14-27　一个神经元的简化门模型

神经元就像门一样，因为虽然神经元很“简单”，但可以被连接在一起组成复杂的“电路”，或者称之为*神经网络*。神经元的关键要点是，它们由加权输入决定是否被激活。多个输入的组合可以使得一个神经元被激活。

美国心理学家 Frank Rosenblatt（1928—1971）发明的*感知器*是人工神经元的第一次尝试。图 14-28 为示意图。感知器的一个重要方面是输入和输出是二进制的，输入和输出的值只能为 0 或 1。权重和阈值是实数。

感知器在人工智能世界里创造了很多令人振奋的东西。但后来人们发现，感知器对某些类型的问题没有作用，这导致了所谓的“人工智能寒冬”，在此期间人工智能领域资金枯竭。

问题在于感知器的使用方式。它们被组织为一个单一的“层”，如图 14-29 所示，其中每个圆是一个感知器。

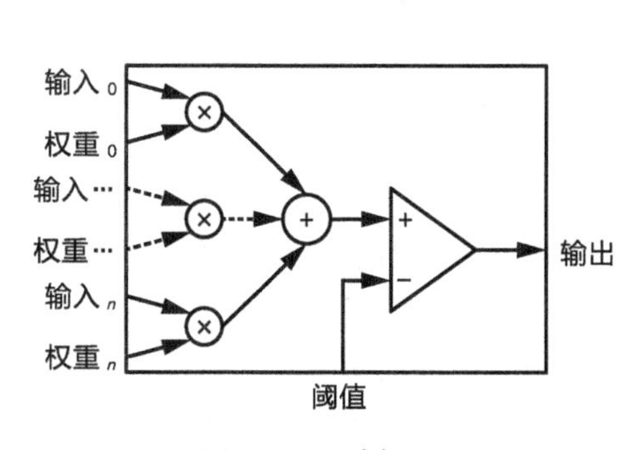

图 14-28　感知器

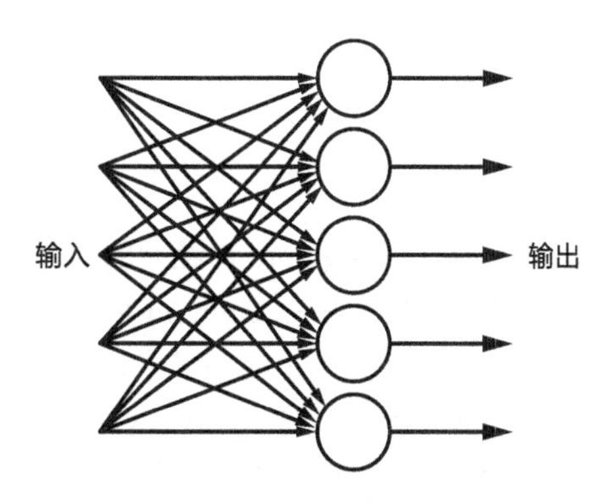

图 14-29　单层神经元网络

输入可以进入多个感知器，每个感知器做出一个决定并产生一个输出。多层神经网络的发明解决了感知器的许多问题，如图 14-30 所示。

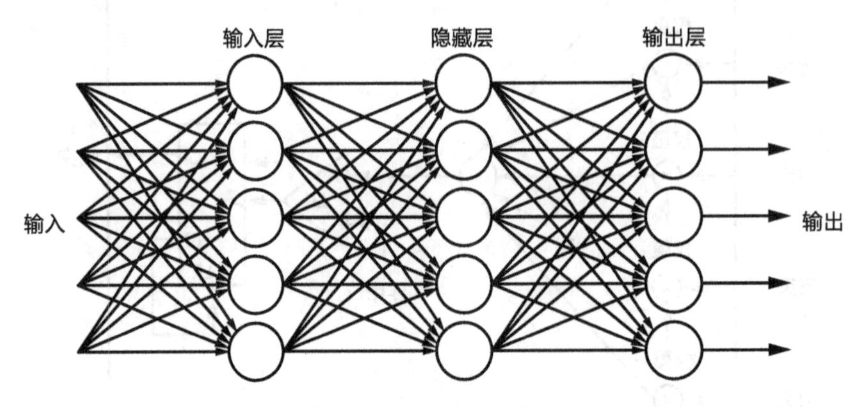

图 14-30　多层神经元网络

图 14-30 所示的也被称为前馈神经网络，因为每层的输出都会被前馈到下一层。前馈神经网络可以含有任意数量的隐藏层，将其命名为隐藏层是因为它们既不与输入也不与输出相连。虽然图 14-30 显示了每层中神经元的数量相同，但实际并不要求每层中神经元的数量相同。对于每个特定的问题，确定每层的层数和神经元数量是一门黑色艺术，不在本书的讨论范围之内。这样的神经网络比简单的分类器能力要强得多。

神经科学家们还不知道树突权重是如何被确定的。计算机科学家必须想出解决办法，否则，人工神经元将毫无用处。感知器的数字特性使得这个问题很难被解决，因为权重的微小变化不会导致输出的比例变化，输出的比例要么为 1 要么为 0。一种不同的神经元设计，即 sigmoid 神经元，通过用 sigmoid 函数代替感知器比较器来解决这个问题，sigmoid 函数只是一个 S 形曲线函数的名字。图 14-31 展示了感知器传递函数和 sigmoid 函数。当然，图 14-31 看起来很像在第 2 章中讨论的模拟和数字，不是吗？

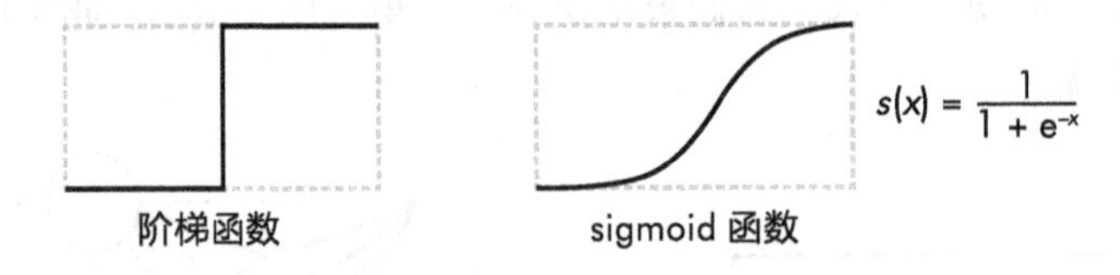

图 14-31　人工神经元传递函数

图 14-32 展示了 sigmoid 神经元的内部结构。

这里不明显的一点是，sigmoid 神经元的输入和输出都是“模拟”浮点数。为了准确起见，在 sigmoid 神经元中也使用了一种偏置，但偏置并不是我们这里理解的必要条件。

用 sigmoid 神经元构建的神经网络的权重可以用一种称为反向传播的技术来确定，这种技术曾经失传又被重新发现，发表在 1986 年 David Rumelhart（1942—2011）、Geoffrey Hinton 和 Roland Williams 的论文中。反向传播使用了大量的线性代数，所以我们将忽略细节。你可能已经学会了如何在代数中求解联立方程组。线性代数在大量方程和大量变量的情况下发挥很大作用。

反向传播背后的一般思想是，为已知的东西提供输入。对输出进行检查，如果我们知道输入代表一只猫，那么我们期望输出为 1 或非常接近 1。我们可以计算出一个*误差函数*，即从期望输出中减去实际输出。然后调整权重，使误差函数值尽可能接近 0。

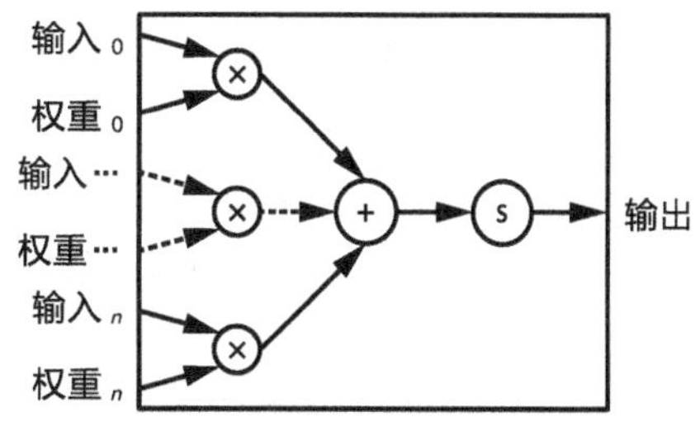

图 14-32　sigmoid 神经元

这通常是用一种叫作*梯度下降*的算法来完成的，如果你不喜欢数学，梯度下降对你来说就像但丁堕入地狱。让我们用一个简单的例子来处理它。记住“梯度”只是“斜率”的另一种表达方式，我们将尝试不同的权重值并绘制误差函数的值。这个值可能看起来像图 14-33，类似于显示山脉和山谷的地形图。

梯度下降所涉及的就是在地图上滚动一个球，直到它落在最深的山谷里。这就是误差函数的最小值。我们将权重设置为表示球位置的值。这个算法有一个奇特的名字是因为我们对非常大的权重进行了处理，而不仅仅是例子中的两个。当多层中有权重时，情况就更复杂了，如图 14-30 所示。

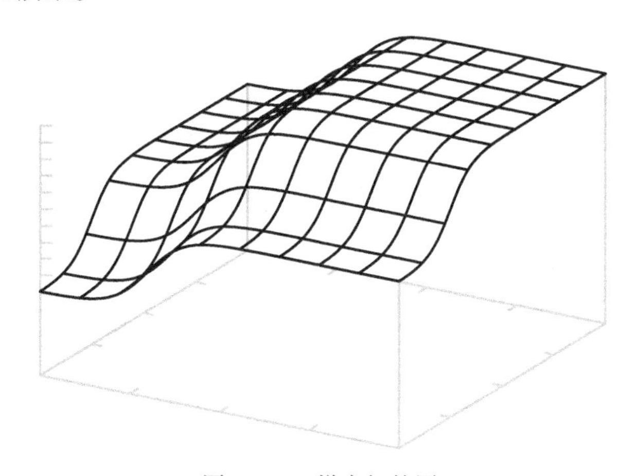
图 14-33　梯度拓扑图

你可能已经注意到我们在图 14-27 看到的输出脉冲机制神秘消失了。到目前为止，我们看到的神经网络本质上是组合逻辑，而不是序列逻辑，并且是有效的 DAG。有一种序列逻辑变体称为*递归神经网络*，不是一个 DAG，这意味着一层神经元的输出可以与前一层神经元的输入相连接。输出的存储和整个混乱的时钟是阻止它爆炸的原因。这些类型的网络在处理输入序列方面表现良好，例如处理笔迹和语音识别。

另一种对图像处理特别有用的神经网络变体是*卷积神经网络*。你可以把它想象成有一个像素值数组的输入，类似于我们之前看到的卷积核。

神经网络的一个大问题是，它们可能会被糟糕的训练数据“毒害”。我们无法猜测小时候看太多电视的孩子成年后会做出什么样的异常行为，对于机器学习系统也是如此。未来可能存在机器心理治疗师，尽管很难想象坐在机器旁边对一台机器诉说自己内心的悲伤。

神经网络的底线是它们是非常有能力的分类器。神经网络可以被训练成将大量的输入数据转换成小数量的输出，这些输出将以我们想要的方式描述输入。这个过程称为降维。现在我们要弄清楚如何处理这些信息。

14.2.7 使用机器学习数据

我们如何使用分类器输出构建类似于自动驾驶番茄酱瓶的东西？我们将使用图 14-34 所示的测试场景。我们一次移动番茄酱瓶一个正方形格子，把它看作棋盘上的国王，目标是击中肉饼的同时别击中猫。

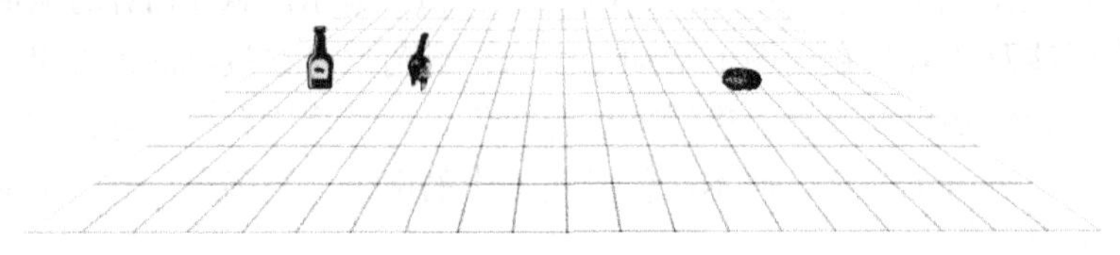

图 14-34 测试场景

在这个“教科书的例子”中，分类器给出了猫和肉饼的位置。因为两点之间最短的距离是直线，而且我们在整数网格上，所以到达肉饼最有效的方法是使用 11.2.1 节中的 Bresenham 画线算法。当然，它必须按如图 14-35 所示修改，因为猫肯定会打翻番茄酱瓶的。

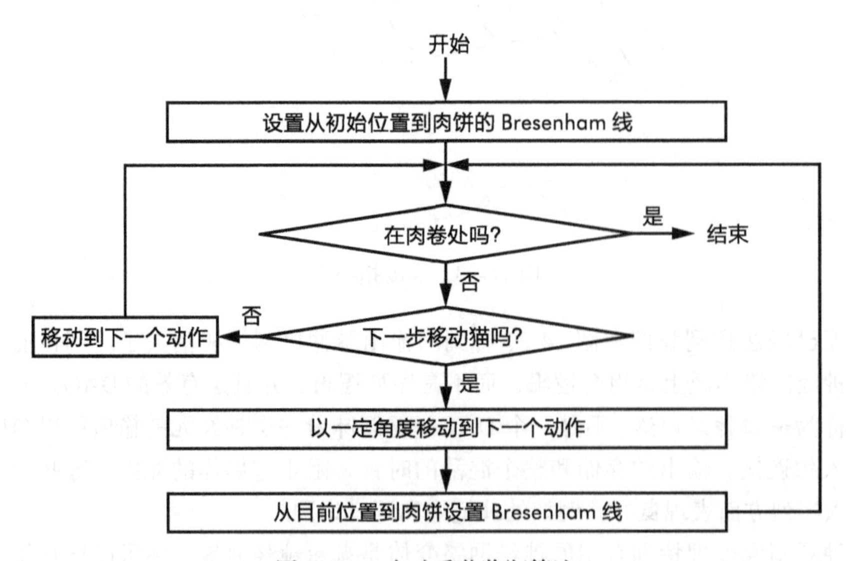

图 14-35 自动番茄酱瓶算法

如你所见，这很简单。我们让番茄酱瓶直奔肉饼，如果猫挡了道，我们先降慢移动速度，然后再直奔肉饼。当然，在现实世界中会变得复杂得多，现实世界中不仅猫会移动，而且可能还有其他障碍。

现在让我们看看另一个机器智能的子领域，看看解决这个问题的不同方法。

14.3 人工智能

早期的人工智能成果（如学习跳棋和解决各种逻辑问题等）令人振奋，使人工智能领域聚集了大量的资金。不过，这些早期的成果并没有被扩展到更困难的问题上，后来投入到人工智能领域的资金一度枯竭。

1956 年，达特茅斯研讨会的与会者之一是美国科学家 John McCarthy（1927—2011），他在麻省理工学院设计了 LISP 编程语言。这种语言在早期的人工智能工作中被广泛使用，LISP 代表 List Processor，不过熟悉该语言语法的人都知道 LISP 编程语言有很多乏味的括号。

LISP 为高级编程语言引入了几个新概念。当然引入当时的新概念在 1958 年并不难，因为当时只存在 FORTRAN 这一种高级语言。LISP 包含了单链表（见第 7 章）作为数据类型，程序作为指令列表。这意味着程序可以自我修改，这是 LSIP 与机器学习系统的一个重要区别。神经网络可以调整权值，但不能改变算法。因为 LISP 可以生成代码，所以它可以修改或创建新的算法。JavaScript 也支持自修改代码，尽管在 Web 的最小约束环境中这样做很危险。

早期的人工智能系统很快受到可用硬件技术的限制。当时用于研究的最常见的机器是 DEC PDP-10，它的地址空间最初被限制为 256K 个 36 位字，最终扩展到 4M。但这仍不足以运行本章中的机器学习示例。美国程序员 Richard Greenblatt 和计算机工程师 Tom Knight 于 20 世纪 70 年代初开始在麻省理工学院开发 Lisp 机器，一种优化后可以运行 LISP 的计算机。然而，即使在 Lisp 机器的全盛时期，也只有几千台机器被制造出来，可能是因为通用计算机正在以更快的速度前进。

随着专家系统的引入，人工智能在 20 世纪 80 年代开始回暖。这些系统帮助用户，如医疗专业人员，通过知识数据库提出问题和指导他们。这听起来应该很熟悉，这是我们第 10 章“猜动物”游戏的一个重要应用。

我们将用遗传算法来解决自动驾驶番茄酱瓶子问题，遗传算法是一种模仿进化的技术（见图 14-36）。

我们随机创建一组汽车单元格，每个单元都有一个位置和一个移动方向。将每个单元格移动一步，然后计算“优度”分数，在本例中使用距离公式。为了产生一个新的单元格，我们消除两个表现最差的单元格。因为这是进化，我们也会随机突变其中一个单元格。我们继续前进，直到其中一个单元格到达目标。生成的程序就是单元格为达到目标所采取的步骤。

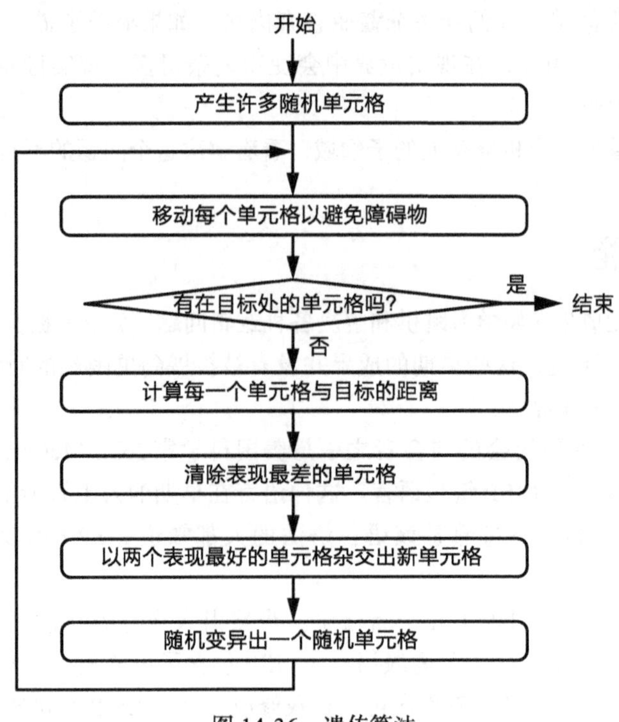

图 14-36 遗传算法

让我们看看用 20 个单元格运行该算法的结果。我们很幸运，在 36 次迭代中找到了图 14-37 所示的解决方案。

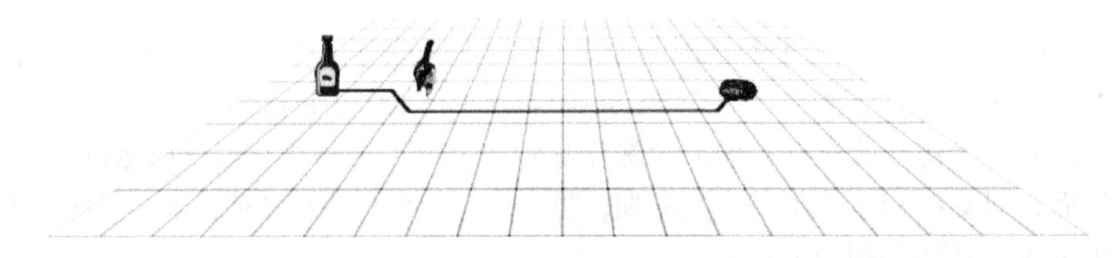

图 14-37 好的遗传算法的结果

我们的算法创建了列表 14-1 中的简单程序来实现目标。重要的一点是这个程序不是由程序员编写的，而是由人工智能为我们编写的。变量 *x* 和 *y* 是番茄酱瓶的位置。

列表 14-1 产生的代码

```
x++;
x++;
x++; y++;
x++;
x++;
x++;
```

```
x++;
x++;
x++;
x++;
x++;
x++;
x++; y--;
```

当然，作为遗传，它是随机的，并不总是那么干净利落。再一次运行程序需要 82 次迭代才能找到图 14-38 中的解决方案。

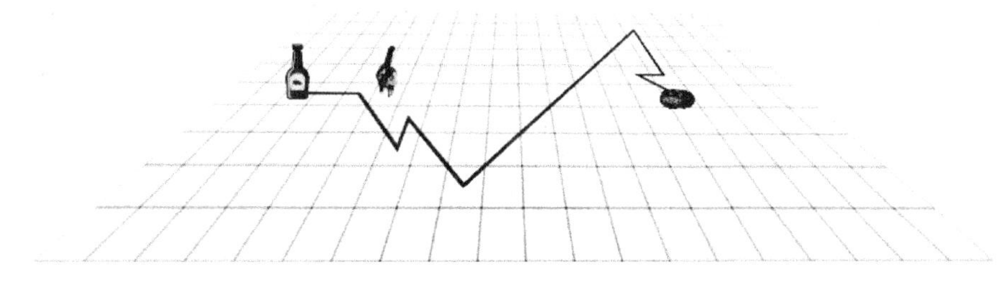

图 14-38　奇怪的遗传算法的结果

你可以看到，人工智能程序可以产生令人惊奇的结果。但人工智能和孩子们探索世界时所想到的并没有什么不同，只是人们现在更加关注人工智能了。事实上，很多人工智能的成果都是在很久以前就被预言出来的。例如，曾经有过报道，一家公司的人工智能系统创造出了专用语言来互相交流。对于看过 1970 年科幻电影 *Colossus: The Forbin Project* 的人来说，人工智能不是什么新鲜事。

14.4　大数据

如果到目前为止，介绍的例子还不明显，那么让我们来处理大量的数据。高清（1 920 × 1 080）摄像机每秒产生大约三分之一千兆字节的数据。大型强子对撞机生成数据的速度约为 25GiB/s。据估计，网络连接的设备生成数据的速度约为 50GiB/s，高于 25 年前的约 1MiB/s。不过，这些信息大多是垃圾信息，挑战在于挖掘有用的部分。

大数据是一个移动的目标，它指的是极大和复杂的数据，无法使用当今技术中的暴力技术进行处理。25 年前，这一技术还不算太多，但它使用的是当前的数据量。数据收集所需的能力总是超出数据分析所需的能力，因此需要灵活先进的技术。

*大数据*一词不仅指分析，还指数据的收集、存储和管理。出于我们处理大数据的目的，我们主要关注分析部分。

收集到的大量数据本质上是个人的。让陌生人知道你的银行账户信息或病史不是个好主意。为一个目的收集的数据常常被用于另一个目的。例如，纳粹利用人口普查数据来识别和定位犹太人的身份，而美国人口普查数据则被用来定位和围捕日裔美国人，尽管法律上有规定：数据中的个人身份部分将保密 75 年。

许多用于研究目的的数据以“匿名”的形式被发布，匿名意味着个人身份信息已被删除。但并不是那么简单，大数据技术通常可以从匿名数据中重新识别出个人身份。许多旨在使重新识别变得困难的政策，实际上使其变得更容易。

在美国，社会保障号码（SSN）经常被滥用作为个人识别码。它完全不是为这种用途而设计的。事实上，社会保障卡上有“不用于身份识别”的字样，不过很少被执行，现在有大量的违规情况。

SSN 有三个字段：三位数的区号（AN）、两位数的组号（GN）和四位数的序列号（SN）。区号是根据申请表上邮寄地址的邮政编码分配的。组号是按已定义但非连续的顺序分配的。序列号是连续分配的。

2009 年，卡内基–梅隆大学的一组研究人员发表了一篇论文，展示了一种成功推测 SSN 的方法。两个事物的存在使推测 SSN 变得简单。首先是死亡总档案的存在，一份由社会保障局提供的死者名单，表面上的目的是防止欺诈。它包括姓名、出生日期、死亡日期、SSN 和邮政编码。死者的名单如何能帮助我们猜测生者的 SSN？

好吧，这不是唯一的数据。选民登记名单包括出生数据，许多在线档案也是如此。

死亡总档案中 AN 和邮政编码的统计分析可用于将 AN 与地理区域联系起来。分配 GN 和 SN 的规则很简单。因此，死亡总档案信息可用于将 AN 映射到邮政编码。单独获得的出生数据也可以链接到邮政编码。这两个信息源可以交错，按出生日期排序。死亡总档案中 SSN 序列中任何不连续的缺口都是一个活着的人，他的 SSN 在亡者 SSN 之前和之后的条目之间。示例如表 14-2 所示。

表 14-2　数据的聚合

死亡总档案			猜测的 SSN	出生记录	
姓名	DOB	SSN		DOB	姓名
John Many Jars	1984-01-10	051-51-1234			
John Fish	1984-02-01	051-51-1235			
John Two Horns	1984-02-12	051-51-1236			
			051-51-1237	1984-02-14	Jon Steinhart
John Worfin	1984-02-20	051-51-1238			
John Bigboote	1984-03-15	051-51-1239			
John Ya Ya	1984-04-19	051-51-1240			
			051-51-1241	1984-04-20	John Gilmore
John Fledgling	1984-05-21	051-51-1242			
			051-51-1243	1984-05-22	John Perry Barlow
John Grim	1984-06-02	051-51-1244			

（续）

死亡总档案			猜测的 SSN	出生记录	
姓名	DOB	SSN		DOB	姓名
John Littlejohn	1984-06-03	051-51-1245			
John Chief Crier	1984-06-12	051-51-1246			
			051-51-1247	1984-07-05	John Jacob Jingleheimer Schmidt
John Small Berries	1984-08-03	051-51-1250			

当然，推测 SSN 并不像这个例子这么简单，但是也不难。例如，我们只有在死亡总数据中存在空白时才知道 SSN SN 的范围，例如 John Chief Crier 和 John Small berries 之间显示的数据。许多组织经常要求你提供 SSN 的最后四位数字以供识别。从这个例子中可以看出，这些是最难猜到的，所以不要在被问到的时候把它们说出来。争取一些其他的识别手段。

以下是另一个例子。马萨诸塞州集团保险委员会（GIC）公布了匿名医院数据，目的是改善医疗保健和控制成本。马萨诸塞州州长 William Weld 向公众保证病人的隐私会受到保护。你也许能看出这是怎么回事了，从道德的角度来看，他应该保持沉默。

1996 年 5 月 18 日，Weld 州长在一次仪式上晕倒，被送往医院。麻省理工学院的研究生 Latanya Sweeney 知道州长住在剑桥，她花了 20 美元购买了该市完整的选民名册。她将 GIC 数据与选民数据相结合，就像我们在表 14-2 中所做的那样，轻松地将州长的数据非对称化。于是她把他的健康记录（包括处方和诊断）呈交给 Weld 州长。

虽然这是一个容易实现的案例，因为州长是一个公众人物，但是你的手机的计算能力可能比 1996 年 Sweeney 能实现的还要强。今天的计算资源使处理更困难的情况成为可能。

14.5 本章小结

在这一章中，我们讨论了很多非常复杂的材料。你了解了机器学习、大数据和人工智能是相互关联的。你还了解到，如果想涉足这个领域，还需要掌握更多的数学课程。

Chapter 15 第 15 章

现实世界的考虑

我写这本书，希望它可以成为学习编程的人的伙伴，你可能也希望从这本书中了解一些关于软件和运行软件的硬件。你可能认为你已经做好成为一名程序员的准备了。但是编程不仅仅是了解硬件和编写代码。你怎么知道要写什么代码？你怎么去写它？你怎么知道它是有效的？

这些并不是你面临的唯一重要的问题。其他人能不能想出如何使用你的代码？其他人添加功能或查找并修复代码错误容易吗？让你的代码在编写它的硬件之外的硬件上运行的难度有多大？

本章涵盖与软件创建相关的各种主题。虽然你可以独自待在一个有够多垃圾食品的小屋子里自己做一些小项目，但大多数项目都是团队合作完成的，我们需要与人打交道。有时团队合作比你想象的要难，被我们称之为人的硬件 / 软件系统，比最可怕的物联网还可怕。忘记文档吧，即使你能找到需要的文档，它也已经过时了。

这就是为什么这一章也涵盖了一些成为程序员所面临的哲学和实践问题。是啊，我就想通过这本书传递一些来之不易的智慧。

15.1 价值主张

当你在做一个项目的时候，应该铭记一个问题："我在增加价值吗？"我说的不是完成某项任务的内在价值，而是提高生产力。

如果你以编程为生，领导设定的任何目标你都需要尽力达到。当然，实现这些目标的方法不止一种。你可以做你被要求做的来维持生活，或者，你可以思考管理层没有想到的事情。例如，你意识到你的代码在另一个项目中是有用的，并对其进行结构化，使其易于重用。或者，你可能会感觉到，你的任务是实现一个普遍问题的特殊情况，并解决这个普遍问题，为将来增强功能铺平道路。当然，你应该和管理层谈谈，这样他们就不会因为这个普遍的问题被解决而感到惊讶了。

你可以通过使自己精通各种技术来增加自己的价值。业余项目是获得经验的一种常见方式，这相当于做作业，但更有趣。

人们试图增加自我价值的一个经典方式是创造工具。创造工具带来的问题比我们之前认为的更棘手，因为有时为自己增值会降低他人的价值。人们经常创建新的工具，因为他们认为现有的功能缺失他们需要的功能。make 工具套件（由 Stuart Feldman 于 1976 年在贝尔实验室发明）是一个很好的例子，它用于构建大型软件包。随着时间的推移，人们需要新的功能。其中一些功能被添加到 make 中，但在其他情况下，人们创建了善意但缺乏兼容性的工具，它们执行类似的功能。（例如，我曾经为一家公司做过咨询，这家公司自己编写文档，只是因为他们没有费心去完全阅读 make 文档，而且不知道它会完全满足他们的需要。）现在有 make、cmake、dmake、imake、pick-a-letter-make 和其他程序，它们都以不兼容的方式执行类似的操作。结果就是像你们这样的实践者需要自学多种工具。工具越来越多了，每个人的工作生活更艰难了，而不是更容易。创造工具不会增加价值，反而会降低价值。图 15-1 很好地总结了这种情况。

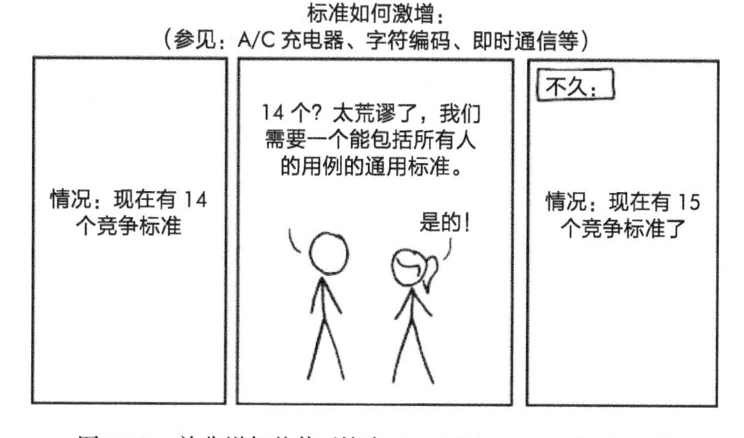

图 15-1 并非增加价值（摘自 Randall Munroe, xkcd.com）

给别人制造负担并不会增加价值。有经验的项目经理知道，以他们喜欢的方式做已经做过的事情很少能增加价值。相反，做已经做过的事情显示了作为一个程序员的不成熟。尽可能改进现有的工具，因为更多的人将能够使用这些工具。节省为新事物制造新工具的金钱和精力。确保自己完全理解现有的工具，因为这些工具有的功能可能比你第一眼看到的更强大。

破坏发布代码的生态系统并不会增加价值。许多开发者表现得好像他们是在另一个国家度假的典型美国人，或是我岳父来我家探望时的那种“我是你家客人，按我的方式做事”

的态度。

例如，UNIX 系统有一个命令，用于显示程序的手册页。你可以输入 `man foo`，它会显示 `foo` 命令的页面。还有一个约定，真正复杂的命令，比如 `yacc`，既有程序手册页面，也有更长、更深入的文档，详细描述了程序的细节。当 GNU 项目（稍后我将讨论）向 UNIX 添加命令时，它使用自己的 `texinfo` 系统来编写手册，这个手册与 `man` 系统不兼容。结果是用户必须同时试着使用 `man` 和 `info` 命令来查找文档。即使像一些人所相信的那样，GNU 方法更优越，但是任何可能的好处都被 UNIX 社区支离破碎的生态系统造成的巨大生产力损失所抵消了。

还有许多其他示例，例如用 `systemd` 替换 `init` 系统。正如本章后面讨论的，UNIX 哲学的一个重要部分是模块化设计，但是 `systemd` 用一个巨大的单体怪物取代了模块化 `init` 系统。没有人试图在现有系统中加装新功能。整个用户群都失去了生产力，因为他们不得不学习一个新系统，而这个系统基本上就是老系统所做的。如果在现有系统中添加多线程和其他新功能，则会增加更多价值。

另一个例子是 `jar` 程序工具包，它是 Java 编程环境的一部分。而 `tar` 程序工具包创建于 20 世纪 70 年代，用于将多个文件打包到一个文件中。这解决了一个使用磁带存储引发的问题。Mag 磁带是一种块设备，将文件打包在一起可以使用整个块，从而提高效率。最早出现在 Windows 上的 ZIP 文件也是类似的。不过，Java 并没有使用这些现有格式中的任何一种，而是开发了自己的格式。结果是，用户现在需要学习另一个命令。

所以，不要成为一个类似“丑陋的美国人”这样的程序员，要学会与生态系统合作，而不是对抗它。以“惊异值最低”为指导。如果你的工作看起来是现有编程环境的自然延伸，那么你就增加了价值。

15.2 来龙去脉

在讨论更实际的问题之前，让我们先看看我们是如何做到如今的成就的。这个领域发生的事情比我们在这里所能提到的要多得多，所以我们只谈一些重要的历史事件和一些更近期的发展。

15.2.1 短暂的历史

很久以前，有些人靠卖计算机赚钱，那时计算机真的很贵。软件是为了帮助销售计算机而编写和分发的。当时盛行通过分享和合作来改进软件的文化。随着计算机的普及，越来越多的人编写和共享软件。

Multics 操作系统在巨大的 GE645 主机上运行，是由贝尔实验室、通用电气公司和麻省理工学院在 20 世纪 60 年代共同开发的。贝尔退出了这个项目，在那里工作的 Ken Thompson 和 Dennis Ritchie 开始尝试一些想法，那是他们在使用数字设备公司（Digital

Equipment Corporation，DEC）生产的小型计算机开发 Multics 操作系统时产生的一些关于文件系统的想法。他们开发出了一个创新的新操作系统，称为 UNIX，它体现了一种新的极简主义和模块化的软件理念。虽然一开始并没有计划，但它成了第一个可移植操作系统，这意味着它可以在多种类型的计算机上运行。本书中的 UNIX 一词指的是所有类似的系统，包括 Linux、FreeBSD、NetBSD、OpenBSD 和 macOS。微软 Windows 系统是唯一一个例外，但是即便如此，它也加入了越来越多的 UNIX 特性——例如，用于联网的套接字模型。

贝尔并不是唯一一个走自己的路的 Multics 项目参与者。不相容分时系统（ITS）是在麻省理工学院开发的，虽然它包含了许多开创性的特性，但它最有影响力的贡献无疑是 Emacs（编辑器宏）文本编辑器，它最初是 DEC TECO（文本编辑器和更正器）文本编辑器的一组宏。ITS 和 Emacs 的用户界面影响了 GNU 项目，GNU 项目也始于麻省理工学院。

当 Ken Thompson 在休假年到加州大学伯克利分校任教时，他带着一本 UNIX 的副本。这产生了巨大的影响，至今仍在起作用。学生们从此可以接触到真正的工作系统。他们可以检查代码，看看程序是如何运行的，并且可以进行更改。不仅如此，他们还接触到了哲学。伯克利开发了自己的 UNIX 版本，伯克利软件发行版简称为 BSD。

学生们给这个系统增加了许多新的重要功能。BBN 的网络协议栈是互联网的基础，在伯克利的 UNIX 中集成，现在无处不在的套接字接口就是在这里诞生的。大学毕业生开始使用 BSD 版本的 UNIX，并成立了 Sun Microsystems 这样的公司，该公司生产基于 UNIX 的商业系统。

个人计算机改变了这个局面。突然间，写软件的人不再是卖计算机的人了，所以写软件的人要为软件收费了。但是，人们仍然持有一种态度，"我们靠做编程这种酷酷的东西谋生是很好的。"当比尔·盖茨（微软的创始人之一）出现时，情况发生了戏剧性的变化。从大量的法庭证词中可以明显看出，他的重点是赚钱。如果他必须做一些很酷的事情来赚钱，他会这么做，但他优先考虑的事情与业内其他人相反。这事情是怎样改变的？

软件开发开始更多地被政治、律师和有时不光明的行为所驱动，而不是被卓越的工程所驱动。这种方法通常侧重于打压会与现有产品产生竞争的创新。例如，微软从 MS-DOS——一个从美国计算机程序员 Tim Paterson 那里购买的程序开始。微软让这个程序自生自灭，因为他们从中赚了很多钱。一家名为 Digital Research 的公司推出了名为 DR-DOS 的改进版本。当微软发布 Windows 时，它的原始版本运行在 DOS 上，包含一段隐藏的加密代码，用于检查系统是否运行 MS-DOS 或 DR-DOS，如果发现 DR-DOS，就会产生虚假错误。这使得 DR-DOS 在市场上并不成功，尽管它可能是一款性价比更高的产品。

然而，不仅仅是微软，苹果还起诉 Digital Research 在一款名为 GEM 的产品中"复制"了苹果的用户界面。Digital Research 最终可能会胜诉，但在这一过程中 Digital Research 却破产了，苹果的财力更雄厚，能承担长时间的诉讼。讽刺的是，苹果的用户界面实际上也是从 Xerox Alto 复制的。

不幸的是，这种心态一直延续到今天，受到威胁的大玩家诉诸法庭，而不是通过创新来摆脱困境。这样的例子比比皆是，比如 SCO 对 IBM, Oracle 对谷歌，苹果对三星，三星对苹果，Intellectual Ventures 空壳公司对世界，等等。

个人计算机在 20 世纪 80 年代中期流行起来。在计算机上运行 UNIX 不太现实，因为个人计算机的硬件缺少内存管理单元（见第 5 章），尽管存在一种名为 Xenix 的 UNIX 变体可以在原始 IBM PC 硬件上运行。

大学开始使用运行微软 Windows 的个人计算机来教授计算机科学，因为个人计算机价格低廉。然而，与 UNIX 时代来自加州大学伯克利分校和其他学校的毕业生不同，这些学生无法查看系统的源代码。他们熟悉的系统比 UNIX 要先进得多。因此，这个时代的毕业生往往与以前的毕业生并不一样。

Richard Stallman 在 1983 年开始的 GNU（GNU 的非 UNIX）项目，部分为了解决源代码的封闭性问题。他的目标是创建一个免费的、不违法的 UNIX 版本。今天我们称之为“自由开源软件”或 FOSS。*开源*意味着源代码可以供其他人查看，更重要的是，可以由他人修改和改进。Stallman 与他的律师合作，创造了一个*非营利版权*，即一种可以被人们用来保护他们软件的版权的变体。非营利版权实质上说，只要其他人也遵守相同的条件，就可以自由地使用和修改代码。换句话说，“如果你能和别人分享你的代码，我们也会和你分享我们的代码。”GNU 项目在重新创建如 `cp` 等 UNIX 实用程序以及可能最重要的 `gcc` C 编译器方面，做了很大的贡献，但是 GNU 项目团队自己创建操作系统的速度很慢。

Linus Torvalds 在 1991 年开始研究现在称为 Linux 的操作系统，部分是因为在当时还没有 GNU 操作系统。在很大程度上，这项工作之所以可以实现，是因为 GNU 工具（如 C 编译器）和支持协作的新兴互联网的存在。Linux 已经非常流行了。它在数据中心（云）中被大量使用，它是 Android 设备中的底层软件，在许多设备中都有使用。这本书也是在 Linux 系统上写的。

大公司最初对使用开源软件持怀疑态度。谁会来修复这些 bug？这个问题有点可笑，如果你曾经向微软、苹果或其他大公司报告过一个 bug，就会知道它会引起多大的关注了。1989 年，John Gilmore、DV Henkel-Wallace（又名 Gumby）和 Michael Tiemann 成立了 Cygnus Support，为开源软件提供商业支持。它的存在大大提高了公司使用开源软件的意愿。

Linux 和 GNU 给我们带来了一个新的黄金时代，就像伯克利 UNIX 时代一样。不过，Linux 和 CNU 并没有那么闪耀，因为它们是一些来自 PC 时代的人在没有真正理解这一理念的情况下做出的改变。特别是，一些没有随 UNIX 一起成长的程序员，正在用巨大的单体程序替换小的模块化组件，从而降低了生态系统的价值。

15.2.2 开源软件

尽管一些老牌的封闭源码公司大张旗鼓地宣传封闭源码软件，开源软件还是获得了广泛的成功。例如，尽管微软的高级人员在内部秘密使用开源工具，但他们仍然声称：“开源是对知识产权的破坏。对于软件业和知识产权行业来说，无法想象会有比把代码开源更糟糕的事情。”开源软件的一个主要优点是有更多的人来检查代码，这提供了更高的安全性和可靠性。另一个优点是它允许程序员在其他人的工作基础上进行构建，而不必重新设计一切。即使你使用的是封闭源代码的计算机系统，也很有可能仍然使用一些开源组件。就连微软似乎最近也看到了开源软件的曙光，在其系统上提供了许多 UNIX 工具。

互联网和云服务极大地促进了开源软件的发展。找开源项目或者自己动手编写都很简单。但存在一个很大的问题：大多数开源项目都是无用的垃圾，就像他们的封闭源码项目一样。

很多开源软件都来自学生项目，由于那些通常是学生们的第一个项目，他们还没有掌握编写代码的艺术。当学生程序员完成他们的课程、毕业或者开始工作时，他们软件的大部分还没有完成。重写某些东西往往比理解别人写得不好的代码容易得多。这是一个恶性循环，因为重写不能总是被完成，所以存在很多不能发挥作用的不同版本的代码。例如，我需要从 MP3 文件中提取标签，我尝试了 6 个不同的开源程序，每个程序都以不同的方式失败了。由于开源软件中不佳的太多，我们很难确定哪一个是好的工作版本。

当 Richard Stallman 启动 GNU 项目时，他认为世界上到处都是与他和他的同伴水平相似的程序员。后来事实证明他的假设结果并不成立。但人们仍然相信，开源软件的优势之一是可以添加特性并修改发现的 bug。不幸的是，GNU 项目的大部分都写得很糟糕，而且完全没有文档记录，这使得对于一个普通用户甚至是一个有经验的程序员来说工作量都太大了。

某个程序是开源的，并不意味着它就是一个很好的项目案例，但是你可以从别人的代码中学到什么不该做，就像你从别人的代码中学到什么该做一样。

有两个指标，一个是正的，一个是负的，可以用来确定一段代码的质量。

正的指标是一个项目是否有多个参与者在积极开发。这个指标不适用于那些已经出现很长时间并且实际上已经“完成”了的项目。如果某个项目得到某个组织的支持，这通常会有所帮助。许多主要的开源项目源于仍在支持其开发的公司。但是，你必须警惕在公司创建的开源项目，这些项目后来被其他具有不同理念的公司收购。例如，Sun Microsystems 是开源软件（包括 Open Office、Java 和 VirtualBox）的巨头开发者。然而，Sun 被甲骨文收购，甲骨文终止了对其中一些项目的支持，并试图找到控制其他项目并从中获利的方法，详情请参见甲骨文与谷歌的诉讼。有些项目也被一些公司捐赠给支持其发展的基金会。这通常会产生一个一致的愿景，使项目保持在正轨上。这个指标不是完全可靠的，所以要谨慎对待。例如，火狐浏览器的代码库是文档记录很差的乱摊子。

负的指标是你在各种程序员“自学”网站上看到的对话类型和数量。如果你看到很多“我不知道该怎么做”和“我从哪里开始做这个改变？”的问题，那么被提问的开源代码可能不是很好。此外，如果回答大多是无用的废话，或者是尖酸刻薄、毫无帮助的，那么项目可能缺少优秀的开发人员。将自己缺少高质量的工作归咎于提问者的开发人员可不是好榜样。当然，如果一个开源代码没有任何注释或问题，这也是一个不好的信号，意味着代码可能没有被别人使用。

撇开警示性的故事不谈，开源是一件伟大的事情。让你的代码在有意义的时候开源。但首先，要学会如何写好和维护代码，这样你的代码才能成为别人的好榜样。

15.2.3 创意共享

非营利版权对于软件来说很有效，但是软件并不是唯一一个能让社会受益的领域。最初创建非营利版权时，大多数计算机应用程序都是基于文本的，图形、图像、音频和视频对于普通消费者来说太贵了。今天，作为程序的一部分，声音和视觉效果可以说和程序本身一样重要。

美国律师和学者 Lawrence Lessig 认识到艺术作品的重要性，并为其创建了一套类似于版权的许可证，称为“*知识共享*”。这些许可证有许多变体，就像软件的各种开源许可证一样。从“你可以做任何你想做的事”到“你必须给创作者荣誉”“你必须分享你所有的改变”“只允许非商业用途”，再到“不允许衍生作品”。

知识共享法律框架极大地方便了我们在他人工作基础上工作。

15.2.4 可移植性的兴起

术语*可移植性*对软件有特定的含义。可移植的代码可以在与开发它的环境不同的环境中运行。可能是不同的软件环境、不同的硬件，或者两者兼而有之。在早期的计算时代，可移植性并不是一个问题，当时只有少数几家计算机供应商，像 COBOL 和 FORTRAN 这样的标准语言允许程序在不同的机器上运行。术语可移植性在 20 世纪 80 年代变得更加重要，当时 EDA 行业（见 3.6 节）和 UNIX 的可用性使更多的计算机公司得以成立。

这些新计算机供应商将 UNIX 移植到其产品中，他们的客户不必担心。但是大约在同一时间发生了另一个变化，这些便宜的 UNIX 系统进入了商业市场，而不是仅在学术界中流行。源代码没有随这些系统一起被提供，因为终端用户永远不会自己构建程序。为了提高利润，一些公司开始收取某些 UNIX 工具的额外费用，如 C 编译器。需要这些工具的人开始使用 GNU 工具，因为它们是免费的，而且至少和原来的 UNIX 工具一样好用，而且在很多情况下更好。

但是现在，用户必须将这些工具移植到不同的系统，这点给人们带来了痛苦。不同的系统在不同的地方有头文件和库，许多库函数的行为有细微的差异。解决系统众多的头文件和库有两种方式。首先，创建 POSIX（便携式操作系统接口）等标准，确保 API 和用户环境一致性。其次，GNU 项目创建了一组*构建工具*，如 `automake`、`autoconf` 和 `libtool`，使一些系统依赖性检查自动化。不幸的是，这些工具非常神秘且难以使用。此外，它们有自己的依赖关系，因此使用特定版本的工具或者系统构建的代码通常不能用其他版本构建。

这是当今世界的状况。现代的系统和以前的系统相比彼此间更相似，因为计算机世界几乎是基于 UNIX 的。而且，虽然 GNU 构建工具很笨拙，但大部分时间都能完成工作。

15.2.5 软件包管理

开源软件，特别是 Linux，加剧了分发软件的问题。虽然人们把 Linux 称为单一系统，但从数据中心到桌面再到 Android 手机和平板电脑的基础有不同的配置。即使所有系统都具有相同的配置，每个系统也有许多不同的版本。虽然源代码是可用的，但是现在有很多代码是以预编译随时可以运行的形式分发的。

我们在 5.12 节中讨论过共享库。除非系统包含预编译程序所依赖的库的正确版本，否则，预编译程序将无法工作。一些大型程序使用大量的库，所有的库都需要展示出来，并且需要展现程序所期望的版本。

虽然有一些早期的尝试，但是*软件包管理*是在 Linux 中真正开始的。软件包管理工具允许将程序捆绑到包含依赖项列表的*软件包*中。软件包管理工具（如 `apt`、`yum` 和 `dnf`）不仅可以下载和安装软件，还可以检查目标系统的依赖性，并根据需要下载和安装它们。

这些工具可以很好地工作。但是，当不同的程序需要相同依赖项的不同版本时，这些工具往往会遇到问题。而且，由于软件包管理器不兼容，因此将软件安装在不同的系统上需要做大量的准备工作。

15.2.6 容器

*容器*是解决软件包管理问题的最新方法。它的思想是将应用程序及其所有依赖关系都捆绑到一个容器中。然后容器在环境中运行，其中容器的所有部分（比如数据文件）都与系统的其他部分保持隔离。

容器简化了软件部署，因为容器将应用程序所需的所有依赖项（库和其他程序）捆绑到一个软件包中。这意味着，只需安装一个容器化的应用程序，就可以支持你的容器类型而无须担心其他的事情。这种方法的缺点是它有效地清除了共享库（请参阅 5.12 节），导致内存利用率较低。容器本身也比应用程序大。

安全性被吹捧为容器的好处。背后的逻辑是，在同一个操作系统上运行多个应用程序可以使应用程序通过操作系统 bug 来相互干扰。虽然这可能是真的，但这只意味着需要利用不同类别的 bug。

被称为 snaps 的容器化应用程序是众多 Linux 系统上的一个选项。CoreOS，现在更名为 Container Linux，是主要的 Linux 容器开发项目之一。其中一名开发人员是第一批学习该课程笔记的人之一，而这些笔记是本书的基础，所以你有很好的同伴。

15.2.7 Java

Java 编程语言是由 James Gosling 领导的 Sun Microsystems 团队于 1991 年创建的。

Gosling 有一个跟踪记录，可以识别技术何时变化到采用不同方法的程度。在这种情况下，他意识到机器足够快，以至于口译员在许多情况下都是编译代码的实用替代品。Java 语言看起来很像 C 和 C++。

Java 背后的一个思想是，不用为每个目标机器重新编译代码，有人会为 Java 解释器完成编译代码的工作，然后你的代码只会运行。你只需编写一次代码并在任何地方运行它即可。这不是一个完全原创的概念，因为 Java 不是第一种解释语言。

Java 最初是为电视 set-top 盒子设计的（当它被称为 Oak 时）。它被重新用作在浏览器中运行代码的一种方式，该浏览器与运行浏览器的机器无关。尽管它仍然被使用，但在该环境中 JavaScript 却令其黯然失色。JavaScript 与 Java 无关，语言也不太好，但由于它不需要任何特殊的工具，因此编写起来要容易得多。

Java 很重要，它已成为一种流行的教学语言。它使用垃圾收集，使初学者摆脱了复杂的显式内存管理，这是一个很好的起点。

Java 已经不仅仅是一种语言了，它有一个完整的软件生态系统。该生态系统包含许多自定义工具和文件格式，使程序员的工作更加困难。这个生态系统非常复杂和分散，常常会听到程序员抱怨：虽然只需要编写一次代码，但安装生态系统并使其正常运行通常非常困难。

Java 的另一个缺点是围绕它发展的编程文化。Java 程序员倾向于使用数百行代码。在查看其他人的 Java 代码时，人们经常想知道实际发挥作用的行到底在哪里。其中一些源于 Java 是一种很好的面向对象语言。狂热者痴迷于拥有一个美丽的类层次结构，并经常把它放在完成工作的优先级之上。

名为 Hibernate 的 Java 数据库工具是一个很好的例子。它试图解决两个“问题”：首先，Java 类和子类在*数据隐藏*或限制内部变量的可见性方面做得很好。但是尽管隐藏了数据，类层次底部的代码仍然访问了一个全局数据库，这导致一些人哲学上的恐慌。Hibernate 在 Java 中使用特殊注释来提供数据库操作，从程序员那里隐藏事实。当然，这一切都很好，直到某些东西崩溃了，那时候我们必须面对现实。

Hibernate 所做的第二件事是在底层数据库 API 之上提供一个名为 HQL（Hibernate 查询语言）的抽象概念，它通常是 SQL（结构化查询语言）。从理论上讲，HQL 允许程序员执行数据库操作，而不必担心数据库系统之间的差异。

早在 C 编程语言正式标准化之前，编译器之间就存在许多不兼容性。人们不是发明“元 C”，而是提出了“不要使用此特性”等编程准则。如果遵循这些准则，代码将适用于任何编译器。

SQL 实现之间的差异可以以类似的方式处理，而无须引入另一种机制。同样值得注意的是，大多数严谨的 SQL 项目都包含称为*存储过程*的东西，而这些过程在各个实现之间没有兼容性。而 HQL 并没有为它们提供支持，所以错过了可能真的有用的地方。

隐藏底层数据库系统的好处并不能通过学习一种不能满足你一切需要的新语言来平衡。

15.2.8 Node.js

正如你在本书中看到的那样，JavaScript 开始成为浏览器的脚本语言。Node.js 是允许 JavaScript 在浏览器之外运行的最新环境。JavaScript 的主要吸引力是它允许以相同的程序语言编写应用程序的客户端和服务器端。

虽然理想很好，但现实却与理想有差距。我不使用 Node.js 有几个原因。第一，Node.js 发明了自己的软件包管理器。只是每个人都需要的——另一种不兼容的方法，这使得维护系统变得更加困难。相比之下，虽然 Perl 拥有自己的软件包管理器，但它也可以通过 `apt` 和 `dnf` 等系统软件包管理器提供软件包，从而避免降低价值。

第二，有数十万 Node.js 具有扭曲相互依赖性的软件包。绝大多数的软件包不适合严谨的工作。出于某种原因，Node.js 吸引坏代码。

15.2.9 云计算

云计算意味着在网络上使用别人的计算机。云计算并不是一个新概念，它是 20 世纪 60 年代提出的概念的新版本。随着科技的进步，两个因素使云计算越来越有趣：

- 网络变得更加普遍，速度急剧增快，使得流媒体音频和视频等功能成为可能，更不用再为电子邮件等内容卸载存储。
- 硬件价格已经下降到我们可以负担的了大量计算能力和存储的程度。硬件的进步促进了新的算法和方法的产生，解决了以前不可能实现的问题。当然，台式计算机也是硬件进步飞快。我目前的机器有 8 个处理器核心，64GB 的 RAM 和 28TiB 的磁盘。在我刚开始学编程的那个年代，这样的配置是不敢想象的。我写这本书的计算机的 RAM，比我 20 年前使用的计算机上的磁盘存储总量都要大。

云计算没有什么真正神奇的，它只是硬件和软件达到一定高度的产物。云计算为租赁计算资源创建了新的业务模型。

云计算促进了许多硬件包方面的创新。数据中心具有完全不同的规模经济，并且可靠性很重要。将大量机器塞入同一个空间意味着要非常注意电力和冷却。Sun Microsystems 提出的一个创意计划涉及在容器中而不是构件中建立数据中心。

15.2.10 虚拟机

过去，一个程序在一台计算机上运行一次。操作系统可以通过分时运行多个程序。但并非所有的应用程序都适用于所有操作系统，特别是当开源系统成为常态时。许多用户不得不使用运行不同操作系统的多台计算机，或者不得不重新启动计算机来运行不同的操作系统。

现在硬件的运行速度足够快，可以将整个操作系统视为应用程序，从而使同一时间运行多个操作系统变得切实可行。请记住，运行多个操作系统可能需要解释与底层物理机器不同的指令集。此外，仅仅能够运行指令集是不够的，预期的硬件环境也必须存在。

由于这些操作系统不一定直接在物理机器硬件上运行，因此它们被称为*虚拟机*。除了打破了专有的操作系统锁定之外，虚拟机还具有许多优点。它们对开发非常有帮助，特别是对于操作系统开发。这是因为当开发中的系统崩溃时，它也不会使开发系统崩溃。

虚拟机是云计算世界的支柱。你可以在云计算中租赁空间运行任何你想要的操作系统组合。

支持虚拟机的操作系统通常称为*管理器*（hypervisor）。

15.2.11　便携式设备

与云计算一样，通信技术和硬件价格 / 性能的改进使得构建具有强大功能的便携式设备成为可能。一部现代手机的计算能力和存储能力比几十年前世界上所有的计算机都要强大。除了便携性之外，现代设备没有什么新奇的地方。每种机器都有自己的生态系统和工具。

便携式设备程序面临的巨大挑战是电力管理。由于便携式设备是由电池供电的，因此必须非常小心地减少类似访问存储器这样的操作，因为它们会消耗电力，耗尽电池。

15.3　编程环境

为了生存而从事编程工作与完成个人或学校的项目不同。作为程序员意味着从他人那里获得指导，指导他人以及与他人一起工作。在学校里，没有任何教授或导师告诉过学生们这点，学生们通过一系列的在职经历才学习到合作编程。

15.3.1　你有工作经验吗

你是一个经验很少或压根没有经验的新程序员。那什么是经验呢，怎么获得的呢？

雇主总是在寻找“经验丰富的专业人员”。这意味着什么？最简单的定义是候选人恰恰具备了所有要求的技能。满足这个要求往往不切实际。例如，我在 1995 年接到一个招聘电话，他想寻找具有 5 年 Java 编程经验的程序员。我不得不解释说，即使是 Java 的开发者也不能满足他的要求，因为 Java 那时都没有“5 岁”。

编程令人满意的一点是你可以做以前从未被别人做过的事情。那么，你如何才能从一片无人涉足的空白中学到技能？经验的定义是什么？

首先，你需要夯实基础。如果只知道如何创建一个网站，你就不可能在外科机器人项目中做出什么。但更重要的是，一个人的经验是清楚他能做什么和他不能做什么。但当你还没有做到的时候，你怎么知道你能不能做到？你需要学会估计。这不仅仅是猜测，而是启发式的。

15.3.2　学会估计

作为项目团队成员你可以做的最具破坏性的事情是，无法在没有警告的情况下按时交付你的工作。这里的关键是没有警告，虽然没有人可以按时提供所有的工作，但当迟交令你意外时，团队其他成员也很难解决这个问题。

如何学会估计自身实力？通过实践。从这点开始：在你做任务之前，比如写作业，记下你对完成它需要多长时间的估计。然后跟踪记录完成任务实际花费了多长时间。一段时间后，你会发现你在估计方面越来越好。这是一个很好的做法，因为完成作业就像编程一样，总是在做以前没有做过的事情。

一种经常滥用但值得使用的管理方法是状态报告：定期生成一份简短列表，列出自上次报告以来你完成的工作、出现的问题以及下一个报告期的计划。这是跟踪作业预测的更正式方法。当状态报告显示在没有遇到问题的情况下计划没有实现，这是一个危险信号。状态报告为你提供了一种通过将估算值与实际结果进行比较来调整估算值的方法。

15.3.3 调度项目

编程项目通常比你的家庭作业复杂（除了你的编程课家庭作业）。如何估计一个更复杂的项目？

一个简单的方法是列出项目中的所有子项目。将它们放入三个适当大小的盒子中，例如 1 小时、1 天和 1 周。将这些结果相加。大多数猜测可能都错了，但平均估计总数将非常接近。状态报告是这里的关键，因为从中可以看出有些事情花费的时间比预期的要多，而其他事情花费的时间要少，从而可以跟踪原始估计。

是否使用这样的方法需要权衡，因为为一个复杂的项目生成一个完整而准确的时间表通常比只做项目需要更长的时间。而且它还没有考虑像下雪这样的意外情况。

与此相关的是如何在行业中落实项目计划，2004 年我在俄勒冈州立大学 ACM 讲座上回答观众的问题时解释过这一点。事实证明，你不可能在课堂上学到所有需要知道的东西。你会因为在某个项目上出色地完成工作而脱颖而出。你的经理会把你叫到一边说：“嘿，干得好，我们正在考虑做这个新的事情。你能告诉我需要多长时间以及花费多少钱吗？”你会感到非常自豪，以至于愿意放弃你的个人时间，详细地计算出来。你会在不知道的情况下这样做，在你的经理和你交谈之前，他们已经在脑海中有了一些数字，可能是由他们的领导给他们的。你把你的结果交给你的经理，他会回应，“额，好的，你知道的，如果需要这么长时间而且成本这么高，我们是不会做这个项目的。”你一下灵光闪现，问自己：“我想下一周有另一份工作吗？”你会说，“好吧，这是保守估计，我可以再做些调整。”现在，一件非常有趣的事情正在发生。你在对你的经理撒谎，并且他知道你在撒谎。你的经理还知道你最初计算出的时间和成本是正确的，如果允许你按照你得出的时间和成本来执行，该项目将按时在预算之内完成。此外，他们知道，如果迫使你使用更激进的数字，将使项目推迟并超出预算。但遗憾的是，经理们经常这样做。

虽然上面这个场景可能令你难以置信，但请记住 *Dilbert* 连环画的普及。

如该示例所示，安排时间时经常遇到的挑战是拒绝接受时间表和真实成本的管理。非工程师从业者将日程安排视为可以协商的事情；管理人员则认为工程师在安排时间方面过于保守，试图与他们谈判缩短预估的工程时间。这几乎总是会导致更大的问题。减少时间的唯一合法方法是删除功能。

15.3.4 决策

完成一个项目有很多方法。可以选择编程语言、数据结构等。工程师们以对做事的“正确”方式进行激烈辩论而闻名。有时项目没有开始，人们就失去了工作，因为他们无法停止争论并开始工作。激烈的讨论往往会使管理者感到不舒服。

一个普普通通的经理教了我一些解决以上问题的非常有用的方法。在项目刚开始时，他把我们所有人都召集到会议室，并告诉我们他是如何工作的。他说，将首先从技术角度做出决定。但他说，很多时候，这样做或那样做并没有技术上的原因。他说，在这种情况下，完全可以这样说：“我想这样做是因为我喜欢它。”他解释说，只要没有人喜欢其他方式，那么他就会继续。他不想听到复杂的伪技术论点，实际上只是某人为自己的特别偏好辩护，但并没有说出来。在这种情况下，这个人不仅不会如愿以偿，还可能会失去工作。这个故事的寓意是将技术需求与个人偏好分开。

在第 12 章中，你接触过这种行为，在那里，你了解到 JavaScript 承诺的实际原理和好处被对末日金字塔合理性的恐惧所混淆了。

15.3.5 与不同个性的人一起工作

我在本章前面提到编程通常涉及与他人的合作。

许多“学习编程”的教程和软件强调“编程很有趣”。我不同意这点。我的观点与意大利研究员 Walter Vannini 在他的文章“ Coding Is Not ‘Fun’, It’s Technically and Ethically Complex”中表达的一致。回顾本书介绍中的两步编程过程。向三岁的孩子解释第二步（即做实际的编程），需要对细节进行细致的关注。你可能正处于无法保持房间清洁的阶段，这并不能转化为编程。我想说编程是令人满足的。有趣的是第一步，理解问题。但那并不是充满欢乐的。

从事任何职业的人都有各种各样的个性，并非所有人都是“适应能力良好的”，程序员也不例外。虽然许多程序员具有平衡的个性，但有些人喜欢提升自己的技术实力而不是社交技能。Richard Stallman 和 Dennis Ritchie 性格天差地别，Linus Torvalds 介于二人之间。这可能是问题的根源，特别是在这个人们对词语选择高度敏感的时代。

目前媒体上有很多关于职场暴力行为的讨论。我要明确一下：职场暴力是永远不可接受的，所以不要成为施暴者，也不要让自己受到虐待。但确定什么是虐待和什么不是虐待通常很难。这是因为人们没有相同的世界观，对某人可能好的东西可能不适合另一个人。最典型的例子是苹果创始人 Steve Jobs。

你可能认为这个问题可以用一些简单的规则解决。可以是可以，但需要做一些权衡。

多年前，我和一位经理一起工作。他说，虽然他可以使他的团队成员按“好行为”做事，比如较少争论，但结果却令团队成员缺乏创造性。他感觉他的大部分工作是在消除人们性格间的差异，使人们工作效率更高。

导致问题产生的一个主要原因是，那些对自己的工作充满激情的程序员可能会对其他人的工作提出强烈的批评。一个难以接受的教训是，这不是针对个人的。我曾经有一位员工，如果我指出他的代码中有一个 bug，他会把这理解为我觉得他是一个坏人。相比之下，当同一位员工高兴地指出我的代码中的 bug 时，我的反应是“让我们一起来修复它吧，因为我们都希望它成功。”关键在于，人们要对自己有信心。试着建立你的团队成员的信心，因为自信的人不太可能把事情个人化。

与此相关的是，我曾经为某个人工作，他经常对我说，我所做的事情很愚蠢。最终，我弄清楚了是怎么回事，并对他说：“你知道吗，我终于意识到，当你说我做的事情很愚蠢时，你实际上是在说你不理解我在做什么。既然我知道了，我会尽我所能忽略你所说的。但我是人，所以每次你说‘愚蠢’时，我在接下来的几天里完成的工作就会少。所以如果你想让你的钱物有所值，你可以试着告诉我你不明白这些东西。”

沟通很重要。缺乏安全感的人的一个特点是，他们试图通过说话高人一等或用居高临下的态度让他人感到自卑。一个有安全感的人的工作就是弄清楚如何在他们能理解的水平上与他人交谈。例如，我在 1989 年 SIGGRAPH（计算机图形特别兴趣小组）会议的聚会上，听到那里有人请求另一个人帮助理解 Loren Carpenter 撰写的论文，Loren Carpenter 是第一个赢得学院奖的编程爱好者。另一个人耐心地解释了这篇论文。之后，第一个人说：“谢谢你了。回答很有帮助。我叫 Joe，你叫什么？”另一个人回答说：“我是 Loren。”请像 Loren 一样谦虚。

如果你在工作中遇到困难，需要记住一点：人力资源部门的同事不是你的朋友。他们的工作不是保护你，而是保护公司免于承担责任。

15.3.6 了解职场文化

每个公司都有自己独特的文化。找到一个符合你个性的公司是拥有成功和愉快职业生涯的关键。基于结果和基于个性的公司文化是两个极端。

Amy Wrzesniewski、Clark McCauley、Paul Rozin 和 Barry Schwartz 1997 年的文章“Jobs, Careers, and Callings: People’s Relations to Their Work”将人们的工作分为文章标题中的三类。简而言之，人们从工作中获得经济回报，从职业中获得进步，并从事业中获得享受。将你的个性与工作场所相匹配是成功的关键部分。

在基于个性的文化氛围中，工作和职业发展得更好。这些文化奖励平和的人际交流。人们对彼此都很好，至少面对面的时候是这样。

事业与基于结果的文化密不可分。把工作做好是一种回报，即使这样做会引起激烈的争论和激烈的讨论。

例如，本书的技术编辑和我就第7章的一段进行了长达一个月的激烈争论。我们都很高兴找到了一个很好的解决方案，这种幸福感弥补了争论带来的所有负面情绪。我们都很恼火花了这么长时间才找到解决方案，但事实就是这样，有时解决方案并不明显。如果这个过程和结果让你感到快乐，你就会希望找到一个重视这种行为的工作场所。

当难以捉摸出解决方案时，就退后一步重新解决问题。但是，人们激烈讨论时很难记住这一点。

15.3.7 做出明智的选择

你可能已经注意到，我对技术领域的某些部分（如 Web）并没有什么特别的看法。这可能会让你想知道为什么要从事这个行业。这很大程度上取决于你想从工作中得到什么，如前一节所述。请记住，所有的努力都是一把双刃剑。仔细选择你的工作场所。

人们经常在有趣的工作和赚钱的工作之间权衡。向往事业的人更喜欢有趣的工作，必要时可以不要求任何酬劳。为工作而工作的人经常因烦琐或者破碎的技术工作而获得丰厚报酬。例如，记得如何用 COBOL 编程的很多人都发现并修复了 Y2K bug。这些是过时的代码中的 bug，其中包含日期，只保留了年份的最后两位数字。从 1999 年到 2000 年的过渡超出了这段代码所能表示的，这个代码被用在许多关键的基础设施中。

15.4 开发方法

似乎每个领域都会产生“方法论专家”。编程领域也是这样，除了可能存在一种狂热，使得“意识形态”这个词比“方法论”更恰当。每一种方法似乎都有自己统一的制服、发型、术语和秘密的握手方式。在很大程度上，这只是使信徒更容易排除出对立阵营的人，这与之前的 Loren Carpenter 例子相反。这可能变得很荒谬，我与一位客户讨论方法论，他最终脱口而出：“只要我们有敏捷旋转的 scrum，一切都应该没有问题。”

专家建议不要过分重视任何意识形态，它们都不是纯粹的工作形式，你需要挑选出对项目有意义的想法。你如何决定什么适合你的项目？让我们看看开发的各个阶段（图 15-2）。

在本章的开始我们提出了三个问题。意识形态之间的很大区别是用户的角色不同。

与你通过观察周围世界所相信的相反，软件是为除了娱乐以外的事情编写的。适用于网站或视频游戏的意识形态可能不适用于卫星、发电厂、起搏器和汽车。

对于失败成本高的项目，确切地知道你在做什么是很重要的，这样用户（#1）就能尽早参与进来，从而得出一个清晰的定义。一旦有了定义，就可以开始编写代码，你的代码通常应该由你的同事审查。根据定义测试结果。

- 失败成本越低，就越没动力提前明确定义。抱着“一看到就知道”的态度是很常见的。用户（#2）在查看结果和决定是否做了正确的事情方面发挥更重要的作用。确定代码是否实际工作的测试常常与确定用户是否喜欢当前定义的测试相混淆。

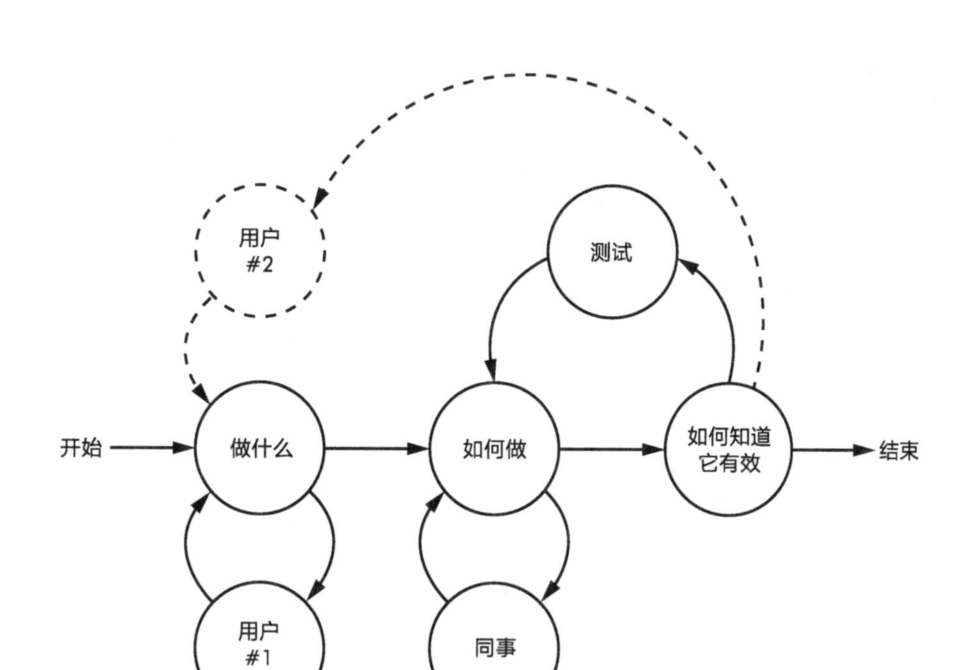

图 15-2　项目开发周期

懒惰和无能不是好的开发方法。许多人不写规范，因为他们不知道如何写。首先选择适合项目的方法，其次再选适合人员的方法。

15.5　项目设计

项目始于想法。这可能是你的主意，也可能是别人的主意。这是怎么变成代码的呢？

当然，你可以直接从写代码开始。对于小型的个人项目来说，直接开始很合适。但对于规模大些的项目，你可以按照一些步骤来开始，会获得更好的结果。

15.5.1　把想法写下来

先把你的想法写下来。你会惊讶地发现，写下来后很多遗漏的细节会逐渐被发现并且填补上。

让文档处于正确的级别非常重要。谈论你要做什么，而不是怎么做。

举一个例子，有一次我被要求帮助设计一个血压计。客户给我寄来了大约 5 000 页的文件，要求我估算一下成本，我没能做到。由于之前的问题，公司管理层发布了一条规定，没有文档就不能编写代码。这听起来很好，但管理层忽视了一个事实：员工们都不知道如何编写文档，而且管理层也没有给员工们提供过这方面的培训。因此，工程师们在没有与管理层交流的情况下编写了代码，然后用简练的英语描述了代码。他们的文件中甚至没有提到这种产品是血压计。

另一个例子是 Apache Web 服务器。它是一个好软件。有大量文档说明如何设置配置参数。永远不要说它是一个 Web 服务器，也不要描述各部分之间的关系。

15.5.2 快速原型发展法

一个值得一提的开发方法是*快速原型*。这个方法涉及生成项目的部分工作版本。就像把想法写下来一样，原型可以帮助你更深入地理解想法。原型也可以是一个有用的工具，帮助向其他人解释你的想法。

注意这些陷阱：

- 不要把原型误认为是产品代码。不要照搬原型里的代码，而是用你从原型中学到的东西编写新代码。
- 不要强迫自己为原型制定一个严格的时间表。毕竟，没有足够的知识来生成一个现实的时间表是原型设计的一个重要原因。
- 最困难的是，不要让管理层把你的原型误认为是可交付的产品。

原型代码的一个特点是缺乏一致性。在 Steven Pinker 的 *The Stuff of Thought*（Penguin）一书中，他讨论了使用块和使用控制了块行为的原则之间的区别。原型制作过程中，你主要是在使用块。重要的是，在原型正常运行后，要后退一步，以遵守这些控制原则，然后重新实现代码，以一致地使用这些原则。

15.5.3 接口设计

你的项目将在*软件堆栈*中占据一定的位置，在介绍的图 1 中我们曾看到过这方面的概述。软件是一个类似三明治的填充物，可以与上面和下面的东西通信。应用程序使用的接口构成了底层的面包片。你需要定义最上面的部分。

系统程序设计占用了硬件和应用程序之间的空间。系统程序使用寄存器和位的任何组合与硬件通信，设备制造商的数据表中有详细说明。但是系统程序也必须与应用程序通信。它们之间的连接线称为*应用程序接口*（API）。如果一个 API 是由用户而不是由其他程序使用的话，它被称为*用户界面*（UI）。由于程序是在层中构建的，所以有很多 API。在底层可能有一个操作系统，它由库使用，而库又由应用程序使用。API 是如何设计的？什么决定了一个好的 API？

一个好的开始方法是记录*用例*，即用 API 完成一些任务或一组任务的情况。可以通过查询程序的最终用户来收集用例。但请记住，用户通常会给出短视的答案，因为他们已经在使用某些东西了。他们的很多反馈都倾向于“让它们变成这样或那样”。一堆离散的需求并不能得到一个清晰的结论。

现在，可以只按照用户的要求去做，这可能需要持续一段时间。但是对于一个有分支的 API，你需要抽象用户需求并合成一个优雅的解决方案。让我们看几个例子。

1985 年出版的一套名为 *Inside Macintosh*（Addison-Wesley）的三卷本书，首次提出最初的 Apple Macintosh API。这套书有 1200 多页。它已经完全过时了，现代（基于 UNIX 的）Mac 不再使用任何 API。为什么这个 API 设计没有持续下去？

Mac 的 API 可以说是广而浅的。它有大量的函数，每个函数只做一件特定的事情。可以说，API 接口之所以不能持续存在，是因为它的功能太具体了，缺乏抽象或泛化使它无法随着新的用例的出现而扩展功能。当然，设计方可以给 API 接口增加更多的功能，使其用处更加广泛，但不是一个实用的方法。

相比之下，UNIX 操作系统第 6 版早在 1975 年就发布了，有 321 页的使用说明。它体现了一种完全不同的方法，它的 API“既窄又深”。这种专注和深入是通过一套好的抽象实现的。什么是抽象？它是一个宽泛的事物类别。例如，可以使用“动物”这个抽象概念，而不是单独谈论猫、狗、马、牛等。抽象不仅体现在系统调用中（见 5.8 节），也体现在应用程序中。

例如，你可能很熟悉文件的概念：存储数据的地方。许多操作系统对每种类型的文件都有不同的系统调用。UNIX 有一个单一类型的文件和少量的系统调用。例如，`creat` 系统调用可以创建任何类型的文件。（当问及 Ken Thompson 如果要重新设计 UNIX 系统，是否会做什么不同的事情时，他回答说：“我会用 `e` 来拼写 `creat`。”）作为文件抽象的一部分，正如你在第 10 章中看到的那样，即使是 I/O 设备也被视为文件。

将这种抽象与当代 DEC 系统上的 `pip`（外设交换程序）实用程序相比较。`pip` 是一个复杂且不优雅的工具，它有特殊的命令，允许用户复制文件。使用一些特殊的命令可以将文件复制到磁带、打印机等。相比之下，UNIX 有一个单一的 `cp`（copy）命令，用户可以用它来复制文件，不受文件类型和居住地的影响。你可以把一个文件复制到与打印机相连接的 I/O 端口，就像把一个文件从一个地方复制到另一个地方一样容易。

UNIX 抽象支持一种新颖的编程理念：

- 每一个程序都应该只做一件事，并且把它做好。别的事情由别的程序来处理，不要给旧的程序增加复杂性。
- 构建共同工作的程序，使程序的输出作为其他程序的输入。通过把简单的程序组合在一起做复杂的事情，而不是编写巨大的单体程序。

无论是 UNIX API 还是大量的原始应用程序，在 40 多年后的今天仍然被广泛使用，这证明了设计的质量。不仅如此，大量的库仍然在使用，而且基本没有变化，不过它们的功能已经被复制到其他的系统中。而 Brian Kernighan 和 Rob Pike 所著的 *The UNIX Programming Environment*（Prentice Hall）一书，虽然以是几十年前的技术书籍，但仍然值得一读。

这种模块化方法一个更微妙的优势是，新的程序不仅具有内在价值，而且还能增加整个生态系统的价值。

换个角度，我在前面提到过，UI 是用户而不是其他程序的 API。在 2004 年出版的 *The Art of Unix Usability* 一书中，Eric Raymond 提供了一个有趣的案例研究，即 Common Unix Printing System（CUPS），给出了许多关于怎样不用设计用户界面的见解。

设计一个好的界面是有难度的，需要注意几点：

- API 不应该暴露内部结构实现。它不应该依赖于某个特定的实现。
- API 应该表现出概念上的厚重感，换言之，即应该有良好的抽象理念。
- API 应该是可扩展的，或者说可以适应未来的需求。良好的抽象在适应需求方面发挥很大的作用。
- API 应该是最小化的，也就是说，不应该用多种方法来做同一件事。
- 模块化是好的，如果一个 API 提供了相关的功能集，那就尽可能地让功能集独立。模块化也使得将一个项目分解成几个部分更容易，这样允许多人同时工作。
- 功能是可组合的，也就是说，将各个部分以有用的方式组合起来。（不要误解为可堆肥，这个世界上已经有太多设计拙劣的界面了。）例如，如果你有一个返回排序搜索结果的界面，将搜索和排序分开，使搜索和排序两个功能既能独立使用，又能结合使用，是很有意义的。

或许你已经注意到我是 UNIX 理念的粉丝，它的有效性并非华而不实打动了我。而且 UNIX 理念阐述了前面的观点。

正如我们前面所讨论的那样，UNIX 的文件抽象功能现在在许多别的系统上也有。文件的大多数操作并不是使用文件名执行的，而是通过将文件名转换为一个叫作文件描述符的句柄，使用它而不是文件名。这种抽象允许用户对不是技术文件的东西进行文件操作，例如，通过网络连接到某个东西。

正如我们在第 10 章中所看到的，当一个程序在 UNIX 上启动时，它被传递给一对称为标准输入和标准输出的文件句柄。你可以把程序想象成管道中的滤水器，未经过滤的水流入标准输入，而经过过滤的水则从标准输出中流出。UNIX 的聪明之处在于，一个程序的标准输出可以通过一个叫作管道的东西连接到另一个程序的标准输入上。比如，如果你有一个滤水器程序和一个热水器程序，你可以把它们连接在一起，就可以获得加热且过滤了的水，而不需要再写一个新的程序。你可以把 UNIX 看成是一个装满随机工具和部件的箱子，这些工具和部件可以用来构建东西。

有一个有趣的例子，Don Knuth（斯坦福大学计算机科学名誉教授，*The Art of Computer Programming* 系列的作者，你应该拥有一套）在 1968 年为 *Communications of the ACM* 写了一篇文章，其中包括 10 多页代码，巧妙地解决了一个特殊的问题。随后，Doug McIlroy（Ken Thompson 和 Dennis Ritchie 在贝尔实验室的老板）发表了一篇评论，展示了如何将整个解决方案写成一行六条流水线的 UNIX 命令。这个故事的寓意是，好的通用工具可以相互连接，比一次性的特殊解决方案效果更优秀。

使工作流水线化的原因之一是，程序大多在文本上工作，因此有一个共同的格式。除了一行行文字或用一些字符隔开的字段外，程序并不依赖数据中的太多结构。有些人声称，这种方法之所以有效，只是因为在“更简单的时代”，文本可以是一种通用格式。但同样，API 也发展很快。像 ImageMagick 这样的程序套件提供了复杂的图像处理管道。也有一些程序可以处理具有更复杂结构的数据，如 XML 和 JSON。

15.5.4 重用代码或编写自己的代码

虽然定义“三明治”上层界面对一个项目至关重要，但在选择下层“面包片”时，你也会面临艰难的决定。你会依赖哪些你没写的代码？

你的程序很可能会使用其他人编写的库（见 5.12 节），这些库包含了不是你写的，但你会使用到的函数。你怎么知道什么时候该使用库函数，什么时候该自己写代码？

从某种程度上来说，这和我们前面在 15.2.2 节中讨论的寻找好的开源软件的问题是一样的。如果一个库没有一个稳定的 API，那么未来的版本很可能会破坏你的代码。将此乘以库的数量，很明显，你所有的时间都会用在修复事情上，而不是写你自己的代码。太多的库会让你的代码变得脆弱。例如，最近在 Node.js 中，一个很多其他软件包所依赖的软件包被破坏了，影响了大量的程序。

有时候，你需要使用库，因为它们实现了一些你不了解的专业知识。OpenSSL 加密库就是一个很好的例子。

有些人认为使用库比自己写代码更好，因为那些广泛使用的库已经被调试过了。然而，库并不总是正确的，OpenSSL 库就是一个例子。

通常我会说，当库的代码行数超过自己编写库所需的代码行数时，你就不应该使用库——例如，使用 `glibc` 来实现单链表。然而，你也需要考虑库的使用环境，`glibc` 被很多程序使用，它很可能作为一个共享库被保留在内存中，所以它可以有效地让你在不使用内存空间的情况下获得代码。

要找到有用的库往往非常困难。最近有一篇文章提到，已经有超过 35 万个 Node.js 软件包存在。比起在如此巨大的干草堆中找到合适的针，自己写代码可能会更快。

15.6 项目开发

此时，你可能希望创建一个项目的规范和一个实现的时间表。如何着手建立呢？

考虑使用 Linux 或其他一些 UNIX 的派生系统进行编程。有很多方法可以做到这一点。有一台 Mac 就可以，因为 Mac 系统下有一个 UNIX 的变体。你可以在 PC 上安装 Linux。如果不能实现的话，可以运行一个实时镜像，这意味着在 DVD 上运行，不改变你 PC 硬盘上的任何东西。更好的选择是在虚拟机中运行 Linux，它可以让你在计算机的一个窗口中运行不同的操作系统。你可以在 Windows 机器上安装 VirtualBox，然后在那里运行 Linux。

15.6.1 谈话

好了，是时候进行谈话了。也许你的父母太尴尬了，也许他们认为你会在学校听到这个消息。或者他们认为你会在网上找到你需要的东西。这都是很蹩脚的。如果你要成为一个严肃的程序员，你需要和计算机有成年人之间独立又合作的关系。你需要放下鼠标，学会使用文本编辑器。

15.6.2 成年人与计算机的关系

到目前为止，你与计算机的关系一直像小孩子之间的关系。你一直在按着、点着、戳着，以及以其他方式给计算机挠痒痒，看着它傻笑着回应你。但这种状态不适合编程。

编程会让你与计算机之间的关系更加激烈。你要做的事情不仅仅是写一篇论文或看一段视频——你要做如此之多的事，所以你需要提高工作效率。这意味着是时候学习如何使用电动工具了。

这些工具很多都是神秘的、有点难学。一旦掌握了它们的使用窍门，你就再也离不开它们了，因为你可以用更少的努力完成更多的任务。所以，努力投入到预备工作中去吧，后面会得到很大的回报！

15.6.3 终端和脚本

还记得第 6 章中关于终端的那些内容吗？真正的程序员仍然在使用终端。终端不再发出喧闹声或绿色闪光。而且终端不是独立的机器，而是运行在计算机上的软件。

所有的台式计算机系统都有终端，即使很难找到。默认情况下，终端机运行的是命令解释器。你会预先看到一个命令提示符。正如你所期望的，你在命令提示符下输入命令。根植于 UNIX 的系统——比如苹果产品、Linux 和 FreeBSD——都有一个名为 bash 的命令解释器或 shell。当然，Windows 也有自己的功能，但在 Windows 系统上安装 bash 是可能的。

bash 脚本

bash 脚本是最初的 UNIX 脚本之一，名为 `sh`，由 Stephen Bourne 编写。多年来，其他的脚本陆续被创造出来，这些脚本有更多的功能。不过，这些新的功能有自己的特点，与 `sh` 完全不兼容。最终，一个新的 `sh` 版本被编写出来，它以兼容的方式添加了这些附加功能。这个版本被命名为“Bourne-again shell”的 bash。保留传统的 Bourne 身份是一个巨大的价值增加，成就了新版本在 shell 中的霸主地位。

很多命令都有神秘的名字，比如 `grep`（全局正则表达式打印机）。命令的命名法则与解剖学领域命名法则相似，许多身体部位都是以它们相似的东西或以最先发现它们的人命名的。例如，`awk` 命令就是以其作者的名字命名的：Alfred Aho、Peter Weinberger 和 Brian

Kernigan。这都为进化论提供了令人信服的理由。很难将谈论这些命令的人与咕咕叫的野人区分开来。

学习这些神秘的命令的一个重要原因是自动化的广泛使用。一个强大的脚本功能是，你可以把命令放到一个文件中，创建一个运行这些命令的程序。如果你发现自己经常做一些事情，你可以直接制作一个命令来代替你做这些事情。这比你坐在一个花哨的图形程序前点击按钮高效得多。

15.6.4　文本编辑器

文本编辑器是让你创建和修改普通的 ASCII 数据的程序，也就是程序的素材（我完全没有资格评论使用非 ASCII 字符的编程语言，比如中文）。文本编辑器的一个主要优点是它们使用命令操作，这比用鼠标剪切和粘贴东西要有效得多——至少，当你学会了它们后效率会很高。

有两种流行的文本编辑器：vi 和 Emacs。学会使用其中一种（或两种）吧。每一种都有它的喜爱者（图 15-3）。

图 15-3　vi 编辑器与 Emacs 编辑器

Eclipse 和 Visual Studio 是称为集成开发环境（Integrated Development Environment，IDE）的高级编程工具的例子。查看它们的发布日期：小心 3 月的 IDE。虽然 IDE 很好地解决了其他人编写的糟糕代码，但如果需要它们，那么你已经迷失了方向。回到本书的介绍，学习基本原理，然后在花哨的工具中忽略它们。另外，你会发现这类工具的速度相当慢，使用简单但功能强大的替代品能使效率更高。例如，你可以用文本编辑器编辑一个程序并重建它，比你启动这些工具中的一个更快。

15.6.5　可移植的代码

虽然你可能从来没有打算在其他地方使用一个软件，但令人惊讶的是它经常发生。如果你的代码是开源的，其他人可能会想在其他地方使用它（或它的一部分）。我们该如何编写代码，使代码不至于太难移植？简单的答案是尽可能避免使用硬连接。

正如你在本书前面所学到的，硬件在很多方面可以有所不同，比如位和字节的顺序以及字的大小。除了硬件之外，编程语言向程序员展示硬件的方式也是不同的。例如，C 和 C++ 中的一个麻烦的地方是，语言标准没有定义一个 char 是有符号还是无符号。解决办法是在代码中明确 char 是否有符号。

你可以使用 C 语言中的 sizeof 运算符来确定数据类型中的字节数。不幸的是，你需要编写个小程序来确定位和字节顺序。许多语言都有找到答案的方法，例如，可以存储在特定数据类型中的最大和最小的数字。

字符集是另一个麻烦的领域。使用 UTF-8 可以避免很多困扰。

许多程序使用外部库和其他设施。如何使像字符串比较这样的事情不受系统差异的影响？一种方法是坚持使用标准功能。例如，POSIX 等标准定义了库函数的行为。

目标环境之间会有一些差异，这些差异不能轻松地被处理掉。把这些依赖关系尽可能多地放在一个地方，而不是分散在你的代码中。这样就可以方便别人进行必要的修改。

仅仅因为可以为另一个系统构建代码并不意味着这是一个好主意。一个典型的例子是 X 窗口系统。20 世纪 80 年代初，斯坦福大学研究生 Andy Bechtolsheim 设计了一个特殊的类似工作站的个人终端，运行在斯坦福大学网络上。斯坦福大学授权了该硬件设计，成为 SUN Microsystems 公司 Sun Workstation 产品系列的基础。斯坦福大学教授 David Cheriton 和 Keith Lantz 开发了 V 操作系统，该系统在 SUN 上运行。它的特点是具有非常快的同步进程间通信机制，这意味着程序之间可以非常快速地相互通信。Paul Asente 和 Brian Reed 开发了 W 窗口系统，它运行在 V 系统上。这个代码最终进入了麻省理工学院，被移植到 UNIX 和重命名的 X。但 UNIX 没有快速的同步 IPC，它有一个较慢的异步 IPC，是为还是雏形的互联网设计的。X 的性能很糟糕，经过大量的重新设计才让它达到了一般般的程度。

15.6.6 源控制

程序变化：向它们添加内容，修改它们以修复 bug，等等。如何跟踪所有的旧版本？能够随时查看旧版本是很重要的，因为你可能会在新版本中引入一个 bug，并且需要查看发生了什么变化。

是时候鞭挞更多的 UNIX 主义了。Doug McIlroy 在 20 世纪 70 年代初创建了一个叫作 diff 的程序，它可以比较两个文件，并生成一个差异列表。这个程序可以选择以一种可以用管道传送到文本编辑器中的形式输出，用户可以获取一个文件和一个差异列表，然后生成一个更改后的文件，利用了可组合性。Mark Rochkind 在这个想法的基础上创建了源代码控制系统（SCCS）。SCCS 不是存储每一个修改过的文件的完整副本，而是存储每个版本的原始文件和修改列表。这使得用户可以请求文件的任何版本，而文件的任何版本将在运行中被构造出来。

SCCS 有一个笨拙的用户界面，而且因为版本的堆积，它的速度很慢，必须应用更多的更改集来重新构建版本。1982 年，Walter Tichy 发布了*版本控制系统*（RCS）。RCS 有一个更好的用户界面，并且使用后向差分而不是 SCCS 的前向差分，这意味着 RCS 保留了最新的版本和生成旧版本所需的修改。由于当前的版本大多是用户想要的，所以速度更快。

SCCS 和 RCS 只能在一台计算机上良好地工作。Dick Grune 开发了*并发版本系统*（CVS），它基本上提供了对类似于 RCS 功能的网络访问，也是第一个使用合并而不是锁的系统。

最初的 SCCS 和 RCS 工具没有很好地扩展，因为它们依赖于文件锁定，用户会“签出”一个文件，编辑它，然后“签入”。签出的文件不能被其他人编辑。如果有人锁定了一个文件，然后去度假了，这种情况就可能发生了。为了应对这种限制，*分布式系统*（如 Subversion、Bitkeeper 和 Git）应运而生。这些工具用合并问题取代了锁定问题。任何人都可以编辑文件，但他们必须在回访时核对自己的修改与他人的修改。

使用这些程序中一个来跟踪你的代码。如果只是自己在自己的系统上做一个项目，RCS 是非常简单和容易使用的。目前，Git 是分布式项目中最流行的，学习它吧。

15.6.7 测试

如果不测试一个程序，就无法真正知道一个程序是否在工作。在程序中开发一组测试。（有些方法论主张从测试开始。）将测试置于源代码控制之下。再次强调，UNIX 自动化的一个好处是，你可以用一条命令来启动一批完整的测试。通常情况下，做一个夜间构建是很有用的，每天在特定的时间启动程序构建，然后运行测试。*回归测试*是一个术语，用来描述验证代码更改不会破坏任何正常工作的过程。*回归*在这里的意思是“向后退”，回归测试有助于确保已修复的 bug 不会被重新引入。

有几个程序可以帮助你做测试。虽然它很复杂，但有一些框架可以让你通过以编程的方式输入和点击来测试用户界面。

在可能的情况下，让其他人也为你的代码生成测试。编写代码的人自然会下意识地对已知的问题视而不见，拒绝为它们编写测试。

15.6.8 bug 报告和跟踪

用户将独立于你自己的测试来发现你代码中的 bug。你需要给他们提供一些报告 bug 的方法，并跟踪这些 bug 是如何被修复的以及是否被修复。

同样，有很多工具可以支持以上需求。

15.6.9 重构

重构是在不改变行为或接口的情况下重写代码。这有点像快速原型设计。为什么要这样做呢？主要是因为当代码完全充实后，它变得一团糟，你认为你知道如何做得更好。重构可以降低维护成本。但是，你需要一组良好的测试来确保重构的代码按照预期的方式工作。另外，任何时候，在重构的时候，都会有增加新功能的诱惑——不要屈服于它。重构是一个很好的时机，可以重新审视前面在15.5.2节中提到的已经完成的工作背后的原则。

15.6.10 维护

一个并不明显的编程事实是，对于任何一段严肃的代码，维护成本大大地超过了开发成本。请记住这一点。不要做那些可能会给你的同事留下深刻印象的可爱扭曲的事情。记住，如果做维护的人和你一样聪明，他们就会做设计，而不是维护。

在第12章中，你看到了几种不同的编写异步JavaScript代码的方法。其中一些方法将所有东西都放在一个地方，而另一些方法则将设置和执行分开。当维护人员必须跟踪所有部分时，他们需要花费更长的时间来发现和修复bug。

有些程序员认为，程序是一件艺术品，必须在接触之前了解它的全部内容。听起来是个很不错的理念。但实际上，更重要的是，有些人能看懂代码的任何部分，并能迅速理解它的作用。编写无法维护的漂亮代码通常会导致失败。发现使代码容易理解的编程之美。

如果你的代码与硬件通信，那么真正有助于维护者的是在你的代码中包含对硬件数据表的引用。如果你在探究某个寄存器，请在代码中描述该寄存器的数据表页码。

15.7 与时俱进

人们常常在不了解编程所处的环境的情况下学习编程。这里有几件事需要注意。

关于教育系统，你可能没有思考太多。现在它正在向你泼洒知识，其中有些会被你实际吸收。这些知识是从哪里来的？是别人发现的。特别地，如果你攻读高级学位，就会轮到你发现别人需要学习的东西了。开源软件项目的一大好处是，你可以为它们做出贡献。即使你还没有准备好写代码，许多项目都需要帮助编写文档，所以如果有一些你使用过的程序或者你感兴趣的程序，就参与进来吧。这是一个很好的结识同伴的方式，而且在申请大学和工作时也很有帮助。不过，很多程序员，可能不会那么照顾你的情绪，记住对他们脸皮要厚。

当你编写软件时，要写清楚并做好记录。确保其他人能够理解每段代码在做什么，否则，没有人能够帮助你。通过获得良好的工作声誉来获得你的“工作保障”，而不是通过确保除了你之外没有人可以使用你的代码工作。还有，正如我之前提到过的，维护软件的成本大大超过开发成本。

在可能的情况下，让你的软件开源。回报你所依赖的工作机构。

学会写出连贯的、正确拼写的英语（或别的语言）。为你的代码编写真正的文档。不要使用Doxygen等文档生成工具。你可能已经注意到，那些是生成大量无价值文档的绝佳工具。

文档需要描述代码在做什么。它应该阐明数据的结构以及数据是如何被代码操作的。

我第一份写代码的工作是在贝尔实验室，当时我还在上高中。我很幸运我的老板告诉了我，每一行代码都应该有注释。当时我不是很机灵，就做了这样的事情：

```
lda foo ; load foo into the accumulator
add 1   ; add 1
sta foo ; store the result back in foo
```

正如你可能看到的，这些注释完全没有价值。这样说会更好：

```
; foo contains the number of gremlins hiding in the corner.
; Bump the count because we just found another.
lda foo
add 1
sta foo
```

早在 1985 年，我就有了一个想法：希望能够从源代码文件中提取文档，特别是可以在修改代码的地方修改文档。我写了一个叫 xman（extract manual）的工具，可以从源代码中生成 troff 格式的排版手册。它使用了一个特殊的 C 注释，以 /** 开头来介绍文档。在 1986 年的 SIGGRAPH 会议上，我提议讲授一门课程的建议被接受了。我需要一些演讲者，于是联系了 James Gosling，他后来开发了 Java。我为他演示了 xman。不过一段时间后，我们就放弃了 xman，原因很明显，虽然它可以生成很多漂亮的文档，但生成的文档都是错误的类型。虽然相关关系并不能证明因果关系（Gosling 也不记得了），但 Java 包含了 Javadoc，一种在源文件中包含文档的方法，文档是由 /** 注释引入的。这种技术被许多别的工具借鉴。所以，也许我要对这个烂摊子负责。

当你看到自动生成的文档时，往往是“添加 1”变量。存在大量的文档，只包含函数名称以及参数的名称和类型。如果你看了一眼代码还搞不清楚这些，那你就不应该编程！文档中很少说明这个函数做什么，如何做，以及它与系统的其他部分如何关联。原则是，不要误认为花哨的工具就能生成好的文档。自己来写好的文档。

关于文档的最后一点意见：请在文档中涵盖那些对你来说显而易见的东西，还有那些你根本没有想到的东西。读你文档的人不知道那些对你来说显而易见的事情。在 UNIX 第 6 版中有一个著名的注释——这版的注释很少，这个注释写道：“你不需要理解这个”。不是最有用的！

15.8　修复，不要再创造

软件世界，尤其是开源部分，充斥着大量部分工作的程序，以及执行许多但并非全部相同任务的程序。要避免这种行为。

尽量完成你自己的项目和由别人启动的项目。如果你没有完成你的项目，至少要让它们处于足够好的状态，让别人可以很容易地接手开发。记住，这是为了增加价值。

15.9 本章小结

现在你已经了解到，编程不仅仅是了解硬件和软件就可以上手的。它是一项复杂而有意义的工作，需要很多不同的知识。我们已经一起了解了很多领域。你已经看到了如何使用位来表示和操作复杂的信息。你已经知道了为什么我们要使用位，以及我们如何在硬件中构建它们。我们已经探索了基本的硬件构建块以及如何将这些块组装到计算机中。我们研究了使计算机更加实用所需的附加功能，以及将计算机与外界连接的各种技术。随后，我们讨论了如何组织数据，以利用内存架构优势。我们研究了将计算机语言转换为硬件可以理解的指令的过程。你了解了 Web 浏览器以及它们如何组织数据和处理语言。将高层次的应用程序与低层次的系统程序进行了比较。研究了一些有趣的解决问题的技巧，还有很多猫的图片。我们讨论了一些多任务处理导致的问题。我们探讨了安全性和机器智能的高级主题。希望你注意到，基本的构建块和技巧在不同的组合中被反复使用。最后，你了解到编程除了硬件和软件之外，还涉及与人合作。

本书中的一切只是开始。它把你所学到的或正在学习的关于编程的知识放入视野，并给你打下基础。不要止步于此，还有很多很多需要学习的东西。

你可能还记得，早在本书的“引言”部分，我就提到过需要了解宇宙。任何一个人都不可能了解宇宙的一切。我一直想不通该如何很好地结束一本书，所以就这样吧，再见了朋友们！

推荐阅读

编程原则：来自代码大师Max Kanat-Alexander的建议

[美] 马克斯·卡纳特-亚历山大 译者：李光毅 书号：978-7-111-68491-6 定价：79.00元

Google 代码健康技术主管、编程大师 Max Kanat-Alexander 又一力作，聚焦于适用于所有程序开发人员的原则，从新的角度来看待软件开发过程，帮助你在工作中避免复杂，拥抱简约。

本书涵盖了编程的许多领域，从如何编写简单的代码到对编程的深刻见解，再到在软件开发中如何止损！你将发现与软件复杂性有关的问题、其根源，以及如何使用简单性来开发优秀的软件。你会检查以前从未做过的调试，并知道如何在团队工作中获得快乐。

推荐阅读

软件架构：架构模式、特征及实践指南

[美] Mark Richards 等 译者：杨洋 等 书号：978-7-111-68219-6 定价：129.00 元

畅销书《卓有成效的程序员》作者的全新力作，从现代角度，全面系统地阐释软件架构的模式、工具及权衡分析等。

本书全面概述了软件架构的方方面面，涉及架构特征、架构模式、组件识别、图表化和展示架构、演进架构，以及许多其他主题。本书分为三部分。第 1 部分介绍关于组件化、模块化、耦合和度量软件复杂度的基本概念和术语。第 2 部分详细介绍各种架构风格：分层架构风格、管道架构风格、微内核架构风格、基于服务的架构风格、事件驱动的架构风格、基于空间的架构风格、编制驱动的面向服务的架构、微服务架构。第 3 部分介绍成为一个成功的软件架构师所必需的关键技巧和软技能。